W0256211

Handbibliothek für Bauingenieure

Ein Hand- und Nachschlagebuch für Studium und Praxis

Herausgegeben

von

Dr.-Ing. E. h. Robert Otzen †

weiland Präsident des Staatlichen Materialprüfungsamtes
Geh. Reg.-Rat und Professor, Technische Hochschule Berlin

II. Teil. Eisenbahnwesen und Städtebau. 1. Band:

Städtebau

2. Auflage

Von

Otto Blum

Berlin
Verlag von Julius Springer
1937

Städtebau

Zweite, umgearbeitete Auflage

Von

Dr.-Ing. Otto Blum
o. Professor an der Technischen Hochschule
Hannover

Mit 143 Textabbildungen

Berlin
Verlag von Julius Springer
1937

ISBN 978-3-642-98792-2 ISBN 978-3-642-99607-8 (eBook)
DOI 10.1007/978-3-642-99607-8

Softcover reprint of the hardcover 2nd edition 1937

Vorwort.

Die vorliegende zweite Auflage des im Jahre 1921 erschienenen Buches ist nicht nur vollständig neu bearbeitet, sondern hierbei auch in den Stoffgebieten wesentlich geändert worden. Der Hauptabschnit C der ersten Auflage „Abriß des Straßenbaues" ist vollkommen fortgelassen, weil der Straßenbau bei seiner schnellen Entwicklung und hohen Bedeutung — selbst bei Beschränkung auf die Stadtstraßen — nicht mehr als ein Teil des Städtebaues behandelt werden kann, sondern ein selbständiges Fachgebiet darstellt. Die Straßen und Plätze sind daher nur insoweit erörtert, als sie Glieder des Stadtkörpers sind, seine Gestalt durch Richtung und Höhenlage beeinflussen und den Verkehr vermitteln.

Der Hauptabschnitt B der ersten Auflage, „Die Städtischen Verkehrsmittel", ist durch Fortlassen aller konstruktiven Fragen wesentlich verkürzt worden, da diese meines Erachtens in Lehrbücher über Straßenbahnen, Omnibusbetriebe, Stadtbahnen, Tunnel-, Brücken- und Grundbau usw. gehören.

Da das vorliegende Buch trotzdem den Städtebau erschöpfend, aber kurz behandeln sollte, war zu prüfen, an welchen Leserkreis es sich wendet: Das Buch soll ein Lehrbuch sein für Studierende, und zwar für angehende Architekten und Bau-Ingenieure, aber auch für Maschinen- und Elektro-Ingenieure, die sich dem Verkehrswesen zuwenden wollen; es soll den Anfängern, die in den Dienst von Städten und Gemeindeverbänden, Planungsbehörden, städtischen Verkehrsbetrieben, Eisenbahn-, Wasserbau- und Straßenbau-Behörden treten, die Weiterbildung erleichtern; es soll den nicht-technischen Gemeindebeamten, ferner den Beamten der Aufsichtsbehörden als Einführung in die so vielgestaltigen Probleme des Städtebaues dienen, und es soll schließlich allen denen Belehrung vermitteln, die an den so bedeutungsvollen Fragen der Gesundung unseres Siedlungswesens mitarbeiten wollen.

Diesem Leserkreis entspricht es, daß die vielen technischen Sondergebiete, aus denen sich das „Städtische Bauwesen" zusammensetzt, nicht zu erörtern waren. Diese gehören vielmehr in andere Lehrbücher, z. B. in die über „Städtischen Tiefbau"; auch die städtischen Versorgungsbetriebe waren nicht zu behandeln; desgleichen nicht der Industriebau, obwohl die Industriegebiete so wichtige Glieder des Stadtkörpers sind.

Besonders schwierig war die Frage, ob und inwieweit die Fragen der Landesplanung und Raumordnung behandelt werden sollten. Da der Städtebau ein Glied der Landesplanung ist, hätte es nahegelegen, einen besonderen Hauptabschnitt über diese an die Spitze zu stellen; es ist hierauf aber verzichtet, und es ist ihr nur ein kurzer Unterabschnitt gewidmet worden, weil dieses Gebiet verhältnismäßig jung ist und noch eingehender Forschungen bedarf. Gleiches gilt von den militärischen Fragen, die in Landesplanung und Städtebau zweifellos eine große Rolle spielen, die aber nur insoweit angedeutet worden sind, daß der Fachmann merkt, worauf er aufzupassen hat.

Noch schwieriger war die Frage, inwieweit die Wohnung, also das Wohn- und Siedlungswesen, zu erörtern war. Die Wohnung ist zweifellos die wichtigste Zelle des Stadtkörpers oder vielmehr der Wohngebiete; sie ist aber ebenso zweifellos eine technische Einzelheit. Man kann also den Standpunkt vertreten, daß die Behandlung der Wohnhaustypen nicht mehr zum Städtebau gehört; man könnte sich sogar dahin aussprechen, daß auch die Gruppierung der Häuser (Einzelhaus, Reihenhaus, Wohnstraße, Wohnblock usw.) nicht mehr „Städtebau" wäre, sondern daß dieser mit der Ausweisung der Wohngebiete im Bebauungsplan aufhöre. Ohne mich dieser Ansicht anzuschließen, habe ich mich (als Bau-Ingenieur und Verkehrsfachmann) nach eingehenden Besprechungen mit hervorragenden Architekten entschlossen, das Wohnwesen nur in gedrängter Kürze zu erörtern. Den entsprechenden Abschnitt hat Herr Professor Dr.-Ing. Vetterlein bearbeitet; ich spreche ihm hierfür an dieser Stelle meinen herzlichsten Dank aus. Ich bin zu dieser Beschränkung auch deshalb gekommen, weil meiner Meinung nach das gesamte Wohn- und Siedlungswesen so schwierig, wichtig und vielgestaltig ist, daß ihm besondere Lehrbücher gewidmet werden müssen. Diese Gebiete werden ja auch an der Hochschule außerhalb des zusammenfassenden Lehrgebietes ,,Städtebau" in besonderen Vorlesungen (ebenso wie z. B. ,,Städtischer Tiefbau") behandelt.

Der Verkehr ist dagegen sehr eingehend behandelt worden, weil einerseits der Städtebau (in seiner Eigenschaft als ein übergeordnetes Gebiet) in fast allen grundlegenden Fragen derart innig mit dem Verkehr verflochten ist, daß der Städtebauer (und Landesplaner) die bau-, betriebs- und verkehrstechnischen, die wirtschaftlichen und politischen Grundlagen des Verkehrs beherrschen muß; andererseits aber gerade über den Verkehr bei vielen sonst gut unterrichteten Fachmännern so merkwürdige Ansichten herrschen, daß eine eingehende Aufklärung dringend geboten ist, wenn schwere Fehler mit schlimmen Folgen für die Zukunft vermieden werden sollen. Die falschen Ansichten beziehen sich dabei nicht auf das Konstruktive (also das Bau- und Maschinentechnische); diese Teilgebiete konnten daher, wie oben gesagt, unbedenklich fortgelassen werden; falsche Vorstellungen herrschen vielmehr hauptsächlich hinsichtlich der betriebstechnischen und wirtschaftlichen Fragen, der Leistungsfähigkeit und der Ansprüche der verschiedenen Verkehrsmittel und ihres zweckmäßigsten Einsatzes; diese Fragen mußten daher mit der gebotenen Ausführlichkeit erörtert werden.

So vielseitig die Voraussetzungen sind, von denen aus beim Städtebau gearbeitet werden muß, so verschieden die Schwierigkeiten und die großen Schäden sind, die in der Stadtentwicklung zu beobachten sind, so möge hier doch ein Grundgedanke aus dem Vorwort der ersten Auflage wiederholt werden, der uns von größter Wichtigkeit zu sein scheint, und der daher die ganzen folgenden Darstellungen beherrschen wird: Das Wohnungselend in Stadt (und Land). Schlechte Wohnverhältnisse haben Hunderttausende dem körperlichen und sittlichen Verfall entgegengeführt; sie waren eine der wichtigsten Quellen für die politische Unzufriedenheit und damit Brutstätten des Kommunismus, und sie bilden noch heute eine der schlimmsten Gefahren für alle Kulturnationen. Von diesem Elend die städtische Bevölkerung zu erlösen, sie wieder zu tüchtigen, schaffensfrohen, gesunden Volksgenossen zu machen, ist die vornehmste Aufgabe des Städtebauers unserer Zeit. Mag in früheren Zeiten der Städtebau seine höchste Kunst entfaltet haben im Schaffen prächtiger Sitze für die Großen der Erde, mag es auch heute noch zu den schönsten Aufgaben des Städtebau-Künstlers gehören, die gewaltigen Baumassen der großen Gebäude (Rathäuser, Verwaltungsgebäude, Schulen, Kirchen, Bahnhöfe, Kaufhäuser) zu gruppieren und zu formen —, die Hauptaufgabe bleibt doch das Arbeiten für die breiten Schichten der Bevölkerung: Wir arbeiten in erster Linie für „arme Leute"!

Wenn wir ein gewaltiges Elend bekämpfen wollen, müssen wir den Ursachen des Elends nachgehen. Dies führt uns zu einer geschichtlichen Betrachtung über die Entstehung der Städte; wir brauchen uns aber in diesem Zusammenhang nicht von allen, sondern nur von den nachstehend erörterten Vorgängen Rechenschaft zu geben. Beschränken wir uns so auf der einen Seite, so können wir andererseits den Gedankenkreis erweitern, indem wir nicht nur die Städte, sondern die Siedlungen überhaupt und insbesondere die dicht besiedelten Gebiete, die Gewerbe- und Bergwerksgebiete in unsere Betrachtungen einbeziehen.

Bei der Abfassung des Buches haben mich meine Assistenten mit großer Hingabe unterstützt; sie haben u. a. insbesondere alle Ausführungen daraufhin geprüft, ob sie dem jüngeren Fachgenossen das Notwendige geben; ich spreche ihnen für diese treue Mitarbeit meinen herzlichsten Dank aus.

Hannover, im Juli 1937.

O. Blum.

Inhaltsverzeichnis.

Erster Abschnitt.

Die Grundfragen der Zusammenballung und Wiederauflockerung. Das „Großstadtproblem“.

Zweiter Abschnitt.

Die allgemeine Lösung der Aufgabe.

Dritter Abschnitt.

Die Hauptglieder des Stadtkörpers.

Vierter Abschnitt.

Der Verkehr.

Erster Abschnitt.

Die Grundfragen der Zusammenballung und Wiederauflockerung. — Das „Großstadt-Problem".

I. Die geschichtliche Entwicklung der Bevölkerung und der Siedlungen.

Einleitung.

Städtebau und Landesplanung müssen von jener Erscheinung ausgehen, daß zu allen Zeiten und in allen Ländern die Völker, sobald sie zu einer gewissen Höhe der Zivilisation aufsteigen, zur bodenfesten Siedlung übergehen. Für den von Weide zu Weide ziehenden Nomaden ist das „Feste" nur das schnell errichtete Zelt; jedoch haben die großen Nomadenvölker immer einige Städte als Residenzen, heilige Stätten, Gewerbe-, Verkehrs- und Handelsstützpunkte gehabt, was sich heute noch an Damaskus und Mekka erkennen läßt. Auch der Hackbauer (und Fischer) kann insofern noch mit nichtständigen Siedlungen auskommen, als die Bindung an die Scholle nur für die kurze Zeit zwischen Bestellen und Ernten notwendig ist. Bodenfest wird aber die Siedlung, sobald mehrjährige Pflanzen angebaut werden.

Die Landwirtschaft an sich kommt noch mit kleinen und kleinsten Siedlungen, also mit Höfen, Weilern und Dörfern aus, denn die Siedlung dient nur als Wohnstätte für Mensch und Haustier und als Aufbereitungs- und Aufbewahrungsstätte für Ernte und Geräte.

Wenn die Völker dann zu höheren Stufen der Zivilisation aufsteigen, wenn sich also die Arbeitsteilung (nach Bauer, Handwerker und Händler) ausbildet, wenn größere Zusammenschlüsse aus politischen, religiösen, kulturellen Gründen erwünscht, oder wenn größere Bauten (Bewässerungsanlagen, Festungen) notwendig werden, so muß sich ein Teil der Bevölkerung vom „platten Land" in die Stadt zusammenziehen. Hiermit ist für diesen Teil der Bevölkerung die Gefahr gegeben, daß er von der Natur losgelöst und aus der Arbeit an der heiligen Mutter Erde ausgeschaltet ist. Und diese „Verstädterung" rächt sich immer. Mag auch der einzelne, die Familie, der Staat das zunächst nicht merken, sondern womöglich in der Stadt nur die Lichtseiten, die wirtschaftlichen und kulturellen Fortschritte sehen; die Rache der Natur bleibt nicht aus; sie zeigt sich im körperlichen und seelischen (zunächst aber noch nicht im geistigen) Niedergang, der schwindenden Vaterlandsliebe, dem Geburtenrückgang usw. Die Gefahr wächst, wenn mit steigender Zivilisation die Verstädterung zunimmt, besonders dann, wenn sich die städtische Bevölkerung nicht auf viele Klein- und Mittelstädte verteilt, sondern in wenigen übergroßen „Wasserköpfen" zusammenballt und wenn die landwirtschaftlich tätige Bevölkerung unter einen gewissen Prozentsatz des Gesamtvolkes herabsinkt. Hieran sind früher Völker zugrunde gegangen und große Reiche zusammengebrochen, namentlich das Römische Weltreich; und auch heute wieder scheinen gewisse Völker und Staaten bedroht zu sein, aber nicht etwa nur die sog. „alten Kulturvölker", sondern auch gewisse junge Kolonialvölker, z. B. in Nordamerika und Australien.

Da wir das schnelle Fortschreiten der Verstädterung und den Niedergang infolge zu starker Verstädterung allezeit und allerorts beobachten können, so gibt es nicht wenige, die das für natürlich, schicksalhaft, gottgewollt ansehen; sie glauben, daß es mit dem Leben der Völker so sei wie mit dem Leben des Einzelnen, daß auch Völker und Staaten sterben müßten. So kommen sie zu jenem Pessimismus, der — in Überspannung der Ausführungen Spenglers — in dem Schlagwort vom „Untergang des Abendlandes" zum Ausdruck kommt. Philosophen und Ästheten kokettieren in müder Resignation damit, daß der Kampf gegen das Fatum aussichtslos, also sinnlos wäre.

Aber diesem müden — „feigen" — Pessimismus muß der Kampf angesagt werden. Es handelt sich nicht um einen natürlichen Ablauf des Lebens, nicht um ein gottgewolltes Schicksal, sondern vielmehr um den Mut, einem drohenden Geschick zu trotzen und darum die Waffen für den Kampf zu schmieden. Diese Waffen liefert die Wissenschaft vom Planen in Land und Stadt; geführt müssen sie dann werden von der Bevölkerungs-, Agrar-, Siedlungs- und Verkehrspolitik. Mag die Geschichte uns noch so viel von untergegangenen Völkern berichten, so brauchen wir doch nicht zu verzagen, denn wir wissen ja, daß diese Völker zugrunde gegangen sind, weil sie sich gegen Blut und Rasse versündigt haben oder weil ihnen für den Kampf gegen das Klima oder andere Völker nicht die erforderlichen technischen Mittel zur Verfügung standen.

Es ist zweckmäßig die geschichtliche Entwicklung des Siedlungswesens, namentlich der Verstädterung kurz zu betrachten. Hierzu müssen zunächst Zeitabschnitte festgelegt werden.

Die übliche Gliederung der Geschichte in Altertum, Mittelalter und Neuzeit versagt nun für die Siedlungsgeschichte ebenso wie für die Geschichte der Wirtschaft und des Verkehrs. Es gibt hier nur zwei große Abschnitte:

die alte Zeit, bis 1800 und
die neue Zeit, von 1800 ab.

In dieser Zweiteilung werden also die Jahrtausende bis 1800 den wenigen Jahrzehnten seit 1800 gegenübergestellt; das klingt grotesk, aber es ist — richtig. Denn maßgebend sind die technischen, wirtschaftlichen, politischen, rassischen und sozialen Umwälzungen, die durch die Einführung von Kohle, Dampf, Stahl, Elektrizität in Wirtschaft, Verkehr und Kriegswesen hervorgerufen worden sind; diese Fortschritte sind allerdings schon von 1500 ab durch die großen Entdeckungen und durch die Erkenntnisse der Mathematik und Naturwissenschaften eingeleitet worden; aber wirksam geworden sind sie erst von 1800, in Deutschland eigentlich erst von 1850 ab. Um diese Zeit ist jener Markstein errichtet worden, von dem aus eine ganz neue Richtung im Leben und damit im Siedlungswesen der sog. Kulturvölker anhebt. Die über die Machtmittel der Technik (über „Maschinen und Kanonen") verfügenden Völker und Staaten haben sich die Erde untertan gemacht, sie haben ihre wirtschaftliche Basis gewaltig verbreitert, sie haben eine fast vollkommene Arbeitsteilung durchgeführt, sie haben die größten Völkerwanderungen aller Zeiten hervorgerufen, dazu Binnenwanderungen von größtem Ausmaß. Hierbei haben sie auch die Lebenshaltung erheblich heraufsetzen können, und das hat die Nationen, die den erforderlichen gesunden Lebenswillen haben, befähigt, ihre Bevölkerungsgröße erheblich zu steigern. Hierdurch traten aber auch die großen sozialen Probleme auf, durch die die Völker heute erschüttert werden, und es zeigten sich als Kehrseite des äußerlich so glanzvollen Aufstieges nicht zuletzt gerade im Siedlungswesen die großen Schäden, die wir heute bekämpfen und überwinden müssen.

A. Die Städte der „alten Zeit".

Bis zur Erfindung der Eisenbahn konnten Zusammenballungen von Menschen in Großstädten und begünstigten Bezirken nur entstehen, soweit die damalige Verkehrstechnik die ständige und zuverlässige Versorgung der Bevölkerung mit den lebenswichtigen Gütern (Nahrung, Kleidung, Bau- und Heizstoffen) ermöglichte, und soweit die städtische Bevölkerung diese Güter mit ihren Erzeugnissen, also hauptsächlich mit solchen des Gewerbefleißes, bezahlen und über die liefernde Umgebung verteilen konnte.

Da nun die einzigen leidlich leistungsfähigen Verkehrsmittel die See- und Binnenschiffahrt waren, so konnten Großstädte nur als Häfen und dicht besiedelte Gebiete nur auf fruchtbaren, gut aufgeschlossenen Küsten und Uferstreifen entstehen. Die besten Beispiele hierfür können wir noch heute in Java und China beobachten; es kann auch noch auf die so fruchtbaren Küstenstreifen des Mittelmeerraumes hingewiesen werden, denen die Öde des von der Natur nicht begnadeten Landesinnern gegenübersteht.

Wir machen uns aber von der Größe der alten Städte und der Bevölkerungszahl der früheren Staaten meist übertriebene Vorstellungen; eine Parallelerscheinung hierzu ist die Irrlehre von dem Millionenheer, mit dem die Perser gegen Griechenland marschiert sein sollen; Millionenheere waren damals weder zu Land noch zur See zu verpflegen und zur See überhaupt nicht zu transportieren. Ähnliches gilt von der Volkszahl, mit der die germanischen Stämme bei der Völkerwanderung in das Römische Reich eingebrochen sein sollen.

Bis 1800 hat es (wahrscheinlich) überhaupt nur fünf Städte gegeben, die die Million erreicht haben: drei chinesische (mit beispiellos genügsamer Bevölkerung!), das Rom der Kaiserzeit, dessen Bewohner aber größtenteils Sklaven waren und in dem ein furchtbares Wohnungselend geherrscht hat, und London (um 1800) als Hauptstadt des werdenden Britischen Weltreiches.

Dem kann nun aber entgegengehalten werden, daß doch die räumliche Ausdehnung einzelner alter Städte aus den Längen der Festungsmauern bekannt ist und daß sie „riesenhaft“ gewesen ist. Das ist richtig; es ist aber falsch, aus der Größe der Fläche auf die der Bevölkerung zu schließen. Diese Städte waren „Lagerfestungen“, innerhalb deren meilenlangen Mauern Weiden, Felder und Fruchthaine, Paläste und Tempel und Dörfer lagen, was man heute noch bei einzelnen asiatischen „Städten“, z. B. bei Korat in Siam mit seinen 12000 Einwohnern, beobachten kann. Die Städte mußten eben räumlich so groß sein, daß sie sich bei langen Belagerungen aus der eigenen Fläche ernähren konnten. Andere Städte waren Aufeinanderfolgen von Trümmerfeldern mehrerer eng zusammenliegender älterer Städte, vgl. das heutige Neu- und Alt-Delhi.

Besonders klein sind die „führenden Weltstädte“ der griechischen Glanzzeit gewesen. Die größte, Athen, hatte mit dem Piräus zur Zeit ihrer höchsten Blüte vielleicht 200000 Einwohner; den größten Städten des Römischen Reiches (außer Rom) billigt man jetzt 700000 Einwohner zu. Noch kleiner waren die stolzen Städte des deutschen Mittelalters; die größten Köln und Lübeck sind als Häupter der Städtebünde nicht über 70000 Einwohner hinausgekommen. Wie klein diese mittelalterlichen Städte gewesen sind, kann man ja auch heute noch aus der geringen räumlichen Größe all der Städte erkennen, deren Mauern noch erhalten sind (Nürnberg, Rothenburg) oder sich im heutigen Grundriß klar verfolgen lassen. Venedig soll zur Zeit seiner höchsten Macht 200000 Einwohner gehabt haben.

In Europa hatten die sog. führenden Städte in sehr langsamer Entwicklung um etwa 1600 einen Sättigungspunkt erreicht, die der Leistungsfähigkeit des Verkehrs, den wirtschaftlichen Verhältnissen (Versorgung, Absatz, Arbeitsteilung) und der Größe der Staaten entsprach. Der Dreißigjährige Krieg brachte dann einen Rückschlag und erst nach dessen Überwindung begann wieder eine Zeit des Anstieges, jedoch nur bei wenigen begünstigten Städten (Residenzen, Häfen), und zwar unter dem Zeichen der sich bildenden Nationalstaaten und der von diesen im Sinne des Merkantilismus sorgsam gepflegten Wirtschafts-, Verkehrs- und Bevölkerungspolitik. Aber auch hierbei erreichten bis 1800 Berlin nur 200000, Paris 600000, London 1000000 Einwohner. Wir müssen auf diese Fragen noch mehrfach zurückkommen. Wie unfaßbar im Mittelalter den Europäern die Millionenstadt war, ergibt sich daraus, daß Marco

Polo, als er um 1300 aus dem Reich des Großchan zurückkehrte und von den dortigen Riesenstädten erzählte, den Spottnamen „Il Millione“ erhielt.

B. Die Städte der „neuen Zeit“.

Gegenüber der Kleinheit und der langsamen Entwicklung in der „alten“ Zeit sind die Städte in der „neuen“ Zeit mit unheimlicher Schnelligkeit zu außerordentlicher Größe aufgestiegen. Die technischen, wirtschaftlichen und politischen Grundlagen hierfür sind oben bereits angedeutet; es ist die Zeit, in der die Territorialwirtschaft (der Nationalstaaten) ausreift und nun in England schon von 1815, in Deutschland aber eigentlich erst von 1871 in die Weltwirtschaft übergeht[1]. Im besonderen hat hierbei der Aufschwung der Technik (im weitesten Sinne des Wortes) das Anwachsen der Städte und die Entstehung der Industriebezirke verursacht und teilweise auch die Entvölkerung des platten Landes (den Niedergang der heimischen Landwirtschaft und des Bauerntums) verschuldet.

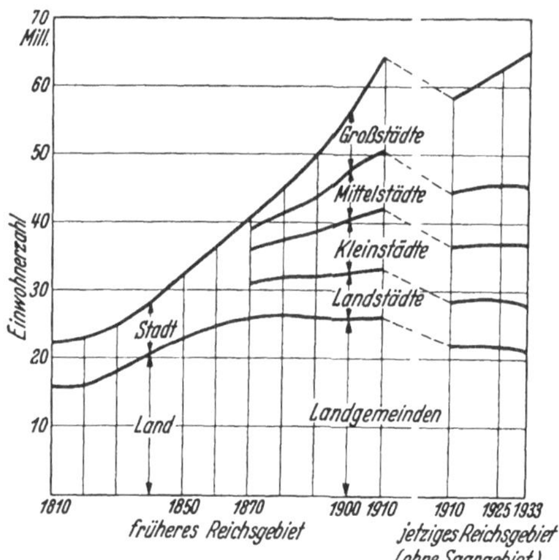

Abb. 1. Die Entwicklung der Bevölkerung Deutschlands in den verschiedenen Gemeindegrößenklassen 1810 bis 1933 (die Abgrenzung der einzelnen Gemeindegrößenklassen erfolgte entsprechend der amtlichen Statistik).

Einzelne Völker haben hierbei durch angespannte Pflege des Exportkapitalismus und des Exportindustrialismus ihre wirtschaftliche Basis stark in das Ausland verlegt, indem sie nicht nur Industrierohstoffe, sondern auch Nahrungsmittel (Getreide, Fleisch, Fette) in übergroßen Mengen aus dem Ausland beziehen. Hierin liegt die doppelte Gefahr, daß sie vom Ausland zu abhängig werden und daß die Gesamtgrundlage ihres Siedlungswesens ungesund wird; denn die Folgen sind Überindustrialisierung und Verstädterung auf der einen, Landflucht und Niedergang des Bauerntums auf der anderen Seite.

Wie stark und wie schnell die Verstädterung vor sich gegangen ist, ist so oft beschrieben worden, daß wir uns auf wenige Hinweise und Abbildungen beschränken können.

Abb. 1 zeigt die Verteilung und Entwicklung der Bevölkerung Deutschlands hinsichtlich der Gemeindegrößen. Nimmt man an, daß Gemeinden bis 20000 Einwohner noch nicht die Schäden der Siedlungen mit ausgesprochen städtischen Charakter haben, so ergibt sich aus Abb. 2, daß der Anteil der Bevölkerung dieser im allgemeinen gesunden Gemeinden von 87% im Jahre 1871 auf 57% im Jahre 1933 zurückgegangen ist.

Die folgende Aufstellung gibt einen Vergleich hinsichtlich des Grades der Verstädterung in den wichtigsten europäischen Staaten. Danach hat Deutschland den traurigen Ruhm, an zweiter Stelle zu stehen:

Großbritannien	64%	Schweden	23%
Deutsches Reich	41%	Österreich	21%
Niederlande	40%	Finnland	14%
Belgien	38%	Rußland (ungenau!)	11%
Frankreich	34%		

Anteil der städtischen Bevölkerung (in Gemeinden über 15000 Einwohner) in Prozent der Gesamtbevölkerung im Jahre 1925.

[1] Statt „Welt-Wirtschaft“ sollte man übrigens besser „Weltmarkt-Wirtschaft“ sagen.

Die Binnenwanderung vom Land in die Stadt hat natürlicherweise auch eine Umschichtung in der Berufsstruktur zur Folge; Abb. 3 zeigt die hier seit 1882 in Erscheinung getretenen großen Veränderungen.

Bei der Erörterung dieser Siedlungsprobleme darf man aber nicht etwa nur die Entwicklung innerhalb des einzelnen Volkes betrachten; es muß vielmehr bei der engen Verflechtung der Kulturnationen, namentlich ihrer Großstädte und Industriebezirke in die Weltwirtschaft und im Hinblick auf

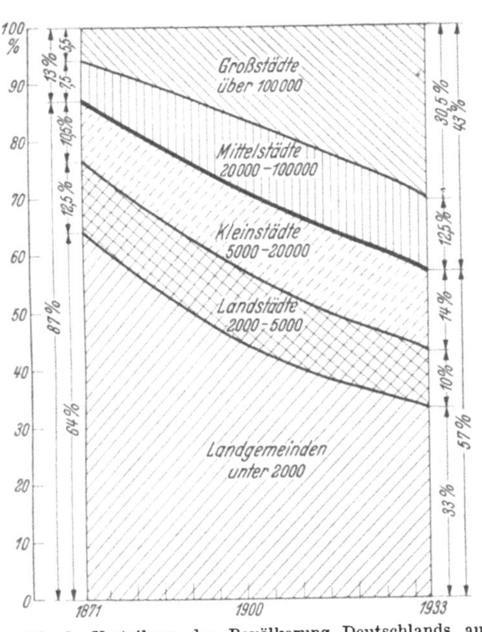

Abb. 2. Verteilung der Bevölkerung Deutschlands auf die Gemeindegrößenklassen 1871—1933 in Prozenten. (Nach Wirtsch. u. Statist. 1933 Nr. 23.)

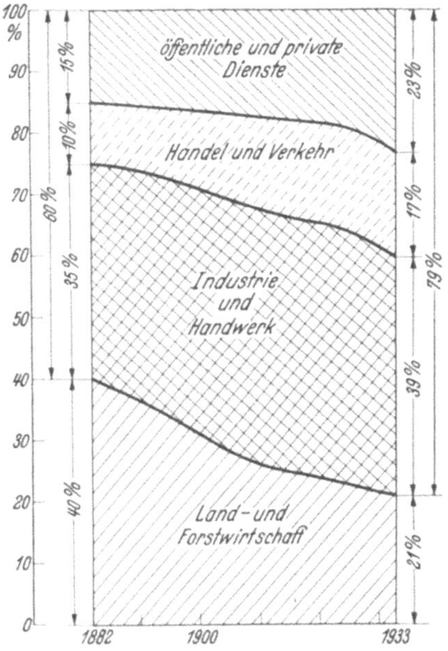

Abb. 3. Die Bevölkerung des Deutschen Reiches 1882—1933 nach Wirtschaftsabteilungen. (Nach Wirtsch. u. Statist. 1934 Nr. 14.)

die kommenden großen machtpolitischen Auseinandersetzungen die Gesamtentwicklung der Menschheit wenigstens kurz angedeutet werden:

Die Bevölkerung der Erde zeigt von 1810—1935 nach Kontinenten geordnet folgende Entwicklung:

	Bevölkerung in Millionen			In Prozent der Erdbevölkerung		
	1810	1910	1935	1810	1910	1935
Asien	380	858	1135	56	53	55
Europa	180	447	516	26	28	25
Afrika	99	127	147	15	8	7
Amerika	21	180	261	3	11	12,5
Australien	2	7	10	—	—	0,5
Zusammen	682	1619	2069	100	100	100

Schon diese rohen Zahlen geben zu denken: Die Welt wächst, Europa fängt an zu stagnieren.

Aber diese Zahlen zeigen ja nur das Äußerliche, das „Quantitative“. Noch kritischer ist das „Qualitative“, nämlich das relative Sinken Europas auf industriellem (und waffentechnischem) Gebiet. Dabei ist die so viel erörterte und beklagte Industrialisierung Ostasiens und der Südkontinente vielleicht noch nicht einmal so schlimm. Wesentlich schlimmer dürfte für die heute noch führenden Gebiete sein, daß sie selber in der kühl-gemäßigten Zone liegen, daß aber nach Süden zu an sie unmittelbar Gebiete angrenzen, die in der warm-gemäßigten Zone liegen und daß in dieser die wirklichen Bedürfnisse, also die Ansprüche an Wohnung, Nahrung, Kleidung und Heizung, also auch die „Produktionskosten“ niedriger sind. Nachdem nun die nördlichen Völker nicht nur ihre Industrieerzeugnisse, sondern auch ihre Industriemittel (Maschinen und Verfahren) nach dem Süden eingeführt haben, wird der Süden immer mehr selbst Industriegebiet und kann hierbei von den eben erwähnten niedrigeren Produktionskosten Gebrauch machen. Nachdem außerdem der Norden den Verkehr zwischen Nord und Süd so verbilligt hat (vgl. Algier — Frankreich), wird die südliche Landwirtschaft der nördlichen ein gefährlicher Wettbewerber; denn sie hat den doppelten Vorteil des wärmeren Klimas und der billigeren Lebenshaltung; schon ist der französische Gemüse- und Weinbauer durch den algerischen schwer bedroht; schon hat der Gemüse- und Obstbau in den Nordstaaten der Union unter dem Wettbewerb der Südstaaten stark gelitten. Und dabei beachte man, daß wir unsere Vorherrschaft zu einem großen Teil auf der Kohle aufgebaut haben, daß jene Gebiete aber über Öl verfügen, wobei man allerdings die Bedeutung des Öls nicht überschätzen sollte!

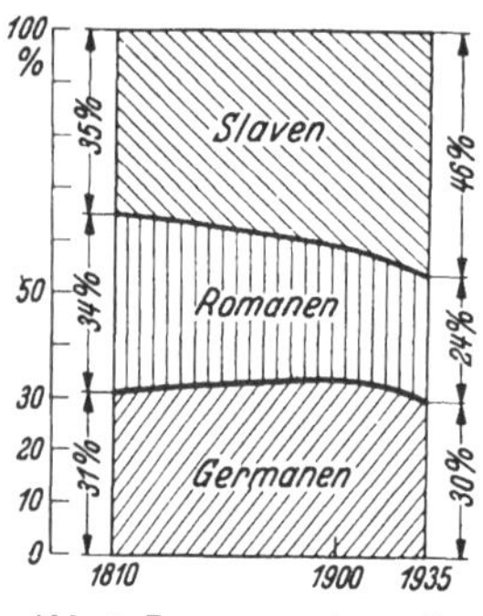

Abb. 4. Zusammensetzung der Bevölkerung Europas.

Im Zusammenhang hiermit ist die Verschiebung in der Zusammensetzung der Bevölkerung Europas von Bedeutung. Sie ergibt sich in Prozenten aus nebenstehender Zusammenstellung und aus Abb. 4.

Es gehörten in Europa an in Prozent	1810	1910	1935
den Germanen . .	31	34	30
den Romanen . .	34	24	24
den Slaven . . .	35	42	46

Der Schwerpunkt Europas wandert also nach Osten! Wem zum Heil? Wem zum Schaden? Und diese jungen Völker des Ostens haben mehr Raum, mehr Bauern, weniger Städter als wir und sie verfügen über alle unsere Kenntnisse auf städtebaulichem und siedlungstechnischem Gebiet und werden dadurch vor vielen Fehlern und Schäden bewahrt bleiben.

II. Siedlungsgeographie und Siedlungspolitik[1].

Man kann zum Siedlungswesen nicht Stellung nehmen, ohne sich darüber klar zu werden, aus welchen Kräften heraus die Siedlungen entstehen. Diese Kräfte sind teils geographischer, teils menschlicher (geschichtlicher, politischer) Art; praktisch gesprochen wirken beide Arten immer zusammen. Um dies zu verstehen, mache man sich klar:

Die Siedlungen sind nichts Totes, Starres; sie sind nicht „Steinhaufen“, sondern lebende Wesen; sie werden geschaffen, sie blühen auf (manchmal zu schnell), sie werden krank und siech, sie erholen sich wieder; unendlich viele sind gestorben (selbst in dem noch so jungen Nordamerika). Jeder Wechsel in den natürlichen, wirtschaftlichen, politischen Verhältnissen, in der Verkehrs- und Waffentechnik wirkt sich schaffend oder vernichtend, fördernd oder lähmend aus.

Man darf also im Siedlungswesen die Bedeutung des Geographischen, also der unabänderlichen Naturgegebenheiten (und der vom Menschen beeinflußbaren Naturbedingungen) nicht einseitig überschätzen, sondern muß immer beachten, daß mit ihnen der Mensch, dieses „anpassungsfähigste Geschöpf“ mit seinem Wollen und Können in besonders enge Beziehung tritt. Wenn der Mensch nicht will, bleiben die glänzendsten Lagen unausgenutzt; wenn der

[1] Vgl. hierzu Blum, „Verkehrsgeographie“. Berlin: Julius Springer 1936.

Mensch aber will, werden Städte auch an ungünstigster Stelle geschaffen. Bei einseitiger, „nur geographischer“ Betrachtungsweise kann man für viele Punkte „glänzende Verkehrslagen“ und „beherrschende Zentrallagen“ herausfinden, aber es ist dort doch keine Stadt entstanden.

Damit an irgendeiner Stelle eine Siedlung entsteht, sind drei Voraussetzungen erforderlich, zu denen dann aber noch eine „städtegründende Kraft“ hinzutreten muß. Die drei Voraussetzungen sind folgende:

1. Wasser für den Menschen, seinen Haushalt und seine Haustiere;
2. gewisse Vorzüge für die Verkehrsabwicklung;
3. eine gewisse Schutzlage.

Zu den beiden ersten Punkten sei nur kurz angedeutet:

Zu 1. Der Mensch ist derart von der **Wasser**versorgung abhängig, daß er nur in dringenden Ausnahmefällen und auch dann nur ganz kleine Siedlungen (Leuchttürme, Raststationen in der Wüste, vorgeschobene Posten im Stellungskrieg) an Stellen anlegen kann, an denen sich kein Wasser findet; vgl. die ungeheuren Schwierigkeiten der Wasserversorgung in gewissen Kolonialkriegen und z. B. beim Bau des Suezkanals. Auch der Betrieb aller Verkehrsmittel erfordert Wasser; es können also auch die „Betriebsstationen“ nur an Wasserstellen angelegt werden.

Das Wasser, d. h. die Wasservorkommen, beeinflussen das Siedlungswesen um so stärker, je seltener sie sind, am stärksten also in der Wüste, dann in der Steppe und im Karst, aber z. B. auch fast im ganzen Mittelmeergebiet. Je weniger Wasserstellen, desto größer der Zwang, jede auszunutzen, desto geringer die Zahl der Siedlungen, desto größer die einzelne Siedlung[1].

Zu 2. Der Mensch wird seine Siedlung nach Möglichkeit so legen, daß sie eine günstige **Verkehrslage** zu den Flächen hat, auf denen er seinen Lebensunterhalt erwirbt, desgleichen zu den Nachbarsiedlungen.

Zu 3. **Schutz** ist für die Siedlung, also die Menschen, Haustiere, Vorräte und Bauten notwendig gegen:

a) feindliche Menschen,
b) feindliche Tiere,
c) die Naturgewalten (Hochwasser, Stürme, Erdrutsche, Uferabbrüche, Lawinen, Vulkane),
d) Krankheiten (Malaria, Cholera, Gelbfieber),
e) besonders starke Klimaextreme.

Daß die Siedlung und auch die Verkehrsanlagen des Schutzes gegen diese Bedrohungen bedürfen, haben wir Kulturmenschen stark vergessen; da andererseits die ständige Gefahr abstumpft, so haben sich die Menschen nur selten abschrecken lassen, ihre Siedlung der Sturmflut, den Lawinen, den Lavaströmen abzutrotzen; „bisagno vivere pericolosamente“ (man muß gefährlich leben), sagt der Italiener und baut sein Haus auf der heißen Lava wieder auf.

Das ist sehr männlich, aber der Städtebauer und Verkehrstechniker muß doch etwas kühler denken; andererseits muß er bedenken, daß viele Siedlungen in Zeiten entstanden sind, in denen die Gefahren höher eingeschätzt werden mußten als heute. Wenn es nötig ist, können wir heute mittels der Arbeit der Ingenieure und Ärzte den größten Gefahren trotzen; das gilt vor allem von den Seehäfen, von denen viele die Gunst ihrer geographischen Lage nur ausnützen können, indem die sehr ungünstigen topographischen Verhältnisse mit hohen

[1] Daß es in Unteritalien und auf Sizilien so wenig Dörfer gibt und daß hier auch die Bauern größtenteils in Städten wohnen, ist zum Teil in der Armut des Landes an Quellen begründet.

Wir Nordwesteuropäer würdigen die Bedeutung der Wasserstellen nicht genügend, weil uns unser Land und unser Klima genügend Wasserstellen gibt. Das ist auch einer der wichtigsten Unterschiede in den Grundlagen des Städtebaues für die Gebiete südlich und nördlich der Alpen und der Grund, weswegen wir uns hüten müssen, der Antike und der Renaissance ohne Kritik zu folgen.

Mitteln überwunden werden, vgl. viele Nordseehäfen, Venedig, die großen Häfen Indiens, Batavia, Galveston, New Orleans. Viele tropische Häfen sind gesundheitlich so ungünstig, daß nur der eigentliche Hafen unmittelbar in der fieberschwangeren Niederung liegen darf, während die Wohnstadt weiter landeinwärts auf höherem Gelände liegen muß; und hierbei muß für die Europäer unter Umständen eine besondere Wohnstadt auf besonders ausgesuchtem Gelände und in besonderer städtebaulicher Ausgestaltung — starke Durchlüftung! — geschaffen werden; vgl. Batavia mit dem Hafen Tandjong Priok, der Eingeborenenstadt Alt-Batavia und der Europäerstadt Weltevreden.

Die militärische Schutzlage kann nur defensiv, aber auch offensiv sein; denn auch für den Schutz der Siedlung gilt der Satz, daß der Angriff meist die beste Verteidigung ist. Wir müssen hier aber die Verteidigung, also die eigentliche „Schutz"lage besonders betonen, weil eine große Zahl von Städten, namentlich auch in Deutschland, in ausgesprochener Schutzlage gegründet worden sind.

Wenn die Schutzlage nur defensiv wirken soll, so ist die „Lage abseits" die beste, nämlich die Lage nicht an den Verkehrspunkten, und nicht einmal an einer Verkehrslinie. So haben sich von altersher die sich schwach fühlenden Küstenbewohner, zumal wenn sie als Bauern und Hirten kontinental dachten, gegen die über das Meer kommenden Feinde und Seeräuber (aber auch gegen Händler und „Kultur" bringende Fremdlinge) dadurch gesichert, daß sie ihre Siedlungen, auch wenn sie eigentlich an der Küste liegen müßten, nicht an der Küste, sondern abseits — und zwar dann meist noch in besonderer Schutzlage auf schroffen Höhen — angelegt haben; viele treffliche Beispiele bietet Sizilien und Unteritalien (vgl. Taormina). Andererseits haben sich Küstenbewohner vor Festlandfeinden auf Halbinseln und Inseln zurückgezogen (Venedig). Im Binnenland hat man sich in Sümpfe, auf Fluß- und Seeinseln (Lindau, das Kloster in Konstanz, heute „Inselhotel"), in abseitige Täler, auf Berge, in dichte Wälder zurückgezogen.

Ist die „Lage abseits" nicht möglich oder nicht erwünscht, so werden Stellen aufgesucht, die durch ihre besonderen topographischen Verhältnisse Schutz gewähren und die Anlage von Festungswerken erleichtern, also Berge, Bergvorsprünge, Inseln, Halbinseln; auch die Lage hinter Flüssen und Sümpfen ist gut.

Wenn bei der Wahl des Platzes neben der Verteidigung an den Angriff gedacht wird, so ist die Verkehrslage besonders bedeutungsvoll. Das ist besonders beim Kolonisieren wichtig; hier sind die vielen deutschen Städte zu nennen, die im Westen von den Römern, in Mittel- und Ostdeutschland von den Deutschen gegründet worden sind, fast alle in der charakteristischen Lage „hinter dem Fluß", aber an guter Brückenstelle und möglichst gleich mit Brücke und Brückenkopf; viele dieser Städte sind übrigens nicht als Städte, sondern als castra oder Burgen gegründet worden; manche von ihnen sind zu großen Verkehrsstädten aufgestiegen.

Im Lauf der Zeit hat sich der Wert der Schutzlage teils verschoben, teils verringert. Die Ursachen für die Änderungen sind das Geringerwerden oder der Fortfall des Schutzbedürfnisses, die Veränderung der Waffentechnik und der Wunsch, die von der Schutzlage ausgehenden Wachstums- und Verkehrshemmungen zu beseitigen. Durch das Größerwerden der Einheitsstaaten und die fortschreitende Befriedung der Kolonien ist bei den meisten Orten das Schutzbedürfnis fortgefallen. Ferner gewährt das, was früher den Schutz ausmachte, heute wohl nur noch gegen Halbwilde Deckung, da man sich kaum mehr eine Stadtanlage denken kann, die gegen die heutigen Geschütze und Bomber Schutz gewähren könnte, vgl. die schnelle Einnahme von Lüttich und Antwerpen, das Nichtverteidigen von Bukarest, die Bedenken der Engländer wegen des Wertes von Gibraltar und Malta. Infolgedessen sieht man die Befestigung einer Stadt eher als einen Nachteil denn als einen Vorteil an, da die Stadt im Krieg unter Umständen gerade deswegen stark leiden wird, weil sie Festung ist. Dies soll übrigens Hamburg schon 1814 veranlaßt haben, den Festungscharakter abzulegen, um nie wieder die Leiden einer Belagerung durchmachen zu müssen. Befestigung und Schutzlage haben aber außerdem dauernde wirtschaftliche und verkehrliche Nachteile im Gefolge: Die Befestigung schnürt die Stadt ein, sie verhindert die Bebauung des freien Schußfeldes und erschwert damit auch die Anlage guter Verkehrsanlagen (Königsberg, Köln, Lille); die Schutzlage gewährt im allgemeinen nur eine beschränkte Fläche für die Bebauung und ist für den Verkehr unter Umständen schwer zugänglich; am klarsten ist das bei Berg- und Inselstädten.

Die neuere Entwicklung verläuft daher in folgenden beiden Richtungen: Ist die Schutzlage nicht scharf ausgeprägt, besteht der Schutz also hauptsächlich in den Wällen und Forts, so werden diese Fesseln gesprengt, und die Stadt dehnt sich dann über das gewonnene Gelände aus, vgl. Königsberg, wo man die alten militärischen Gelände zu prächtigen Grünanlagen umgestaltet hat. Ist die Schutzlage dagegen stark ausgeprägt, so wächst die Stadt über sie hinaus: Die Altstadt bleibt in Schutzlage auf dem Berg oder der Insel, die neuen Stadtteile breiten sich aber im freien Gelände aus, wobei sie sich teilweise den hier von Anfang an entstandenen Verkehrsanlagen anschmiegen; die Oberstadt ist alt, winklig und rückständig, aber oft romantisch; die Unterstadt ist neu, weit angelegt, aufstrebend und oft häßlich (Laon, Montmédy). Bei Inselstädten springen unter Umständen wichtige neue Teile, insbesondere Verkehrsanlagen, auf das Festland über, weil sie dort mehr Entwicklungsraum und unmittelbaren Anschluß an die Landwege haben, vgl. Venedig, New York, Hongkong; ein gutes Beispiel für eine „Halbinselstadt" ist auch Bern.

Zu den vorstehend skizzierten drei Voraussetzungen muß nun irgendeine, von Menschen bewußt ausgenutzte, städtegründende Kraft hinzutreten. Soweit diese Kräfte geographischer Art sind, lassen sie sich in solche wirtschaftlicher und solche verkehrsgeographischer Art gliedern:

Die wirtschaftlichen Kräfte sind Fruchtbarkeit, Wasser (als Roh- und Hilfsstoff), Wasserfälle, Heilquellen, Naturschönheiten, Salze, Erze und Brennstoffe. Ihre siedlungsgeographische Bedeutung wird am besten dargestellt, indem man nach kleinen und großen Siedlungen unterscheidet, was gleichzeitig ungefähr der Einteilung nach landwirtschaftlichen und gewerblichen Siedlungen entspricht:

Für die **landwirtschaftlichen Siedlungen,** also die Höfe, Weiler und Dörfer und für eine große Zahl von Kleinstädten bildet neben der Forstwirtschaft und Fischerei die Landwirtschaft, unter Umständen in der Art des Garten-, Obst- oder Weinbaues die Hauptgrundlage; dazu kommen etwas Gewerbe und auch Handel.

Die ursprünglichste Form der landwirtschaftlichen Siedlung ist der Hof als Wohn- und Arbeitstätte der bäuerlichen Großfamilie, wie er heute — glücklicherweise! — z. B. noch in Niedersachsen besteht. Der Hof muß, abgesehen von den anderen Lagebedingungen, eine gewisse Verkehrslage zu seiner Wirtschaftsfläche haben; um ihn herum werden sich bestimmte Kreise in Art der Thünenschen Kreise ausbilden. Die landwirtschaftliche Tätigkeit weist also auf die Zerstreutsiedlung als die verkehrswirtschaftlich richtige Form hin. Hierbei werden die einzelnen Feldmarken, also die Abstände der Siedlungen, um so kleiner sein, je höher die Wirtschaftsstufe ist; der Gartenbau wird die kleinsten, der Ackerbau, die Weidewirtschaft, der Forstbetrieb immer weitere Maschen hervorrufen; theoretisch (geometrisch) betrachtet, müßten sich Sechseckwaben mit dem Hof als Mittelpunkt ergeben. Solche Gebilde widersprechen aber der Natur, denn diese hat wenig Sinn für falsch angewandte Mathematik.

Die meisten landwirtschaftlichen Gebiete zeigen aber die Weiterentwicklung vom Hof zu größeren Siedlungsformen, nämlich zum Weiler und Dorf. Die wichtigste Ursache hierfür ist die Höherentwicklung der Wirtschaft und die Abspaltung bestimmter Berufe, wobei vornehmlich an die Berufe zu denken ist, die noch nicht auf jedem Hof aber in jedem Dorf lebensfähig sind, also Schmied und Krämer.

Es sind dann aber folgende Abwandlungen zu beachten:

1. Was den Verkehr anbelangt, so müssen die Wege um so kleiner werden, je ungünstiger die Art, Gestaltung und Bedeckung des Bodens für den Verkehr sind; je besser dagegen die Wege (und außerdem die Zug- und Reittiere) sind, desto größer können (aber nicht müssen) die Abstände und Dörfer sein. Ferner wirkt jeder besonders gute Verkehrsweg und Verkehrspunkt in dem Sinne, daß durch ihn die sonst richtige Aufteilung gestört wird, indem sich mehrere Siedlungen zu einer nun aber größeren vereinigen, um diese Verkehrsgunst auszunutzen.

2. Die verschiedenartige Verteilung des Wassers wirkt in dem Sinn, daß die Siedlungen um so zahlreicher und daher unter sonst gleichen Verhältnissen um so kleiner sind, je mehr gute Wasserstellen vorhanden sind.

3. Je größer das Schutzbedürfnis ist, desto mehr müssen sich die Menschen in wenigen größeren Siedlungen zusammenschließen, vgl. das Mittelmeergebiet und viele Kolonien.

4. Die Sitte (Wohnsitte) ist dadurch von großem Einfluß, daß es Völker gibt, die von altersher die Zerstreutsiedlung, also den Hof vorziehen, wie es die schöne stolze Sitte der Germanen ist, daß es andererseits aber auch Völker gibt, die von altersher der Geballtsiedlung, also der Stadt, den Vorzug geben; das ist die Sitte der Völker in quellenarmen und vielbedrohten Ländern. Diese Extreme werden beide zu der „natürlichen", d. h. den Gegebenheiten richtig angepaßten Siedlungsform führen, wenn ein Volk durch lange Zeiten hindurch seßhaft bleibt. Es müssen sich aber starke Abweichungen vom Natürlichen ergeben, wenn ein Volk als Eroberer (Kolonisator) in andere Naturverhältnisse kommt; die zum Städter erzogenen Italiener und Spanier haben z. B. auch dort (Bauern-) Städte angelegt, wo der Wasserreichtum auf Dorf und Hof hinweisen[1].

Wenn auch in einem landwirtschaftlich genutzten Gebiet alle Grundlagen auf die Kleinsiedlungen hinweisen, so entstehen in ihm trotzdem einzelne größere Siedlungen. Von den in diesem Sinn wirkenden wirtschaftlichen Kräften ist besonders die Abspaltung bestimmter Berufe, nämlich des Handwerkers und des Händlers wichtig. Der Handwerker wird notwendig, weil die Herstellung der besser werdenden Kleider, Geräte und Waffen eine besondere Kunstfertigkeit, besondere Werkzeuge und Werkstätten erfordert. Der Händler wird notwendig, weil die Erzeugnisse des Handwerkers über eine größere Umgebung abgesetzt werden müssen und weil die reicher werdenden Völker Bedürfnisse nach fremden Erzeugnissen (Salz, Schmuck, Waffen) empfinden. Hierbei wird es mit zunehmender Wirtschaftshöhe für die Sonderberufe immer zweckmäßiger, sich an besonders günstigen Stellen zu konzentrieren, die ihnen gute Verkehrsgelegenheit über ein größeres Gebiet hinweg und außerdem gewisse Hilfen für

[1] Den Spaniern waren in Mexiko und Peru ihre Eroberungen sehr leicht, weil die dort wohnenden kulturell hochstehenden Indianer in Städten wohnten; es war aber den Spaniern zum Verhängnis, daß sie, von Florida gegen den Mississippi vorrückend, überhaupt keine Städte fanden, so daß sie die Eingeborenen überhaupt nicht „fassen" konnten. Auch Alexander der Große und die Römer hatten bei der Eroberung Vorderasiens teilweise deswegen so leichtes Spiel, weil das Gebiet so stark verstädtert war.

Wenn Völker mit ganz anderen Wohnsitten, wirtschaftlichen und Verkehrsgewohnheiten in ein fremdes Land einbrechen, verändern sie dessen Siedlungswesen oft so stark und so naturwidrig, daß sie dadurch selber in große Not geraten; vgl. die Reiternomaden der Steppe, die in die Großoasen, namentlich in die künstlich bewässerten einbrechen, dann der Wasserwirtschaft verständnislos und hilflos gegenüberstehen und wieder weiter ziehen müssen, um nicht zu verhungern.

ihre Gewerbe (vor allem Wasser als Stoff und Kraft) gewähren. So entstehen städtische Mittelpunkte für Gewerbe und Handel.

In gleicher Richtung wirken bestimmte politische Kräfte, nämlich der allgemein menschliche Geselligkeitstrieb, der Wunsch gemeinsamer Religionsübung, die Verwaltung und die Gerichtsbarkeit, das Erziehungswesen, die Ausführung größerer Arbeiten (z. B. im Festungs- und Wasserbau), zu denen die kleinen Siedlungen zu schwach sind.

So entsteht die sog. Kreisstadt, die im allgemeinen ein so großes Gebiet beherrscht, daß die Fuhrwerke im Bezirksverkehr an einem Tag von den Grenzen des Bezirks bis zur Stadt und von hier (mit einigen Stunden Aufenthalt) wieder zurückgelangen können. Die „Kreisstädte" liegen also eine „Tagereise" voneinander entfernt; sie waren früher die auch für den Fernverkehr so wichtigen „Fuhrmannorte" und Posthaltereien, die dann durch die Eisenbahn zwar viel an Bedeutung verloren haben, heute aber meist Eilzugstationen sind.

Wichtig ist, daß selbst bei hoher Fruchtbarkeit, dichter Besiedlung, reger Gewerbe- und Handelstätigkeit diese Städte klein bleiben und daß sie sich durch günstige soziale Verhältnisse auszeichnen; vgl. die vielen kleinen Städte in unseren Obst- und Weinbaugebieten. Diesen Städten muß daher die Landesplanung besondere Sorgfalt widmen. Sie können zu wertvollen Kristallisationspunkten für entsprechende Industrien ausgebaut werden.

Die **gewerblichen Siedlungen** treten fast immer in der Form von Städten auf; sie sind größer als die landwirtschaftlichen Siedlungen, und bei typischen Industriestädten liegt die Gefahr vor, daß sie ungesund groß werden. Siedlungsgeographisch stützen sie sich hauptsächlich auf Bodenschätze, zum Teil auch auf Wasserkräfte; nicht wenige Industriestädte, namentlich die Sitze der Veredlungsindustrie, sind aber aus Verkehrs- und Handelsstädten hervorgegangen; sie verdanken also ihr Aufblühen der Gunst ihrer verkehrsgeographischen Lage oder der Begünstigung durch die Verkehrspolitik (vgl. die über Gebühr begünstigten Eisenbahnknotenpunkte, Berlin, Paris).

Es ist aber zweckmäßig, auf die gewerblichen Siedlungen hier nicht näher einzugehen; denn im Sinn der von uns besonders zu behandelnden Fragen der übermäßig großen Städte und ihrer schädlichen Folgen ist es sowieso notwendig, die Zusammenhänge zwischen den städtegründenden Kräften und den Stadtgrößen herauszuarbeiten, was weiter unten noch geschehen wird. Gleiches gilt von den Verkehrsstädten, also von den Punkten, bei denen Entstehen, Aufblühen und unter Umständen auch Verfall auf Verkehrskräfte zurückzuführen sind, und zwar auf verkehrsgeographische oder auf verkehrspolitische Kräfte[1].

Von den politischen Kräften, aus denen heraus Städte entstanden sind, hat man oft die reichlich primitive Vorstellung, daß ein Fürst oder sonst ein (weltlicher oder geistlicher) Großer aus irgendeiner Laune heraus eine Stadt gegründet habe. Das mag gelegentlich vorgekommen sein; dann ist sie aber wahrscheinlich auch bald wieder zugrunde gegangen, wie man an manchen „toten Städten" im Orient sehen kann. Im allgemeinen muß man aber doch wohl annehmen, daß der Fürst sich bei seiner Wahl etwas gedacht hat und nicht nur einer Laune frönen oder die bisherige unartige Residenz hat ärgern wollen. So wird als künstliche Schöpfung Karlsruhe angeführt; aber ist der Ort wirklich so launenhaft ausgesucht? Ratzel[2] weist nach, daß er nicht unerhebliche verkehrliche Vorzüge aufweist. Und die militärischen Gründungen (Burgen, Forts, Festungen) haben doch wohl meist eine entsprechende Verkehrslage gehabt, denn Strategie und Verkehr sind nicht voneinander zu trennen. Die Politik, auch in der Form von Fürstengunst oder -mißgunst, ist zweifellos wichtig; aber sie kann keine Städte erhalten, wo die Natur dem

[1] Eine ausführliche Erörterung dieser Fragen findet sich in Blum, „Verkehrsgeographie", S. 102f. [2] Die Lage der deutschen Großstädte.

widerspricht; sie kann auch keine geographischen Vorzüge aus der Welt schaffen, sondern höchstens ihre Ausnutzung zeitweise hindern. Als der König von England dem widerspenstigen London drohte, er werde die Residenz verlegen, erwiderte ihm der Bürgermeister, daß er aber die Themse glücklicherweise nicht mitnehmen könne.

Planmäßige Gründung von Städten ist selbstverständlich in weitem Umfang erfolgt, und sie ist in unseren Tagen zur Dezentralisation der Bevölkerung und in den „Kolonial"ländern von großer Bedeutung, desgleichen die planmäßige Entlastung zu großer Städte, ferner die Rückverlegung lebenswichtiger Anlagen aus den Grenzgebieten; aber das hat alles mit Laune, Gunst, Mißgunst nichts zu tun, sondern entspringt vernünftigen, sozialen, wirtschaftlichen, militärischen und verkehrstechnischen Überlegungen; es sind dann also diese städtegründenden Kräfte am Werk. Einzelne Völker haben eine besondere Fähigkeit als Städtegründer entwickelt, indem sie die richtigen Stellen mit scharfem Blick erkannten und die Stadt von Anfang an der Örtlichkeit gut anpaßten. Dies gilt z. B. von den Römern, deren Gründungen vielfach eine so gute geographische Lage haben, daß sie trotz vieler und vollständiger Zerstörungen immer wieder aus der Asche entstanden sind.

Allerdings dürfen wir uns auch bei den planmäßigen Gründungen nicht darüber hinwegtäuschen, daß wohl meist etwas gegründet worden ist, was im Lauf der Zeit (im natürlichen Ausleseprozeß) doch zu etwas wesentlich anderem geworden ist. So haben z. B. viele deutsche Städtegründer nicht so sehr Städte, als vielmehr Burgen und Klöster gegründet — übrigens oft am Ort schon bestehender Dörfer —, und in ihrem Schutz sind dann dort allmählich Städte herangewachsen, wo die geographischen (und politischen) Verhältnisse günstig waren, während manche „Stadt" ein recht bescheidenes Dörfchen geblieben oder auch ganz verschwunden ist. Am wichtigsten dürfte hierbei wohl immer sein, ob der Städtegründer eine beherrschende Verkehrslage (aus Handels- oder militärischen Gründen, oft aus beiden) gesucht hat, und wieweit es ihm (nach der Natur des Landes, seinen geographischen Kenntnissen und seinem Scharfblick) gelungen ist, sie zu finden.

Wir müssen uns aber mit der Begünstigung einer Stadt durch politische Kräfte noch eingehend beschäftigen, weil sie das Entstehen der übergroßen Städte mit verschuldet haben, und zwar meist mit den Mitteln der Industrie- (Standort-) und der Verkehrspolitik (vgl. Abschnitt IV).

III. Vorzüge und Nachteile der Großstadt.

Ehe wir in der Erörterung der vorstehenden Gedankengänge fortfahren, ist es zweckmäßig, eine Einschaltung zu machen und zunächst die Nachteile der Zusammenballung der Bevölkerung in den übergroßen Städten und den Industriebezirken zu beleuchten, denn eine der Hauptrichtlinien des Siedlungswesens muß ja das Streben nach Auflockerung sein. Um hierbei aber gerecht zu bleiben und nicht etwa einen „gesunden Grundsatz durch Übertreibung zu Tode zu reiten", müssen auch die **Vorzüge** kurz erörtert werden.

Daß die Menschen beim Aufstieg zu höherer Lebenshaltung und bei der Bildung von Staaten und großer Religionsgemeinschaften des Zusammenschlusses bestimmter Berufe in Städten bedürfen und daß einzelne dieser Städte auch Großstädte sein müssen, kann nicht abgestritten werden. Der Zwang hierzu ist auf politischem, verwaltungsmäßigem, religiösem und militärischem, auf wissenschaftlichem und künstlerischem, gewerblichem und händlerischem Gebiet oft zu stark, als daß man sich hiergegen auflehnen könnte. Die Vervollkommnung der Arbeitsteilung, die zu manchem Fortschritt unerläßlich ist, ist oft am leichtesten an Punkten dichter Siedlung zu erzielen. Gewisse

Gewerbe mögen (in ihrer Entwicklungszeit) nur in der Stadt möglich sein; andere mögen den Absatz an eine unmittelbar am Ort befindliche starke und wohlhabende Käuferschicht erfordern; erhebliche Teile der Rüstungsindustrie mußten früher an einer Stelle, der Hauptfestung des Landes konzentriert werden, desgleichen erhebliche Teile des Kunstgewerbes in der Residenz. Das heutige Bank- und Kreditwesen ist ohne eine gewisse Konzentration kaum, der Großhandel ohne große Stapelplätze nicht denkbar. Auch das künstlerische und wissenschaftliche Leben (namentlich Oper und Schauspiel, wissenschaftliche Vereine) sind an eine aufnahmefähige und zahlungswillige Schicht gebunden; Universitäten mögen in Mittelstädten möglich sein, Technische Hochschulen aber kaum. Gegen all diese Erscheinungen und die entsprechenden Vorteile soll man sich nicht verschließen; jedoch **für all das sind Städte über etwa 500000 Einwohner bestimmt nicht notwendig.**

Aber diesen Vorteilen stehen erhebliche **Nachteile** gegenüber:

1. Das erste Grundübel ist die Loslösung des Menschen von der Natur, vom Landleben, von der Arbeit an der heiligen Mutter Erde. Man tritt dem Städter nicht zu nahe, wenn man den Bauern als den kräftigeren, in sich besser gefestigten, heimattreueren Menschen bezeichnet. Die Landwirtschaft und ihre Nebenbetriebe verlangen gewiß viel Fleiß und Ausdauer; aber die Arbeit fließt verhältnismäßig ruhig dahin, sie stellt nicht solche Anforderungen an die Nerven wie die gewerbliche und rein geistige Arbeit; sie strengt nicht so einseitig nur einen Sinn, ein Glied an, sondern arbeitet den ganzen Körper gleichmäßig durch. Der Bauer sieht den Erfolg seines Schaffens, er sieht nicht nur immer wiederkehrend das gleiche Stück wie der Fabrikarbeiter am „laufenden Band". Der Städter wird gewiß geistig regsamer, aber körperlich schwächer und nervöser; er leidet stark an bestimmten Berufskrankheiten; und all das wird verschlimmert, weil er seine Erholung nicht in der das Gemüt stärkenden freien Natur findet, sondern nur zu oft den zweifelhaften entnervenden Genüssen der Großstadt ausgesetzt ist.

2. Das zweite Grundübel ist das Wohnungselend. Da wir hierauf noch näher eingehen müssen, sei hier nur angedeutet: das Bauen von Wohnungen hat mit dem Anwachsen der städtischen Bevölkerung fast nirgendwo Schritt gehalten; ein großer Teil der Stadtbewohner ist daher zu einem dichteren Zusammenwohnen gezwungen, als es die Rücksichten auf Sittlichkeit und Gesundheit zulassen. Die Ärmeren haben fast überall zu wenig Räume; zahlreiche Familien müssen sich mit einem einzigen Raum begnügen; vielfach müssen noch „Schlafgänger" aufgenommen werden. Viele Wohnungen, namentlich in der Altstadt, sind nach Grundriß und Aufriß schlecht; andere können nicht durchlüftet werden; eine große Zahl hat keinen eigenen Abort; die meisten Höfe sind so eng zugebaut, daß viele Räume nie Sonne erhalten; oft ist die Wohnung, unter Umständen der eine Raum, gleichzeitig Arbeitstätte.

Das Wohnungselend ist aber nicht etwa auf die Armen und Ärmsten beschränkt; unter ihm seufzen vielmehr in den Großstädten auch die sog. „mittleren", in den Riesenstädten auch die sog. „oberen" Kreise, namentlich dort wo die Mietkaserne herrscht. Infolge der jammervollen Wohnverhältnisse ist es vielfach sogar den besten Eltern nicht möglich, ihre Kinder körperlich, geistig und seelisch zu tüchtigen Menschen zu erziehen. Die Folgen sind Beschränkung der Kinderzahl und Ehelosigkeit.

Die schädlichen Folgen des Wohnungselends sind natürlich um so schlimmer, je mehr die Menschen wegen der Kälte auf den Aufenthalt in der Wohnung angewiesen sind. Schlechte Wohnungen sind also im nordischen Deutschland kritischer anzusehen als am sonnigen Mittelmeer; wir können uns also nicht damit entschuldigen, daß in Neapel oder Kairo die Zustände noch schlimmer sind als bei uns.

Außer dem körperlichen und seelischen Niedergang und der sittlichen Verwilderung äußert sich das Wohnungselend auch in der geringen Widerstandskraft gegen unsere schlimmsten Seuchen: die Trunksucht und die Schwindsucht.

3. In engem Zusammenhang mit dem Wohnungselend steht der dritte Nachteil: der größte Teil der städtischen Bevölkerung hat keinen Anteil am Boden; er sitzt nicht auf eigener Scholle, er ist auch in diesem Sinn nicht mit ihr verwurzelt und daher auch nicht so fest im Vaterland verankert.

4. Das vierte Grundübel ist der Mangel an Gelegenheit zu vernünftiger, körperlich und seelisch gesunder Erholung. Die natürlichste Erholung für die Kopfarbeiter und die gewerblich Tätigen ist Gartenarbeit, denn sie verknüpft den Menschen wieder mit der Natur und gibt ihm Freude am eigenen Schaffen, bei der er auch den Erfolg sieht und für sich und seine Kinder verwerten kann. Außerdem sind zur Erholung Spaziergänge und kleine Ausflüge notwendig und die Kinder müssen spielen und tollen können. Zu all dem ist in der Mittelstadt noch gut Gelegenheit, und zwar ohne besondere Ausgaben für Fahrgeld, in der Großstadt aber oft nicht mehr. Statt dessen entwickelt sich der Großstadtmensch zur „Sportkanone", namentlich auf dem Gebiet des Zuschauens.

5. Als fünfter Nachteil ist der zu nennen, daß die Riesenstädte höchstwahrscheinlich wirtschaftlich „Zuschußbetriebe" sind; denn sie sind derart gekünstelte Gebilde, daß sie ungeheurer „Installationen" zur Versorgung der Bevölkerung und eines Verkehrsapparates bedürfen, der in den Mehr-Millionenstädten schon „an Wahnsinn grenzt". Ein schlüssiger Beweis für den Zuschußcharakter ist allerdings wohl noch nicht erbracht worden und auch kaum möglich.

6. Recht bedenklich ist ferner die Abhängigkeit dieser unnatürlichen Gebilde von dem dauernd regelmäßigen und pünktlichen Arbeiten der Versorgungsbetriebe und des Verkehrs. Riesenstädte können durch Streik und Krieg lebensgefährlich bedroht werden; man bedenke nur, was es für die Kindersterblichkeit bedeutet, wenn die Milchzufuhr einige Tage unterbrochen wird.

7. Bedenklich ist sodann die Bedrohung der städtischen Großgebilde durch kriegerische Angriffe. Daß es nicht mehr richtig ist, Städte zu befestigen, war wohl schon vor dem Krieg — trotz Paris, Antwerpen und Bukarest — erkannt. Heute ist aber die Gefahr des Luftangriffes hinzugekommen. Ob man eine Stadt gegen schneidige Großangriffe überhaupt schützen kann, bleibe dahingestellt; daß man alles für die aktive und passive Verteidigung vorbereiten muß, ist selbstverständlich; aber die Hauptsache ist und bleibt: Je stärker in einem Land im Gesamtsiedlungswesen die Konzentration herrscht, je stärker die Bevölkerung in einzelnen Riesenstädten, je stärker die Industrie in einzelnen Bezirken zusammengeballt ist und je dichter in diesem die großen Werke der Industrie und die großen Verkehrsanlagen zusammengedrängt sind, desto größer ist für den Feind der Reiz, im Luftangriff auf friedliche Städte und die nichtkämpfende Bevölkerung die Entscheidung zu suchen.

8. Zum Schluß der vielleicht schlimmste Nachteil: die übergroße Stadt ist der Vampir, der dem Land und Volk das Blut aussaugt; aus der Kraft eigenen Blutes kann sich keine Riesenstadt erhalten!

IV. Größenordnungen der Städte.

Da die Nachteile und Gefahren der großen Städte mit der Einwohnerzahl (schnell) wachsen, ist es notwendig die Städte in Größenklassen einzuteilen und den Gefahrengrad jeder Klasse festzulegen. Hierbei versagt leider — in wohl allen Staaten — die Statistik, und zwar aus zwei Gründen:

1. Die amtliche Statistik muß wohl oder übel an die Verwaltungsbezirke, also an die einheitliche politische Gemeinde anknüpfen; die Planung in Stadt und Land muß aber die geographische Einheit des Siedlungskörpers ins

Auge fassen; sie muß also oft über die politischen Gemeindegrenzen hinübergreifen; liegen doch z. B. in Deutschland einzelne Großstädte in verschiedenen Bundesstaaten, vgl. Hamburg-Altona[1], Bremen, Frankfurt, Mannheim-Ludwigshafen und Ulm.

2. Die amtliche deutsche Statistik arbeitet noch immer mit Größenklassen der sog. Klein-, Mittel- und Großstädte, die früher einmal brauchbar gewesen sein mögen, für unsere Untersuchungen und Planungen aber nicht mehr geeignet sind.

Ich trete daher schon seit längerer Zeit für folgende Einteilung ein, die mir für Mittel- und Westeuropa die geeignetste zu sein scheint, für andere Länder aber unter Umständen abgeändert werden müßte.

Siedlungen des platten Landes, bis 8000 Einwohner,
Kleinstädte . . . . . . 8000 bis 20000 Einwohner,
Mittelstädte . . . . . . 20000 bis 150000 Einwohner,
Großstädte . . . . 150000 bis 700000 Einwohner,
Riesenstädte . . . . . . über 700000 Einwohner.

Diese Einteilung sei nach den wirtschaftlichen, sozialen, städtebaulichen und verkehrstechnischen Beziehungen kurz erläutert und begründet:

1. Siedlungen des platten Landes — ländliche Siedlungen. Einwohnerzahl bis 8000. Hauptgrundlage ist die Landwirtschaft, dazu etwas Gewerbe durch Handwerker und kleine Fabriken. Die meisten Bewohner wohnen in eigenen kleinen Häusern; Mietwohnungen werden nur von den Nichtseßhaften (Beamten, Lehrern) und den Ärmsten gebraucht. Auch die nichtbäuerlichen Familien verfügen über Gartenland und können Kleinvieh halten; sie können also einen Teil der Nahrungsmittel selbst erzeugen; daher nicht die typischen sozialen Mißstände der Stadt.

Keine städtebaulichen Schwierigkeiten. Wichtigste Siedlungsform für Neugründungen, aber leider schwer zu finanzieren; die Finanzierung und die ganze Bauausführung wird durch eine vorhandene Eisenbahn oder Kleinbahn erleichtert; unter Umständen neues Anschlußgleis, auch von großer Länge zweckmäßig.

2. Kleinstädte, 8000 bis 20000 Einwohner. Neben Landwirtschaft bilden Handwerk, Gewerbe und Handel die Grundlage; einzelne mittlere Fabriken oder ein Großbetrieb mögen vorhanden sein. Ein großer Teil der Bewohner wohnt noch im Eigenhaus; vorherrschende Hausform ist jedenfalls noch das Kleinhaus. Viele Familien können noch Gartenbau und Kleintierzucht betreiben. Soziale Schäden treten nur bei groben Unterlassungssünden auf. Gewisse städtische Einrichtungen (Wasser-, Gas- und Elektrizitätsversorgung) werden notwendig. Eisenbahn ist erforderlich, Wasserverkehr nicht; Straßenbahn oder Omnibus kann erwünscht sein.

Manche solcher Kleinstädte tragen einen bestimmten Charakter als Residenz-, Beamten-, Garnisonstädte oder als Standorte eines bestimmten Gewerbes, manchmal hängt die Existenz von einem Großbetrieb ab; viele sind kleine (alte) Handelsstädte am Meer und an den Flüssen oder auch Neubildungen an Eisenbahnstationen, manche sind planmäßige Neugründungen in Form von sog. „Gartenstädten" und können daher sozial wertvoll sein. Obwohl die Kleinstadt dem platten Lande noch recht nahe steht, die sozialen Schäden der Städte noch nicht zeigt und der Technik noch keine großen Aufgaben stellt, ist ihre Bevölkerung doch schon als „städtisch" zu bezeichnen; städtebaulich bildet die Kleinstadt aber den Übergang von der ländlichen zur städtischen Siedlung.

3. Mittelstädte, 20000 bis 150000 Einwohner. Es würde nicht richtig sein, die obere Grenze schon bei 100000 Einwohnern zu fixieren; denn eine Stadt von etwa 120000 Einwohnern ist noch keine „Großstadt".

[1] Dieser Zustand ist durch Bildung von Groß-Hamburg jetzt endlich beseitigt.

Landwirtschaft ist nur noch wenig vorhanden („Ackerbürger"); der gewerbliche Arbeiterstand und die „kleinen" Angestellten beginnen vorherrschend zu werden, und damit tritt (in Deutschland, aber z. B. nicht in England) das Eigenhaus stark zurück. Das typische städtische Wohnungselend herrscht bei den ärmeren Schichten schon stark, die anderen sozialen Mißstände treten vielfach hervor; Gartenbau ist nur wenigen vergönnt. Alle städtischen Einrichtungen, Straßenbahnen oder Omnibus-Linien, gutes Pflaster, außerdem reichliche Freiflächen sind notwendig, die finanziellen Anforderungen steigen hiermit beträchtlich. Wo die Mittelstädte schnell wachsen, zeigen sie bereits die großen Schäden des Siedlungswesens; sie erfordern eine besonders weitausschauende Siedlungs- und Verkehrspolitik, wenn sie sich nicht zu Schädlingen des Volkskörpers auswachsen sollen.

4. Großstädte, 150000 bis 700000 Einwohner. Ihr Charakter als Industrie- und Handelsstädte und ihre sozialen Schäden sind bekannt; die typische Hausform ist das Miethaus ohne Garten, in West- und Süddeutschland noch verhältnismäßig klein, in Ostdeutschland zur übergroßen Mietkaserne ausgeartet. Die weitere Kennzeichnung ergibt sich durch die Unterscheidung gegenüber der fünften Art.

5. Riesenstädte über 700000 Einwohner (mancher wird die Grenze schon bei 600000 ziehen wollen).

Es wird hier also gegenüber den früheren Einteilungen die Aussonderung einer neuen Art vorgeschlagen. Die Aussonderung der „Riesenstadt" (oder auch Mammutstadt) — wobei der Superlativ nicht Hochachtung und Bewunderung auslösen, sondern Gefahr anzeigen soll — ist notwendig, weil von einer gewissen Größe ab die städtebaulichen Grundlagen andere werden. Geht man nämlich von der einzig möglichen, aber oft totgeschwiegenen Forderung aus, daß auch die Riesenstadt wirklich gesund angelegt sein muß, so bedingt sie außerordentlich hohe Aufwendungen für Freiflächen und für Verkehrsmittel. Wirklich ausreichende Freiflächen lassen sich in keiner bestehenden Riesenstadt mehr schaffen, ohne daß man ganze Straßenzüge niederlegen müßte. Denn es kommt nicht auf einen weit draußen liegenden Wald- und Wiesengürtel an, auch nicht auf Schmuckplätze und andere Errungenschaften mißverstandenen Städtebaues, sondern die Bevölkerung muß zum Hinauswandern geradezu eingeladen werden, indem man radial gerichtete Grünstreifen aus der Innenstadt, namentlich aus den Gewerbevierteln und den Wohngebieten der ärmeren Volksgenossen bis in die freie Natur hinaus schafft. Das ist, wie bei der Bearbeitung von Generalbebauungsplänen festgestellt werden konnte, z. B. noch bei folgenden Großstädten, deren Einwohnerzahlen abgerundet mit angegeben sind, möglich: Düsseldorf (500000), Breslau (550000), Nürnberg (410000), Dortmund (540000). Das beste Beispiel ist aber Hannover (450000), die „Großstadt im Grünen", die dank ihrer Sumpf- und Überschwemmungsgebiete ein ideal schönes Freiflächensystem erhalten hat und ohne beträchtliche Schwierigkeiten unter voller Wahrung der gesundheitlichen Forderungen zu einer Stadt von 700000 entwickelt werden könnte, aber nicht sollte.

Noch wichtiger als die Freiflächen sind aber, wenigstens in Ansehnung der Kosten und des täglichen Geldaufwandes, die städtischen Verkehrsmittel. Bis etwa zu der Grenze von 700000 ist nämlich ein beträchtlicher Teil der Bevölkerung nicht genötigt, die Straßenbahn oder den Omnibus regelmäßig zu benutzen; diese Notwendigkeit nimmt aber schnell zu, wenn die Stadt wächst; die „Zahl der Fahrten je Kopf im Jahr" steigt nämlich wesentlich schneller als die Größe der Stadt.

Diese größeren Verkehrsleistungen erfordern aber nicht nur einen entsprechenden, größeren Aufwand für die billigen und einfachen Verkehrsmittel (Straßenbahn und Omnibus), sondern sie können teils wegen der größeren Menge, teils wegen der weiteren Entfernungen nur mit „Schnellbahnen" befriedigt werden, also mit Hoch- und Tiefbahnen, d. h. mit der Bahnart, welche die überhaupt teuerste ist (s. unten).

Man kann natürlich darüber streiten, ob wirklich darin entscheidende Grenzen liegen, daß von einer gewissen Größe ab Schnellbahnen notwendig werden und daß die Beschaffung von Freiflächen zu schwierig wird; man kann auch darüber streiten, ob die Grenze bei 6, 7 oder 800000 liegen mag; aber solcher Streit ist müßig; selbstverständlich sind Schnellbahnen und Freiflächen nicht die einzigen Maßstäbe; auf jeden Fall gibt es aber eine Grenze

zwischen der Großstadt, bei der die Schäden zwar groß sind, aber im allgemeinen noch mit erträglichen Mitteln gemeistert werden können und

der Riesenstadt, bei der die Schäden riesengroß sind und mit erträglichen Mitteln nicht mehr gemeistert werden können.

Für Deutschland würden bei Beibehaltung der Zahl von 700000 folgende Städte an der kritischen Grenze stehen: Breslau (625000), Dresden (642000), Leipzig (713000), München (735000) und Köln (757000), während Dortmund (541000) und Frankfurt (556000) noch darunter stehen würden.

Wenn man nun der Riesenstadt grundsätzlich Fehde ansagt, so hört man oft den Einwand, daß das Aufsteigen der „führenden" Städte zu Millionenstädten im Zeichen der „steigenden Kultur" eine Naturnotwendigkeit sei, daß also der Kampf gegen die Riesenstadt aussichtslos, töricht und Kraftvergeudung sei. Andere, die den Götzen der großen Zahl besonders inbrünstig anbeten, behaupten sogar, daß die Millionenstädte den höchsten Ausdruck unserer so hohen Kultur darstellten und daß der Kampf gegen sie kultur-, fortschritts- und vaterlandsfeindlich wäre.

Solchen Behauptungen gegenüber ist ruhig und sachlich die Frage aufzuwerfen, welche Stadtgrößen notwendig sind bzw. in „natürlicher" Entwicklung erreicht werden, ohne daß Technik, Wirtschaft und Kultur geschädigt werden.

Um diese Frage zu beantworten, sind die verschiedenen städtegründenden Kräfte und die verschiedenen Städtearten zu untersuchen, wobei sich ergibt:

Was das nichtwirtschaftliche Leben anbelangt, so erfordern die militärischen Rücksichten sicher keine Großstädte, denn für das Landheer ist eine besondere Konzentration der Truppen und der militärischen Anlagen eher schädlich als nützlich und für die Flotte bedingen auch die stärksten Stützpunkte noch keine Siedlungen von Großstadtcharakter. Daß die Verwaltung auch der mächtigsten Reiche von verhältnismäßig kleinen Städten aus gut geführt werden kann, beweisen die Vereinigten Staaten, deren Bundeshauptstadt Washington nur 330000 Einwohner zählt; und zu Hauptstädten der einzelnen Staaten haben die Amerikaner fast allgemein trotz ihrer Großstadtbegeisterung nicht die größten Städte gewählt. Auch ist die Konzentration der obersten Behörden (und in deren Gefolge vieler wirtschaftlicher Zentralstellen) in der Hauptstadt nicht notwendig; sie ist bei großen Staaten eher schädlich als nützlich. Daß ein Teil des kulturellen Lebens eines gewissen Rückhalts an einer aufnahme- und zahlungswilligen Bevölkerung bedarf, ist schon erwähnt; dafür reichen aber Städte von 300000 bis 600000 vollkommen aus, vgl. Bremen (328000), Nürnberg (410000), Hannover (450000), Düsseldorf (500000), Frankfurt (556000). Und die großen Leistungen aller Zeiten und aller Völker beweisen es, daß nicht Riesenstädte erforderlich sind, daß vielmehr die Hochsitze wahrer Kultur nur Mittel- und vielfach nur Kleinstädte gewesen sind. Die Hauptträger des Kulturfortschrittes, die Führer in Kunst, Wissenschaft und Religion haben mit den Zusammenballungen der Masse nichts gemein. Wohl aber zeigt die Gegenwart, daß die Feinde echter Kultur nirgendwo ein so günstiges Betätigungsfeld finden wie in den Riesenstädten.

Von den wirtschaftlichen Kräften sind alle, die auf Landwirtschaft beruhen, selbst wenn sie höchstentwickelten Gartenbau zum Rückhalt haben, nur befähigt, Mittelstädte und kleinere Großstädte zu bilden. Von den Gewerben rufen die auf Steine und Erden gegründeten nur Mittelstädte hervor. Die Salze und Heilquellen und die Wasserkräfte begründen ebenfalls im allgemeinen nur Mittel- und nur ausnahmsweise Großstädte. Eine größere Kraft haben dagegen die Erze; es wird sich aber kaum eine Gold- oder Kupfer- oder Eisenstadt nachweisen lassen, die mehr als 200000 Einwohner hat. Die stärkste Kraft als Städtegründer haben die Brennstoffe, aber auch die größten „Kohlenstädte" bleiben noch unter der halben Million. Daß trotz so starker Kräfte keine Riesenstädte entstehen, ist erklärlich, denn viele auf Bodenschätzen, namentlich auf Erzen gegründeten Städte sind schnell vergänglich, und außerdem treten alle wichtigen Bodenschätze nicht nur an einem Punkt auf, sondern sie sind immer auf größere Flächen (Linien, Bänder) verteilt, so daß die natürliche Entwicklung nicht zu einer Riesenstadt, sondern zu einer Gruppe zahlreicher Groß- und Mittelstädte führt. Es bleiben also von den Gewerbestädten nur die übrig, die der Verfeinerung gewidmet sind und die daher nicht so sehr auf das Vorkommen bestimmter Bodenschätze als auf gute Verkehrslage, arbeitsame Bevölkerung, sicheren Absatz usw. angewiesen sind. In dieser Beziehung gibt es allerdings Industriestädte von der Größe der Riesenstadt, aber ihr Vorhandensein allein beweist noch nicht die Notwendigkeit der starken Zusammenballung. Vielmehr lehren auch hier gewisse, durch höchste Blüte der Industrie ausgezeichnete Gebiete, z. B. in Belgien, Nordfrankreich, der Schweiz und in den deutschen Mittelgebirgen, daß sogar die „Weltindustrie" nicht einmal der Großstadt bedarf. Wie viele Mittel- und Kleinstädte in Deutschland genießen Weltruf, weil sie die ganze Welt mit bestimmten hochwertigen und höchstvollkommenen Waren (Messern, Scheren, Stoffen, Uhren, Musikinstrumenten usw.) versorgen.

Wenn also in allen diesen Beziehungen die Lehre von der großen Zahl versagt, so bleibt schließlich nur noch die Möglichkeit, den Verkehr als Zeugen anzurufen. Der Verkehr ist nun tatsächlich in dreifacher Beziehung der wichtigste Städtegründer: Zum ersten ist ohne Verkehr überhaupt keine Stadt möglich, zum anderen hat erst der neuzeitliche Verkehr die Existenzmöglichkeit für Millionenstädte geschaffen, zum dritten aber — und das ist die Hauptsache — verdanken die überhaupt größten Städte ihre Blüte in erster Linie dem Verkehr, und zwar — das sei gleich vorweg bemerkt — der Verkehrspolitik; sie sind nicht Industrie-, sondern Verkehrs- und Handelsstädte und haben erst als solche einen gewissen Industrieeinschlag erhalten. Die meisten Millionenstädte der Erde sind z. B. weder durch Fruchtbarkeit noch durch Bodenschätze, alle aber durch Verkehrslage ausgezeichnet. Im Binnenland sind es die Knotenpunkte der Eisenbahnnetze, an der Küste die Haupthäfen.

Auch hier hat die Kritik zu prüfen, was an dem überstarken Wachsen bestimmter Verkehrsstädte natürlich, was dagegen gekünstelt ist. Hier ist zunächst ein Unterschied zwischen den alten Kulturländern und den jungen Kolonialstaaten festzustellen.

In den alten Kulturländern hat sich nämlich die politische und wirtschaftliche Entwicklung meist von der Mitte des Landes aus vollzogen, und zwar langsam, in den Kolonialländern dagegen vom Rande aus, und zwar schnell. Es haben sich dort die übers Meer kommenden Kolonisatoren zunächst in den von Natur guten Seehäfen, also an wenigen Küstenpunkten festgesetzt. Diese wurden daher Handelsstädte, Residenzen und Garnisonen, ferner die Hauptausgangspunkte für die gesamte Erschließung des Innenlandes und später auch die Sitze der wichtigsten Industrie und des Bank- und Börsenwesens und die beherrschenden Eisenbahnknotenpunkte. Besonders charakteristisch ist dies bei New York, Montevideo, Buenos Aires, Bombay und Kalkutta zu beobachten. Bei dieser Entwicklung vom Rande aus bleibt ein großer Teil der Bevölkerung im Küstengebiet hängen, so daß dort eine Übervölkerung mit Zusammenballung in Riesenstädten eintritt, der die Öde des Innenlandes gegenübersteht.

Schlimm sind diese Zustände in Nordamerika, Argentinien und besonders in Australien. Abb. 5a und 5b zeigen, wie einseitig die Eisenbahnen Vorderindiens

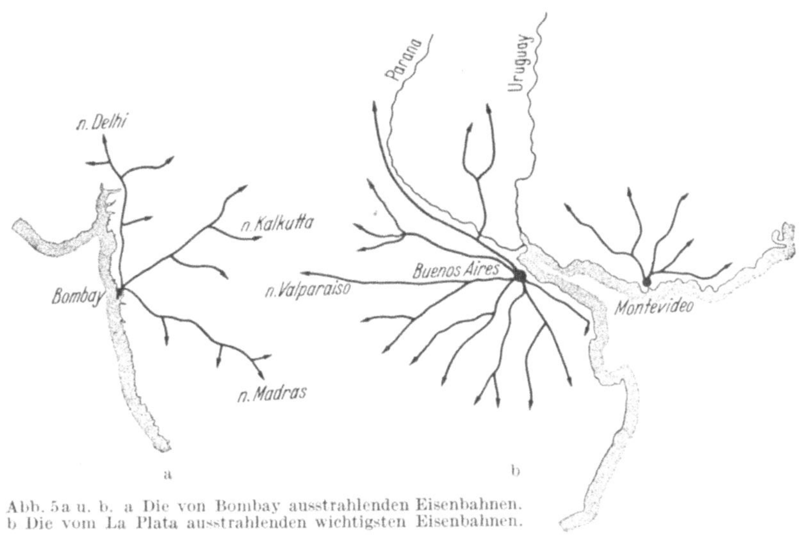

Abb. 5a u. b. a Die von Bombay ausstrahlenden Eisenbahnen. b Die vom La Plata ausstrahlenden wichtigsten Eisenbahnen.

von Bombay, die der La Plata-Länder nur von Buenos Aires und Montevideo ausstrahlen. Abb. 6 zeigt das erschütternde Bild der ungleichmäßigen Bevölkerungsverteilung in den Vereinigten Staaten von Nordamerika.

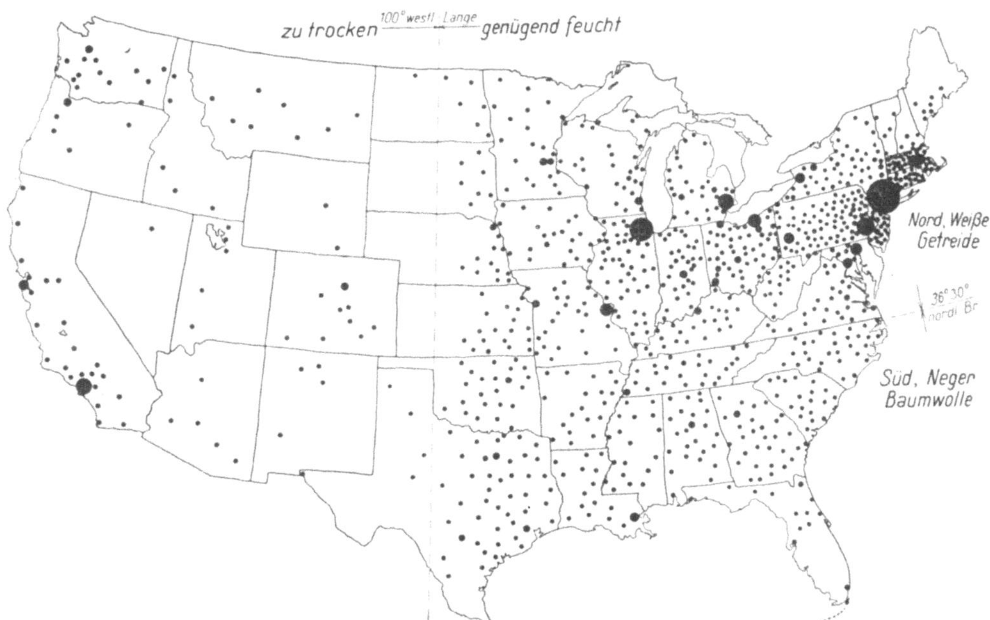

Abb. 6. Verteilung der Bevölkerung in den Vereinigten Staaten von Nordamerika.

In Abb. 7 ist die Entwicklung der Stadt Vancouver dargestellt; sie wird von drei großen Verkehrsereignissen beherrscht: Der Vollendung der kanadischen Pazifikbahn, der Eröffnung des Dampferverkehrs über den großen Ozean und der des Panamakanals.

Bei der Entwicklung aus der Mitte, also bei den alten Kulturstaaten, die sämtlich — sogar einschließlich Englands — starke kontinentale Züge zeigen, weisen alle für den Verkehr maßgebenden geographischen und technischen Faktoren auf die Dezentralisation hin; hier brauchen also auch an den günstigsten Verkehrspunkten keine „Wasserkopf-Knotenpunkte“ zu entstehen; und wo sie entstanden sind, sind sie durch falsche Handhabung der Verkehrspolitik verschuldet; als Ausnahmen kann man einige Punkte gelten lassen, die ungewöhnlich große Vorzüge verkehrsgeographischer Art aufweisen, z. B. Paris als Mittelpunkt des Seinebeckens, also der Zentrallandschaft Frankreichs, vielleicht auch noch Wien und Mailand.

Allgemein wirkt im Binnenland die Verkehrsentwicklung deshalb dezentralisierend, weil das Binnenland über verschiedene Verkehrsmittel (Landweg, natürliche Wasserstraße, Eisenbahn) verfügt, die zeitlich nacheinander in Benutzung genommen bzw. geschaffen worden sind; die verkehrsgeographischen Verhältnisse wirken aber auf jedes Verkehrsmittel verschieden, und hiermit ändert sich natürlich die Stärke der geographischen Gunst und Ungunst. Sobald also ein Verkehrsmittel durch ein anderes — besseres — abgelöst wird, müssen neue Wege gesucht werden; die alten Straßen veröden und die angrenzenden Orte haben Mühe, sich zu behaupten; an den neuen Straßen aber blühen neue Städte auf. Dieser Wechsel hat sich in Deutschland mehrere Male vollzogen: Vom schlecht befestigten Weg des Mittelalters zur Chaussee, vom nicht verbesserten Fluß zum regulierten Fluß und zum Ausbau von Binnenwasserstraßennetzen, abschließend etwa vor den Napoleonischen Kriegen, von der Chaussee zur Eisenbahn, von der kleinen Binnenwasserstraße zum heutigen Großschiffahrtweg, vom Pferdefuhrwerk zum Kraftwagen.

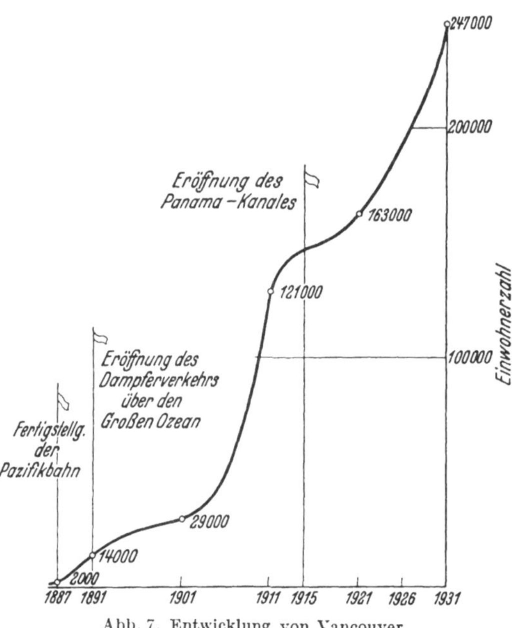

Abb. 7. Entwicklung von Vancouver.

Hiergegen kann aber der (bedingt richtige) Einwand erhoben werden, daß es bezüglich der Riesenstädte nur auf das Dampfzeitalter, also für das Binnenland auf die Eisenbahn ankomme und daß diese eben stark konzentrierend gewirkt habe. Dagegen ist zu sagen, daß gerade der Eisenbahn eine besonders starke dezentralisierende Kraft innewohnt, denn sie ist durch ihre Schmalheit, Biegsamkeit und Kletterfähigkeit und durch die Billigkeit von Neben- und Kleinbahnen besonders geeignet, sich aufs feinste zu verzweigen.

Die Eisenbahn braucht auch keine „überragenden Knotenpunkte“ zu bilden; vielmehr ist die der Natur der Eisenbahn entsprechende technisch richtige Lösung die Auflösung des scheinbar von der Natur vorgezeichneten einen Knotenpunktes in mehrere kleinere selbständige Knotenpunkte, und hierbei muß außerdem jeder von diesen in mehrere selbständige Bahnhöfe (Rangier-, Abstell-, Güter-, Hafen-, Personenbahnhof) aufgelöst werden, die sich immer auf eine recht große Fläche verteilen. Das Naturgemäße für die Eisenbahn ist nicht der bevorzugte Punkt, sondern der betonte Raum. Von besonderer Bedeutung sind hier die Buchten. Der „Raum Köln“ ist z. B. die Kölner Bucht, die von Bonn bis Oberhausen reicht und die großen Knotenpunkte Köln, Düsseldorf, Krefeld, Duisburg und Oberhausen enthält. In der Leipziger Bucht liegt das „Bahnhofpaar“ Halle und Leipzig, in der Frankfurter Bucht liegen die Knotenpunkte Wiesbaden, Mainz, Frankfurt, Darmstadt und Hanau. Scharfe Konzentrationen bestehen in Deutschland nur in Berlin und (abgeschwächt) in München, d. h. an Stellen, die verkehrsgeographisch sich gegenüber Nachbarstädten nicht auszeichnen, die aber Hauptstädte sind und verkehrspolitisch über Gebühr bevorzugt worden sind[1]. Weiteres über die kon- und dezentralisierende Wirkung der Verkehrsmittel wird im vierten Abschnitt zu sagen sein.

Da also die angebliche Notwendigkeit der Riesenstadt im Binnenland im Hinblick auf den Verkehr nicht bewiesen werden kann, bleiben als Beweismittel nur noch das Küstengebiet, also die Seehäfen und der Seeverkehr übrig. Und hier ist auch tatsächlich die stärkste Konzentration zu beobachten, denn die größten Städte der Welt sind Seehäfen, und von den Millionenstädten liegen nur ganz wenige im Binnenland. Diese Tatsache liegt darin begründet, daß im Übersee-Verkehr starke konzentrierende Kräfte wirksam sind: Die Entwicklung hat nämlich dahin gedrängt, die Schiffsgrößen ständig zu steigern, weil dadurch die Kosten verringert werden. Nun verlangt aber das immer größer werdende Schiff ständig größer werdende Hafenanlagen, tiefere Zufahrten, tiefere und breitere Becken, größere Schuppen, bessere Ladeeinrichtungen. Diesem Verlangen zu entsprechen, sind viele Häfen schon ihrer Natur nach nicht geeignet, weil der erforderliche Tiefgang nicht erzielt werden kann, vgl. den schweren Kampf Bremens um die Unterweser. Aber selbst wo die Auswahl unter guten Naturhäfen groß ist, wie besonders in England, erfordern die Ozeanriesen außer den schon genannten Anlagen eine so große kaufmännische Organisation, eine solche Kapitalkraft und eine so hohe Leistungsfähigkeit der Verkehrsverbindungen mit dem Binnenland, daß im allgemeinen jede Volkswirtschaft (jeder Staat) an jeder ihrer Küsten nur einen Großhafen ernähren kann. Die wenigen Ausnahmen bestätigen nur die Regel.

Hier wird also die dem Verkehr entspringende Richtung zur Konzentration zugegeben. Aber daraus folgt noch nicht, daß der Großhafen nun auch eine Riesenstadt sein müßte. Denn wenn sich ein Großhafen auf seine typischen Aufgaben, einschließlich der Pflege der Überseekultur beschränkt, braucht er nur Großstadt zu sein, wie die Einwohnerzahlen von

Antwerpen	mit 284000,	Genua	mit 640000,
Bremen	mit 323000,	Yokohama	mit 620000,
Rotterdam	mit 587000,	Kopenhagen	mit 771000 (Landeshauptstadt!)

beweisen. Man kann gegen diese Zahlen mancherlei einwenden, aber sie zeigen doch jedenfalls, daß auch sehr starker Verkehr ohne Riesenstadt abgewickelt werden kann, zumal alle diese Städte nicht reine Handelsstädte sind.

Wenn andererseits einzelne Großhäfen zu Mehr-Millionen-Städten geworden sind, so kann man daraus noch keine Notwendigkeit ableiten; denn es kommt doch nur auf den Teil der Bevölkerung an, der für den Verkehr und Handel notwendig ist; man müßte hier also erst eine genaue Berufsstatistik aufstellen. Doch können wir für unsere Betrachtungen auch ohne diese — so bedeutungsvoll sie ist — auskommen, wenn wir gemäß der Berufsgliederung

[1] Die Bevorzugung Berlins, die nicht etwa der Eisenbahn als solcher, sondern den für die Verkehrspolitik verantwortlichen Staatsmännern zur Last zu legen ist, war bis 1866 berechtigt oder wenigstens verständlich, seit 1866 aber verhängnisvoll. Daß man aus Berlin heraus Eisenbahnlinien gebaut hat, die überflüssig sind, während man in der „Provinz“ notwendige, von der Natur vorgezeichnete Linien nicht gebaut hat und daß man Linien, die für den Durchgangsverkehr schlecht sind, nicht verbessert hat, daß man Berlin auch heute noch im Fahrplan so bevorzugt, ist kein Segen für Deutschland. Übrigens ist die starke Betonung Berlins zum Teil darauf zurückzuführen, daß Bismarck anfänglich (vor der von ihm durchgeführten Verstaatlichung der Eisenbahnen) ein Anhänger der sog. Konkurrenztheorie war und deren Trugschluß zu spät erkannte.

der städtischen Bevölkerung in Deutschland davon ausgehen, daß der Anteil der in „Handel und Verkehr“ stehenden Bevölkerung durchschnittlich nur 18%, in Handelsstädten höchstens 39% beträgt.

Von dem für uns maßgebenden, nämlich dem siedlungstechnischen Gesichtspunkt aus ist aber bezüglich des Seehafens zu betonen, daß dieser überhaupt kein Punkt, sondern ein Raum ist. Das erkennt man klar daraus, daß nicht die Punkte Hamburg, Bremen, London, Buenos Aires, sondern die Mündungen der Flüsse Elbe, Weser, Themse, La Plata das Maßgebende sind, und auch nicht einfach die schmalen Flußstrecken, sondern die ganzen Mündungsgebiete. Wie stark hier die Denzentralisation unter Umständen von der Natur begünstigt wird, kann man an den La Plata- und Rhein-Mündungshäfen erkennen; am La Plata sind es zwei Haupthäfen, zu denen noch weitere Häfen für Sonderzwecke hinzukommen, am Rhein sind es die drei Haupthäfen Antwerpen, Rotterdam und Amsterdam (mit zusammen „nur“ rund 1600000 Einwohnern), zu denen man in gewissem Sinne noch Ostende, Vlissingen usw. hinzurechnen müßte. Aber selbst wo es sich um nur einen, und zwar verhältnismäßig schmalen Flußschlauch handelt, ist die Dezentralisation das Natürliche, denn der Großhafen ist allerdings eine wirtschaftliche und verkehrspolitische Einheit, aber seine einheitliche Gesamtaufgabe gliedert sich in eine Reihe von Teilaufgaben, die zweckmäßigerweise nicht alle an demselben Punkt zu erledigen sind, zum Teil auch gar nicht an demselben Punkt erledigt werden können. Tatsächlich haben die großen Häfen Deutschlands die Dezentralisation in Haupthafen (Güterumschlag), vorgeschobener Hafen (Cuxhaven, Bremerhaven, Personen- und Postverkehr, Abfertigung der Ozeanriesen), Fischereihafen (Geestemünde) vollzogen, und zwar durchaus den natürlichen Voraussetzungen entsprechend. Auch die Absonderung von Schiffbau und Schiffsausbesserung und Großgewerbe (Verarbeitung der überseeischen Rohstoffe) und der Kriegsmarine ist teils vollzogen, teils wird sie weiter angestrebt.

Hier weist uns die Natur, wie auf den „Salzlinien“ und „Kohlenbändern“, darauf hin: Im einheitlichen Raum ist eine einheitliche Aufgabe zu lösen, aber nicht an einem Punkt, nicht in einer Stadt, sondern unter Auflösung auf mehrere Punkte, mehrere Städte. Wirtschaftlich bilden Hamburg, Harburg und Cuxhaven, weil sie im einheitlichen geographischen Raum liegen, eine Einheit, städtebaulich sind sie aber selbständige Gebilde, die jedes für sich so durchgebildet werden müssen, daß den großen Schäden der Riesenstadt entgegengetreten wird. In der städtebaulichen Durchbildung kommt aber der einheitliche wirtschaftliche Zweck doch zum Ausdruck, denn auch hier müssen (ähnlich wie in den Kohlenbezirken usw.) die verschiedenen Siedlungen durch besondere Verkehrsmaßnahmen (besondere Pflege des Nachbarschaftsverkehrs auf den Fernbahnen, Bau von Schnell-Straßenbahnen, Städtebahnen und Autobahnen) untereinander gut verbunden werden. Andererseits sind sie, damit sie städtebaulich selbständig bleiben, durch große Freiflächen (Schutzflächen) gegeneinander abzutrennen (wie Düsseldorf gegen Wuppertal und Duisburg).

Wir kommen also zu dem Schlußergebnis: Die Notwendigkeit von Riesenstädten läßt sich in keiner Weise beweisen. Die große Zahl von Riesenstädten ist nur dadurch zu erklären, daß man in der überschnellen Entwicklung des Kohle-Dampf-Zeitalters es an der erforderlichen Einsicht und Voraussicht hat fehlen lassen.

Vielfach haben sogar die Lenker der Staaten, die wirtschaftlich treibenden Kräfte und gewisse politische Richtungen, außerdem ein großer Teil der Presse das Anwachsen bestimmter Städte begünstigt. Diese Kräfte lassen sich etwa in folgender Weise charakterisieren:

Die Staatsleitung handelt richtig, wenn sie, solange die wirtschaftlichen und kulturellen Kräfte schwach sind, bestrebt ist, die Hauptstadt des Staates zu einem ausgesprochenen Zentrum der Gewerbe, des Handels, des Bankwesens und der Kultur zu machen; sie kann ferner genötigt sein, die Verwaltung und früher auch die Militärmacht scharf zusammenzufassen.

So haben z. B. die merkantilistisch regierten Staaten in der Residenz unter anderem kunstgewerbliche Stätten (für Porzellan, Geschmeide, Gobelins) geschaffen, die Rüstungsindustrie und die Zeughäuser hier konzentriert, Hochschulen, Theater, Museen und Bibliotheken angelegt und die Stadt zur großen Lagerfestung des Landes ausgebaut. Eines der wichtigsten Mittel war aber die Abstellung der Verkehrspolitik auf die Stärkung der Hauptstadt. So hat Preußen die märkischen Wasserstraßen und später die Eisenbahnen aus dem Zentrum Berlin heraus entwickelt; und diese Politik kann man, wie oben erwähnt, bis 1866 nicht schelten. Ferner haben die verschiedenen deutschen Staatsbahnen den Vorortverkehr in Berlin, Hamburg, Dresden, München und Stuttgart stark ausgebaut und durch niedrige Tarife und gute Betriebsleistungen die Auflockerung dieser Städte erstrebt; ob sie hierbei aber viel Erfolg gehabt haben, darf man bezweifeln (s. unten).

Sobald aber ein Staat eine gewisse Größe und eine gewisse kulturelle und wirtschaftliche Kraft erlangt hat, darf er die Politik der einseitigen Bevorzugung nicht fortsetzen. Bis in den Weltkrieg hinein hat aber keine Großmacht die Notwendigkeit erkannt, das Ruder herumzuwerfen.

Der Handel einschließlich der Bankwelt bevorzugt die Hauptstadt (oder andere Großstädte), weil er sich hiervon Beziehungen zu den Behörden, guten Absatz am Ort und von dem schon vorhandenen oder zu erwartenden guten Ausbau der Verkehrsnetze Erfolge verspricht.

Gewerbliche Stätten, die nicht an das Vorkommen von Rohstoffen gebunden sind, also hauptsächlich die Industrien der Fertig- und hochwertigen Waren werden gern in die besonders großen Städte gelegt, weil man auf den unmittelbaren Absatz am Ort, auf die guten Verkehrsmittel und auf das starke Angebot gelernter und ungelernter Arbeitskräfte, vor allem auch auf das weiblicher Arbeitskräfte spekuliert und für das Auf und Ab der Konjunktur mit der „industriellen Reservearmee" rechnet. Hier beginnen also schon bedenkliche unsoziale Ansichten in die Erscheinung zu treten.

Die asozialen Elemente und ihr ganzer Anhang und eine gewisse Presse drängen natürlich in die größten Städte, weil sie dort am besten im Dunkeln unterschlüpfen und „arbeiten" können. Dazu kommen die Politiker, deren Weizen dort am besten blüht, wo das soziale Elend am größten und damit allzuoft das Nationalgefühl recht gering ist; ihnen ist der Bauer verhaßt, der Weltstädter angenehm, denn in den verkommenen Vierteln der Altstadt und in den Luxuswohnungen der intellektuellen Snobs finden sie den Boden für ihre vaterlandsfeindliche Saat.

Diese Kreise fördern auch besonders die materialistische Gesinnung, indem sie Vaterland und Gott, wahre Kultur, echtes Menschtum verächtlich machen und unter anderem vor allem auch die Sensationssucht und Rekordwut pflegen und alles äußerlich Große verhimmeln.

Bezeichnenderweise geht diese Richtung heute besonders von Nordamerika aus, wo bekanntlich alles „das größte in der Welt" ist. Das ist für den Städtebau und das Siedlungswesen deswegen verhängnisvoll, weil Nordamerika und wegen seiner angeblichen „Prosperity" als das leuchtende Vorbild für Wirtschaft und Kultur angepriesen worden ist, und dies nicht etwa nur von kritiklosen, unwissenden und vielleicht dafür bezahlten Artikelschreibern, sondern sogar von Leuten, die von sich selbst und der großen Masse für „Wirtschaftsführer" angesehen worden sind. Wer früher vor jener Scheinblüte der Prosperity und vor den Übertreibungen des amerikanischen Städtebaues warnte, wurde ausgelacht oder totgeschwiegen. Sehr bezeichnend ist es übrigens, daß heute im Städtebau die „große Zahl" in Sowjet-Rußland noch mehr triumphiert als in Nordamerika!

V. Zur Geschichte der Städtebaukunst[1].

Für den Städtebauer ist das Vorausschauen in die Zukunft das Wesentliche, denn es ist unsere Aufgabe, kommenden Geschlechtern bessere Lebensbedingungen zu schaffen. Einige Rückblicke in die Vergangenheit sind aber doch gut und notwendig. Denn wir müssen ja heute und noch manche Jahrzehnte mit den Stadtgestaltungen arbeiten, wie sie in Jahrhunderten geworden sind. Wir müssen daher wissen, wie sie geworden sind, warum sie gerade so geworden sind, worin ihre Schönheiten, worin ihre Mängel bestehen. Wir werden hierbei aber erkennen, daß die Aufgaben unserer Zeit anders und schwieriger sind als die der Vergangenheit und daß wir die Bedeutung geschichtlicher Erkenntnisse jedenfalls nicht überschätzen dürfen. Das ist keine Herabsetzung der (Kunst-) Historiker; ihre Arbeiten haben uns vielmehr eine Fülle von Tatsachen bescheert; sie haben durch fein abwägende Kritik unsere Urteilskraft geschärft, sie haben uns die Werke der Vergangenheit aus den Bedürfnissen und technischen Möglichkeiten der damaligen Zeit erklärt. Es liegt aber die Gefahr vor, daß der schöpferische Geist des guten Städtebauers sich nicht durchsetzen kann, wenn ungenügendes Können durch umfangreiches Wissen ersetzt wird. Es dürfen auch nicht harte Notwendigkeiten der Gegenwart und Zukunft durch Jammern um falsch empfundene Romantik bekämpft werden.

Eine Geschichte des Städtebaues müßte bis in die fernen Zeiten der alten Kulturvölker zurückgehen und müßte alle Völker umfassen, die zu einer höheren Lebenshaltung aufgestiegen sind; denn sobald sich die Menschen in Städten zusammenschlossen, entstanden gewisse Schwierigkeiten in der Versorgung mit Wasser, Lebensmitteln, Brennstoffen, in der Beseitigung der Abfallstoffe, in dem Schutz gegen Feuersbrünste, in der Regelung des Verkehrs usw. Die Stadtgewalt mußte daher durch planmäßige Gestaltung des Stadtkörpers, Baupolizeibestimmungen, Versorgungsanlagen, Einrichtung von Märkten usw. dieser Schwierigkeiten Herr zu werden suchen. Dazu kamen dann die Bedürfnisse des kulturellen und politischen Lebens, die Platzanlagen nebst öffentlichen Gebäuden erforderten, und zwar alles in planvoller Ordnung.

Ferner ergab sich die Forderung des Schutzes gegen äußere Feinde, also die Gestaltung der Stadt als einer Festung, die ebenso gegen plötzliche Überfälle wie gegen langjährige Belagerungen geschützt werden mußte.

So reizvoll es ist, die Städtebaukunst der alten Chinesen und Inder, Babylonier und Ägypter, Mexikaner und Peruaner darzustellen, so wollen wir uns hier mit einigen Hinweisen auf die sog. **Antike** begnügen. Griechenland und Rom sind nämlich auch heute noch so wichtige Wurzeln unserer Kultur und sie beeinflussen insbesondere unsere Kunstauffassung noch so stark, daß sich immer wieder Strömungen durchsetzen, die die Antike nicht nur hoch-, sondern überschätzen. Das kann man z. B. im Städtebau Italiens, Frankreichs und — bezeichnenderweise! — Nordamerikas beobachten, in dem „Monumental“-schöpfungen den Bauten oder Ruinen längst verklungener Zeiten „nachempfunden“ werden, ohne daß die Unterschiede klimatischer, wirtschaftlicher, sozialer, technischer Art beobachtet werden.

Die sonnigen Gestade des Mittelmeeres und die rauhen Länder nördlich der Alpen zeigen nun aber Unterschiede, und zwar nicht etwa nur im Klima, sondern vor allem auch in der landschaftlichen Raumgestaltung und in der Verteilung der Gewässer. Der Drang zur Kleinstaaterei, der in seiner Ausartung zur Bildung dieser Fülle von Stadtstaaten führte, ist in der kleinräumigen Zergliederung der Mittelmeerländer stärker als in unseren größerräumigen Ländern. Weiterhin hat die ungünstige Wasserverteilung dort die Bevölkerung

[1] Vgl. Hoepfner, a. a. O., Bd. 2, S. 95f., ferner die Werke von Heiligenthal, Brinckmann und Schumacher.

(auch die Bauern und Hirten) weit mehr in Städten zusammengepreßt, als dies glücklicherweise bei uns der Fall ist.

Zwischen dem Städtebau Griechenlands und dem des machtvollen, aber niedergehendem Römischen Reiches besteht — trotz vieler Ähnlichkeiten im einzelnen — der Unterschied, daß in Griechenland die Forderungen aller Stände und Schichten nach anständiger Wohnung und ordentlicher Arbeitstätte durchschnittlich genügend berücksichtigt wurden, während der römische Städtebau der späteren Zeit das „Volk" en canaille behandelte, indem er die Prachtsitze der Großen (d. h. der Kapitalisten, Wucherer und Schieber) auf Kosten der Armen und Ärmsten immer prächtiger ausgestaltete. In Griechenland entsprach der Städtebau auch den Forderungen der Allgemeinheit nach Pflege echter Kultur, nach geistiger Erbauung und gesunder Körperpflege, während in Rom der Städtebau die Anlagen für Gladiatoren, Tierkämpfe usw. schuf. „Das alte Rom bietet ein schlagendes Beispiel für die Gefahren und das Verderben, denen Stadt und Volk anheimfallen, wenn nur das finanzielle Interesse gewisser Kreise und äußerliche Gesichtspunkte die Maßnahmen diktieren, aus denen sich die Stadtgestaltung ergibt, oder wenn man dem „freien Spiel der Kräfte" zu weitgehend Raum zu ungeleiteter Betätigung gibt" (Hoepfner, a. a. O. S. 99).

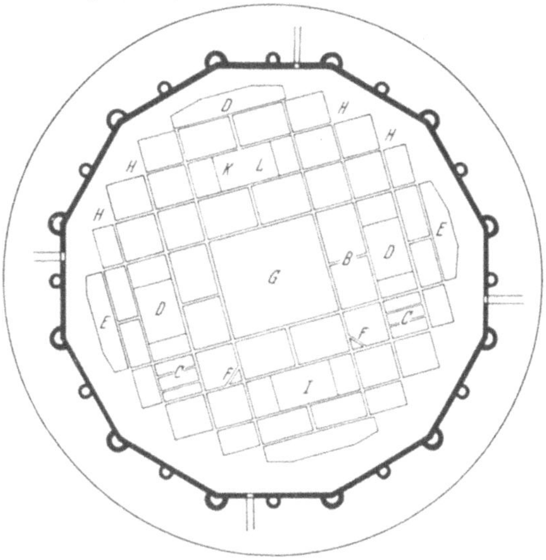

Abb. 8. Idealplan einer Stadt nach Vitruvius.
B Hauptstraßen. *C* Nebengassen. *D* Öffentliche Plätze. *E* Gartenanlagen in der Stadt. *F* Kleine Häusergruppen. *G* Öffentlicher Markt mit Nationalheiligtümern, Basilika und sonstigen öffentlichen Gebäuden. *H* Kleine Marktplätze zu bürgerlichen Zwecken. *J* Theater. *K* „Gymnasium" (Kampfbahn). *L* Stadion.

Vorsicht ist gegenüber der Übernahme antiker Städtebaugedanken auch deswegen geboten, weil wir vom Leben des Volkes jener Tage so wenig wissen. Im allgemeinen kennen wir ja nur das Leben und Treiben der kleinen reichen Oberschicht. Wie armselig aber die breite Masse gewohnt hat, davon kann man sich zwar in Pompeji eine Vorstellung machen, aber die Wohnverhältnisse sind in dieser kleinen, wohlhabenden, langsam gewachsenen, immer stark von griechischem Geist beeinflußten „Provinzstadt" sicher weit besser gewesen als in den „glänzenden Metropolen" mit ihren Mietskasernen, in denen die Bevölkerung von Wucherern vom Schlage des Crassus schamlos ausgesogen wurde. Die gleiche Vorsicht müssen wir übrigens auch dem Städtebau der Renaissance gegenüber beobachten; auch er war vielfach nur ein Schaffen für die Großen der Erde, aber er fragte oft nicht nach den Nöten des Volkes.

Über den antiken Städtebau ist uns das Werk des Vitruvius erhalten geblieben[1].

Dieser große Architekt, der etwa von 80 bis 10 vor Chr. lebte, gibt Anweisungen über die Auswahl des Ortes zu Stadtgründungen, die Gestaltung des Straßennetzes, die Beachtung des Sonnenstandes und der Winde, die Verteilung der Plätze usw., wobei die Gesundheitsverhältnisse eine große Rolle spielen. Abb. 8 zeigt den Grundriß einer von ihm entworfenen Idealstadt.

[1] Vgl. Prestel, Zehn Bücher über Architektur des Marcus Vitruvius Pollio. Straßburg 1913.

Diese kurzen Hinweise auf die alten Zeiten, denen man noch Äußerungen des Aristoteles hinzufügen könnte, müssen genügen. Für uns kommt es auf die **Entwicklung des Städtebaues in Deutschland** an, wobei wir aber fremde Länder in folgender Weise mitberücksichtigen müssen:

a) Allgemein Nordwesteuropa und auch Nordamerika als die Länder, die nach ihren klimatischen, rassischen, politischen, kulturellen, wirtschaftlichen und sozialen Verhältnissen unserem Vaterland ähnlich sind;

b) Italien für das Zeitalter der Renaissance;

c) die ganze Welt, weil unser Städtebau so hoch steht, daß er beginnt, sich in der Welt durchzusetzen, und weil so manche fremde Stadt heute von deutschen Städtebauern erweitert, verbessert oder neu geschaffen wird.

Die Wichtigkeit des Städtebaues (für die einzelne Stadt, aber auch für das ganze Volk) ist überall dann am stärksten in die Erscheinung getreten, wenn das Alte nach Größe oder Güte nicht mehr ausreichte, wenn also Neues geschaffen werden mußte, sei es in Form von Neugründungen ganzer Städte oder Stadtteile, sei es in Form von Verbesserungen vorhandener Anlagen.

Solcher Zwang tritt ein:

wenn die Bevölkerung der Stadt stark zunimmt, so daß — bei Festungen unter völliger oder teilweiser Beseitigung der alten Festungswerke — neue Stadtteile angegliedert werden müssen;

wenn die Städte zu größerem Reichtum aufsteigen und hierdurch die Bedürfnisse wirtschaftlicher und kultureller Art höher werden;

wenn die Gesundheitsverhältnisse sich verschlechtern (z. B. durch Verseuchung des Untergrundes) oder wenn sie allmählich als zu schlecht erkannt werden; so mußte z. B. das alte Batavia als Wohnstadt der Europäer aufgegeben und durch das gesunder gelegene Weltevreden ersetzt werden;

wenn die Fortschritte der Waffentechnik Änderungen der Befestigungen erfordern; am wichtigsten war hierbei die Einführung der Geschütze, dann die ständige Zunahme der Schußweiten; dieser Zwang gab dem Städtebau große Aufgaben, aber auch große Chancen, weil er den zu engen Festungsgürtel sprengte und schließlich die einschnürende Umwallung ganz beseitigte; heute stellt der Luftkrieg dem Städtebau wieder neue Aufgaben;

wenn Umgestaltungen der politischen Verhältnisse oder besondere Maßnahmen der Politik neue Stadtformen, neue Stadtteile oder neue Städte erfordern; vgl. einerseits die Befreiung der Städte von fürstlicher oder kirchlicher Gewalt, andererseits die Aufsaugung der Stadtstaaten durch das Entstehen größerer Staaten (wichtig für die Zeit von 1648—1866), vgl. ferner das große Werk der preußischen Innenkolonisation und die Aufnahme der Hugenotten usw. durch die evangelischen Fürsten;

wenn die vorrückende Kolonisation vorhandene Städte einer andersartigen Zivilisation besetzt und nun für andere Wohnsitten geeignet machen muß, oder neue Stadtteile anderer Bauart den alten Städten angliedern muß, vgl. den Bau der neuen „weißen" Europäerstadt neben der alten „schwarzen" Eingeborenenstadt in vielen Kolonien; oder wenn die Kolonisatoren neue Städte gründen; hierbei sind übrigens oft grobe Verstöße gegen die Städtebaukunst vorgekommen, indem die Neuschöpfungen den Forderungen des Klimas, der Geländegestaltung, der Tradition, der Schönheit ins Gesicht schlagen, vgl. Alexandria, Port Said, Teile von Kairo, Jerusalem, Tel Aviv, vgl. außerdem die „Amerikanisierung" subtropischer und tropischer Städte, aber auch so mancher Stadt im schönen Japan.

Der stärkste Zwang ist aber ausgeübt worden durch Kohle, Dampf und Stahl, d. h. durch die Industrialisierung der sog. Kulturvölker und ihre hierdurch veranlaßte Volksvermehrung.

Der Zwang zu neuem Schaffen würde nun nicht zu besonderen Schwierigkeiten geführt haben, wenn die Städtebaukunst ständig lebendig gewesen wäre, wenn also immer Männer vorhanden gewesen wären, die die neuen Aufgaben wissenschaftlich beherrschen und schöpferisch meistern konnten. Das war aber nicht der Fall. Sobald vielmehr die neue Aufgabe gelöst war und dann die Entwicklung in ruhige Bahnen lenkte, ging die Städtebaukunst verloren. Und wenn dann wieder neue Forderungen auftraten, stand man ihnen zunächst hilflos gegenüber und es wurden daher schwerwiegende Fehler gemacht, bis endlich wieder Männer auftraten, die die notwendigen schöpferischen Kräfte besaßen, um die neue Aufgabe richtig anzupacken. Es ist die besondere Tragik der sog. Kulturvölker, daß die Kunst des Städtebaues gerade zu der Zeit darniederlag, als die neuen Kräfte eine neue Zeit begründeten (s. unten).

In Deutschland kann man drei Städtebauperioden unterscheiden, die etwa die Zeiten von 1000—1600, von 1650—1800 und von 1850 ab umfassen:

a) Die Zeit von 1000—1600. Vor dem Jahr 1000 gab es in Deutschland nach den Stürmen der Völkerwanderung und der Bildung der neuen Staaten kaum Städte, denn das Leben war landwirtschaftlich verankert und stand unter dem Zeichen der Familien- und **Dorfwirtschaft.** Es hatten sich allerdings stadtähnliche Gebilde auf den alten römischen Städten erhalten, die noch heute die Grundanlage des Castrum zeigen; es gab auch Großanlagen von Pfalzen, Bischofsitzen und Klöstern, die heute noch die Schönheit mancher Altstadt ausmachen (vgl. Münster, Osnabrück); aber das waren noch nicht städtische Gemeinwesen. Erst als eine gewisse Arbeitsteilung und hiermit Handwerk und Handel aufkamen, wurden „Städte“ als Mittelpunkte dieser Tätigkeiten erforderlich, und es vollzog sich allmählich der Übergang von der Dorf- zur **Stadtwirtschaft.** Begünstigt wurde diese Entwicklung einerseits durch die Fürsten und die Kirche, weil sie in der Hebung der Volkszahl und der Wirtschaftskraft eine Stärkung ihrer Macht sahen, andererseits — schon damals! — durch den Mangel an Ackerland für die Nachkommen der Bauern, zum Dritten durch das Schutzbedürfnis gegen Feinde, das zur Anlage von Befestigungen zwang. Wie diese Städte im einzelnen entstanden sind (aus Dörfern der verschiedenen Grundformen, in Anlehnung an Burgen und Klöster usw., oder auch als selbständige Neuschöpfungen), ist reizvoll zu untersuchen, kann aber hier nicht erörtert werden. Je mehr die Städte sich von den Fürsten usw. frei machten, je mehr sie ihre Gewerbe und ihren Handel entwickelten, je mehr sie auch militärisch sich auf eigene Füße stellten, je mehr sie sich zu Bünden zusammenschlossen und je mehr gleichzeitig die Reichsgewalt zerfiel, desto mehr wurden die Städte die Zentren des wirtschaftlichen, politischen und kulturellen Lebens. Aber auch diese kraftvollen Gemeinwesen stellten an den Städtebau verhältnismäßig geringe Forderungen, denn innerhalb der Stadtmauern waren die Bedürfnisse der verschiedenen Bevölkerungskreise nicht sehr verschieden und an gemeinsamen Anlagen waren nur Rathaus, Kirche, Markt, Festungsanlagen, Zeug- und Kornhäuser notwendig; dazu kamen in den großen Handelsstädten noch Verkehrsanlagen (Häfen, Speicher, Gasthöfe) und bei zunehmendem Reichtum die prächtigen Bauten der Zünfte usw. Aber all das war nicht schwierig unterzubringen, es gab noch keine Probleme des Verkehrs, der Lage, der Gruppierung. Außerdem war die Entwicklung langsam; man hatte also Zeit, alles sorgfältig zu beraten; man konnte die Bedürfnisse an sich herankommen lassen, man brauchte nicht vorsorglich eine künftige Entwicklung in die Wege zu leiten. Bei dieser Ruhe hatte man auch Zeit, sich den Fragen der Schönheit zu widmen, und sicher sind damals an vielen Stellen die Künstler gefragt und zum Gestalten herangezogen worden.

Daß man aber auch schon damals die ganze Stadt als eine Einheit ansah, die planmäßig entworfen werden solle, ergibt sich daraus, daß der große Meister

Albrecht Dürer 1527 ein Werk herausgab, das zwar — als erstes Werk dieser Art? — der Kriegsbaukunst gewidmet war, aber hierbei die Gesamtanordnung einer befestigten Stadt erläuterte[1].

Er weist hier allen notwendigen Anlagen (Schloß, Zeug- und Vorrathäusern, Kirche und Pfarrhof, Friedhof, Brunnen, Wohngebäuden der verschiedenen Stände und Berufe, Kaufläden und Gewerbebetrieben usw.) ihre Lage an, wobei Windrichtung, Wasser, Feuersgefahr sorgfältig berücksichtigt werden; er gibt

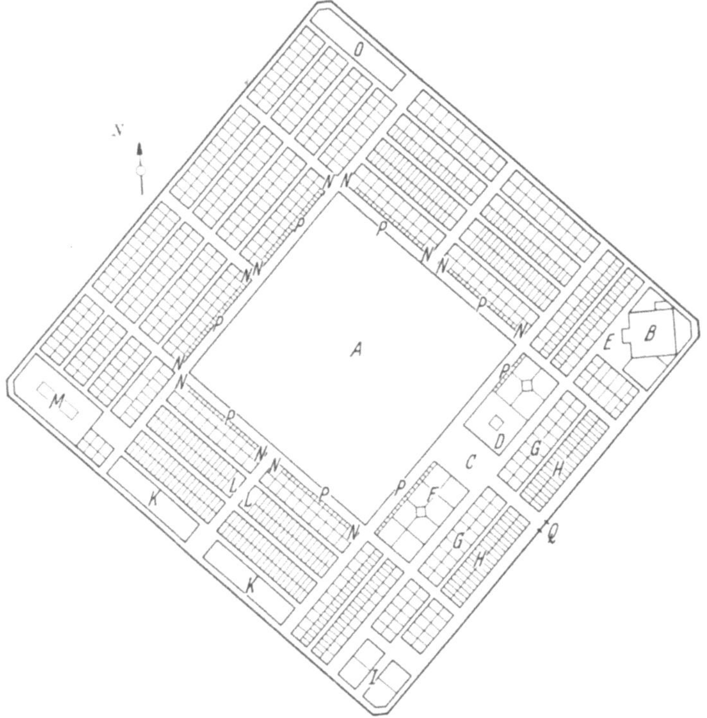

Abb. 9. Grundriß einer Stadt nach Albrecht Dürer.
A Großer Mittelplatz mit dem Königlichen Schloß, das noch besonders befestigt ist. *B* Kirche mit Pfarrhof und Pfarrgarten. *C* Markt. *D* Rathaus. *E* Platz vor der Kirche. *F* Herrenhäuser. *G* Häuser für Edelleute. *H* „Häuser für Hauptleute, Fähnriche, Waibel und die Vornehmsten der Kriegsleute". *J* 4 Gießhütten. *K* Zeughäuser. *L* Bäder. *M* Zimmerhöfe (Sägewerke). *N* Weinschänken. *O* Vorratshaus (Lebensmittel). *P* Kramläden. *Q* Haupttor.

ferner genaue Anweisungen über die Raumbedürfnisse der verschiedenen Gewerbe, er denkt also schon an „Industrieviertel"! Der Stadtplan Dürers ist in Abb. 9 dargestellt.

Die Erkenntnisse, die in den langsam gewachsenen Städten gewonnen worden waren, wurden auch bei der Neugründung der Kolonialstädte des deutschen Ostens verwertet, jedoch mit einigen Abwandlungen: sie zeigen meist die Schutzlage hinter einem Fluß und im allgemeinen eine etwas nüchterne Anordnung der geraden Straßenzüge und des rechteckigen Marktplatzes; sie machen uns heute (bei Sanierungen) meist weniger Schwierigkeiten als die langsam gewachsenen Städte mit ihren engen, winkligen Gassen, schlecht geschnittenen Grundstücken und ungesunden Wohnungen.

b) Die Zeit von 1650—1800. Die zweite Städtebauperiode, die zwischen dem Dreißigjährigen und den Napoleonschen Kriegen liegt, zeigt verschiedene Entwicklungsrichtungen, nämlich die Verbesserung alter Innenstädte, die

[1] „Einigen Unterricht von der Befestigung der Städte, Schlösser und Flecken" von Albrecht Dürer; neu herausgegeben 1823 im Verlag Maurer, Berlin.

Erweiterung von alten Städten und die Gründung von neuen Städten. Trotz dieser verschiedenen Richtungen sind viele Städte während dieser Periode unverändert geblieben.

Hoepfner wirft daher mit Recht die Frage auf, ob man von dieser Zeit als einer zweiten Städtebauperiode sprechen kann; er sieht in ihr mehr eine Vorstufe zur gegenwärtigen Städtebauperiode, da damals der Städtebau im Sinn vorausschauender „planmäßiger Stadtgestaltung“ entstand.

Wie dem auch sei, die Periode ist in den meisten der damals führenden Staaten durch das Zusammenfassen aller in Volk und Staat vorhandenen Kräfte gekennzeichnet, indem weitblickende Staatslenker, ausgehend von den Lehren des Merkantilismus, die wirtschaftlichen Kräfte, namentlich Gewerbe, Handel und Verkehr förderten und einheitlich in der Hand der sich bildenden Nationalstaaten zusammenfaßten. Es vollzog sich also der Übergang von der Stadtwirtschaft zur **Territorialwirtschaft.** Zu den Mitteln, die zum Ziel führen sollten, gehörte auch die Anlage von Bergwerken und Fabriken und von Verkehrswegen (Straßen, Brücken, Binnenwasserstraßen, Häfen), also von Anlagen, durch die Stadterweiterungen und neue Städte hervorgerufen werden. Dazu kamen Residenzen, Garnisonen und Festungen, denn die Forderungen der Verwaltung waren größer, die Hofhaltungen prächtiger, die Kulturbedürfnisse höher geworden, und die Landesverteidigung forderte stehende Heere, eine umfangreiche Rüstungsindustrie und widerstandsfähige Festungen. Am wichtigsten waren aber in jenen Zeiten, in denen die Bevölkerung durch den Dreißigjährigen Krieg und durch die Türkenkriege dezimiert worden war, die Bemühungen der Staatslenker um die Volksvermehrung; vgl. das Wort Friedrich Wilhelms I. „Menschen halte vor den größten Reichtum“. Man trieb vorsorglich Siedlungspolitik; aber nicht etwa nur im Sinn der Unterbringung der Menschen, sondern in der bewußten Absicht, aus ihnen wertvolle Angehörige des Staates zu machen, und zwar durch Hebung ihrer wirtschaftlichen Leistungsfähigkeit. Aus diesem Grund wurden die Straßen so angelegt, die Grundstücke so bemessen, die Baupolizei so gehandhabt, daß außer gesunden Wohnungen die richtigen Baukörper für die verschiedenen wirtschaftlichen Tätigkeiten geschaffen werden konnten. Es ist einleuchtend, daß damals außer den Städten vor allem auch Dörfer vergrößert und neu angelegt wurden.

Inzwischen hatten sich auch Künstler, namentlich Italiener und, in Anlehnung an diese, Franzosen um eine „ästhetische Grundform“ bemüht. Hierbei beging man aber vielfach den Fehler, daß eigentlich nicht die Stadt, sondern die Zeichnung des Stadtplanes schön wurde. Man entwarf also „Vorlagen“, die für Stickereien sehr hübsch sein mochten, deren Schönheit aber nicht zu entdecken war, wenn sie in der Stadt in Stein (in Straßen, Plätzen, Gebäuden) ausgeführt wurde, da ja die Menschen sich ihre Städte im allgemeinen nicht vom Luftballon aus ansehen. Und obwohl manche guten Künstler sich mit viel Aufwand von Geometrie und mißverstandener Symmetrie bemühten, den „Idealgrundriß“ zu erfinden, so kamen sie doch eigentlich alle zu dem gleichen Zentral-, Ring- oder Sternschema mit dem großen, natürlich streng regelmäßigen Hauptplatz in der Mitte, den davon ausgehenden radialen Hauptstraßen, den ringförmigen Nebenstraßen, alles zusammengefaßt durch den Kreis der Festungsmauer (vgl. Abb. 10). Ausgeführt worden ist eine „Idealstadt“ eigentlich nirgendwo; wo man begonnen hatte, nach derartigen Vorlagen zu bauen, haben sich bald die natürlichen Verhältnisse (Höhen, Wasser, Wind) und der gesunde Menschenverstand als stärker erwiesen. Aber der „Idealgrundriß“ in Gestalt des Stickereimusters spukt heute noch gelegentlich in den Köpfen der Romanen. Das bekannteste Beispiel einer Stadt mit strahlenförmigen Grundriß ist Karlsruhe, aber auch hier wurde mit dem Schematismus schnell Schluß gemacht.

Dieses Muster für die Idealstadt hat man auch auf die großen Parkanlagen der Residenzen angewandt und schließlich sogar auf die für die Hofjagden dienenden Wälder; es ist einleuchtend, daß hierbei viel Unnatur zutage kommen mußte (s. unten).

Bei anderen Städten bemühte man den Künstler nicht, sondern überließ die Grundrißgestaltung dem Landmesser, der mit Schiene und Winkel das Rechteckschema entwarf. Das bekannteste Beispiel in Deutschland ist Mannheim; außerdem ist auf Freudenstadt im Schwarzwald hinzuweisen, das jeder Städtebauer einmal besuchen sollte. Das Rechteckschema, das vom künstlerischen Standpunkt gar nicht so schlecht zu sein braucht und das von Sitte über Gebühr gegeißelt wird, ist besonders in Nordamerika übertrieben worden.

c) Die Zeit von 1850 ab. Die dritte Städtebauperiode ist die der Gegenwart. Sie deckt sich mit der „neuen Zeit", die mit ihren wenigen Jahrzehnten unsere Gegenwart ausmacht und die sich so scharf gegen die Jahrtausende der „alten Zeit" abhebt. An ihrer Schwelle steht — neben dem Wiedererwachen der Wissenschaften, den großen Entdeckungen und den gewaltigen politischen Umgestaltungen — der Dampf als der größte Revolutionär der Weltgeschichte. Die Zeit beginnt in England mit 1815, in Deutschland vielleicht mit 1850, aber städtebaulich kritisch wird sie hier erst von 1871 ab. Das Nachhinken Deutschlands ist in der Erschöpfung durch die Napoleonschen Kriege und dem gewaltsamen Niederhalten jeglichen Fortschrittes durch die Reaktion begründet; das Nachhinken hätte für das Gesamtsiedlungswesen sein Gutes haben können, nämlich dann, wenn die Staatsleitungen aus den schlimmen Folgen, die sich aus der überschnellen Industrialisierung und Verstädterung in England zeigten, gelernt hätten. Leider war das aber kaum der Fall. Und nun war gerade damals in der Städtebaukunst die Tradition wieder einmal abgerissen. Die technischen Hochschulen, die zu Beginn der „neuen Zeit" gegründet worden waren, waren mit der Pflege und Weiterbildung der streng technischen (konstruktiven) Fragen so beschäftigt, daß sie sich mit den großen Zusammenhängen zwischen Technik, Wirtschaft, Kultur noch wenig befaßten; und so sah man auch im „Städtischen Bauwesen" nur die Einzelheiten (Wasserversorgung, Kanalisation, Straßenbau, Bau von Wohnhäusern, Kirchen, Verwaltungsgebäuden, schließlich auch von Warenhäusern und sogar von Fabriken); aber den Zusammenhang sah man nicht. Erst etwa 1875 begann Prof. Baumeister in Karlsruhe mit städtebaulichen Vorträgen; aber noch um 1900 wurde der Städtebau an den meisten Hochschulen nicht gepflegt. Vor allem fehlte es am Zusammenarbeiten von Architekt und Ingenieur, an dem Hineinarbeiten des Verkehrs in den Städtebau und an der Untersuchung der sozialen und wirtschaftlichen Probleme.

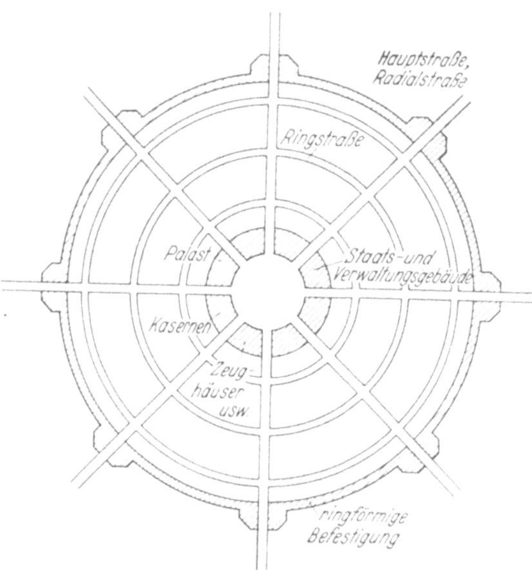

Abb. 10. Schema einer ganz regelmäßig zentrisch entwickelten Stadt.

Einen Markstein bildete dann 1889 das Werk Camillo Sittes „Der Städtebau nach seinen künstlerischen Grundsätzen", durch das das künstlerische Gewissen der Welt gegen die Verschandelung unserer Städte wachgerufen wurde. Mit dem Erscheinen dieses Buches ist die Schönheit im Städtebau zu ihrem Recht gekommen; es kommen aber trotzdem immer noch Verstöße vor, und zwar einerseits in jenen Bauwerken, die unter allen Umständen nach Form und Baustoff „modern“ sein müssen, andererseits in Schöpfungen, bei denen „Romantik“ gemacht wird.

Die ingenieurtechnische Seite und der Verkehr blieben aber weiterhin vernachlässigt. Erst der Wettbewerb Groß-Berlin (1908) und die anschließenden Wettbewerbe (Düsseldorf, Zürich usw.) haben die Bedeutung des Verkehrs gezeigt. Aber auch danach hat es noch lange gedauert, bis die Bedeutung des Güterverkehrs und die Notwendigkeit des Zusammenarbeitens der Stadtverwaltungen mit den großen Verkehrsanstalten erkannt wurde, und noch heute steht man diesen Fragen vielfach, namentlich im Ausland, mit wenig Verständnis gegenüber.

Wo diese Erkenntnisse sich durchsetzten, erkannten die Städtebauer auch, daß auch der Sinn des „Bebauungsplanes“ gewisser Abänderungen und Ergänzungen bedürfe, daß er nämlich möglichst „elastisch“ gehalten werden müsse und daß er nicht durch Einzelheiten beschwert werden dürfe. Man tat hiermit den Schritt vom Bebauungsplan zum Flächenaufteilungs- oder Flächennutzungsplan, der allgemein „Wirtschaftsplan“ genannt wird.

VI. Städtebau — ein Glied der Landesplanung.

In den vorhergehenden Abschnitten ist in erster Linie von der einzelnen Siedlung die Rede gewesen. Hierbei mußte aber schon oft darauf hingewiesen und Rücksicht genommen werden, daß die Stadt in Wirklichkeit nicht isoliert, sondern daß sie in vielfältiger Weise mit ihrer Umgebung verflochten ist.

Sei es Großstadt, Mittel- oder Kleinstadt, sie sind alle auf das engste mit der Landschaft verbunden, man denke an die Bedeutung so vieler Kleinstädte als Kreisstädte und an die so vieler Mittelstädte, besonders solcher, die als Sitze von Behörden, Universitäten, Spezialindustrien usw. oder als Verkehrsknotenpunkte eine besondere Note haben. Die Stadt ist das wirtschaftliche und kulturelle, das verwaltungs- und verkehrstechnische Zentrum einer Landschaft; sie ist der Sitz der Kaufgeschäfte, Banken und vieler Gewerbe, der Behörden und Gerichte, der Kulturstätten und höheren Schulen; sie ist wichtigster Markt für die Erzeugnisse der Landschaft (nicht nur für Lebensmittel, sondern auch für Steine, Erden und Holz); sie stärkt durch ihre Kaufkraft die Wirtschaft der Umgebung; sie ermöglicht den Übergang zu hochwertiger Landwirtschaft (auf Gemüse, Obst, Geflügel, Eier, Milch) und die Ausnutzung von Bodenschätzen (namentlich zur Erzeugung von Baustoffen); sie ruft Ausflug- und Erholungsorte hervor; sie gibt den arbeitswilligen Händen, die in der Landwirtschaft kein ausreichendes Brot finden, dauernd oder zeitweilig Arbeit. Daß auf der anderen Seite jede Stadt Gefahren für die Landschaft, deren Mittelpunkt sie ist, birgt (Landflucht!), wurde bereits oben erwähnt.

Neben diesen Beziehungen der Stadt zur Landschaft wird ein Übergreifen in die Umgebung hinein besonders dann notwendig, wenn der Raum für die Stadt aus geographischen oder politischen Gründen zu klein ist und daher eine Aussiedlung der Bevölkerung und der Gewerbe und unter Umständen auch der großen Verkehrsanlagen notwendig wird; vgl. als besonders lehrreich Venedig, Genua, San Franzisko und New York, wo die zu schmale Halbinsel Manhattan dazu gezwungen hat, die großen Hafen- und Eisenbahnanlagen jenseits der beiden Meeresarme (zum Teil sogar in einem anderen „Staat“) anzulegen. Vielfach ist auch ein Überspringen einer gewissen Zone zu beobachten, dergestalt, daß diese Zone, also die nähere Umgebung ihren alten (landwirtschaftlichen) Charakter beibehält, daß aber weiter draußen besondere Vorzüge das Entstehen von städtischen „Ablegern“ hervorrufen, sei es daß diese einen Anreiz bieten zum Wohnen (Mannheim — Bergstraße) oder zum Erholen (Frankfurt — Taunus) oder zum

Erledigen besonderer Verkehrsaufgaben (Bremen — Bremerhaven) oder zum Errichten besonderer Gewerbebetriebe.

Die Stadt verlangt also von der Landschaft die Abgabe von Land für die verschiedensten Zwecke des Verkehrs und der Wirtschaft, des Wohnens und der Erholung. Diese Anforderungen werden um so umfassender sein, je größer die Stadt ist, und sie werden um so schwieriger zu erfüllen sein, je dichter bereits die Umgebung besiedelt ist. Und so ist es denn auch ganz natürlich, daß in Deutschland gerade im Ruhrbezirk zuerst der Gedanke einer Planung, die über die Verwaltungsgrenzen der einzelnen Stadt hinausgeht, entstand und in der Gründung des Ruhrsiedlungsverbandes seine Formung fand. Man sah, daß man der Schwierigkeiten in dieser dicht besiedelten Landschaft auch nur einigermaßen Herr werden konnte, wenn man die — zwangsläufig egoistische — Planung der Einzelstadt überwand zugunsten der Planung der Landschaft, der Bezirksplanung. Weitere Bezirksplanungsverbände entstanden in den Folgejahren beispielsweise in Oberschlesien, Mitteldeutschland und Hamburg.

Wir haben vorstehend die Notwendigkeit, die Planung über den engen Rahmen der einzelnen Stadt hinaus auf einen größeren Bezirk auszudehnen, absichtlich aus dem Zwang heraus entwickelt, der von der Stadt ausgeht, und sind hiermit zu dem gekommen, was vorstehend mit „Bezirksplanung“ bezeichnet worden ist. Es handelt sich dabei also um die Bearbeitung dicht besiedelter Einzelgebiete, die uns in der Form von Städtegruppen (Frankenthal-Heidelberg, Wiesbaden-Hanau, Hamburg und Umgebung) und von Industriebezirken entgegentreten.

So dringlich, wichtig und schwierig diese einzelnen Bezirksplanungen nun auch sein mögen, so steht über ihnen und damit auch über dem gesamten Städtebau eine höhere Aufgabe, nämlich die Planung für das ganze Land (das ganze Staatsgebiet), also die Landesplanung oder die Raumordnung, die die Gesamtheit des Volkes und seines Lebensraumes zu erfassen hat; diese Aufgabe ist besonders wichtig für die Völker, die in einem überhaupt zu kleinen Raum leben müssen, wo das schreckliche Wort vom „Volk ohne Raum“ gilt, und wo außerdem die Grenzgebiete von äußeren Feinden bedroht sind; hier ist jedes Stück des Bodens und dessen richtige Verteilung und Nutzung so wichtig, daß die Planung das ganze Staatsgebiet erfassen muß und der Volk und Staat zur Verfügung stehende Raum einer Neuordnung bedarf.

Aufgabe und Ziel einer derartigen Raumordnung kann etwa in folgender Weise umrissen werden[1]:

Das Ziel ist die zusammenfassende, übergeordnete Ordnung und Planung des gesamten Staatsgebietes. Die Menschen und die (politischen, kulturellen und wirtschaftlichen) Mittel sollen am richtigen Ort zum richtigen Zweck in der richtigen Form angesetzt werden, um den höchsten Nutzen für die Volksgemeinschaft zu erreichen. Es gilt die Erhaltung und Mehrung eines gesunden Volkes, die Hebung der Lebenshaltung, die Sicherheit der Wirtschaft und Ernährung in Krieg und Frieden zu gewährleisten.

Im einzelnen sind folgende Forderungen zu beachten:

Bevölkerungspolitisch: Ausreichende Volksvermehrung durch einen gesunden Nachwuchs; Hebung des Bauernstandes, Herstellung eines gesunden Verhältnisses zwischen ländlicher und städtischer Bevölkerung; Abbau der übergroßen Städte und der Industriebezirke; Hebung der gewerblichen Tätigkeit auf dem platten Land.

Wehrpolitisch: Erhaltung und Mehrung der Volkskraft; Sicherstellung der Ernährung und — soweit möglich — der Rohstoffversorgung; richtige Lage der Industrien und der Großversorgungsanlagen; richtige Anlage der Siedlungen im ganzen (städtebaulich) und im einzelnen (bautechnisch).

[1] Vgl. „Raumforschung und Raumordnung“ 1936, S. 68.

Ernährungspolitisch: Sicherstellung der Ernährung; Gewinnung neuen Lebensraumes (durch Ödlandkultivierung, Bodenverbesserung, Eindeichung, Be- und Entwässerung); Hebung des Lebensstandards des Bauern und Landarbeiters; Anlage von Kleinsiedlungen; Förderung des Kleingartenwesens.

Wirtschaftspolitisch: Richtige Verteilung der Industrie, Auswahl der Standorte im Sinn der Dezentralisation; Verlegung der Industrie aus den kritischen Gebieten und den Großstädten und Anlage gewerblicher Neusiedlungen unter Beachtung der Rohstoff-, Absatz- und Verkehrsfrage, der Anlage neuer Arbeiterheimstätten und der militärischen Notwendigkeiten[1].

Es muß also Aufgabe einer staatlichen Stelle sein, die großen Richtlinien für die Ordnung des Lebensraumes des Staates zu geben. Die eigentliche Planung hat dann in den einzelnen Landschaften (Provinzen od. dgl.) zu erfolgen, wobei die übergeordnete Zentralstelle die Arbeiten der einzelnen Landschaften aufeinander abzustimmen hat. Der Städtebau hat sich dann wiederum in die Landschaftsplanung einzugliedern und in Gemeinschaft mit ihr die besonderen Aufgaben seines engeren Bezirkes zu bearbeiten.

Für alle Fragen der Raumordnung und des Städtebaues muß es in jedem Staat oberste Behörden geben, die das gesamte Staatsgebiet betreuen. In Deutschland ist dies die „Reichsstelle für Raumordnung", die mit den entsprechenden Reichsministerien zusammenarbeitet. In den Vereinigten Staaten von Nordamerika will man ein besonderes Ministerium für Raumordnung schaffen.

Unter der obersten Behörde sind für die einzelnen Großräume (Provinzen, Wirtschaftsprovinzen usw.) Landesplanungsstellen, unter diesen wieder für ihre einzelnen Teilgebiete (Regierungsbezirke, Departements u. dgl.) Bezirksplanungsstellen einzurichten, die dann die Aufsicht über die einzelnen Gemeinden (Städte) oder Gemeindeverbände und Planungsverbände führen sollen. Von großer Bedeutung ist hierbei, daß die „höheren" Stellen, für die der Charakter von staatlichen Behörden nicht entbehrt werden kann, den „unteren" Stellen, die Selbstverwaltungskörper sein sollten, möglichst wenig „dreinreden". Die übergeordneten Behörden haben den großen Rahmen aufzustellen, in dem dann die Gemeinden selbständig arbeiten sollen. Wichtig ist auch die Mitarbeit der Wissenschaft, sei es zur Klärung allgemeiner, das ganze Land betreffenden Fragen, sei es zur Erforschung der regionalen Sonderverhältnisse. In Deutschland ist zu diesem Zweck die „Reichsarbeitsgemeinschaft für Raumforschung" geschaffen worden, in der die Universitäten, Technischen Hochschulen usw. vertreten sind und alle Fragen so sachlich und so gründlich wie möglich untersucht werden; diese Arbeiten sind berufen, den leitenden und ausführenden Behörden ihre Arbeit zu erleichtern[2].

Für die Planbearbeitung im einzelnen sind zunächst alle jene Vorarbeiten geographischer, wirtschaftlicher, verkehrstechnischer, wasserwirtschaftlicher, militärischer und völkischer Natur erforderlich, die aber schon erwähnt worden sind.

Hierzu und zum weiteren Planen sind dann vor allem Karten notwendig. Mit diesen hapert es noch weit mehr, als der Fernerstehende annimmt; wir

[1] Dr.-Ing. Dr. Pfannschmidt umreißt die Aufgaben der Raumordnung in folgender Weise: Festigung des deutschen Lebensraumes nach innen und Sicherung der Wehrfähigkeit nach außen durch Verbreiterung des Nahrungsspielraumes und der Rohstoffversorgung. Festigung von Volk und Nation durch einen Bevölkerungsausgleich zwischen untervölkerten und übervölkerten Gebieten, Stärkung von Landwirtschaft und Gewerbe in den untervölkerten Gebieten und Begrenzung der großstädtischen Ballungen und damit eine Erweiterung des Lebensraumes aller von Raumnot und Wirtschaftsnot bedrängten Volksgenossen. Die gestaltende Raumplanung und Raumordnung ist durch den zielbewußten Einsatz der wissenschaftlichen Raumforschung zu unterbauen.

[2] Die „Reichsarbeitsgemeinschaft" gibt die Zeitschrift „Raumforschung und Raumordnung" heraus, die jeder deutsche Städtebauer regelmäßig lesen sollte.

glauben, daß die Landkarten und Stadtpläne in den „Kulturländern" wenn nicht vortrefflich, so doch für diese Arbeiten mindestens ausreichend wären; aber das ist leider nicht richtig. Für die Landesplanung reicht z. B. das „Meßtischblatt" (1:25000) oft nicht aus, desgleichen nicht für den Städtebau der „Stadtplan" (etwa 1:5000); hier fehlen vor allem oft die Höhenschichtlinien und die Nachträge der inzwischen erfolgten Bebauung. Neben der Herstellung neuer, zuverlässiger Karten sind Fliegeraufnahmen von hohem Wert; sie müssen aber in ausreichend großem Maßstab gehalten sein und sollten starke Schatten aufweisen, damit die Bebauung möglichst körperlich wirkt. Für schwierige Verhältnisse leisten Reliefkarten und Modelle gute Dienste.

Hier ist Gelegenheit, auf die Wichtigkeit der Kartierung der Natur- und Bevölkerungs-, Siedlungs-, Wirtschafts- und Verkehrsverhältnisse eines Raumes oder einer Landschaft hinzuweisen. Ein derartiges Kartenwerk gibt eigentlich erst die Unterlage für eine alle wichtigen Gelegenheiten des zu bearbeitenden Raumes berücksichtigende Planung, da sie in weit übersichtlicherer Form, als es Bücher und Tabellen vermögen, ein lebendiges Bild der Landschaft vermitteln, vgl. den „Atlas Niedersachsen" (von Prof. Brüning, Verlag Stalling in Oldenburg) und ähnliche Werke. Für Deutschland ist ein großes Gesamtwerk dieser Art in Vorbereitung.

Was für Pläne im einzelnen auszuarbeiten und in welcher Reihenfolge die Flächennutzungs- oder Wirtschaftspläne aufzustellen sind, braucht hier nicht weiter ausgeführt zu werden. Von Bedeutung sind aber noch folgende Hinweise:

So sehr die Landesplanung und der Städtebau sich davor hüten müssen, nur „negativ" (verhindernd, verzögernd, Schäden mildernd), nur als „Polizei" zu wirken, so sehr sie vielmehr „positiv", also schöpferisch gestaltend schaffen müssen, so wohnt doch vielen ihrer Pläne ein negatives Moment inne: Ein Bebauungsplan oder ein Verkehrsplan hat nicht den Zweck, daß sofort nach ihm „losgebaut" werden soll; sein Hauptzweck kann vielmehr darin bestehen, das Bauen zu verhindern (!), nämlich das Bauen von unrechten Dingen am unrechten Ort. Der Flächennutzungsplan soll bestimmte Flächen für bestimmte künftige Benutzung offenhalten; der Verkehrsplan soll sicherstellen, daß die Verkehrsbänder verfügbar bleiben. Insgesamt müssen die Pläne zeitlich „elastisch" bleiben; es soll nicht heute haarscharf festgelegt werden, was erst in 20 Jahren gebaut zu werden braucht. Die Pläne müssen von Zeit zu Zeit überprüft werden; die endgültige Festlegung geschieht erst mit dem Fluchtlinienplan bzw. mit der Genehmigung der Entwurfpläne zu den Großanlagen (etwa zu Häfen, Bahnhöfen, Autobahnen).

Diese Ausführungen waren nötig, weil die Ansichten über die Bedeutung all dieser Pläne noch recht unklar sind und weil daher nicht selten als von Utopien, Zukunftsmusik usw. abfällig geredet wird. —

Über allen gesetzlichen, verwaltungstechnischen, politischen Maßnahmen der Raumordnung, Landesplanung und des Städtebaues muß als oberstes Gesetz stehen, dem Volksgenossen und seiner Familie eine Heimat zu schaffen, mit der er innerlich verbunden ist, die er lieb und wert hält.

Zweiter Abschnitt.

Die allgemeine Lösung der Aufgabe.

Einleitung.

Nachdem vorstehend die Übel klargestellt sind, an denen fast alle Kulturnationen der Erde auf siedlungstechnischem Gebiet kranken, sind auch schon viele von den Wegen vorgezeichnet, die wir einschlagen müssen, um diese Krankheiten zu heilen und wieder zu einem insgesamt gesunden Volkskörper zu kommen. Hierbei drängen sich einige wichtige Erkenntnisse auf:

Wir dürfen nicht in den Fehler verfallen, an den Symptomen herum zu kurieren, also etwa Einzelerscheinungen, die besonders sinnfällig sind, zu behandeln. Wir dürfen auch nicht mit Beruhigungsmitteln arbeiten, mit denen wir uns nur selbst in eine falsche Sicherheit bringen, z. B. nicht mit der so oft gehörten Redensart, daß es anderwärts noch schlimmer sei. Wir dürfen die Krankheit auch nicht etwa einseitig nur im Wohnungselend sehen und daher glauben, daß der Wohnungsbau allein ausreiche.

Wir haben vielmehr davon auszugehen, daß das Grundübel die zu weit gehende Verstädterung ist, daß also das gesunde Verhältnis zwischen städtischen und ländlicher Bevölkerung gestört ist und wieder hergestellt werden muß. Das zeigt klar die beiden Hauptrichtungen:

„positiv": Stärkung des platten Landes, seiner Bauern und kleinen Gewerbetreibenden, in diesem Sinn auch Stärkung der Kleinstadt;

„negativ": Verminderung der städtischen Bevölkerung, insbesondere Abbau der Riesenstadt und der Industriebezirke.

In diesen Hauptrichtlinien ist gleichzeitig umschlossen die Stärkung der heimischen Landwirtschaft und ihrer Nebengewerbe. Damit soll aber nicht etwa einer Schwächung der Industrie das Wort geredet werden, denn „Abbau der Stadt" und sogar „Abbau des Industriebezirkes" bedeutet nicht „Abbau der Industrie"; vielmehr kann damit sogar eine Vermehrung der industriellen Gesamterzeugung verbunden sein. Die fortschreitende technische Entwicklung ermöglicht heute eine ständig weitergehende Arbeitsteilung und hierdurch die Dezentralisation der industriellen Erzeugung. Damit sind die Voraussetzungen für eine allmähliche Verlagerung gewisser Industrien aus den Großstädten und Industriebezirken heraus durchaus gegeben.

Neben diesen Hauptrichtungen sind noch folgende Ziele zu verfolgen:

1. Die Verbesserung jeder einzelnen Stadt.

2. Die Neugründung von Kleinstädten auf der Grundlage neu zu gründender oder zu verlegender gewerblicher Betriebe.

3. Die Verbesserung der Städtegruppe.

4. Die Verbesserung der Industriebezirke.

Dabei sind noch vom völkischen Standpunkt zu beachten:

a) die Sicherstellung der Ernährung des Volkes aus eigener Scholle,

b) die Sicherstellung und der weitere Ausbau der gewerblichen Roh- und Hilfsstoff-Grundlagen und

c) die wehrpolitischen Notwendigkeiten bezüglich der Grenzgebiete und der Verteilung (Auflockerung) der Industrie und der Versorgungs- und Verkehrsanlagen.

I. Die Gesamtplanung.

A. Die dünn besiedelten Gebiete und die ländlichen Siedlungen.

Zur Erreichung dieser Ziele müssen wir das gesamte Land und das ganze Volk, also den gesamten Lebensraum erfassen und die Ordnung dieses Raumes vorbereiten.

Wir gehen hierbei am besten von den dünn besiedelten Gebieten aus, denn diese wollen wir ja befruchten. Für jeden Landesteil, der zu dünn besiedelt erscheint, muß untersucht werden:

1. Aus welchen Gründen ist die Besiedlung so schwach? Hat etwa früher aus dem Gebiet eine starke Abwanderung stattgefunden? Warum? Sind die Menschen insbesondere infolge ungünstiger Agrarverhältnisse abgewandert? Welche Maßnahmen agrar- und gewerbepolitischer Art sind notwendig (zweckmäßig, erfolgversprechend), um einen weiteren Bevölkerungsverlust zu vermeiden, um also der heranwachsenden Generation ihre Heimat zu erhalten? Wie kann im besonderen das Bauerntum gestärkt werden? Wie sind die vorhandenen landwirtschaftlichen Siedlungen zu stärken und zu verbessern? Wo können neue Bauernsiedlungen geschaffen werden? Wieviel Menschen können sie aufnehmen? Woher sind die neuen Siedler zu nehmen? Welche Eigenschaften müssen sie haben? Welche Zukunft kann man ihnen versprechen? Diese Fragen sind in erster Linie vom Landwirt zu beantworten; er wird dabei in den meisten Fällen den Wasserbauer zuziehen, da die wasserwirtschaftlichen Fragen immer eine große Rolle spielen werden.

Aus dem hieraus aufzustellenden Programm wird sich ohne weiteres ableiten lassen, ob und wie die Kleinstädte des Gebietes hierdurch ebenfalls gestärkt werden und was daher bei der vielleicht sowieso notwendigen Verbesserung der Stadt zu beachten sein wird. Hier tritt also der Städtebauer in die Erscheinung.

2. Sodann muß geprüft werden, wie das gewerbliche Leben des Gebietes gestärkt werden kann; wie also bei den schon vorhandenen Betrieben die Produktionskosten gesenkt, der Absatz erleichtert werden kann; ob neue Betriebe eingerichtet werden können, von welcher Art, an welchen Stellen? Hierbei wird wahrscheinlich die Bedeutung der Stadt und damit die des Städtebaues schon stark hervortreten.

3. Dann muß geprüft werden, welche Verkehrsmaßnahmen zur Durchführung notwendig sind, und zwar einmalige (Bau von Straßen, von Neben- oder Kleinbahnen, von neuen Stationen oder Häfen, von Anschlußgleisen) und dauernde (Zugverbindungen, Tarife). Diese Fragen können nur von Verkehrsfachmännern bearbeitet werden; außerdem müssen die Verkehrsbehörden (Eisenbahnverwaltung, Wasserbauverwaltung, Straßenbauämter usw.) von Anfang an mitarbeiten.

4. Auf Grund dieser Untersuchungen und etwaiger noch erforderlicher besonderer Erhebungen muß dann eine für das Gebiet eingesetzte Planungsstelle den Gesamtplan aufstellen, seine Finanzierung bearbeiten und die Durchführung einleiten.

Dem Plan muß also eine Bestandsaufnahme oder — mit anderen Worten — der Landesplanung muß die Landesforschung vorausgehen. Für zwei deutsche Landschaften sind bisher derartige Arbeiten auf breiter Grundlage in Angriff genommen. Der Ostpreußenplan und der Rhönplan haben sich zum Ziel gesetzt, durch Intensivierung der Landwirtschaft, durch Schaffung gewerblicher Arbeitsmöglichkeiten und eine bessere Verkehrserschließung diese dünn besiedelten Gebiete bevölkerungspolitisch und wirtschaftlich zu stärken und den Lebensstandard der Bevölkerung zu heben[1].

[1] Vgl. „Reichsplanung“ 1935 S. 10 bzw. 1935 S. 377 und 1936 S. 24.

B. Die Städte.

Bei den Städten unterscheidet man im Hinblick auf die Landesplanung zweckmäßigerweise:

1. die isoliert liegende Stadt,
2. die Städtegruppe.

Diese beiden Arten stellen nämlich an die Flächennutzungs- und die Bebauungspläne teilweise verschiedenartige Anforderungen:

Die isoliert liegende Stadt ist das wirtschaftliche, politische, kulturelle und verkehrstechnische Zentrum eines bestimmten Einflußgebietes und muß dieser Bedeutung entsprechend entwickelt werden. Das muß vor allem in der Gestaltung des Verkehrsnetzes zum Ausdruck kommen, besonders für die Verkehrsgruppe Nahverkehr (Vorort- bis Nachbarschaftsverkehr), weniger dagegen für den Fernverkehr. Die Bedeutung des Zentrums tritt aber auch in bestimmten Anlagen des wirtschaftlichen und kulturellen Lebens in die Erscheinung. Die isoliert liegende Stadt hat im Gegensatz zur Städtegruppe den Vorzug, daß sie — wenn nicht andere Hindernisse dem entgegenstehen — nach allen Seiten gleichmäßig entwickelt (aufgelockert) werden kann; das wird vor allem der richtigen Durchbildung der Freiflächen zugute kommen. Welche Größe die isoliert liegende Stadt hat, ist dem Grundsatz nach belanglos; es kann eine Klein- oder Mittelstadt oder eine Großstadt oder auch eine „Weltstadt" sein. Bei der isolierten Stadt kann es sich auch um völlige Neugründungen handeln, vgl. z. B. die neue Hauptstadt der Türkei, die zwar an eine uralte Siedlung angelehnt ist, aber in sich eine vollkommen neue Stadt darstellt (vgl. auch Neugründungen von Städten zur Erreichung von Standortverlagerungen der Industrie).

2. Die Städtegruppe tritt uns in verschiedenen Formen entgegen:

a) Kleinere Nachbarstädte einer Großstadt. In dem Umkreis einer beherrschenden Großstadt liegen oft schon oder es entstehen weitere Städte, die man nicht mehr als Vororte, Vorstädte oder als sog. „Trabanten" bezeichnen kann, sondern die so weit entfernt sind und ein so starkes Eigenleben zeigen, daß sie als selbständige Städte bezeichnet werden müssen. Sie stehen aber wegen ihrer geringeren Größe und unter Umständen auch aus politischen Gründen in bezug auf Kultur und Verwaltung und einzelne Teile des Wirtschaftslebens in Abhängigkeit von der größeren Stadt, desgleichen auch im Fernpersonenverkehr, vgl. Berlin und Potsdam, Hannover und Hildesheim, Köln und Bonn, Frankfurt und Hanau. Städtebaulich sind sie als selbständliche Siedlungen zu behandeln; sie erfordern aber eine besondere Behandlung der Verkehrsanlagen.

b) Städtepaare. Vielfach beobachten wir, daß zwei Nachbarstädte zwar unterschiedliche Größen aufweisen, daß aber die kleinere von der größeren nicht abhängig ist, sondern daß jede ihr eigenes, von dem der Nachbarstadt verschiedenes Leben führt. Wir sprechen in diesem Fall von „Städtepaaren", vgl. Düsseldorf-Köln, Wiesbaden-Mainz, Wiesbaden-Frankfurt, Mannheim-Heidelberg, Halle-Leipzig, Brüssel-Antwerpen, Liverpool-Manchester, Glasgow-Edinburg; dagegen bilden Hamburg und Altona oder Mannheim und Ludwigshafen nicht Städtepaare, sondern je eine Stadt, nämlich eine einheitliche Siedlung. Der unterschiedliche Charakter der beiden Städte kommt, abgesehen von dem Unterschied Seestadt-Binnenstadt, hauptsächlich dann zum Ausdruck, wenn die eine Stadt ein reges wirtschaftliches, die andere ein reges kulturelles Leben führt, namentlich dann, wenn sie durch Naturschönheit ausgezeichnet ist.

Städtebaulich können auch diese Städte bis zu einem hohen Grad unabhängig voneinander behandelt werden. Es tritt aber eine innige Verflechtung im Verkehr ein, und zwar nicht etwa nur im Personen-, sondern auch im Güterverkehr; es kann daher der sog. „Generalverkehrsplan", auf den sich die beiden Bebauungspläne aufbauen müssen, nur als einheitlicher Plan entworfen werden.

Da aber die Verkehrsanlagen die Verteilung der Industrie und der Freiflächen stark beeinflussen, ergibt sich, daß für Städtepaare ein einheitlicher Flächennutzungsplan wahrscheinlich nicht entbehrt werden kann; im Raum der Neckarmündung muß z. B. die Planung das Gebiet von Ludwigshafen (oder vielmehr Frankenthal) bis Heidelberg einheitlich umfassen. Städtepaare erfordern unter Umständen besondere Eisenbahnen, sog. „Städtebahnen“, auf die noch zurückgekommen werden wird.

c) Städtereihen. Da, wie oben ausgeführt worden ist, gewisse städtegründende Kräfte (Heilquellen, Salze, Erze, Kohlen) auf bestimmten „Linien“ oder „Bändern“ liegen, so sind auf diesen oft ganze Reihen von Städten entstanden; dasselbe ist der Fall auf den verkehrsgeographisch bevorzugten Linien, namentlich den Küsten und großen Talbildungen. Das großartigste Beispiel dieser Art bietet in Deutschland der Ruhrkohlenbezirk mit seinen mehrfachen Städtereihen; weitere Beispiele sind die „Bänder“ Bonn-Duisburg, Bingen-Hanau, Frankenthal-Mannheim-Heidelberg, Liverpool-Manchester-Hull.

Für die Landesplanung sind auch hier die Verkehrsfragen von besonderer Bedeutung; denn der sog. „Bezirksverkehr“ stellt hohe Anforderungen; das Eisenbahn-, Straßen- und Überlandstraßenbahn-Netz muß daher gut entwickelt sein. Außerdem werden aber wahrscheinlich auch gemeinsame Anlagen für Wasserversorgung und Wasserabführung notwendig. Große Schwierigkeiten kann unter ungünstigen Verhältnissen die Beschaffung ausreichender Freiflächen bereiten. Einheitliche Bearbeitung der ganzen Städtereihe ist daher nicht zu entbehren.

Bei den Städtereihen können wir zwei Arten unterscheiden:

Bei der ersten Art — als gutes Beispiel sei die Reihe Bingen-Wiesbaden-Mainz-Frankfurt-Hanau genannt — sind die wirtschaftlichen Grundlagen des Gebietes, also des so dicht besiedelten Bandes, hochentwickelte Landwirtschaft (Obst- und Weinbau) in Verbindung mit bevorzugter Verkehrslage und hierauf aufbauend Handel und Fertigwaren-Industrie.

Bei der zweiten Art, die uns in dem Beispiel Duisburg-Essen-Dortmund besonders klar entgegentritt, bilden dagegen die Bodenschätze die wirtschaftliche Grundlage; hiermit kommen wir zum „Industriebezirk“.

d) Industriebezirke. Nach vorstehenden Worten können wir den „Industriebezirk“ zunächst dahin kennzeichnen, daß seine Grundlage auf Bodenschätzen, und zwar in erster Linie auf Kohle und Öl beruht; erst in zweiter Linie kommen Erze in Betracht, in dritter Linie vielleicht noch Erden, Steine und Salze. Die Brennstoffe sind in dieser Beziehung am wichtigsten, weil sie zwar nur „Hilfsstoffe“ sind, aber in so großen Mengen gebraucht werden, daß die Erze zu ihnen hinwandern; es bauen sich also auf den Kohlenfeldern der Reihe nach aufeinander auf: Bergbau, Verhüttung, Schwer- (Eisen-) Industrie, Maschinen-, Waffen-, Bau-Industrie usw. Neben diesen typischen Kohlen-Eisen-Industriebezirken, wie sie uns an der Saar und Ruhr, in Oberschlesien, in Belgien und Nordfrankreich, in England und Pennsylvanien entgegentreten, gibt es dann noch die auf die anderen Bodenschätze und außerdem die auf Verkehrsvorzüge aufgebauten Industriebezirke.

Der Industriebezirk stellt für die Landesplanung die überhaupt schwierigsten Aufgaben; siedlungstechnisch besteht er aus einer großen Zahl von Groß-, Mittel- und Kleinstädten, die dem Gewerbe und Handel gewidmet sind; ferner aus zerstreut liegenden Großbetrieben (Zechen und Hütten) mit angegliederten Wohnkolonien; aus Dörfern und Gütern, die der Landwirtschaft dienen und unter Umständen hochwertige Nahrungsmittel erzeugen; und nicht zuletzt aus den Großanlagen des Verkehrs (Häfen, Rangierbahnhöfen); insgesamt also ein unorganisches Durcheinander, denn es hat ja bisher die ordnende Hand gefeht. Und nun muß in den ganzen Bezirk und in jede seiner einzelnen Siedlungen Ordnung gebracht werden, es muß für Wasser und Kanalisation, für

Freiflächen, für Bauland und Verkehr, für Licht und Kraft gesorgt werden, und das alles in einem Rahmen, der viel zu eng ist und der meistens durch die alten Kommunalgrenzen böse zerschnitten ist. Neben der insgesamt notwendigen Auflockerung sind hier besonders wichtig: die Erhaltung aller jener, die noch als „Halbbauern" auf eigener Scholle wohnen, das Schaffen von guten Wohnsiedlungen in der Nähe (Fahrradentfernung) der Großbetriebe, die Pflege der Randsiedlung an den Grenzen des eigentlichen Industriegebietes, die Erhaltung der noch im Bezirk vorhandenen Freiflächen und ihre Nutzbarmachung für die Bevölkerung, die Erschließung der Wälder in den Nachbargebieten; bei vielem ist hierbei der Verkehr von ausschlaggebender Bedeutung.

II. Die Gestaltung der isolierten Stadt.

Da nach vorstehendem die Planung für die verschiedenen Arten von Siedlungen (Dorf, Kleinstadt, Mittelstadt usw.) und Siedlungsgruppen (landwirtschaftliche Gebiete, Städtepaare, Industriegebiete) eine teilweise verschiedenartige Bearbeitung erfahren wird, müßten nun für jede Art die notwendigen Anweisungen gegeben werden. Da das aber viele Wiederholungen bringen würde und da die wichtigsten Besonderheiten schon angedeutet sind, so genügt es hier, den Fall zu erörtern, der besonders lehrreich und wichtig ist, nämlich den der isoliert liegenden Stadt; denn an ihm kann man alle maßgebenden Fragen erläutern, und der Städtebauer, der diesen Fall meistern kann, wird sich in die Erfordernisse der anderen Arten schnell und zuverlässig einarbeiten können. Außerdem werden in den folgenden Abschnitten, insbesondere bei der Erörterung der Verkehrsfragen die für die verschiedenen Arten notwendigen Einzelangaben gemacht werden.

Die Arbeiten bestehen aus zwei Hauptteilen: Der Ermittlung der erforderlichen Flächen und der Gruppierung dieser Flächen nebst der Festlegung der wichtigsten Verkehrsbänder.

A. Die erforderlichen Flächen.

Die Not der Städte, namentlich das Wohnungselend ihrer Bewohner, aber auch viele Nöte der Industrie und des Verkehrs, beruhen darauf, daß es an der notwendigen Fläche gebricht. Was das Wohnen anbelangt, so hat in den Zeiten des stürmischen Wachsens das Schaffen von Wohnungen mit der Nachfrage hauptsächlich deshalb nicht Schritt gehalten, weil es an bebaubaren (aufgeschlossenen, baureifen) Flächen fehlte, so daß die vorhandenen eine Art Monopolwert annahmen und von der Spekulation in ihren Preisen außerordentlich gesteigert wurden. Gegen diese Preistreiberei glaubte der Staat damals nicht einschreiten zu dürfen; weit vorausschauende Männer, die warnten, wurden auch in diesem Fall totgeschwiegen, und die Hypothekenbanken machten leider vielfach das Treiben mit.

An städtischen Grundstücken sind ungeheure Gewinne erzielt worden, die nun eine entsprechende Rente für den Käufer erfordern und dadurch zu der weitestgehenden Ausnutzung der Grundstücke durch möglichst dichte und hohe Bebauung und zu möglichst hohen Mieten zwingen. Die größten Auswüchse in der Ausnutzung der Bodenfläche zeigen die Geschäftsviertel der amerikanischen Großstädte mit den Wolkenkratzern, aber diese berühren die Wohnfrage nicht, weil es sich dabei ausschließlich um Geschäftsgebäude handelt, die Wohnungen nur für die Wächter und Heizer enthalten. Schlimmer ist die Ausnutzung zu Mietskasernen mit Hofgebäuden. Welche Summen hier an Grundstücken „verdient" sind und demgemäß aus den Mietern „herausgewirtschaftet" werden müssen, mögen einige Zahlen dartun: Im Inneren Berlins sind die Preise von 1800—1900 auf das Dreihundertfache gestiegen, in einigen

Berliner Vororten in der Gründerzeit innerhalb 7 Jahren auf das Vierzigfache; der Verdienst an Grundstücken in den Berliner Vororten hat von 1890 bis 1900 mindestens 1 Millrd. Mark betragen; für ganz Berlin hat in den letzten 50 Jahren vor dem Weltkrieg der Wertzuwachs etwa 50 Millrd. Mark betragen.

Daß die Bodenpreise derart steigen können, liegt zum Teil daran, daß der Ausdehnung Grenzen gezogen sind, die man in Grenzen des Raumes und Grenzen der Zeit einteilen kann.

Die Grenzen des Raumes sind natürlicher und künstlicher Art.

Die natürlichen Raumgrenzen für die Städte bilden Wasser, Gebirge und sumpfiger Untergrund. Das Wasser setzt vor allem den Städten am Meere Grenzen, besonders dann, wenn die Städte auf Inseln oder Halbinseln liegen. Das beste Beispiel hierfür ist Venedig, das sich auf seiner beinahe ganz zugebauten Insel in keiner Weise ausdehnen kann und daher auch sehr schlechte Wohnungsverhältnisse besitzt. Auch für New York war die Ausdehnung des Stadtgebietes solange recht schwierig, bis die Vervollkommnung der Technik die Meeresströme überwand, welche die Stadt von ihrer Umgebung trennen. Durch Wasser und Gebirge gleichzeitig eingeschnürt ist Genua, so daß es sich nur nach bestimmten Richtungen entwickeln kann. Sumpfiger Untergrund ist ein starkes Hindernis, weil er nicht nur ungesund ist, sondern gleichzeitig auch den Häuserbau infolge der schwierigen Gründung verteuert; er kann aber das Gute haben, das sich dadurch das Freiflächensystem besonders günstig gestaltet (vgl. Hannover).

Die künstlichen Grenzen beruhen auf militärischen, religiösen und politischen Hindernissen. Vor allem haben die Festungsmauern die Entwicklung unserer Städte aufgehalten und eine hohe dichte Bebauung an engen Straßen hervorgerufen, die noch Jahrzehnte lang das innere Stadtbild beherrscht, wenn auch die Wälle gefallen sind.

Durch religiöse Bedenken wird die Ausdehnung der Städte namentlich in der buddhistischen und brahmanischen, teilweise auch in der mohamedanischen Welt behindert, da die heiligen Haine, die gewaltigen Tempelbezirke und die Gräberfelder nicht angetastet werden. Aber auch in der christlichen Welt verhindern und erschweren vielfach die Friedhöfe die gesunde Stadtentwicklung. In vielen Städten hat nämlich jede Kirchengemeinde ihren eigenen Friedhof angelegt, und zwar meist am Stadtrand oder in den (früher noch nicht eingemeindeten) Vororten; und da keine Bebauungspläne vorhanden waren, sind regellos verteilte Gräberfelder entstanden, die außerdem oft die besonders ungünstige Form langer schmaler Rechtecke zeigen. Hierdurch wird unter anderem das Durchlegen notwendiger Straßenzüge und die Verbesserung der Verkehrsanlagen behindert[1].

Als Hindernisse haben vielfach auch die Exerzierplätze gewirkt, und es war sicher keine richtige Wehrpolitik, wenn sich Kriegsminister gegen den Verkauf von solchen Plätzen und anderen militärischen Anlagen gewehrt oder zu hohe Summen gefordert haben; denn wo soll militärische Tüchtigkeit herkommen, wenn die großstädtische Jugend nicht tollen kann, sondern in den sonnenlosen Höfen der Mietkasernen verkümmert[2].

Weitere Grenzen des Raumes können dadurch entstehen, daß die kommunalen Verwaltungsgrenzen zu eng gezogen sind. Wo der Machtbereich einer Stadt

---

[1] Inzwischen ist man dazu übergegangen, die kleinen Friedhöfe durch große städtische Friedhöfe zu ersetzen, und diese Friedhöfe sind vielfach wundervolle Parkanlagen, die in das Gesamt-Freiflächen-System planvoll eingegliedert sind und daher die Entwicklung der Stadt nicht mehr hindern.

[2] Heute ist das Flächenbedürfnis für die Ausbildung der Truppen so groß, daß Kasernen usw. innerhalb der Großstädte wirtschaftlich nicht mehr möglich sind. Man hätte schon vor dem Weltkrieg die im Inneren Berlins abgängig werdenden Kasernen nicht durch Neubauten ersetzen dürfen, sondern zu Freiflächen hergeben müssen.

durch selbständige Nachbargemeinden beengt wird, kann sie die zu ihrer gesunden Auflockerung notwendigen städtebaulichen Maßnahmen (Grunderwerb, Bau von Straßen und Versorgungsleitungen, Kanalisation, Ausweisung von Wohngebieten) nicht durchführen; mindestens wird sie dabei auf Widerstände stoßen, die oft auch durch die höheren Verwaltungsbehörden nicht überwunden werden können. Besonders schlimm können hier die Verhältnisse liegen, wenn infolge von Kleinstaaterei ein einheitliches Stadtgebilde in verschiedenen (Bundes-) Staaten liegt, vgl. Bremen, Frankfurt, Mannheim, Ulm (auch Basel). In solchen Fällen muß man sich für Eingemeindungen aussprechen, aber nur in maß- und sinnvollem Rahmen. Übertreibungen, wie sie leider vorgekommen sind, dürfen nicht wieder auftreten; lebensfähige Mittelstädte dürfen nicht einem Moloch Weltstadt geopfert werden.

Wichtiger als die Grenzen des Raumes sind die Grenzen, die der Ausdehnung der Städte durch den Aufwand an Zeit und Geld gezogen sind, den ihre Bewohner für die regelmäßigen Fahrten von und zur Arbeit, zu Erholungszwecken usw. führen können. Nämlich auch da, wo keine räumliche Schranke vorhanden ist, ist das Wachstum der Städte nach außen nicht unbegrenzt; vielmehr findet es für jeden Bewohner seine Grenze darin, daß er nur eine gewisse — kleine — Zeit auf den Weg zwischen Wohnung und Arbeitsstätte verwenden kann. Am schlimmsten ist hier die ärmste Schicht der Bevölkerung gestellt, jene Schicht der ungelernten Arbeiter, in der jedes Familienmitglied jede Art Arbeit annehmen muß. Soviel Arbeitsgelegenheit ist aber nur im Stadtinneren vorhanden, und da sie nicht das Geld für die Straßenbahn erschwingen kann, ist sie gezwungen, ganz nahe den Arbeitsstätten zu wohnen: In Gehweite — in der „verfluchten Gehweite" —, die so verhängnisvoll ist und die berüchtigsten Viertel der Großstädte schafft.

Für die Teile der Bevölkerung, die für die regelmäßigen Wege zu und von der Arbeit ein Verkehrsmittel in Anspruch nehmen können, kommt es darauf an, den regelmäßigen Zeitaufwand und die regelmäßige Ausgabe möglichst niedrig zu halten. Neben einer zweckmäßigen Gesamtgestaltung der Stadt ist in diesem Sinne vor allem die Schaffung leistungsfähiger Verkehrsmittel und eine gesunde Tarifpolitik erforderlich. Auf diese wichtigen Fragen werden wir noch zurückkommen.

Nehmen wir an, daß auf Grund guter Pläne, zweckmäßiger Verkehrspolitik und nicht zuletzt zweckmäßiger Gesetze, die der Auflockerung der Stadt entgegenstehenden Hindernisse überwunden werden können, so sind zunächst die erforderlichen Flächen zu ermitteln. Hierbei ist nach Geschäftsviertel, Industriegebieten, Verkehrsanlagen, Wohngebieten und Freiflächen zu unterscheiden. Es ist natürlich von der Bevölkerungsgröße auszugehen; jedoch lassen sich zahlenmäßig nur die Wohngebiete und Freiflächen einigermaßen genau fassen; man darf also auch hier keinen Mißbrauch mit der Mathematik treiben.

Die (gegenwärtige) Bevölkerungsgröße des Stadtgebiets oder vielmehr des — für die zu verbessernde oder neu zu schaffende Siedlung in Betracht kommenden — Raumes ist bekannt. Man muß darüber hinaus mit einer gewissen Zunahme rechnen, ohne dabei in jene Übertreibungen verfallen zu dürfen, aus jeder Mittelstadt eine Großstadt, aus jeder Großstadt eine Millionenstadt machen zu wollen. Der Städtebauer hat häufig mit der Zunahme zu rechnen, nicht, weil er sie erhofft, sondern weil er sie befürchtet; der Plan muß aber auf den schlimmsten Fall, nämlich den einer zu starken Zunahme, abgestellt sein.

Das Geschäftsviertel, die „City", ist jener Stadtteil, der den Mittelpunkt des wirtschaftlichen Lebens darstellt und überall da, wo keine Hindernisse sich der gleichmäßigen Ausdehnung der Stadt entgegenstellen, auch räumlich die Mitte bildet. Seinen Kern nehmen die Hauptverwaltungsbehörden, die Banken,

Börsen, die Kontore des Großhandels und die Geschäftsräume der Großgewerbe ein. An diesen Kern schließen sich die Viertel der großen Kaufläden, Theater, Gast- und Vergnügungsstätten. Dazu gesellen sich einzelne Gewerbezweige, wie z. B. das Zeitungsgewerbe. Die Ermittlung der für das Geschäftsviertel künftig erforderlichen Fläche spielt keine große Rolle, weil sie an sich klein ist. Man kann sich aber nach Durcharbeiten der Verkehrsanlagen und der etwa im Stadtinneren erforderlichen Umgestaltungen, Ergänzungen und Neuanlagen stets ein Bild davon machen, welche Straßen künftig in den Charakter des Geschäftsviertels hineinwachsen werden und daher von der Wohnfläche abzusetzen sind.

Bei den für Verkehrsanlagen erforderlichen Flächen kommt es vor allem auf die großen Transporteinrichtungen an, also auf den Wasser- und Eisenbahnverkehr. Der Straßen- und Schnellbahnverkehr kann dagegen beinahe vernachlässigt werden, weil er (in diesem) Sinne nur das relativ kleine Bedürfnis nach Abstellbahnhöfen hat; für den Kraftverkehr sind Parkplätze und unter Umständen „Auto-Bahnhöfe" für den Güterverkehr zu berücksichtigen. Besonders zu prüfen ist die Notwendigkeit eines Flugplatzes.

Von den Anlagen für den Wasserverkehr sind die Flächen der offenen Flußstrecken und Seebuchten gegeben; ob etwa Umgestaltungen erforderlich werden, ist in Verhandlungen mit den Wasserbaubehörden festzustellen. Die künftig notwendigen Hafenflächen sind nach der Verkehrsstatistik ungefähr zu ermitteln, und dann sind die Hafenanlagen (in großen Zügen) so zu entwerfen, daß sich aus dem Entwurfe die Flächen ermitteln lassen.

Der künftige Umfang der Eisenbahnanlagen kann im allgemeinen nur im Benehmen mit der Eisenbahnverwaltung festgestellt werden. Die Verkehrsstatistik gibt, obwohl sie in Deutschland gut ist, Fingerzeige eigentlich nur für die Berechnung der Flächen für Ortsgüterbahnhöfe; die Statistik versagt vielfach bezüglich der Personenbahnhöfe, weil deren Größe von anderen Momenten als der Verkehrsgröße abhängen kann; sie versagt ferner bezüglich des durchgehenden Güter- und des Rangierverkehrs. Es ist zweckmäßig, stets anzunehmen, daß die Eisenbahnverwaltung die ihr bereits gehörigen Flächen nicht verkaufen (vielleicht aber verpachten) wird. Darüber hinausgehend ermittelt man den Bedarf am besten unter dem Gesichtspunkt, daß neue große zusammenhängende Flächen für Eisenbahnzwecke nur in den Außengebieten erforderlich werden. Um hier die Gesamtfläche zu ermitteln, muß man sich ein (ungefähres) Bild davon machen, wie man den Verkehr der verschiedenen einmündenden Linien in wenigen Rangierbahnhöfen zusammenfassen kann, und was außerdem noch etwa an Abstellanlagen, Lokomotivstationen, neuen Ortsgüterbahnhöfen, Bedienungsstationen für Häfen und Industriegebiete erforderlich wird. Da die Einzelgröße derartiger verschiedener Bahnhofarten ungefähr bekannt ist, ist hiermit eine Berechnungsmöglichkeit gegeben. Auf jeden Fall soll man aber bei den Verkehrsanlagen stets reichlich rechnen.

In dem Bebauungsplan für eine Stadt von künftig 700000 Einwohnern wurden z. B. ermittelt: Hafengebiete 750 ha, Eisenbahnflächen 250 ha, zusammen also 1000 ha. Hierbei waren folgende wichtigsten Eisenbahnflächen zugrunde gelegt:

die Eisenbahnanlagen in der jetzigen bebauten Stadt	80 ha
zehn neue Ortsgüterbahnhöfe (je 5 ha)	50 ha
sechs kleinere Rangierstationen (je 20 ha)	120 ha
Zusammen	250 ha

Ein großer Rangierbahnhof war gemäß der Gesamtgestaltung des Eisenbahnnetzes trotz der Größe der Stadt ausnahmsweise nicht notwendig.

Die für Wohngebiete erforderlichen Flächen sind aus der Bevölkerungsstatistik zu errechnen. Die Statistik muß aber auch die künftig in den Stadtbereich fallenden (dann wahrscheinlich eingemeindeten) Vororte, unter

Umständen auch die Nachbarstädte mit umfassen. Wenn man bei Berechnung der Wohngebiete die Flächen für Straßen und Plätze mit einrechnet, so wird der Wert ein Hektar für je 200 Menschen ein Mittelwert sein, mit dem man jedenfalls vorläufig für die Gesamtstadterweiterung rechnen kann. Ob man die Zahl dann bei der weiteren Bearbeitung abändern muß, hängt von der genauen Ermittlung des Wohnungsbedarfes ab[1].

Bei den für Gewerbe erforderlichen Flächen ist zunächst darauf hinzuweisen, daß viele Gewerbebetriebe innerhalb des Geschäftsviertels und der Wohngebiete liegen. Man kann also eigentlich nur das Flächenbedürfnis für die größeren Industriegebiete ermitteln. Für Orte mit umfangreicher Industrie kann man auf etwa 300 Bewohner 1 ha Industriegebiet rechnen, oder man kann für 1 ha Wohnfläche der gewerblichen Arbeiterbevölkerung 0,75 ha Industriefläche annehmen. Aber gerade diese Zahlen für Industrieflächen sind streng nachzuprüfen, denn das Flächenbedürfnis der verschiedenen Industrien ist, auf die Arbeitskraft berechnet, zu verschieden; man vergleiche eine Uhrenfabrik mit einem Sägewerk.

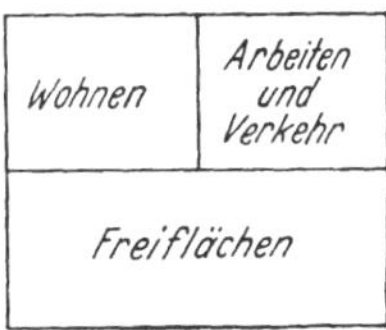

Abb. 11. Schematische Verteilung der erforderlichen Gesamtflächen.

Welcher Umfang an Freiflächen je Kopf der Bevölkerung verlangt werden muß, ist umstritten. Die Angaben der verschiedenen Städte über die je Kopf tatsächlich vorhandene Größe sind nur mit Vorsicht vergleichsfähig, da die Berechnungsgrundlagen nicht einheitlich sind; bei der mangelhaften Statistik und den nach Größe und Art der Städte so verschiedenen Erfordernissen, ist es für die Einleitung der Planbearbeitung ausreichend, wenn man für Großstädte die Forderung aufstellt, daß die Freiflächen insgesamt doppelt so groß sein sollen wie die Wohnflächen. Diese Forderung geht weit; für Klein- und Mittelstädte kommt man mit kleineren Flächen aus, weil sie mit der Natur besser verbunden sind.

Um aus den Einzelermittlungen die Gesamtstadtfläche zu erhalten, mag man annehmen, daß Geschäftsstadt, Industriegebiete und Verkehrsanlagen zusammen so groß sein werden wie die Wohnfläche. Man erhält dann den in Abb. 11 schematisch dargestellten Gesamtbedarf, der die Zahlen ergibt:

200 Menschen auf 1 ha Wohnfläche,
100 Menschen auf 1 ha Freifläche,
50 Menschen auf 1 ha Gesamtfläche.

Die Gesamtfläche würde z. B. in Rechteckform ergeben

für eine	Mittelstadt	von	100000	Einwohnern etwa	4×5 km,
„ „	Großstadt	„	500000	„ „	9×11 km,
„ „	Riesenstadt	„	1000000	„ „	13×15 km.

Aber alle diese Berechnungen und Maße geben nur den Rahmen an, in dem man etwa zu denken hat, damit man mit der Arbeit beginnen kann. Sie sind reichlich; Fehler in der vorläufigen Größenschätzung sind nicht kritisch, weil die am Rand des Rahmens liegenden Gebiete größtenteils Freiflächen werden, von denen beträchtliche Teile auf lange Zeit ihrer bisherigen (meist land- oder forstwirtschaftlichen) Benutzung nicht entzogen zu werden brauchen.

B. Die Anordnung der wichtigsten Glieder.

Nachdem der Gesamtbedarf der für die verschiedenen Zwecke erforderlichen Flächen ermittelt ist, kommt es darauf an, diese Flächen in dem festgelegten Rahmen richtig zu verteilen, also so zu gruppieren, daß die allgemeinen Forderungen der Gesundheit, Wirtschaftlichkeit und Schönheit und die besonderen Forderungen des Verkehrs und der verschiedenen Wirtschaftszweige

[1] Über Ermittlung des Wohnungsbedarfes siehe z. B. „Reichsplanung“ 1936, S. 303.

zu ihrem Recht kommen. Man kommt damit also zunächst zur Aufstellung eines (vorläufigen Wirtschaftsplanes oder eines) Flächen-Nutzungsplanes und gewinnt hiermit die Grundlage, auf der sich die weiteren Arbeiten aufbauen müssen.

Es erscheint zweckmäßig, an dieser Stelle einen Vorschlag einzuschalten, der angibt, in welcher Reihenfolge der Städtebauer insgesamt seine Arbeiten durchführen möge:

1. Erforschung der natürlichen Grundlagen, namentlich der geologischen, klimatischen und der Wasserverhältnisse; Einordnung der Stadt nebst ihrer weiteren Umgebung in das durch die Landesplanung angewiesene Gefüge.

2. Erforschung des Charakters der Stadt, namentlich ihrer wirtschaftlichen Grundlagen nebst deren Stärken und Schwächen; Ermittlung der Finanzkraft, Festlegung der allgemeinen Entwicklungsziele.

3. Ermittlung der erforderlichen Flächen.

4. Aufstellung eines vorläufigen „General-Verkehrsplanes", aber nur für den Fernverkehr.

5. Aufstellung eines vorläufigen Flächen-Nutzungsplanes.

6. Erforschung der wichtigsten Einzelpunkte, die von maßgebender Bedeutung sein können. — Kritische „Druckpunkte" (namentlich im Stadtinneren) und erfolgversprechende „Chancen".

7. Aufstellung des Verkehrsplanes für den Nahverkehr, Hauptstraßen, Straßenbahnen, Omnibuslinien.

8. Aufstellung des Bebauungsplanes, aber nur herab bis zu den einheitlichen Wohn-, Industrie- und Freiflächen, also ohne Einzelaufteilung etwa der Wohngebiete in die einzelnen Baublocks.

Ob diese Reihenfolge bei jeder Stadt die zweckmäßigste ist, bleibe dahingestellt; auf jeden Fall ist sie bei zahlreichen Wettbewerben und bei vielen praktischen Aufgaben erprobt. Insbesondere muß darauf hingewiesen werden, daß der „General-Verkehrsplan" in den maßgebenden Einzelteilen (Wasserwegen und Häfen, Eisenbahnen und Bahnhöfen, Reichsautobahnen, Hauptverkehrsstraßen, Flugplätzen) festgelegt — und mit den zuständigen Behörden vereinbart sein muß (!) —, ehe mit dem Flächen-Nutzungsplan begonnen werden kann, denn die Fernverkehrsanlagen sind nach Lage und Höhenlage sehr starr (vgl. Flüsse, Kanäle, Hauptbahnen) und in vielen Teilen sehr großflächig (vgl. Häfen, Rangierbahnhöfe, Flugplätze). Außerdem hängt die Verteilung der Industrie stark von der Lage der Häfen und Güterbahnhöfe ab, und von der Industrieverteilung weiter teilweise die der Freiflächen.

Von den einzelnen Gliedern, aus denen die Stadt zusammenzusetzen ist, sind an dieser Stelle aber nur das Geschäftsviertel und die Anlagen für den Fernverkehr etwas ausführlicher zu behandeln, dagegen kann die Erörterung der Industrieverteilung und der Freiflächengruppierung kurz gehalten, die der Wohngebiete und des Nahverkehrs an dieser Stelle ganz entbehrt werden, weil sie weiter unten eingehend erörtert werden.

Zweckmäßig sind außerdem einige Winke über die Beachtung der natürlichen Verhältnisse.

1. Die Beachtung der natürlichen Verhältnisse. Daß bei der Gruppierung der einzelnen Glieder die gegebenen natürlichen Verhältnisse sorgfältig zu beachten sind, ist so selbstverständlich, daß man eigentlich gar nicht darauf hinzuweisen brauchte. Aber leider stehen vielfach die Kenntnisse in Geologie, Gewässer- und Klimakunde auf einer so tiefen Stufe, daß viele böse Fehler gemacht werden. Zu beachten sind zunächst die Bodenverhältnisse; sie sind nicht nur für den Bau von Gebäuden, sondern auch als Träger der Verkehrsanlagen abzustufen als: Sehr günstig — günstig — leidlich — schlecht — unmöglich. Von gewissen Stufen der Ungunst ab wird das Bauen zu teuer, und solche Gebiete sind daher als Freiflächen auszuweisen; desgleichen auch alle

Hänge, an denen Rutschungen zu befürchten sind. Zu prüfen ist auch, inwieweit der Untergrund (in Verbindung mit dem Grundwasser) gesundheitlich schädlich oder einwandfrei ist; verdächtige Gebiete eignen sich jedenfalls nicht zum Wohnungsbau.

Sorgfältig zu beachten sind die gesamten Wasserverhältnisse. Daß hier Fehler gemacht werden, ist bei den Wasserläufen allerdings kaum zu befürchten, denn sie unterstehen sachverständigen Behörden; aber das Grundwasser wird oft nicht genügend beachtet. Gebiete mit hohem Grundwasserstand sind für Freiflächen vorzusehen.

Das Klima ist nach Wärme und Kälte, Sonnenschein und Nebel, Feuchtigkeit und Trockenheit und nach den Windverhältnissen zu beachten. Die einzelnen Glieder der Stadt müssen bezüglich ihrer Lage zueinander richtig zur vorherrschenden Windrichtung liegen. Insbesondere dürfen die von Industriegebieten ausgehenden Rauch-, Staub- und Geruchsbelästigungen sich nicht über Wohngebiete verbreiten. Um dies zuverlässig beurteilen zu können, ist die Verteilung der Winde durch mehrjährige Beobachtung zu ermitteln, und die Ergebnisse sind etwa nach Abb. 12 aufzutragen; eine derartige Figur sollte auf allen zum Arbeiten dienenden Karten und Plänen vorhanden sein. In unserem Klima werden die Wohnungen im allgemeinen (süd-) westlich von den Industriegebieten anzuordnen sein; aber auch das darf nicht zu einem überspitzten Schema ausarten.

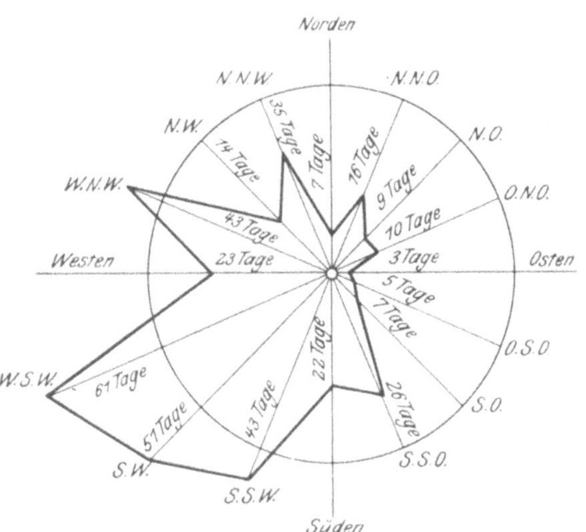

Abb. 12. Herrschende Windrichtungen.

Die Beachtung der klimatischen Verhältnisse muß vor allem den Städtebauern dringend ans Herz gelegt werden, die aus den „hochkultivierten" Ländern stammen und hier zwar sehr viel gelernt haben, aber als „Kultur- und Stadtmenschen" zu stark aus der Natur losgelöst worden sind und daher kaum wissen, was eigentlich die klimatischen Einflüsse bedeuten. Hinzu kommt noch, daß die sog. Kulturstaaten fast sämtlich Seeklima haben, also keine starken Extreme in Wärme und Kälte, Trockenheit und Feuchtigkeit aufweisen, daß also ihre Bewohner „verwöhnt" sind und daher die Schwierigkeiten des Klimas anderer Länder nicht genügend beachten. Infolgedessen sind z. B. auch bei Wasser- und Eisenbahnbauten in den Tropen und Subtropen grobe Fehler gemacht worden; als erschreckend groß erwies sich unsere Unkenntnis in klimatischen Dingen im Weltkrieg in Rußland, auf dem Balkan, in Kleinasien und Syrien und sogar schon in Italien. Jegliche Planung setzt also eine sorgfältige Erforschung der klimatischen Verhältnisse voraus[1].

2. Die Verteilung der Industrie. Unter Hinweis auf die später zu machenden Ausführungen genügen hier folgende Winke:

Die Industrie darf (bei größeren Städten) nicht an einer Stelle konzentriert werden, es darf nicht einem „Arbeiterviertel im Eastend" ein „vornehmer

[1] Vorbildlich hat Jansen beim Bebauungsplan für Ankara die klimatischen usw. Verhältnisse beachtet.

Westen" gegenüber stehen. Bei der Verteilung der Industrie sind die verschiedenen „Störungsgrade" zu beachten; die störende Industrie ist von der Innenstadt, den Wohnvierteln und den Freiflächen fernzuhalten. Insgesamt ist die Industrie aber andererseits nicht zu verzetteln; vielmehr sind einige klar ausgeprägte Industriebezirke vorzusehen. Diese stehen in engster Abhängigkeit von den Verkehrsanlagen, namentlich von denen des Güter-Fernverkehrs. Beides muß also von Anfang an in innigem Zusammenhang bearbeitet werden.

3. Das Freiflächensystem. Als Freiflächen sind nach der „negativen" Seite hin alle Gebiete zu bezeichnen, die nicht überbaut, also nicht von Wohnungen, Industrien oder Verkehr in Anspruch genommen sind, nach der „positiven" Seite hin alle Gebiete, die mit Grün oder Wasser (ohne die Häfen) bedeckt sind. Für die Freiflächen ist nicht der sog. „Wald- und Wiesengürtel" das Maßgebende, sondern die radiale Hineinführung möglichst bis in die dichter bebauten inneren Stadtteile. Denn die Bevölkerung darf nicht gezwungen sein, erst ein Verkehrsmittel in Anspruch nehmen zu müssen, um zu dem außen die Stadt umschließenden freien Gürtel zu gelangen, sondern sie muß hinaus wandern können. Hierzu ist die radiale Hineinführung „grüner Keile" erforderlich. Wo diese sich nicht mehr schaffen lassen, sind „Parkverbindungsstreifen" vorzusehen, die bei geschickter Einzeldurchbildung streckenweise ziemlich schmal sein können; schlimmstenfalls müssen „Promenadenstraßen" ausreichen. Das Gesamt-Freiflächensystem soll nicht aus vielen kleinen, verzettelten grünen Plätzen (Schmuck- und Erholungsplätzen, Squares, alten Friedhöfen, sondern aus wenigen, großen Grün- und Wasserflächen bestehen, die durch die Verbindungsstreifen untereinander und mit den Wohnvierteln zu einem einheitlichen Ganzen zusammengefaßt werden müssen. Den Grundstock für dies System bilden die Wälder, Wiesen und Wasserflächen, die alten großen Parkanlagen, die neuen Friedhöfe, schließlich die zu Landwirtschaft und Gartenbau (Schrebergärten, Baumschulen) benutzten Gebiete. Als Verbindungsstreifen eignen sich besonders gut die Bachläufe mit den sie begleitenden Wiesenstreifen.

Abb. 13. Die richtige Lage von Industriebezirken, Wohngebieten und Grünanlagen unter Beachtung der vorherrschenden Windrichtung.

Hier sei noch darauf hingewiesen, daß die Industriegebiete, die Freiflächen und die Wohngebiete in gewissen Abhängigkeiten voneinander stehen. Wohngebiete und Freiflächen vertragen sich gut miteinander; aber die Industrie wird von beiden als feindlich empfunden. Es ist aber nicht möglich, sie irgendwo „ganz draußen" anzusiedeln, vielmehr ist hier schon auf den wichtigen Grundsatz hinzuweisen, daß vermeidbarer Verkehr auch wirklich vermieden werden muß. Den einzelnen Industriegebieten müssen also Wohngebiete derart zugeordnet werden, daß die regelmäßigen Hin- und Herwege zwischen Arbeits- und Wohnstätte zu Fuß (oder unter Umständen zu Rad) zurückgelegt werden können. Da aber die Wohngebiete nicht unmittelbar an die Industrie angrenzen sollen, sondern die Zwischenschaltung einer Grünfläche erwünscht ist, ergibt sich — unter sorgfältiger Beachtung der vorherrschenden Windrichtung! — das in Abb. 13 skizzierte Schema als ein Anhalt, aber nicht als ein Rezept!

4. Das Geschäftsviertel. Das Geschäftsviertel, die „City", deckt sich meistens teilweise mit der sog. Altstadt. Eine vollständige räumliche Übereinstimmung wird aber nur selten zu beobachten sein. Vielmehr ist oft der älteste (schlechteste, engste, winkligste) Teil der Altstadt wirtschaftlich „abgerutscht", während sich die neueren (besseren, geräumigeren) Teile wirtschaftlich haben halten können; sie sind dann oft die Sitze der Stadtverwaltung und der führenden Kaufhäuser. Hier werden also der Marktplatz mit dem (alten) Rathaus und die „Geschäftsstraßen" liegen. Die City wird sich aber wohl immer mit wichtigen Teilen über die Altstadt hinaus entwickelt haben, und zwar: 1. in Richtung auf den Hauptpersonenbahnhof, 2. an den Ansätzen der Hauptverkehrsstraßen entlang und 3. in Richtung auf die Wohnviertel der wohlhabenden Bevölkerungskreise zu. In diesen neuen Teilen der City finden sich die Kaufhäuser für teuere Waren, die führenden Gasthöfe und Gaststätten, die Verwaltungsgebäude von Banken, Großunternehmungen und auch von Behörden, die Arbeitsstellen von Ärzten, Rechtsanwälten, Agenten usw.

Der Städtebauer hat zunächst zu prüfen, ob etwa einzelne Teile der City von der Altstadtsanierung (s. unten) mit zu erfassen sind. Wenn dies der Fall ist, hat man zu prüfen, wie Ersatz für das Fortfallende zu schaffen ist. Der Ersatz wird fast nie im Bereich der Altstadt liegen, sondern in neueren Stadtteilen zu suchen sein; das gilt vor allem vom Hinauslegen von Behörden (Rathaus), auch von Banken, Markthallen u. dgl., aber weniger von den guten alten Kaufgeschäften.

Bei der Erweiterung und Umgestaltung der City spielt ihre Beziehung zum Hauptpersonenbahnhof eine große Rolle. Hierbei ist weniger an die Bedeutung des Hauptbahnhofs für den Fernpersonenverkehr, als vielmehr für den Nahverkehr und außerdem für den Post- und Expreßgutverkehr zu denken. Hierzu soll schon an dieser Stelle folgendes angedeutet werden, was unten genauer erläutert werden wird: Man hat früher (aus verschiedenen Gründen) oft den Fehler gemacht, die Lage des Hauptbahnhofs nicht sorgfältig genug auf die City abzustimmen; namentlich hat man den Bahnhof zu weit entfernt angeordnet, in einzelnen Fällen hat man ihn sogar weiter hinausgeschoben: Königsberg, Wiesbaden, Darmstadt, Karlsruhe, Stuttgart, Mailand. Man hat sich hierbei ziemlich leicht mit der Hoffnung abgefunden, die Stadt „werde schon zum neuen Bahnhof hinauswachsen" und es werde ein besonderes wertvolles, neues „Bahnhofviertel" entstehen. Diese Hoffnung hat sich fast immer als trügerisch erwiesen. Eine in Jahrhunderten gewachsene Stadt läßt sich nicht durch gewaltsame Eingriffe plötzlich in eine andere Richtung drängen. Selbst dort, wo die Städte wirklich an den Bahnhof herangewachsen sind, wie in Frankfurt und Stuttgart, hat sich der Schwerpunkt der Geschäftsstadt kaum verlagert. In anderen Städten klaffen noch nach Jahrzehnten, in die allerdings der Weltkrieg fiel, böse Lücken; Wiesbaden wird nie am Bahnhof, sondern immer am Kochbrunnen liegen.

Ein weiterer wichtiger Punkt bei der Betrachtung der Geschäftsviertel ist die Frage der fast immer vorhandenen „Druckpunkte" des Verkehrs, d. h. des Straßenverkehrs. Für ihn liegen nämlich die wichtigsten Verkehrspunkte und die stärkst belasteten Strecken in der Geschäftsstadt. Namentlich die Linien der öffentlichen Verkehrsmittel (Straßenbahnen und Omnibusse) müssen unmittelbar in sie hineingeführt werden, da sie ihren Zweck nur dann erfüllen können, wenn sie die maßgebenden Verkehrspunkte unmittelbar berühren. Da hier nun die Straßen vielfach eng und die Plätze klein sind, so entstehen jene Druckpunkte (Engpässe), unter denen der Verkehr vieler Städte so leidet. Es muß also die Geschäftsstadt darauf hin durchgearbeitet werden, wie diese Stellen (durch Durchbrüche und Verbreiterungen) zu verbessern sind, und wie sich diese Verbesserungen dann in die neueren Stadtteile hinein auswirken, insbesondere bezüglich der nach außen führenden Hauptverkehrsstraßen. Es ist selbstverständlich, soll aber trotzdem kurz erwähnt werden, daß bei der Umgestaltung der Geschäftsstadt die historisch wertvollen Gebäude und die anderen künstlerischen Werte so weit als möglich geschont werden müssen (s. unten).

5. Der Fernverkehr — der „Generalverkehrsplan". Von den Verkehrsanlagen müssen die dem Fernverkehr dienenden bei der Planbearbeitung frühzeitig in Angriff genommen werden, und zwar aus folgenden Gründen:

a) Die Anlagen des Fernverkehrs (Häfen, Bahnhöfe, Flugplätze) befruchten ihre Umgebungen in bestimmten Richtungen und weisen sie daher bestimmten Arten der wirtschaftlichen Ausnutzung zu. Namentlich äußert sich dieser „positive" Einfluß in folgenden Richtungen:

1. Der Hauptbahnhof trägt — wenn er nicht etwa zu weit draußen liegt — stark zur „Citybildung" bei; er zieht die Gasthöfe und damit einen Teil des gesellschaftlichen Lebens in seine Umgebung; er macht den Bahnhofplatz zu einem der wichtigsten Verkehrsplätze der Stadt; bei Städten bis zu etwa 200000 Einwohnern oft zum überhaupt wichtigsten Platz.

2. Die Vorstadt- und Vorortstationen sind Kristallisationspunkte des Verkehrs der äußeren Stadtteile. Sie ziehen die Straßenbahn- und Omnibuslinien an und beeinflussen hierdurch deren gesamte Netzgestaltung. Sie sind die gegebenen Zentren für Wohnsiedlungen, unter Umständen auch für Industrieviertel (s. unten); sie können große Bedeutung für den Ausflugs- und Friedhofsverkehr haben.

3. Alle Arten von „Güterstationen" (Häfen, Güter- und Rangierbahnhöfe, Autobahnhöfe) geben in ihrer näheren Umgebung bestimmten gewerblichen Tätigkeiten (Klein- und Mittelgewerbe, Spedition, Lagerplätze, Kohlenhandel) Möglichkeiten und Anreiz zur Niederlassung. Sie sind also für die planvolle Stadtgestaltung von großer Bedeutung, weil Industriegebiete an sie angeschlossen und von ihnen aus mit Anschlüssen (Anschlußgleisen, Hafenanschluß) versorgt werden können und müssen; sie beeinflussen hiermit also maßgebend die Gesamtverteilung der Industrie.

4. Die Wege der starken Verkehrsmittel, namentlich die Flüsse, Eisenbahnlinien und Autobahnen mit ihren Dämmen und Einschnitten sind so starke, starre und kostspielige Baukörper, daß es oft zweckmäßig oder sogar notwendig ist, wichtige Stadtstraßen im gleichen Zug anzulegen oder auch Schnellbahnen und ähnliche Verkehrswege unmittelbar neben sie zu legen.

b) Den befruchtenden Kräften stehen solche gegenüber, die die gesunde Stadtentwicklung lähmen, die also negativ wirken. Die Verkehrsbänder und namentlich ihre Stationen (Häfen und Bahnhöfe) sind nämlich so großflächig und nach Lage, Gestalt und Höhe so starr, daß die Stadt über sie hinweg oder unter ihnen hindurch nicht frei entwickelt werden kann.

1. Am stärksten wirkt in dieser Beziehung das Wasser, in Gestalt des Meeres, der Binnenseen und der größeren Flüsse nebst den Häfen. Vollkommen „starr" ist hier im allgemeinen die Höhenlage, denn die Höhe des Wasserspiegels, d. h. in erster Linie des Hochwassers (einschließlich des Grundwassers) kann man im allgemeinen nicht abändern, da hier Eingriffe zu weitgehend und zu kostspielig sind. Es müssen daher fast alle andern Anlagen (Straßen, Eisenbahnen und die gesamten Hochbauten) auf den „höchsten Hochwasserstand" abgestimmt werden[1]. Aber auch abgesehen von der Höhe wirkt das Wasser lähmend, und zwar die Häfen durch ihre großen Flächen, die Wasserläufe durch ihre großen Halbmesser; die Großschiffahrtwege haben ungefähr die gleichen Halbmesser wie die Haupteisenbahnen.

2. Nächst dem Wasser wirkt die Eisenbahn als zweitstärkstes Hindernis. Man muß hier die Flächen der Bahnhöfe denen der großen städtischen Plätze, die Steigungen und Krümmungen der Eisenbahnlinien denen der Straßen und allgemein die Bedeutung des Eisenbahnverkehrs dem des Straßenverkehrs gegenüberstellen. Die von den großen Bahnhöfen, namentlich von den Rangier- und Güterbahnhöfen in Anspruch genommenen Flächen sind im allgemeinen größer als die ganze Innenstadt. Meist ist die Eisenbahnverwaltung einer der überhaupt größten Grundeigentümer. In vielen Fällen ist die Überbrückung

[1] Und dann ist noch zu beachten, daß die schiffbaren Gewässer große Durchfahrthöhen erfordern und daß daher oft nur bewegliche Brücken (vgl. Tower Bridge) oder Unterwassertunnel (vgl. Elbe- und Hudson-Tunnel) möglich sind.

oder Untertunnelung von Bahnhöfen nicht möglich oder sehr kostspielig; bekannt ist der starke Wertabfall des Stadtgebiets „hinter dem Bahnhof". Schlimm sind die beiden großen Barrikaden, die in Berlin durch den Hamburger und den Potsdamer Güterbahnhof gebildet werden. Ein Rangierbahnhof ist rund 3000 m lang und 300 m breit; für einen großen Ortsgüterbahnhof sind diese Maße etwa 1200 und 400 m; ein Hauptpersonenbahnhof „begnügt sich" schon für seinen Innenteil mit etwa 400 und 120 m.

Die freien Strecken der Eisenbahn sind als „Barrikaden" nicht so schlimm, denn für ihre Dämme und Einschnitte sind einschließlich der Böschungen Breiten von 20 bis 30 m ausreichend; aber sie sind sehr starre Baukörper, weil die Krümmungshalbmesser je nach dem Charakter der Bahn (ob Personen- oder Güterstrecke, ob Haupt- oder Nebenbahn) 1200 m bis herab zu 300 m, ausnahmsweise wohl auch nur 180 m, und weil die Steigungen ausnahmsweise 1:40, meist aber 1:80 bis 1:200 betragen müssen. Hiermit sind die Maße zu vergleichen, die für die verschiedenen städtischen Straßen noch zulässig sind, also etwa für Hauptstraßen R = 30 m, s = 1 : 40, für Nebenstraßen R = 20, s = 1 : 30 und für Nebenwege R = 15, s = 1 : 15. Die Baukörper von Autobahnen sind unter Umständen noch starrer als die von Eisenbahnen; dafür können ihre Trassen aber feiner auf das Stadtgebiet abgestimmt werden.

Diese hohe befruchtende und lähmende Bedeutung der großen Verkehrsträger für die Stadt beweist die Notwendigkeit, einen „Generalverkehrsplan" aufzustellen.

Durch diesen sind zuerst die Anlagen für den Wasserverkehr in Höhe und Lage festzulegen. Dann hat die Festlegung der Eisenbahnanlagen zu erfolgen, und zwar beginnend mit den Anlagen für den Güterverkehr in der Reihenfolge: Rangierbahnhöfe, Umgehungsbahnen (Güterverbindungsbahnen), Hauptgüterbahnhof (im Innern der Stadt), kleinere Güterstationen (in den Außengebieten), Güterbahnhöfe für Sonderaufgaben (Hafen, Schlachthof). Erst wenn über die Anlagen für den Güterverkehr Klarheit gewonnen ist, können die für den Personenverkehr in Angriff genommen werden, wobei im allgemeinen die Reihenfolge zu beachten ist: Hauptbahnhof, Abstellbahnhöfe, Nebenanlagen (Post, Eilgut), Vorstadt- und Vorortstationen.

Für die städtebauliche Durchbildung sind hierbei nachfolgende Fingerzeige zu geben:

Bei den Anlagen des Wasserverkehrs, der Wasserabführung und des Hochwasserschutzes ist der Wasserbauer so stark an die Natur, an das in langer Entwicklung geschichtlich Gewordene und an hohe wirtschaftliche Werte gebunden, daß er nur schwer Zugeständnisse an den Städtebauer machen kann. Er muß es aber verstehen, sich bezüglich kleinerer Anlagen — z. B. Nebenhäfen für den Anschluß von Industriegebieten, Wasserflächen und Wasserläufen als Glieder des Freiflächensystems — in den städtebaulichen Gesamtgedanken einzufühlen. Neue große Anlagen (Häfen, Hochwasserbetten) müssen selbstverständlich in den Gesamtplan, namentlich der Eisenbahngüteranlagen, der Industrieverteilung und der Freiflächen, organisch eingegliedert werden.

Für die Gestaltung des Eisenbahnsystems seien folgende, praktisch erprobte Winke gegeben:

Die Höhenlage aller Eisenbahnanlagen sollte so bestimmt werden, daß man sie an beliebiger Stelle mit Straßen überbrücken oder untertunneln kann. — Gerade bezüglich der Höhen sollte man „halbe" Lösungen, die in Wirklichkeit nur faule Kompromisse sind, vermeiden.

Die Eisenbahnanlagen bestehen aus zwei Hauptgruppen: den Verkehrs- und Betriebsanlagen. Die eigentlichen Verkehrsanlagen (Personen-, Eilgut- und Güterbahnhöfe) sind städtebaulich insofern schwierig, als sie an bestimmte Örtlichkeiten gebunden sind, wobei die wichtigsten von ihnen im Stadtinnern liegen müssen; sie sind andererseits insofern leicht zu meistern, als sie nur relativ kleine Flächen in Anspruch nehmen. Dagegen sind die Betriebsanlagen (Rangier- und Abstellbahnhöfe, Lokomotivstationen, Werkstätten) städtebaulich insofern leicht zu meistern, weil man bezüglich ihrer Lage viel freie Hand hat, und weil sie weit draußen liegen können; dagegen machen sie Schwierigkeiten wegen ihrer großen Flächen.

Diese großflächigen Bahnhöfe haben immer geringe Breiten und große Längen. Sie dürfen daher nicht in Richtung der Peripherie, sondern sie müssen radial angeordnet werden; denn im ersten Fall müßten sie von den Hauptstraßen, die naturgemäß radial nach außen verlaufen, durchbrochen werden; im zweiten Fall können die Hauptstraßen dagegen ziemlich parallel zu ihnen vorbeigleiten.

Bei großen Knotenpunkten müssen die außen liegenden Rangierbahnhöfe durch Güterumgehungsbahnen untereinander verbunden werden. Diese Bahnen sollten nicht zu dicht an der Stadt, sondern so weit entfernt liegen, daß Wohngebiete und Freiflächen noch günstig entwickelt werden können; ferner sollten sie, weil sie das Rückgrat für die neuen Industriegebiete sind, richtig zur Windrichtung liegen. In Deutschland wird eine im Nordosten verlaufende Güterbahn meist günstiger liegen als eine im Südwesten verlaufende.

In den großen Verkehrsanlagen (Häfen, Rangierbahnhöfen, Werkstätten) sind so viele Menschen beschäftigt, daß unter Umständen besondere Siedlungen für sie notwendig werden, und derartige Siedlungsansätze sind verkehrstechnisch durch eine Vorortstation und eine kleine Güterstation fast immer so gut abgestützt, daß der Städtebauer sie zu größeren Siedlungen ausgestalten sollte, zumal es sozial nicht gut ist, wenn in einer Siedlung etwa nur „Eisenbahner" wohnen. Derartige Großanlagen des Verkehrs faßt man am besten als „Großindustrie" auf und behandelt sie städtebaulich entsprechend.

Ferner ist zu prüfen, wie die Stadt (bzw. die Städtegruppe) in das Netz der Fernstraßen und Autobahnen schon eingebunden ist oder noch einzubinden sein wird. Hierbei ist zu untersuchen, ob und inwieweit die einzelnen Fernstraßen gleichzeitig städtische Straßen sind, ob die daraus sich ergebende Mehrbelastung geleistet werden kann, ob nicht Herumführungen von Fernstraßen um den Ortskern von Anfang an vorgesehen werden müssen und wie die Fernstraßen in diesem Fall durch „Zubringerstraßen" mit dem städtischen Straßennetz, namentlich dem der Innenstadt zu verbinden sind.

Schließlich ist bezüglich des Fernverkehrs die Frage zu klären, ob die Stadt Anlagen für den Luftverkehr erhalten muß. Wird die Frage bejaht, so ist sie deswegen so wichtig, weil ein Flughafen besonders hohe Ansprüche an das Gelände stellt (Größe, Ebenheit, Freiheit von Nebel und Bodenhindernissen).

III. Städtebau-„Schemata".

Um all die nachstehend angedeuteten Einzelaufgaben nach einem einheitlichen Gedanken zu lösen, wird man vielleicht nach dem Vorbild der alten Meister der Stadtbaukunst nach irgendeinem Grundplan, einem „Schema" suchen. Dabei werden allerdings bald Zweifel auftauchen, denn wenn schon bei den früheren einfacheren Verhältnissen derartige Schemata nicht zu besonderen Erfolgen führten und daher nicht eingehalten werden konnten, so wird dies heute bei den verwickelteren Verhältnissen noch weniger der Fall sein. Immerhin sind einige Angaben nicht wertlos.

A. Das Rechteckschema.

Das Schema mit den sich ungefähr rechtwinklig kreuzenden Straßen, bei dem die ganze Stadt aus lauter Rechtecken besteht, ist für Klein- und Mittelstädte bei einfachen natürlichen und wirtschaftlichen Verhältnissen gar nicht so schlecht. Wir haben noch heute derartige Städte, die aus römischen Lagern oder anderen Gründungen der Römer hervorgegangen sind (vgl. Abb. 14), und viele deutsche Stadtgründungen zeigen den regelmäßigen Rechteckgrundriß (vgl. Abb. 15). Ferner haben fast alle chinesischen Städte diese Grundform, aber nur im großen. Die Form ist aber nur dann erträglich, wenn der Schematismus nicht überspannt wird. Namentlich dürfen nicht alle Rechtecke (Blocks) einander gleich sein, sondern sie müssen nach Form und Größe den verschiedenen Bedürfnissen angepaßt sein, was übrigens schon A. Dürer bedacht hat. Auch darf den Unregelmäßigkeiten der Natur, namentlich den krummen Linien der Wasserläufe, Täler und Höhen nicht Gewalt angetan werden. Rechteckige Blocks eignen sich nur schlecht für Hafen- und Bahnanlagen[1], und weiter außerhalb läßt sich das Verkehrsnetz (Eisenbahnen und Hauptstraßen) auf keinen Fall in das Schema eines Gitterwerkes einzwängen, sondern es muß radial entwickelt werden.

Gut ist das Rechteckschema zweifellos für einzelne Stadtteile, namentlich für die Wohngebiete, denn die gegebene, einfache und klare Grundform des

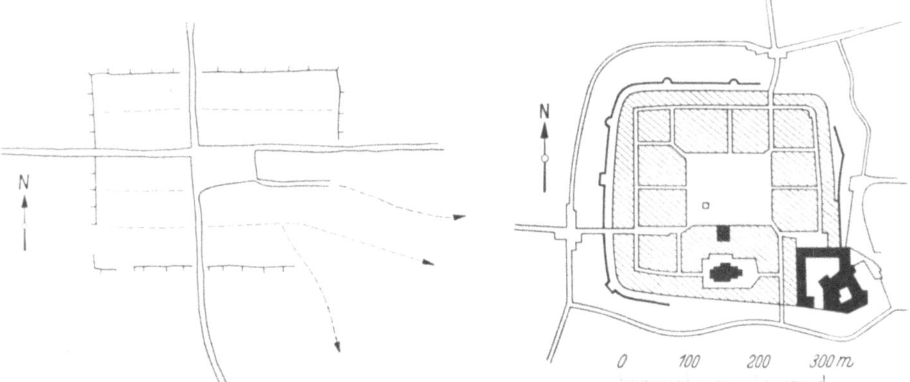

Abb. 14. Rechteckschema, aus römischem Lager hervorgegangen. In der Süd-Ost-Ecke Schema durchbrochen.

Abb. 15. Mährisch-Trübau.

Wohnhauses ist das Rechteck. Die einzelnen Wohnblocks müssen hierbei aber richtig zur Sonne liegen, und außerdem müssen sich die einzelnen Wohngebiete zwanglos in das System der radial verlaufenden Hauptstraßenzüge einfügen; zwei Forderungen, die sich leider oft widersprechen! Solche Wohngebiete brauchen auch nicht langweilig oder gar häßlich zu sein; auch sie können und müssen im einzelnen von einem feinsinnigen Künstler durchgebildet werden; es sind hier grobe Geschmacklosigkeiten nicht nur in der Straßenführung, sondern auch in den Hausformen vorgekommen, die dann gleich im Großbetrieb „am laufenden Band“ erzeugt wurden; „moderne Sachlichkeit“ nannte man das!

Unerträglich ist das Rechteckschema infolge Übertreibung und Geistlosigkeit in Nordamerika; dagegen lehnt man sich jetzt auf und schafft nun große Diagonalstraßen, die den Verkehr verbessern sollen und dem Bürger durch hohe Kosten, Prunkfassaden und architektonischen Aufputz imponieren.

B. Das Ringschema.

Die große Mehrzahl der europäischen Städte war früher befestigt, und zwar bestand die Befestigung in einem die Stadt umschließenden Wall und Graben. Innerhalb der Stadtmauer drängten sich die Häuser bei wachsender Bevölkerung immer dichter zusammen; außerhalb wurde ringsum das Schußfeld frei gehalten, und erst jenseits des Schußbereiches konnten sich Vororte ansiedeln (vgl. Abb. 16).

[1] In Nordamerika gibt es viele Güterbahnhöfe von rechteckiger Gesamtfläche und entsprechend schlechter Anordnung.

Hiermit haben die Städte einen scharf begrenzten Grundriß erhalten, und zwar meist einen kreisförmigen, oder, wo die Stadt einseitig an einem großen Fluß lag (Köln), einen halbkreisförmigen. Als die Städte so wuchsen, daß sie den Ring der Festungsmauer sprengen mußten, wurde eine neue Mauer größeren Umfangs um die Stadt gelegt, und dabei wurden die alten Wallanlagen vielfach in eine Ringpromenade (Wien), eine ringförmig verlaufende Parkanlage (Bremen) oder einen großen Ringstraßenzug (Köln) umgewandelt. Hiermit war also eine ringförmige Grünanlage geschaffen, der unter Umständen einige Jahrzehnte später eine zweite, weiter außen gelegene folgte. Die Stadt nahm also den Charakter eines Kernes an, um den sich Grünflächen und Bebauung in abwechselnden Ringen herumlegten (vgl. Abb. 17).

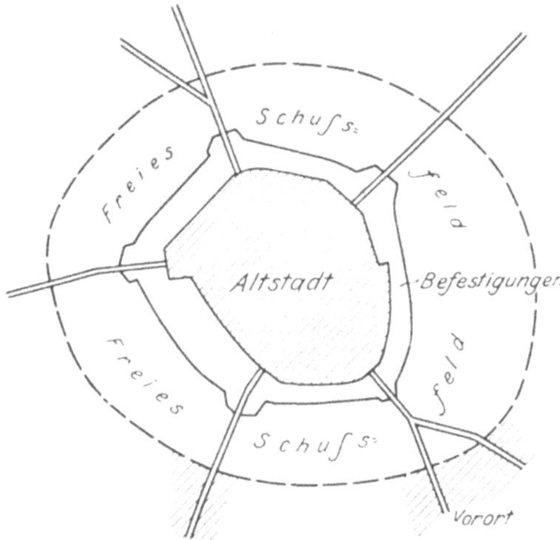

Abb. 16. Festungs-Ringschema.

Die Schleifung der alten Wälle hat nun an manchen Stellen zu hervorragenden Schöpfungen von Ringstraßen, Ringpromenaden u. dgl. geführt, und es ist daher verständlich, daß sich der Gedanke befestigte, ein derartiges ringförmiges Ansetzen von abwechselnd Grün und Bebauung sei das Natürliche, das Richtige, das Erstrebenswerte. Außerdem ist jede Stadt selbstverständlich in ihrem ganzen Umkreis von Freiflächen (Wäldern, Feldern, Wasser) umgeben, also von einer ringförmig geschlossenen „Freifläche", und das hat die Vorstellung von der Natürlichkeit und Zweckmäßigkeit des „Ringes" noch befestigt. Ein besonderer Schritt in dieser Gedankenreihe war dann der „Wald- und Wiesengürtel", der die Stadt umgeben und auf dessen Schaffung man ganz besondere Kraft verwenden müsse.

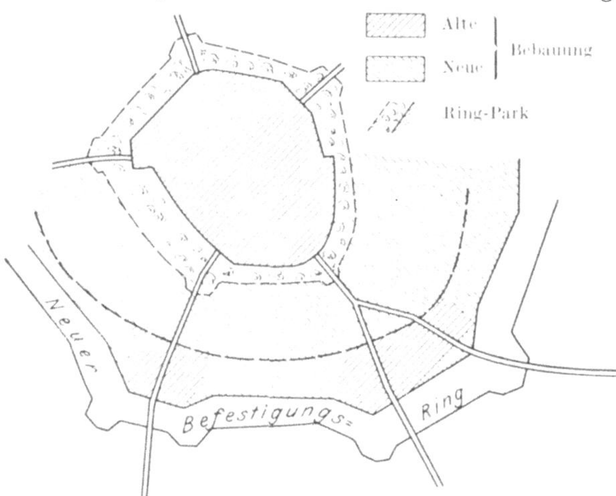

Abb. 17. Ringschema-Erweiterung.

So viel Richtiges in dieser Betrachtung auch liegt, so ist das Schema der ringförmigen Stadterweiterung doch grundsätzlich verfehlt. Die Fehler liegen in folgendem:

Das Ringschema geht von nur einer Grundlage der Städtegestaltung aus, nämlich von dem Festungswall; es übersieht aber eine andere Grundlage, nämlich die Verkehrstendenz, die nicht ring-, sondern genau entgegengesetzt — nämlich strahlenförmig — wirkt. In unserer Zeit ist die Festungsmauer überhaupt bedeutungslos geworden, weil nur noch sehr wenige Städte Festungen sind, und weil diese außerdem keine Ringmauer, sondern weit vorgeschobene Einzelfesten haben.

Das Ringschema vernachlässigt ferner die starken, großflächigen Verkehrsanlagen (Häfen, Güterbahnhöfe), die für jegliches Schematisieren starke Störungsfunktionen darstellen, für das Ringschema aber in besonders starkem Maße. Das Ringschema rechnet ferner — etwas oberflächlich — mit nur einer Art von „Bebauung", während mindestens zwei Arten, Wohngebiete und Gewerbegebiete, zu unterscheiden sind.

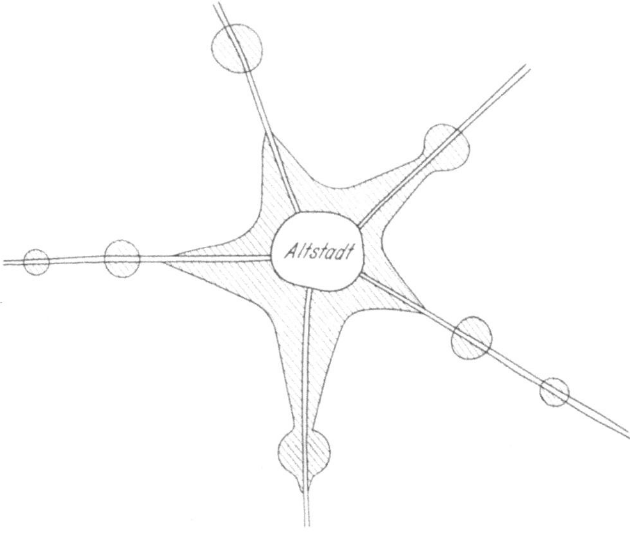

Abb. 18. Sternschema (zu schematisch).

C. Das Sternschema.

Indem vorstehend schon mehrfach auf die Bedeutung des Radialen hingewiesen werden mußte, kommen wir zu der Frage, wie etwa ein strahlenförmig entwickeltes, also ein Sternschema zu beurteilen wäre.

Mag eine Stadt auch eine früher von der Festungsmauer umschlossene Altstadt und um diese eine „Ringpromenade" haben, so wächst die Stadt heute

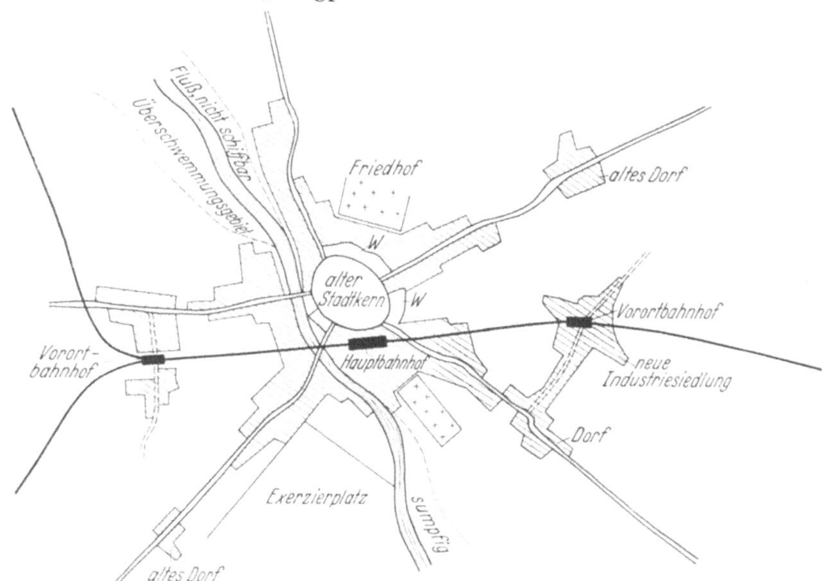

Abb. 19. Sternschema (wenig schematisch).

naturgemäß nicht mehr, indem sie Ringe um sich legt, sondern es wachsen die Wohngebiete an den Hauptverkehrsstraßen und den nach außen führenden Straßen- und Vorortbahnen und die Gewerbeviertel an den Flußläufen und Güterbahnen entlang. Alle diese Hauptverkehrslinien zeigen aber ein ungefähr strahlenförmiges Gerippe, die Stadt wächst also sternförmig. Abb. 18 zeigt diese Grundform, bei der die schon vorhandenen Dörfer zu „Satelliten“ werden, und zwar teils ohne, teils mit Verbindung mit der städtischen Bebauung.

Dieses Schema ist aber doch zu schematisch, denn es beachtet die stärksten Träger des Verkehrs, Eisenbahn und Wasserstraße, nicht. In Abb. 19 ist das Sternschema daher unter Beachtung der Eisenbahnstationen, also weniger schematisch dargestellt. Daß hierbei die alten Chausseen infolge ungenügender Voraussicht zu Hauptverkehrsstraßen geworden sind, die stark zugebaut sind und die alten Dörfer in winkligen „Ortsdurchfahrten“ durchschneiden, ist sowohl vom Standpunkt des Verkehrs als auch von dem der Freiflächengestaltung fehlerhaft, s. u.

Vorstehend ist das Sternschema einseitig nach verkehrstechnischen Erwägungen entwickelt worden, und zwar von innen nach außen. Diese Gedankenrichtung muß nun aber vom Standpunkt der gesunden Entwicklung der Freiflächen ergänzt und überprüft

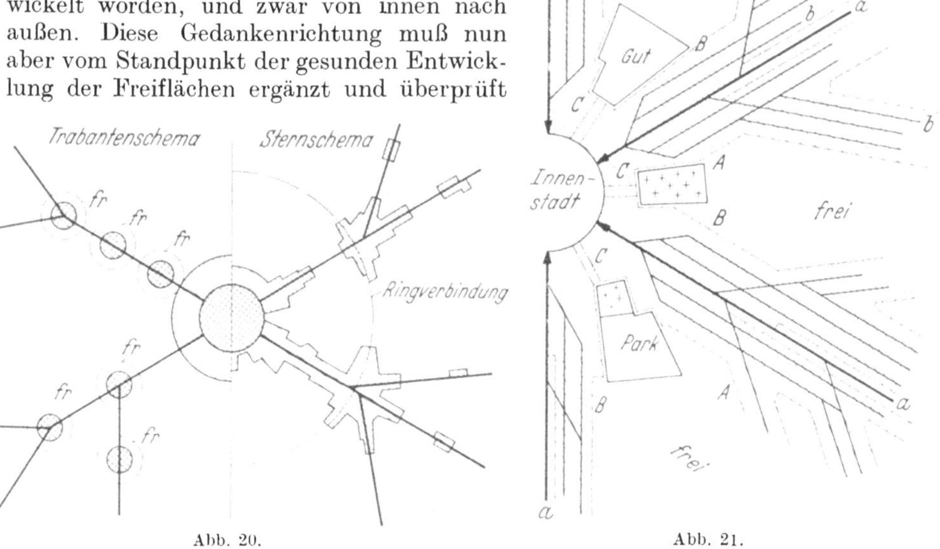

Abb. 20. Abb. 21.

Abb. 20. Unterschied zwischen Trabanten- und Sternschema.

Abb. 21. Richtige Ausbildung des Sternschemas nach Prof. Wentzel-Aachen, „Städtebau“ 1937 S. 4. An den Stellen $A-B$ darf hinter den alten Freiflächen die Bebauung nicht zusammenschlagen. An den Stellen C sind Parkverbindungsstreifen dringend erwünscht. Die alten Hauptstraßen a dürfen nicht zu Aufschließungsstraßen werden; sie sind vielmehr dem Durchgangsverkehr vorzubehalten und sind (möglichst) nicht zu bebauen. Die Aufschließung erfolgt vielmehr durch die neuen Straßen b.

werden, und zwar von außen nach innen: Wie Abb. 18 besonders deutlich zeigt, aber auch Abb. 19 klar erkennen läßt, bleiben zwischen den Zacken des Sterns die Flächen frei, in denen keine Verkehrsstraßen verlaufen, und diese Flächen dringen wie Keile gegen die Innenstadt vor. Hierdurch entsteht — ganz von selbst — die Gesamtanordnung des Freiflächensystems, die als die günstigste bezeichnet werden muß, denn die großen äußeren Freiflächen werden hierdurch an die Innenstadt herangebracht und die Bevölkerung wird durch die strahlenförmig nach außen führenden Grünstreifen usw. zum Hinauswandern eingeladen. Hierbei wird die sternförmige Entwicklung der Stadt noch dadurch begünstigt, daß, wie in Abb. 19 angedeutet ist, in ihrem Umkreis bestimmte Einzelflächen durch ihre natürlichen Bedingungen oder durch menschliche Einwirkung der Bebauung glücklicherweise lange entzogen bleiben; hierzu gehören namentlich Überschwemmungsgebiete, Flächen mit sumpfigem Untergrund, Hügel mit steilen Hängen, Friedhöfe, Exerzierplätze, Gutshöfe, gebundener Grundbesitz, städtische und staatliche Forsten. Es ist nicht nur wichtig, alle diese Freiflächen sorgsam zu erhalten und zu hegen, sondern auch zu verhindern, daß „hinter ihnen die Bebauung zusammenschlägt“, vgl. u.

Das Sternschema kann nach Abb. 20 (links) zum „Trabantenschema“ ausarten, wenn alle schon vorhandenen Dörfer und die neu anzulegenden Vororte je mit einer (ungefähr ringförmigen) Freifläche umschlossen werden, so daß das Zusammenwachsen verhindert wird. Die Unterschiede ergeben sich aus dem linken und rechten Teil der Abb. 20 so klar, daß weitere Ausführungen nicht notwendig sind.

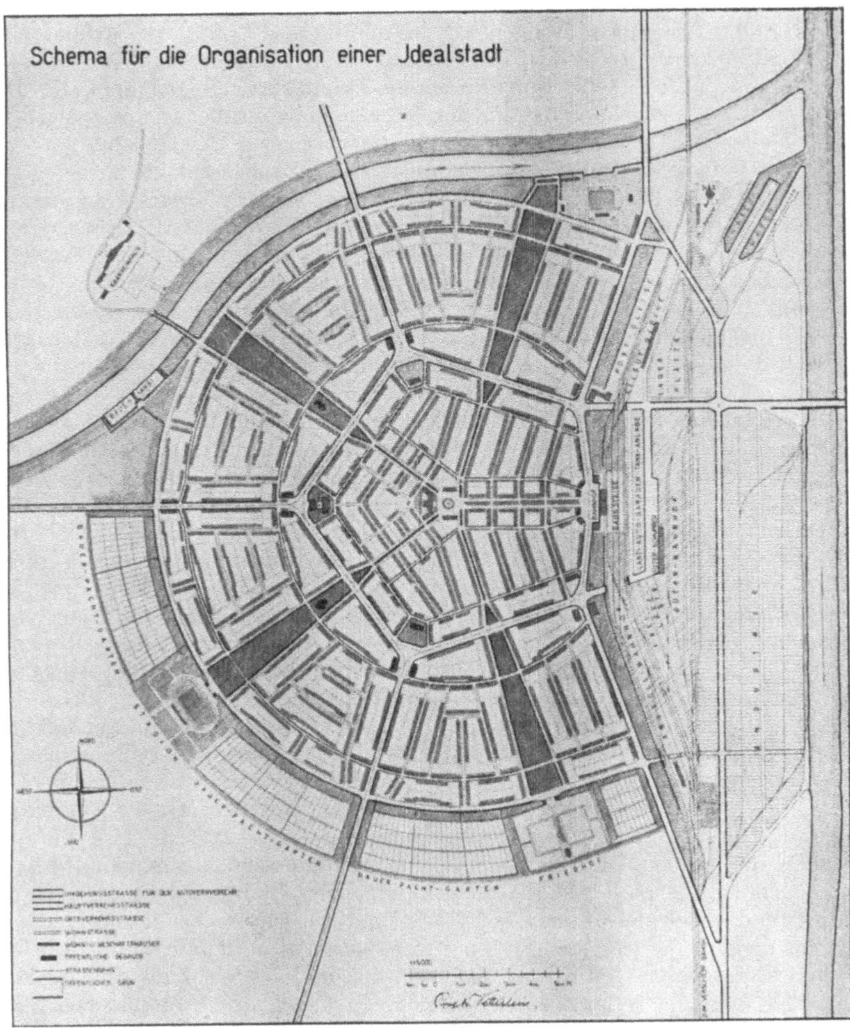

Abb. 22. Idealstadt von Vetterlein.

In Abb. 21 ist das Sternschema bezüglich der Freiflächen und der Anordnung der Hauptverkehrs- und der Aufschließungsstraßen (nach Vorschlägen von Prof. Wentzel-Aachen) genauer dargestellt; zu beachten ist die Entlastung der Hauptverkehrsstraßen vom Ortsverkehr und die Fernhaltung der Bebauung von ihnen.

Abb. 22 zeigt ein „Schema für die Organisation einer Idealstadt“, wie es von Prof. Vetterlein-Hannover angegeben worden ist[1]. Es ist, um das Schema klar herauszubringen, möglichst geometrisch gehalten, könnte aber

[1] Vgl. Führung zur Baukunst, Verlag Vincentz, Hannover 1931.

den unterschiedlichen topographischen Gegebenheiten des Geländes leicht angepaßt werden. Die großen Verkehrsanlagen (Bahnhof, Fluß, Hafen) sind absichtlich nicht in das Schema hineingepreßt. Grünkeile führen von der Innenstadt in die grüne Umgebung.

D. Weitere Bemerkungen zum „Schema".

Die Zahl der Schemata ist mit den vorstehend und früher erörterten noch nicht erschöpft. Es gibt z. B. noch das „Satelliten"-, das „Sammeltangenten"-, das „Band"schema. Daß das letztgenannte schlecht sein muß, ergibt sich schon daraus, daß es nicht einmal durch ein Fremdwort ausgezeichnet ist! Die „Bandstadt" soll große Vorzüge für den Verkehr haben; aber in ihrem Vorbild, dem „Straßendorf" oder auch der langsam gewachsenen Straßenstadt (Wernigerode) sind diese Vorzüge nicht zu entdecken. Langgestreckte Großstädte, wie das auf einem langen schmalen Dünenrücken liegende Bremen und das in ein schmales tiefeingeschnittenes Tal eingepreßte Wuppertal, erschweren und verteuern den Stadtverkehr in hohem Maße und stellen dem Vorortverkehr der Eisenbahn große Aufgaben. In Wuppertal hat die langgestreckte Gestalt der Stadt den Bau einer richtigen Stadtschnellbahn veranlaßt, obwohl die Bevölkerung nur 410000 beträgt. Bandstädte können unter Umständen gute Freiflächen haben, weil diese bis dicht an das schmale bebaute Band heranreichen (vgl. die Südseite von Wuppertal).

Die Überschätzung des Ringschemas ist wohl zum Teil darauf zurückzuführen, daß die „Ringbahnen" oft in ihrer wahren Bedeutung verkannt werden. Man glaubt nämlich vielfach, daß neben Radiallinien um die Stadt herum Ringlinien gelegt werden müßten, wobei man vage Vorstellungen davon hatte, daß an den Schnittpunkten der Ringlinien mit den Radiallinien sich ein lebhafter Umsteigeverkehr entwickeln werde. Da aber die Ringlinien nur den Verkehr der Vororte untereinander vermitteln und da dieser nach dem ganzen Spiel der Verkehrsbeziehungen nicht stark sein kann, so muß man den Ringlinien recht skeptisch gegenüberstehen. Zur Verwirrung der Anschauungen hat neben der Unkenntnis in verkehrs- und betriebstechnischen Dingen auch der Umstand beigetragen, daß gewisse wichtige Schnellbahnen (und Straßenbahnlinien) den Namen „Ringbahn" erhalten haben, so z. B. der „Innenring" in London, die „Nordringbahn" und die „Südringbahn" in Berlin; aber diese Bahnen sind verkehrstechnisch nicht Ring-, sondern Durchmesser- oder Radiallinien.

Die mit irgendwelchen Schemata vorgekommenen Übertreibungen haben nicht mit Unrecht den Spott herausgefordert. So schreibt C. Sitte:

„Moderne Systeme! — Jawohl! Streng systematisch alles anzufassen .... bis der Genius totgequält und alle lebensfreudige Empfindung im System erstickt ist, das ist das Zeichen unserer Zeit .... Vom künstlerischen Standpunkt aus geht uns die ganze Sippe (der Systeme) gar nichts an, in deren Adern nicht ein einziger Blutstropfen von Kunst mehr enthalten ist. Das Ziel, welches ausschließlich ins Auge gefaßt wird, ist die Regulierung des Straßennetzes. Die Absicht ist daher von vornherein eine rein technische: Ein Straßennetz dient immer nur der Kommunikation, niemals der Kunst ..."

Diese Kritik an den „Systemen" ist richtig. Unrichtig aber ist es, den Verkehr dafür verantwortlich zu machen, denn dem Verkehr ist das starre System genau so feindlich wie der Kunst. Es haben aber Unfähige den Verkehr vorgeschützt, um ihre blutleere Geometrie zu begründen[1].

Da im Städtebau durch die falsche Anwendung der Geometrie mancherlei Unfug getrieben worden ist und noch getrieben wird, und da hierdurch ebenso-

[1] Ein großer Städtebauer hat das „absolut richtige" Schema aber doch entdeckt; es ist das Rechteckschema, das aber — wegen des Verkehrs — aus lauter Diagonalen besteht. Die Grundlage ist das rechtwinkelige Dreieck, bei dem die beiden Katheten fehlen und dafür drei Hypothenusen vorhanden sind!

sehr gegen die Schönheit wie gegen die Wirtschaftlichkeit verstoßen wird, so sei noch angegeben:

1. Nicht alles, aber vieles, was im Städtebau nach regelmäßigen geometrischen Figuren aussieht, was die Gerade, den Kreis, den rechten Winkel aufweist, was Symmetrie zeigt, widerspricht wahrscheinlich der Natur. Denn die Natur arbeitet in der Landschaft nicht mit den Geraden und dem rechten Winkel; vielmehr folgt gerade die Naturerscheinung, die der stärkste Landschaftsbildner ist, nämlich das Wasser, grundsätzlich der geschwungenen Linie. Da die Stadt aber in die Landschaft hinein zu gestalten ist, so wird jeder geometrische Zwang besondere Geldausgaben (namentlich für Erdarbeiten) verursachen und außerdem (nicht immer, aber) oft unser Schönheitsgefühl verletzen.

2. Unser Auge ist ohne besondere Schulung nicht befähigt, rechte Winkel zu erkennen, schnurgerade Linien zu fixieren oder exakte axiale Beziehungen klar zu erfassen. Wer Soldat gewesen ist, erinnere sich daran, wie schwer es ist, geradeaus zu gehen! Der „rechte Winkel“ geht für unser Auge mindestens von 80 bis 100°. Wir können jahrelang in einem schiefen Zimmer leben und meinen, es wäre rechteckig; die „gerade Linie“ einer Straße, durch die wir täglich gehen, kann geschwungen sein und Knicke haben, ohne daß wir das je beobachten; ein Gebäude kann unregelmäßig sein, aber wir schwören darauf, daß es symmetrisch wäre. Wenn nun unser Auge all die Geometrie doch nicht erkennt, wenn es dagegen so gern über Unregelmäßigkeiten hinwegsieht und in vielen Fällen sogar dankbar für sie ist, wozu dann all der Aufwand?

3. Auch der Verkehr braucht keine gerade Linie. Der Verkehr braucht lediglich Übersicht, gestreckte Bahnen und ordentliche Krümmungen, die aber nicht etwa regelmäßige Kreisbögen zu sein brauchen; und für den Verkehr reicht der sog. „rechte Winkel“ nicht nur von 80 bis 100°, sondern von 70 bis 110°. Lange gerade Linien sind sogar falsch, denn sie ermüden und stumpfen ab (vgl. die schnurgeraden Chausseen in Frankreich und die älteren Autobahnen in Italien); dagegen wirkt die geschwungene Linie günstiger, weil der Fahrer alles besser körperlich sieht und nachts die Bewegung von Lichtern besser erkennen kann.

4. Die „Symmetrie“ verdient einige besondere Worte: Die griechische Welt, deren Kunstleistungen wir so hoch verehren, verstand unter Symmetrie etwas anderes als wir. Schon die Römer haben den Begriff falsch angewandt. Ursprünglich bedeutet Symmetrie wohl nicht mehr als „Ebenmaß“ oder „Harmonie“, also harmonisch abgewogene Verhältnisse einer Baumasse. Symmetrie braucht auch mit axialen Beziehungen oder mit rechten Winkeln nichts zu tun zu haben: die Propyläen stehen nicht in der Achse des Parthenon, und der Weg der Prozession führte nicht auf die Achse der Hauptseite zu, sondern schräg am ganzen Tempel vorbei; die Gläubigen sahen also das Heiligtum in seiner ganzen Größe und Herrlichkeit als Baukörper.

Wir dagegen verstehen unter Symmetrie die spiegelbildmäßige Gleichartigkeit mit Bezug auf eine Mittelachse, und wir überschätzen hierbei die Bedeutung dieser Art Symmetrie für die Schönheit und unterschätzen die Schwierigkeiten, Kosten und auch die Naturwidrigkeiten, die uns eine gekünstelte Symmetrie im Städtebau und im Hoch- und Ingenieurbau oft verursacht. Es ist richtig, daß für viele Innenräume die Symmetrie schön, gut, natürlich, ungequält ist; aber für die äußere Architektur ist sie sicher seltener angebracht als sie tatsächlich angewandt wird: sie ist gewiß richtig für einzelne Bauteile (Fenster, Portale, Türme, Giebel, Säulenstellungen usw.); ob man aber viele Gebäudearten ermitteln kann, bei denen für den ganzen Bau ein symmetrischer Grundriß und Aufriß richtig ist, mag bezweifelt werden. Für alle Gebäude, in denen Leben herrscht, ist das Nicht-Symmetrische sicherlich das Richtige, denn das Leben zeigt nun einmal viele Verschiedenheiten, und die Rücksichten auf Luft und Licht usw. werden immer irgendwie auf unterschiedliche Lösungen hinweisen. Es ist bezeichnend, daß für eine gerade städtebaulich besonders wichtige Gebäudeart, nämlich das Eisenbahnempfangsgebäude früher die symmetrische Anordnung für die einzig mögliche gehalten wurde, daß diese Gebäude heute aber grundsätzlich aus drei verschiedenen Hauptteilen zusammengesetzt werden. Wenn die Symmetrie nun aber schon für Einzelgebäude kaum richtig ist, die beherrschend in einer anpassungsfähigen Umgebung stehen, um wieviel weniger wird sie beim städtebaulichen Schaffen berechtigt sein, bei dem alles in die nun einmal unregelmäßige Natur hineinkomponiert werden muß und bei dem immer auch mit vielen künstlichen Gebilden gerechnet werden muß, die ihrer Natur nach sich gegen die Symmetrie auflehnen müssen.

IV. Die Durchführung des Geplanten.

Alle schönen Pläne der Städtebauer und Landesplaner nutzen nichts, wenn nicht Kräfte vorhanden sind, die ihre Durchführung ermöglichen oder erzwingen. Diese Kräfte sind aber nicht nur wirtschaftlicher, sondern vor allem politischer und seelischer Art; denn für die Gesundung unseres Siedlungswesens sind nicht nur bedeutende Geldmittel erforderlich, sondern es sind auch starke Widerstände zu überwinden. Diese Widerstände bestehen im Eigennutz des Einzelnen und in der Unwissenheit und Schwerfälligkeit der Gesamtheit.

Widerstände gegen eine vernünftige Siedlungspolitik zeigen sich besonders bei manchen Eigentümern des städtischen Bodens, bei Hauseigentümern und nicht zuletzt bei Hypothekengläubigern; außerdem natürlich in besonders hohem Maße bei den „Grundstückspekulanten". Die Widerstände finden ihre Hauptstütze im Recht und Gesetz: Das römische Recht, das den Eigentumsbegriff so überspannte, daß es nicht nur Sachen, sondern auch die Heimaterde zur Schacherware stempelte und daher auch kein Mittel fand, um den Bauern zu schützen, hat in fast allen Kulturstaaten Rechtsverhältnisse am Boden und an den Gebäuden begründet, durch die der Eigentumsbegriff zum Schaden der Allgemeinheit erheblich übersteigert worden ist; und dann haben das Manchestertum und der „Liberalismus" unter dem Schlagwort der wirtschaftlichen Freiheit die Gesetze weiter dahin ausgebaut, daß der Eigentümer in der beliebigen Ausnutzung seines Besitzes nicht behindert werden dürfe, daß insbesondere der böse Staat nicht hineinzureden hätte. Es wurde zum Grundsatz erhoben: „Erlaubt ist, was gefällt" oder „Erlaubt ist alles, was nicht ausdrücklich verboten ist". Von einem „Obereigentum des Staates" am Boden war nicht mehr die Rede. Jeder durfte so eng, so dicht, so hoch in die Luft, so tief in die Erde, so schlecht, so scheußlich bauen, wie er wollte; das Bauen stand also unter dem Zeichen des höchsten Profits; und dieser wurde dann darüber hinaus durch Mietwucher gesteigert, ohne daß der Staat das Recht haben durfte, zum Schutz der Mieter einzuschreiten. Die Tätigkeit des Staates war eigentlich nur negativ; er durfte gewisse Mindestforderungen bezüglich Feuer- und Einsturzgefahr und bezüglich der gesundheitlichen Zustände stellen. Städtebaulich bestand der positive Einfluß der Allgemeinheit, des Staates und der Gemeinden eigentlich nur darin, daß sie die Fluchtlinienpläne und Bauordnungen aufstellten und Straßen, Versorgungsanlagen und Verkehrseinrichtungen schufen; auch Darlehen zum Bauen durften sie geben. Daneben gab es wohl noch Sonderbestimmungen zugunsten der Wasserwirtschaft, des Verkehrs, der Landesverteidigung, der Forstwirtschaft und gegen die Verunstaltung, aber insgesamt überwog das Negative über das Positive, das Verbieten über das Schaffen.

Daß trotz dieses geringen Einflusses in einzelnen Städten von tatkräftigen, weit vorausschauenden Bürgermeistern und Stadtbauräten nicht nur hervorragende Einzelbauten geschaffen worden sind, sondern die ganze städtebauliche Entwicklung durch gute Bebauungspläne, kluge Bauordnungen, weitsichtige Bodenpolitik, soziale Kreditgewährung usw. in gesunde Bahnen gelenkt werden konnte, soll nicht verschwiegen, sondern muß anerkannt werden. Diese Männer haben aber ihre Leistungen vollbracht trotz der rückständigen Gesetzgebung. Es kommt aber nicht darauf an, daß gelegentlich der Drahtverhau veralteter Gesetze von Schaffenskraft und Mannesmut durchbrochen wird; sondern die Gesetze müssen so sein, daß der „Normalbeamte" mit ihnen das für die Gesamtheit Notwendige leisten kann.

Wenn man die schweren Schäden beobachtet, die der Eigennutz dem Städtebau geschlagen hat, und bedenkt, daß schon vor 50 Jahren weitblickende Männer nicht nur die Gefahren, sondern auch ihre Ursachen erkannt und aufgezeigt haben, so muß man sich darüber wundern, daß die Völker und Staaten nicht schon früher eingeschritten sind, obwohl es sich doch nur um der Zahl nach wenige Gegner handelte. Diese hatten aber aus folgenden Gründen eine starke Macht in Händen:

a) In jenen Zeiten schnellster Aufwärtsentwicklung wurden sehr große Kapitalien in städtischen Grundstücken und Häusern und in Bodenspekulationen angelegt; hinter den (oft nur nominellen) Eigentümern stand daher und steht auch heute noch die große Schar der Hypothekengläubiger und der Hypothekenbanken.

b) Die Grundbesitzer gelangten (durch festen Zusammenschluß, Geldmacht und rückständige Wahlgesetze) zu großem Einfluß in den städtischen Parlamenten und Kommunalverwaltungen und konnten demgemäß die Boden-, Bau-, Erschließungs-, Verkehrs- und Kreditpolitik in ihrem Sinn lenken. Sie konnten verhindern, daß gegen Mietwucher vorgegangen wurde; sie konnten die Grundstückpreise in die Höhe treiben, indem die Stadt selbst mit schlechtem Beispiel zu hoher Preise voranging; sie konnten die Ausdehnung der städtischen Verkehrsnetze in die weitere Umgebung verhindern; sie konnten das Eingreifen der Staatsgewalt lähmen und verzögern usw.

c) Dieser kleinen, aber gut geführten Schicht gelang es auch, mit ihren großen Geldmitteln starken Einfluß auf die (großstädtische) Presse und hiermit auf die öffentliche Meinung, die Staatsparlamente und Regierungen zu gewinnen.

d) Während so die Verbesserung der rückständigen Gesetzgebung verhindert wurde, wurden die schädlichen Folgen der schlechten Gesetze noch durch die Rechtsprechung verschlimmert. Hauptsächlich nahm dies vom Enteignungsverfahren her seinen Ausgang, indem die Gerichte die Entschädigungen der „reichen" Behörden (Staat, Eisenbahn, Militärfiskus) an den „armen, schwachen" Eigentümer immer mehr in die Höhe trieben, so daß schließlich z. B. Sanierungen überhaupt nicht mehr finanziert werden konnten oder Verkehrsverbesserungen unerhört verteuert wurden.

Um diese Mißstände zu beseitigen, sind also Änderungen in der Gesetzgebung erforderlich, durch die der Grundsatz „Gemeinnutz geht vor Eigennutz" zu seinem Recht kommt. Ehe wir hierauf aber eingehen, sei darauf hingewiesen, daß die Änderung der Gesetze allein nicht ausreicht, daß vielmehr außerdem erforderlich sind: Eine tatkräftige politische Führung in Staat und Gemeinde, weil sonst immer wieder Quertreibereien, Verzögerungen, Schikanen auftreten werden; eine straffe, von den besten Fachleuten getragene Verwaltung, die in Staat, Provinz, Gemeinde alle Fragen der Landesplanung und des Städtebaues nach klaren, gesunden Zielen durchführt; die Unterstützung dieser Stellen durch die Wissenschaft durch Forschung und Lehre; und vor allem die richtige seelische Einstellung des Volkes, das die Schäden erkennen muß, das wissen muß, daß es sich hier um das Schicksal von Volk und Staat handelt, daß also jeder einzelne die Pflicht hat mitzuarbeiten.

Was die Gesetzgebung anbelangt, so könnten hier nun die Gesetze mitgeteilt oder kritisiert werden, die in einigen Ländern erlassen worden sind. Das stößt aber auf große Schwierigkeiten, denn selbst in den in dieser Beziehung tatkräftigsten Staaten — wie etwa Deutschland — ist die Gesetzgebung noch nicht abgeschlossen, und sie kann es auch noch gar nicht sein, weil so manches Problem noch nicht genügend geklärt ist. Außerdem hat ein Lehrbuch ja nicht den Zweck, dem in der Praxis, d. h. in diesem Fall dem im Kampf stehenden Fachmann die Texte von Gesetzen und Verordnungen zu vermitteln, da er dieses „Handwerkszeug" in anderer Form, ständig auf dem neuesten Stand gehalten, immer zur Hand hat. Dem Lernenden aber Gesetzestexte mitzuteilen, ist eine mißliche Sache, denn der Text zeigt ja nicht die Motive und Ziele, er müßte also durch „Kommentare" ergänzt werden. Es erscheint uns daher besser, nachdem wir vorher die Mängel der bisherigen rechtlichen Lage angedeutet haben, nun nur Richtung und Ziel für die gesetzlichen Grundlagen der Raumordnung und damit des Städtebaues aufzuzeigen[1].

Das Privateigentum am Boden soll nicht beseitigt werden; im Gegenteil sollen möglichst viele Volksgenossen wieder „seßhaft" gemacht werden, indem ihnen eine eigene Scholle, ein eigenes Heim gegeben wird. Der Staat soll aber ein Obereigentum haben und soll die Nutzung regeln. Er muß sich Machtmittel schaffen, die ihm das Einschreiten gegen ungebührlichen Eigennutz ermöglichen. Der Begriff des Privateigentums ist dahin zu bestimmen, daß er umgrenzt ist durch die Treue zu Volk und Vaterland. Die Bewertung von Grundstücken und Gebäuden hat sich nach dem Ertragswert, der bei anständiger, gesund-sozialer Benutzung (ohne Mietwucher, ohne zu dichte Belegung) erzielt wird, zu richten. Die Hypothekenfrage bedarf besonders behutsamer Behandlung; die Hypothekengläubiger und -banken sind nach Möglichkeit nicht zu schädigen. Künftig darf jedenfalls nicht mehr zu hoch beliehen werden, und alle Hypotheken müssen planmäßig getilgt werden, denn jedes Gebäude verliert ja im Lauf der Zeit an Wert[2]. Werden Grundstücke für öffentliche Zwecke benötigt und daher nötigenfalls enteignet, so richtet sich die Entschädigung nach dem auf anständiger Grundlage zu berechnenden Ertragswert (s. oben). Von diesem Betrag wird ein angemessener Teil abzusetzen sein, wenn die Gebäude nicht ordentlich unterhalten sind. Die Zahlung braucht nicht in bar zu erfolgen; sie kann auch in Form einer Ablöseschuld mit Verzinsung und (schneller) Tilgung oder in Landzuweisung nebst Bauzuschüssen erfolgen. Wer durch eine von der Allgemeinheit durchzuführende Verbesserung (z. B. bei der Altstadtsanierung) Vorteile hat, ist zu den Kosten heranzuziehen[3]. Jeder Grundeigentümer von neu zu erschließenden Flächen hat einen bestimmten Hundertsatz unentgeltlich für Straßen, Plätze und Freiflächen abzugeben. Es werden keine Entschädigungen dafür gezahlt, daß Grundstücke, die bisher als „Bauland" angesehen worden sind, als Freiflächen ausgewiesen werden (oder an Verkehrsstraßen entlang) nicht bebaut werden dürfen. Kein Eigentümer kann verlangen, daß sein Grundstück früher übernommen wird, als es für allgemeine Zwecke notwendig ist.

Neben diesen Anregungen zu Gesetzesänderungen ist noch zu fordern, daß in allen Fragen der Raumordnung und des Städtebaues, desgleichen bei der Ausführung von Wasser, Verkehrs- und militärischen Anlagen das Verfahren bei den Behörden und Gerichten beschleunigt und vereinfacht wird. Alle auf die sog. Planfeststellung (landespolizeiliche Prüfung) und Enteignung bezüglichen Gesetze, Verordnungen, Anweisungen sind entsprechend durchzuarbeiten.

Ferner muß das Baurecht im einzelnen dahin entwickelt werden, daß wir wieder zu anständigen, innerlich wahrhaftigen und werkechten Bauweisen, zu einer wirklichen Baukultur kommen. Die Verschandelung der Natur, der Städte und leider auch schon der Dörfer muß aufhören. Um der Verunstaltung und der Bauverwilderung entgegenzuwirken, müssen die Befugnisse der Behörden und der Beratungsstellen erweitert werden. Das wichtigste ist hier aber die richtige Erziehung und Ausbildung der jungen Architekten und die allgemeine Erziehung der Bevölkerung; denn Gesetz und Aufsicht können zwar Schäden abwenden aber keine ordentliche Baugesinnung schaffen. Insgesamt ist vom kulturpolitischen Standpunkt zu verlangen: der Schutz der Landschaft und ihrer Schönheiten, die Beseitigung von Auswüchsen, die Erschließung der naturgemäßen Erholungsgebiete zur natürlichen körperlichen und seelischen Gesundung und Ertüchtigung.

[1] Vgl. „Städtebau", Februar und April 1934.

[2] Die Ansicht, daß bebaute Grundstücke nicht an Wert verlieren, weil die Wertminderung der Gebäude durch die Wertsteigerung des Grundstückes ausgeglichen würde, ist falsch.

[3] Auf diese Punkte kommen wir bei der Altstadtsanierung noch einmal zurück, da bei dieser die Forderungen besonders verständlich sind.

Dritter Abschnitt.

Die Hauptglieder des Stadtkörpers.

Vorbemerkung zur Stoffgliederung.

Es müssen nun die Hauptglieder, aus denen die technische Gesamterscheinung der Stadt aufgebaut wird, im einzelnen erörtert werden. Hierbei ist es aber zweckmäßig, dem Verkehr wegen seiner Eigenart einen besonderen Hauptabschnitt, also den vierten, zu widmen, so daß für den dritten die Straßen und Plätze, Wohngebiete, Freiflächen und Industriegebiete bleiben. Es entsteht dabei allerdings die Schwierigkeit, daß der Straßenverkehr in zwei Hauptabschnitten berührt werden muß; aber hierüber läßt sich hinwegkommen, indem die Verkehrsfragen der Straßen und Plätze möglichst in den vierten Hauptabschnitt verschoben werden.

Straßen und Plätze sind nachstehend nicht zusammengefaßt, sondern in zwei verschiedenen Unterabschnitten behandelt, weil bei den Plätzen bewußt die schönheitliche Seite betont werden soll.

Bei den Erörterungen gehen wir, sofern nichts anderes gesagt wird, von der Stadt, und zwar von der isolierten Stadt aus, die Übertragung auf die landwirtschaftliche Siedlung die Städtegruppe und den Industriebezirk wird nicht schwierig sein.

I. Die Straßen.

Einleitung.

Im folgenden haben wir nur die städtischen Straßen zu erörtern und für diese auch nur die für die Aufstellung der Bebauungspläne maßgebenden Gesichtspunkte, insbesondere die Breiten und Arten der Straßen, die Linienführung und gewisse ästhetische Fragen. Nicht zu behandeln sind die konstruktive Durchbildung der Straßendecke und der Straßenbahngleise, die in der Straße liegenden Leitungen, die Straßenbrücken und die Landstraßen (Chausseen). Der Unterschied zwischen Stadt- und Landstraße ist fließend, da die Landstraßen in der Nähe der Städte mehr und mehr den Charakter von Stadtstraßen annehmen; hierbei können recht üble Zwittergebilde entstehen, wenn nicht rechtzeitig klare Entscheidungen getroffen werden.

Den Zweck der Straßen kann man dahin kennzeichnen:

1. Sie führen in Verbindung mit den Höfen, Gärten, Plätzen und Parkanlagen der Gesamtstadt und jedem Einzelhaus Sonne und Luft zu.

2. Sie haben in ihrem Untergrund einen großen Teil der Leitungen aufzunehmen, die für die verschiedenartigsten Bedürfnisse der Bevölkerung erforderlich sind.

3. Sie haben den Verkehr innerhalb der Stadt zu vermitteln, der sich nicht des Wassers oder der Eisenbahnen bedient. Der Verkehr ist nach Personen- und Güterverkehr zu trennen:

Zu ersterem gehören: Fußgänger (einschließlich der Kinder und Kranken in kleinen Wagen), Radfahrer, Reiter; ferner die Personenfuhrwerke, von denen die der Allgemeinheit dienenden sog. „Öffentlichen Verkehrsmittel" (Straßenbahnen und Omnibusse) die wichtigsten sind. In den Riesenstädten können noch Stadtbahnen (Hoch- und Tiefbahnen) hinzutreten. Zum Güterverkehr gehören alle Lastfahrzeuge. Die Grenze zwischen Personen- und Güterverkehr ist im Straßenverkehr ebenso fließend wie im Eisenbahnverkehr. Eine oberflächliche Betrachtung scheint allerdings zu einer scharfen Zweiteilung zu führen, nämlich zwischen dem Menschen, der geht, und allem anderen Verkehr.

Diese Zweiteilung kommt in der üblichen, aber für starken Verkehr nicht ausreichenden Gliederung der Straße in Bürgersteig und Fahrdamm zum Ausdruck.

So sehr die Hauptzwecke der Straßen gleichartig sind, so lassen sich doch nach der besonderen Bedeutung verschiedene Straßenarten unterscheiden, die kurz gekennzeichnet werden mögen.

1. Geschäftsstraßen. Sie liegen im Geschäftsviertel. An ihnen liegen die großen Kaufgeschäfte. Oft sind selbst in Großstädten nur eine oder wenige ausgesprochene Geschäftsstraßen vorhanden. Der Fahrverkehr ist in ihnen oft gering; es würde auch dem Charakter der Straße widersprechen, wenn sie einen schnellen Durchgangsverkehr zu bewältigen hätte, denn die Kauflustigen wollen sich dort, unbelästigt durch Fahrzeuge, Schaufenster besehen, in Ruhe ihre Wahl treffen, auch mit Bekannten im Gespräch stehenbleiben. Große Breite ist für diese Straßen schädlich, weil sie das bequeme Besehen beider Schaufensterreihen behindert; manche Geschäftsstraße ist ungewöhnlich schmal (Hohe Straße in Köln, Große Packhofstraße in Hannover), manche werden für den Fahrverkehr (besonders für Radfahrer und schwere Lastwagen) ganz oder zeitweilig gesperrt, manche sind für Fahrzeuge überhaupt unzugänglich. Letzten Endes werden sie zu „Passagen" und „Galerien" (Italien). Die Geschäftsstraßen bereiten dem Städtebauer im allgemeinen keine Schwierigkeiten, nur muß er sich davor hüten, eine schmale Geschäftsstraße verbreitern zu wollen, um sie „dem Verkehr zu erschließen", denn das ist nicht nur sehr kostspielig, sondern vernichtet unter Umständen sogar die besonderen Werte, die aus dem eigenartigen Charakter der Straße entspringen.

2. Verkehrsstraßen. Da jede Straße dem Verkehr dient, können als „Verkehrsstraßen" nur solche bezeichnet werden, die einen ungewöhnlich starken Verkehr aufzunehmen haben. Dies ist aber nur der Fall, wenn die Straße außer dem Verkehr von und zu den an ihr stehenden Häusern einen erheblichen Durchgangsverkehr hat. Kennzeichnend für diesen ist neben dem großen Verkehrsumfang die wünschenswerte höhere Geschwindigkeit und, aus dieser sich ergebend, ein gewisses Gefahrenmoment. Die Verkehrsstraßen stellen gewisse (oft überschätzte) Anforderungen an die Straßenbreite und vor allem an den guten Zustand der Fahrbahnen. Sie sind also kostspielig in Bau und Unterhaltung. Demgemäß ist hier — wie im gesamten Verkehrswesen — maßhalten sehr wichtig. Das Geschick des guten Städtebauers kommt nicht zuletzt darin zum Ausdruck, daß er mit wenigen Verkehrsstraßen auskommt!

Die Verkehrsstraßen stufen sich nach ihrer Bedeutung stark ab, von der „Hauptverkehrsstraße" mit besonderen Streifen für Schnellverkehr, Straßenbahnen und Fahrradverkehr, unter Umständen sogar mit Hoch- oder Tiefbahnen bis zu der Straße, die den einzelnen Vorort erschließt und mit einem einheitlichen vierspurigen Fahrdamm auskommt. In der Innenstadt zeigen die Hauptverkehrsstraßen meist keine besondere ihrem Zweck entsprechende Gliederung, weil sie aus alter Zeit übernommen sind, die die heutigen Forderungen des Verkehrs noch nicht kannte. Oft kann man nur an Einzelstellen, z. B. an Straßenvermittlungen und auf Plätzen, der besonderen Eigentümlichkeit der Straße Rechnung tragen, z. B. durch entsprechende Ausbildung der Einsteiginseln der Straßenbahnen. In der Innenstadt werden an den Verkehrsstraßen die wichtigsten öffentlichen Gebäude und die Geschäftsgebäude des Großhandels, der Banken, Gewerbe usw. liegen, in den Außenbezirken die dort notwendigen Läden usw. Die Verkehrsstraßen erhalten auch in den Außenbezirken geschlossene Bauweise und unter Umständen auch höhere Bebauung, als in dem Gebiete sonst zulässig ist.

Es muß aber sorgfältig geprüft werden, ob die Bebauung an den (neuen) Hauptverkehrsstraßen entlang nicht überhaupt zu unterlassen, also zu verbieten ist; in den meisten Ländern fehlen hierzu aber die gesetzlichen Voraussetzungen; in Deutschland sind sie jetzt geschaffen (s. unten). Auf jeden Fall muß bei ihnen auf Übersichtlichkeit hoher Wert gelegt werden. Desgleichen muß die Zahl der Stellen, an denen andere Straßen kreuzen oder abzweigen, möglichst eingeschränkt werden; am zweckmäßigsten wird die Lösung sein, wenn diese Stellen mit den Haltestellen der Straßenbahnen und Omnibusse vereinigt werden, wobei zu beachten ist, daß die Haltestellenabstände in den Außengebieten erheblich größer sein können als in der Innenstadt; weiteres siehe unten.

3. Wohnstraßen. Sie sind ihrer Zahl nach die bei weitem wichtigsten Straßen. Sie sollen ruhig sein, sind also durch entsprechende Linienführung dem durchgehenden Verkehr zu entziehen. Sie stellen große Anforderungen bezüglich Sonne und Luft. Weil sie in so großer Zahl notwendig werden, ist gerade bei ihnen Bescheidenheit in der Breite und Bauausführung erforderlich. In vielen Städten gibt es viel zu viel Wohnstraßen, weil die Baublocks zu stark aufgeteilt sind und letzten Endes quadratische Form annehmen. Das beste Mittel, um an Gesamtlänge des Straßennetzes zu sparen, ist die Anordnung langgestreckter Wohnblocks. Viele schon festgelegte Bebauungspläne müßten noch nachträglich daraufhin untersucht werden, ob die Gesamtstraßenlänge nicht zu groß ist; so mancher Bebauungsplan verdient sowieso aufgehoben zu werden, weil er nicht nur aus zu vielen, sondern außerdem aus lauter krummen Straßen besteht und dann noch mit allen Motiven einer falsch verstandenen Romantik aufgeputzt ist. Bei bescheidenen Verhältnissen kann unter Umständen auf befahrbare Wohnstraßen streckenweise verzichtet werden. Dagegen muß der Radverkehr mehr beachtet werden, als das bisher der Fall ist.

4. Prachtstraßen. Was alles unter „Prachtstraße" zu verstehen ist, steht nicht fest. Es ist ein Begriff, mit dem viel gesündigt wird; wenn manche kleine Stadt eine „Prachtstraße" anlegen will, so darf man dahinter Großmannssucht vermuten. Die Momente, auf Grund deren bestimmten Straßen die Bezeichnung „Prachtstraße" beigelegt wird, sind geschichtlicher, schönheitlicher oder verkehrstechnischer Natur; man versteht darunter also eine Straße, die sich in einer dieser Beziehungen besonders auszeichnet, und verbindet damit gleichzeitig auch den Gedanken, daß die Bedeutung der Straße durch monumentale Bauten zum Ausdruck gebracht werden muß.

So sehr sich nun auch der Städtebauer bemühen soll, die wichtigsten Prachtstraßen kennenzulernen und sich über das Wesen ihrer Schönheit Klarheit zu verschaffen, so braucht an dieser Stelle doch nicht darauf eingegangen zu werden. Die wenigen Fälle, in denen monumentale Prachtstraßen neu zu schaffen sind, werden nämlich stets so eigenartig liegen, daß sie allgemein in einem Lehrbuch überhaupt nicht erörtert werden können.

Besondere Vorsicht ist gegenüber Plänen geboten, irgendwo eine großartige „Hauptverkehrsstraße" zu schaffen und diese dann durch überflüssige Verbreiterung zu einer „Prachtstraße" zu stempeln. Es entstehen dann nämlich Zwittergebilde, die weder verkehrstechnisch noch ästhetisch gut sein können — nicht auf die Talmi-Prachtstraße, sondern auf die Wohnstraßen der armen Bevölkerung kommt es an! Bei übermäßiger Breite derartiger Straßen entsteht der doppelte Nachteil, daß man alle möglichen „Promenaden" und sogar Reitwege in die Straße legen muß, um die Breite auszufüllen, und daß die Häuser, die ja „monumental" wirken sollen, zu hoch werden müssen. Dabei hat man gar nicht so viele Monumentalbauten zur Hand, wie zur Füllung der langen Straßenwände notwendig sind, denn Mietkasernen sollen es ja nicht sein. Es gibt wundervolle, echte, aus Landschaft und Geschichte gewachsene Prachtstraßen, aber es gibt auch böse Geschmacklosigkeiten.

A. Die Breite der Straßen.

Unter „Straßenbreite“ werden oft zwei verschiedene Dinge verstanden, nämlich die Breite des dem Verkehr zur Verfügung gestellten Straßenkörpers und der Baufluchtlinienabstand. Diese beiden „Breiten“ können aber nichts miteinander zu tun haben und daher auch nicht in Abhängigkeit zu einander gesetzt werden; denn der Baufluchtlinienabstand ist danach zu bestimmen, daß die Häuser genügend Sonne erhalten, die Verkehrsbreite aber danach, wieviel Verkehrsmittel mit den für sie erforderlichen Einzelbreiten sich nebeneinander bewegen sollen. Demgemäß kann man auch nicht mit einer „erprobten Faustformel“ arbeiten, wie das früher vielfach geschehen ist und daher auch heute noch in vielen alten Straßen zum Ausdruck kommt, die noch nicht nach den neuzeitlichen Erkenntnissen und Notwendigkeiten umgestaltet worden sind. Früher sagte man z. B. recht einfach: Häuserhöhe 22 m (NB. viel zu hohe Mietskasernen!), Straßenbreite = Häuserhöhe, also ebenfalls 22 m, Einteilung der Gesamtbreite in Bürgersteig, Fahrdamm, Bürgersteig im

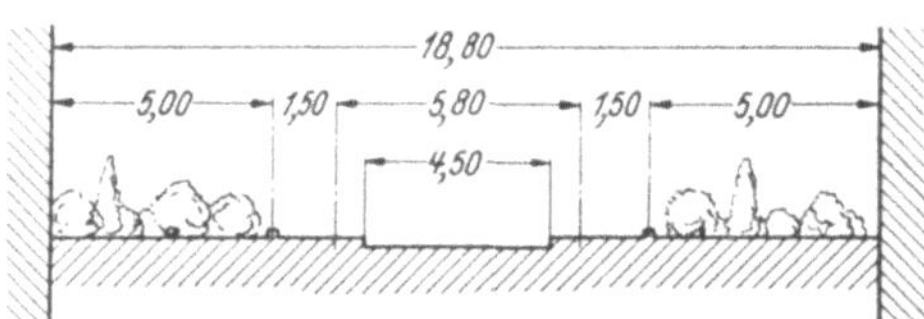

Abb. 23. Vorgärten, keine Baumreihen.

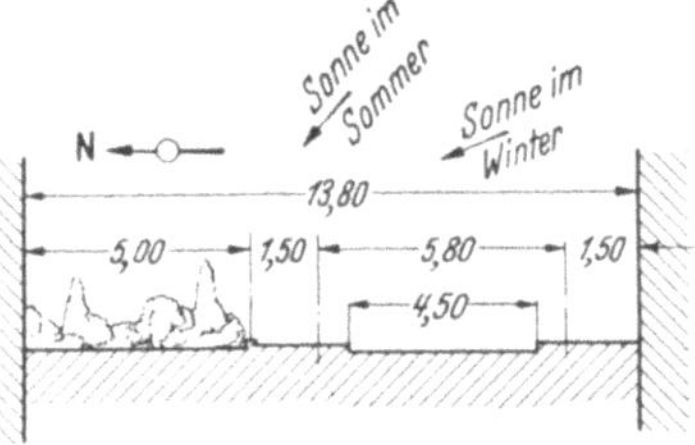

Abb. 24. Ost-West-Straße.

Verhältnis $^1/_5$—$^3/_5$—$^1/_5$, also zwei Bürgersteige je 4,40 m und ein Fahrdamm 13,20 m. Man erhielt hiermit für alle Wohnstraßen einen viel zu breiten Verkehrsstreifen, der die Sicherheit herabsetzte, hohe Kosten verursachte, Staub und Hitze erzeugte, die Anlagen von Grünstreifen verhinderte und die Straßenbäume verkümmern ließ.

Demgemäß muß man unabhängig voneinander zwei Maße berechnen: Die Verkehrsbreite und den Baufluchtlinienabstand. Hierbei wird oft die Verkehrsbreite schmaler werden als der Fluchtlinienabstand. Es bleibt dann also ein Streifen übrig. Dieser ist gemäß Abb. 23 und 24 zu Grünstreifen (Vorgärten) auszunutzen; außerdem sind in ihm (und nötigenfalls in den Bürgersteigen) die Straßenleitungen unterzubringen, damit das ebenso kostspielige wie lästige Aufreißen des Fahrdammes unterbleiben kann.

1. Die Verkehrsbreite. Da jedes Zuviel an Breite des Verkehrsstreifens die ebengenannten Nachteile hat und außerdem rücksichtslose Fahrer zu Ungehörigkeiten verleitet, so tut der Verkehrstechniker gut daran, sich nicht nur die Frage vorzulegen: „Wie breit muß die Straße sein?“, sondern auch die Frage: „Wie schmal kann die Straße sein?

Zur Bestimmung der erforderlichen gesamten Verkehrsbreite sind die Einzelbreiten für vier verschiedene Verkehrsmittel zu untersuchen, nämlich für Fußgänger, Radfahrer, Straßenbahnen und für Wagen aller Art.

a) Fußgänger - Bürgersteige. Zur nutzbaren Breite des Bürgersteiges kann der unmittelbar am Fahrdamm, also an der Schrammkante entlang laufende Streifen nicht mitgerechnet werden, denn er ist durch die Fuhrwerke gefährdet. Der gefahrlose Raum beginnt gemäß Abb. 25 und 26 erst in etwa 60 cm Abstand; er wird zweckmäßig durch die Laternen und Bäume usw. gekennzeichnet. Es empfiehlt sich, diese in 65 cm Abstand von der Schrammkante zu stellen. Zu ermitteln ist dann also die erforderliche Breite zwischen Laternen und Haus (oder Vorgarten). Da ein Mensch nun zum bequemen Gehen einschließlich Spielraum 75 cm braucht, so wird es zweckmäßig sein, das Maß von 75 zu 75 cm abzustufen, also 1,50—2,25—3,00—3,75—4,50 m zu wählen. So ergeben sich Bürgersteig-Normalbreiten von 2,15—2,90—3,65 bis 4,40—5,15 m. Über das letzte Maß (also etwa 5 m bis zur Schrammkante) wird man selbst in stark belebten Straßen der Großstädte nicht hinausgehen[1].

Für Wohnstraßen genügen die Breiten von 1,50 und 2,25 m; dabei ist es fast immer ausreichend, wenn ein Streifen von nur 1 m Breite mit Kleinpflaster befestigt wird, denn dann können zwei Menschen bei Regenwetter trocknen Fußes bequem nebeneinander gehen; für die übrigen Flächen genügt Bekiesung oder dgl. Vergleichsweise erfordern die Bürgersteige in den Wohngebieten der ärmeren Bevölkerung mehr Breite als in denen der Wohlhabenden, weil der Verkehr der Arbeiter zu bestimmten Zeiten einen großen Strom von Fußgängern erzeugt. Auf den Bürgersteig gehören auch die Kinderwagen und die kleinen Krankenwagen. Das ist vielen Großen und Gesunden unsympathisch; man darf aber kleine Kinder und Kranke, die gefahren werden müssen, nicht auf den Fahrdamm verweisen; denn sie sind dort zu sehr gefährdet; sie sind das Hilfloseste und das am meisten des Schutzes Bedürftige, was es im Straßenverkehr überhaupt gibt.

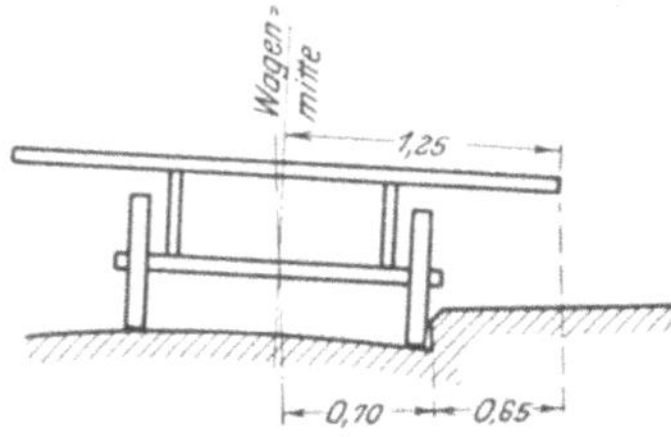

Abb. 25. Schrammkanten.

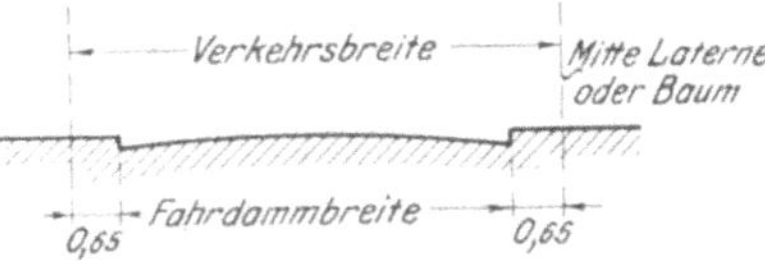

Abb. 26. Schrammkanten.

b) Radwege (Fahrradstreifen). Die Radfahrer sind vielen, die nicht Rad fahren, besonders unsympathisch. Das Fahrrad ist ihrer Ansicht nach ein veraltetes Verkehrsmittel, und die Radfahrer sollen die sein, die die Straßen am meisten verstopfen, die allein überhaupt keine Verkehrsdisziplin kennen, an allen Unfällen schuld sind und daher in der Innenstadt überhaupt verboten sein müßten. Jedoch:

Die Radfahrer stellen einen sehr hohen Teil des Gesamtverkehrs dar[2]; sie fahren in der Innenstadt und den dichter bebauten Gebieten und auf den Fernstraßen der Industriebezirke bestimmt nicht zum Vergnügen; sie fahren vielmehr aus beruflichen Gründen, und ein großer Teil ist zur Benutzung des Rades gezwungen, weil er sich die regelmäßige Benutzung der öffentlichen Verkehrsmittel (Straßenbahn usw.) oder gar die Anschaffung eines eigenen Wagens nicht leisten kann. Der Radfahrer nimmt ferner die Straßenfläche vergleichsweise viel weniger in Anspruch als der Fahrgast einer Kraftdroschke usw.; er benimmt sich außerdem (mindestens innerhalb der Stadt)

---

[1] In jeder größeren Stadt wird es eine Straße, meist die Hauptgeschäftsstraße, geben, deren Bürgersteigbreite für den Verkehr, nämlich in diesem Fall für den „Bummel“ nicht ausreicht; oft entspricht dem Gedränge auf der einen Straßenseite eine Öde auf der anderen. Aus diesem Gedränge kann man also keine Notwendigkeit zur Verbreiterung des Bürgersteiges ableiten.

[2] Wie stark der Anteil des Radfahrverkehrs sein kann, mögen Zählungen auf der Ihmebrücke in Hannover zeigen (Verkehrstechn. 1937, S. 35). Danach verteilt sich die Anzahl der beförderten Personen an einem Tag im September 1936 bei trockenem Wetter folgendermaßen:

	Ihmebrücke	Spinnereibrücke
Radfahrer. . .	53%	57%
Straßenbahn .	29%	33%
Kraftfahrzeuge.	18%	10%
Gesamtzahl . .	61200 Personen	46200 Personen

Die Brücken haben neben starkem Berufs- und Stadtverkehr den überwiegenden Teil des Durchgangs- und Fernverkehrs zu bewältigen.

Die Verbreitung des Fahrrades mögen außerdem folgende Zahlen zeigen: Ein Fahrrad kommt in Holland auf je 3, in Deutschland auf je 4, in der Schweiz auf je 5 und in Österreich auf je 7 Einwohner.

im allgemeinen ordentlich, schon deshalb, weil er so gefährdet ist. Es ist also unsozial und überheblich, den Radfahrer zu verdammen und für alle Verkehrsschwierigkeiten verantwortlich zu machen. Der Städtebauer hat vielmehr die Pflicht, für den Radfahrer in besonderem Maße zu sorgen. Diese Pflicht ist leider stark vernachlässigt worden; zum Teil deshalb, weil die Verbände der Radfahrer politisch und finanziell schwach sind und daher Presse, Parlamente und Behörden nicht so „unter Druck setzen" können wie das andere Organisationen tun. Es ist daher notwendig, überall dort, wo das noch möglich ist, besondere Radwege anzulegen. Die Breite dieser Streifen soll für eine Radspur 1 m, für zwei Spuren 1,50 m betragen. Die Anordnung der besonderen Wege oder Streifen kann und muß je nach der Örtlichkeit verschieden sein. Am besten, aber leider meist nur noch in der weiteren Umgebung der Städte und in großen Freiflächen zu erreichen, sind besondere Radwege abseits der Hauptverkehrsstraßen; bei ihrer Linienführung wird der Berufs- und der Erholungsverkehr besonders zu beachten sein; sie sind also z. B. besonders in den radial nach außen führenden „Grünkeilen" vorzusehen.

Wo sich besondere Radwege nicht schaffen lassen, kommen als Ersatz in Betracht: 1. Die Vereinigung des Fahrradstreifens mit dem Bürgersteig; die Radfahrer müssen dann aber Disziplin halten und selber gegen Verstöße wilder Fahrer einschreiten. Der Verkehr von Radfahrern und Fußgängern auf dem gleichen Verkehrsstreifen ist nur bei schwachem Verkehr, also in den Außengebieten möglich. 2. Die Einschaltung eines Fahrradstreifens zwischen Fahrdamm und Bürgersteig; dieser sollte dann aber eine dem Fahrrad besonders angepaßte Befestigung erhalten und muß als Radstreifen gekennzeichnet sein.

Wo besondere Wege oder Streifen für Radfahrer vorhanden sind, müssen diese zur Benutzung polizeilich angehalten werden.

Allgemein muß die Sorge für den Fahrradverkehr um so besser sein, je **flacher** die Gegend und je **ärmer** die Bevölkerung ist. Außer durch das Schaffen von Radwegen kann (und muß) der Radverkehr, und zwar der Berufs- und der Erholungsverkehr, durch ein planmäßiges Zusammenarbeiten des Fahrrades mit den öffentlichen Verkehrsmitteln gefördert werden. Beispielsweise muß es dem Radfahrer ermöglicht werden, seinen Gesamtweg derart zu teilen, daß der erste Teil des Weges von der Wohnung auf noch nicht überlasteten Straßen bzw. Landstraßen oder noch besser auf besonderen schön geführten Radwegen bis zu einer Station einer Bahn zurückgelegt, dort das Rad abgegeben werden kann, um dann mit der Bahn den zweiten Teil des Weges zur Innenstadt zu fahren. Am wichtigsten ist hierbei das Tarifproblem; es müssen nämlich Zeitkarten eingeführt werden, in denen die Aufbewahrung des Fahrrades an der Station mit enthalten ist[1].

c) Straßenbahnen. Die Straßenbahn ist bei der Bemessung der Verkehrsbreiten als das insgesamt **beste** Mittel des öffentlichen Verkehrs auf den Straßen richtig zu bewerten; sie ist am leistungsfähigsten, sichersten und bei starkem Verkehr am wirtschaftlichsten. Im allgemeinen wird für wichtige Straßen jede Querschnittsanordnung, bei der die Straßenbahn nicht voll zu ihrem Recht kommt, verfehlt sein, besonders auch vom sozialen Standpunkt. Die Grundmaße der Straßenbahn, d. h. ihres „lichten Raumes" sind in Abb. 27 dargestellt. Es wird hier mit einer Breite des Straßenbahnwagens von 2,20 m gerechnet. Hieraus ergibt sich, da beiderseits 0,20 m Spielraum vorzusehen sind, eine geringste Gesamtbreite von 2,60 m; dieses Maß gilt dann auch für den Gleismittenabstand zweigleisiger Bahnen. Es dürfte aber zweckmäßig sein, für die Wagenbreite nicht 2,20, sondern **2,30**, für den Gleismittenabstand also **2,70** m zu rechnen; für Straßenbahnen vom Charakter der Vorortbahn oder der „Überlandbahn" ist auch dieses Maß noch knapp; man sollte hier nicht knausern,

[1] Wegen aller Einzelfragen ist auf die (sehr gute) „Schriftenreihe der Reichsgemeinschaft für Radwegebau" zu verweisen.

sondern 3,00 m zugrunde legen. Auch das Maß des äußeren Spielraumes ist mit 0,20 m knapp; es ist möglichst auf 0,40 m zu erhöhen. Wenn für die Oberleitung Masten erforderlich werden, kommen noch die hierfür notwendigen Breiten hinzu; sie sind aus Abb. 28 zu entnehmen. An den Haltestellen sind die Breiten unter Umständen noch etwas zu erhöhen. Man kommt insgesamt (bei Mittelmast oder beiderseitigen Masten) also auf etwa 7,80 m.

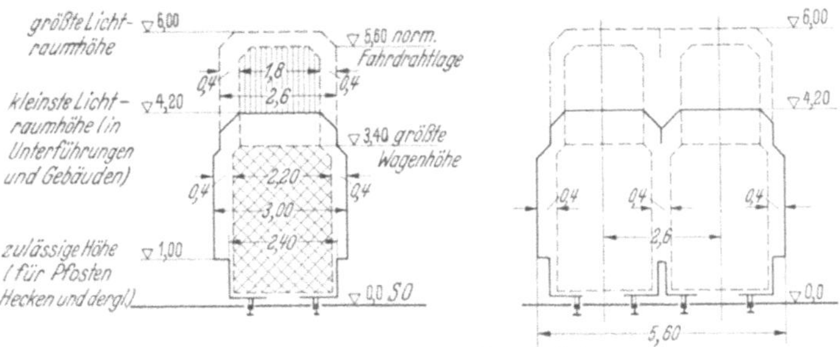

Abb. 27. Lichter Raum für Straßenbahnen.

Vorstehende Ausführungen gehen von dem Gedanken aus, daß die Straßenbahn einen eigenen Streifen hat. Dies ist die beste Lösung, aber sie ist leider oft nicht zu erzielen; die Gleise müssen vielmehr meist in den Fahrdamm des allgemeinen Verkehrs eingelegt werden.

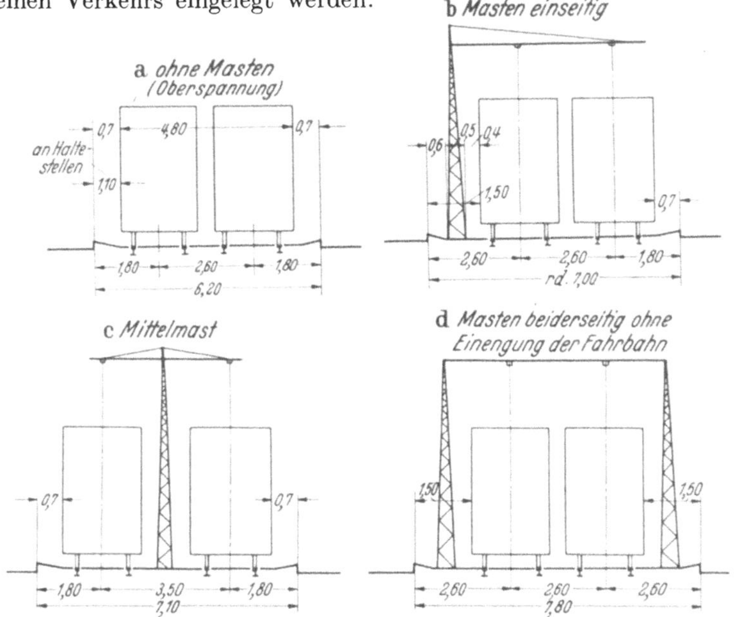

Abb. 28. Maße für Straßenbahnkörper.

Man hat dann mit einer Breite von 5,40 bis 5,60 m für den durch eine zweigleisige Straßenbahn beanspruchten Verkehrsstreifen zu rechnen.

d) Die Wagen; die Fahrdämme für den allgemeinen Verkehr. Die Größe der Fahrbreiten richtet sich natürlich nach der der Fuhrwerke. Diese ist nun sehr verschieden, und vielfach sind nicht einmal die höchst zulässigen Breiten mit Gültigkeit für ganze Länder festgesetzt. In den Städten gilt allerdings meist das Maß von 2,50 m als äußerste Ladungsbreite; jedoch wird vielfach darüber hinweggesehen, und es kann auch geduldet werden, daß Fuhrwerke mit Heu, Stroh und ähnlichen weichen, nachgiebigen, also „ungefährlichen“ Ladungen breiter beladen sind.

Als Breitenabmessungen kann man etwa annehmen:

Personenwagen	1,45 bis 1,85 m,
Omnibusse	1,95 bis 2,20—2,50 m (!),
Lieferwagen	1,70 bis 1,80 m,
Lastwagen	1,80 bis 2,50 m,
Möbelwagen	1,80 bis 2,50 m.

Auf dem platten Land muß man auch die landwirtschaftlichen Maschinen beachten, und deren Abmessungen erreichen vielfach 3,00 m und noch darüber hinaus.

Da man nun einerseits die Fahrdämme mindestens zweispurig anordnen wird, da aber andererseits mehr als zwei besonders breite Fahrzeuge nur selten genau an der gleichen Stelle zusammentreffen werden, kann man die Breite danach ermitteln, daß man schmale und breite Fahrzeuge nebeneinander stellt. Man wird also bei zweispurigen Fahrdämmen mit zwei breiten Wagen (Möbelwagen je 2,50 m breit) rechnen müssen, bei einem dreispurigen Fahrdamm aber schon mit zwei breiten und einem schmalen Fahrzeug rechnen dürfen usw. Zu den Fahrzeugen kommen noch die Spielräume hinzu, die zwischen ihnen erforderlich werden. Als Spielraum ist das Maß von 40 cm angemessen, — 20 cm an den Außenseiten.

Würde man durchweg neben je 40 cm Spielraum die Fahrzeugbreite von 2,50 m zugrunde legen, so wäre für (1—) 2—3—4—6 Fahrzeuge die Fahrbreite (2,9—) 5,8—8,7—11,6—17,4 m. Diese Zahlen sind für $n = 1$ (ein allerdings seltener Fall), wenn man auch auf landwirtschaftliche Maschinen Rücksicht nehmen muß, zu klein; sie sind andererseits für Werte von n über 3 zu groß, weil sie nur von den wenigen breitesten Fuhrwerken ausgehen, dagegen auf die vielen schmalen Fuhrwerke keine Rücksicht nehmen. Da aber, wie oben ausgeführt, die Fahrdämme nicht übertrieben breit sein dürfen, erscheint es besser, die Fahrbreite b etwa in folgender Weise abzustufen:

$n = 1 : b = 2{,}90$ m in städtischen Straßen,
$b = 4{,}00$ m auf Landstraßen und Brücken auf dem Lande;
$n = 2 : b = 2 \cdot 2{,}5 + 2 \cdot 0{,}40 = 5{,}8$ m,
$n = 3 : b = 2 \cdot 2{,}5 + 1{,}70 + 3 \cdot 0{,}40 = 7{,}90$ m,
$n = 4 : b = 2 \cdot 2{,}5 + 2 \cdot 1{,}70 + 4 \cdot 0{,}40 = 10{,}00$ m,
$n = 6 : b = 4 \cdot 2{,}5 + 2 \cdot 1{,}70 + 6 \cdot 0{,}40 = 15{,}80$ m.

Über $n = 6$ hinauszugehen, hat keinen Sinn, da dann nur noch mehrgliedrige Fahrdämme in Frage kommen. Auf $n = 5$ ist keine Rücksicht zu nehmen.

Diese Maße gelten nun aber für den „Verkehrsstreifen“ in Höhe des Wagenaufbaues (des Wagenkastens bzw. der Ladung); sie gelten also nicht unmittelbar für die Breite des Fahrdammes zwischen den Schrammkanten. Die Verkehrsbreiten sind noch in die Fahrdammbreiten, also die Breiten zwischen den Schrammkanten, umzurechnen; hierbei konnte man früher damit rechnen, daß der Wagenkasten breiter war als das Fahrgestell, daß er also über die Außenkante der Räder überragte; heute sind aber die Fahrgestelle bei vielen schweren Wagen ebenso breit, wie der Kasten oder die Ladung (vgl. Abb. 29 u. 30); man darf also nur noch den Sicherheitsspielraum, also beiderseits 20 cm abziehen.

Es muß aber davor gewarnt werden, die Maße ohne Nachprüfung zu übernehmen. Die Verkehrsverhältnisse liegen nämlich in den verschiedenen Ländern (und Städten) so verschiedenartig, daß sich die Bauverwaltung jeder Stadt durch eigene Beobachtungen darüber klar werden muß, was gerade für ihre Stadt das Richtige ist; besonders wichtig sind die Beobachtungen der Stellen, die offensichtlich zu eng bzw. zu weit sind. Und allgemein kann gegen diese absichtlich nicht abgerundeten Maße eingewendet werden, daß sie „zu krumm“ und zu klein seien; darüber möge jeder für sein Land nachdenken.

Die Fahrdämme müssen jedenfalls so ausgestaltet werden, daß kein Zweifel darüber aufkommen kann, wieviel Fahrspuren vorhanden sind.

Die „Regelquerschnitte für die Neuanlage von Straßen“[1] empfehlen für die Neuanlage von Straßen einen Unterschied zwischen Standspur und Fahrspur zu machen und fordern für die Standspur 2,50 m, für die Fahrspur 3,00 m, und zwar zwischen den Schrammkanten; sie kommen hiermit zu den in Abb. 31—34 dargestellten Breiten, die größer als die oben berechneten sind. Hierbei unterscheiden sie nach „zwischengemeindlichen“ und „innerstädtischen“ Straßen und geben dazu noch folgende Weisungen:

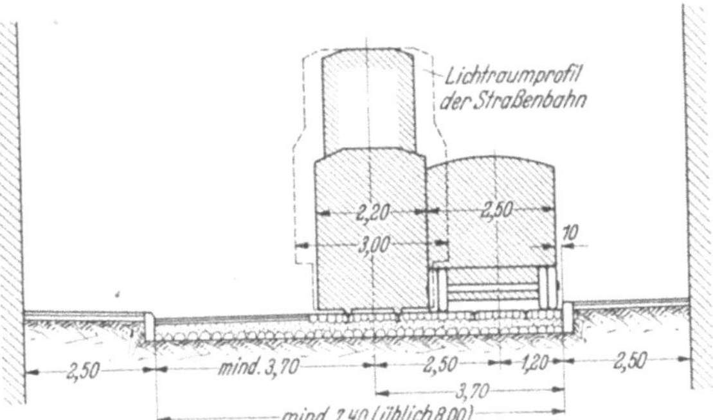

Abb. 29. Bisherige Mindeststraßenbreite bei zweigleisiger Straßenbahn in Seitenlage oder eingleisiger Straßenbahn in Mittellage.

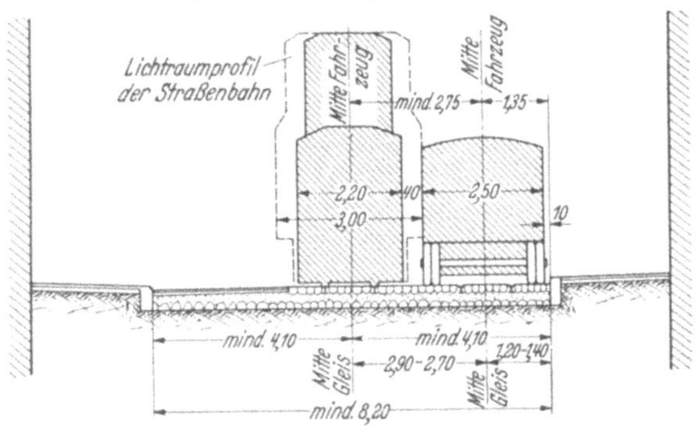

Abb. 30. Nach § 7 RStVO. erforderliche Mindeststraßenbreite bei zweigleisiger Straßenbahn in Seitenlage oder eingleisiger Straßenbahn in Mittellage.

1. Standspuren (und Vorgärten) im allgemeinen nur, soweit Anbau in Betracht kommt.

2. Besondere Ortsfahrbahnen dienen auch dem Fahrradverkehr[2].

3. Anordnung der Straßenbahn völlig getrennt von der Verkehrsstraße ist für den zwischengemeindlichen Verkehr anzustreben.

4. Die Neuanlage von Einbahnstraßen ist soweit wie irgend möglich zu vermeiden.

Für „Wohn- und Siedlungsstraßen“ werden folgende Weisungen gegeben (vgl. Abb. 35):

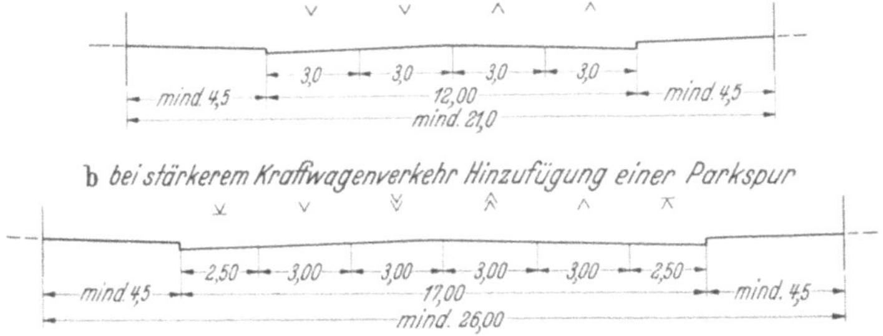

Abb. 31. Zwischengemeindliche Verkehrsstraßen.

[1] Ausgearbeitet vom Ausschuß „Planung“ der Studiengesellschaft für Automobilstraßenbau. Berlin, August 1933.

[2] Hier sei noch folgendes ergänzt: Wenn keine besonderen Wege für Radfahrer vorgesehen werden können und wenn starker Fahrradverkehr vorhanden ist, kann man die für den Kraftverkehr berechnete Breite des Fahrdamms an jeder Seite um eine Fahrradspur verbreitern.

1. Der Querschnitt richtet sich nach der Art des Anbaues und nach der Bedeutung der einzelnen Straße im Bebauungsplan; Straßen gleichen Anbaues können demnach verschiedene Querschnittausbildung erhalten.

2. Je nach der Bedeutung der Straße kann vielfach auf besondere Radwege verzichtet werden.

3. Vorgärten oder Grünstreifen, besonders bei Ost-West-Straßen zweckmäßigerweise nur einseitig.

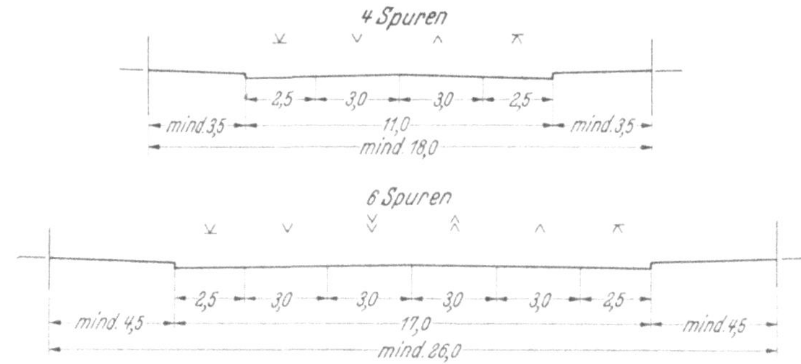

Abb. 32. Innerstädtische Verkehrsstraßen ohne Straßenbahn.

a *bei nicht zu starkem Kraftwagenverkehr* $2 \cdot 3{,}0 + 2 \cdot \frac{5{,}6}{2} = 11{,}6$ m

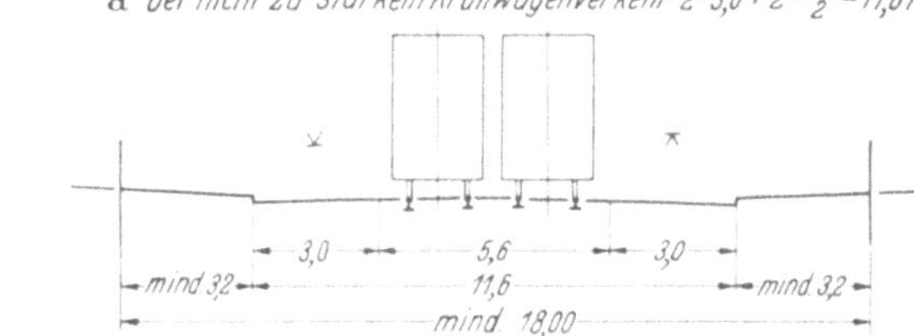

b *bei stärkerem Kraftwagenverkehr* $2 \cdot 2{,}5 + 2 \cdot 3{,}0 + 2 \cdot \frac{5{,}6}{2} = 16{,}6$ m

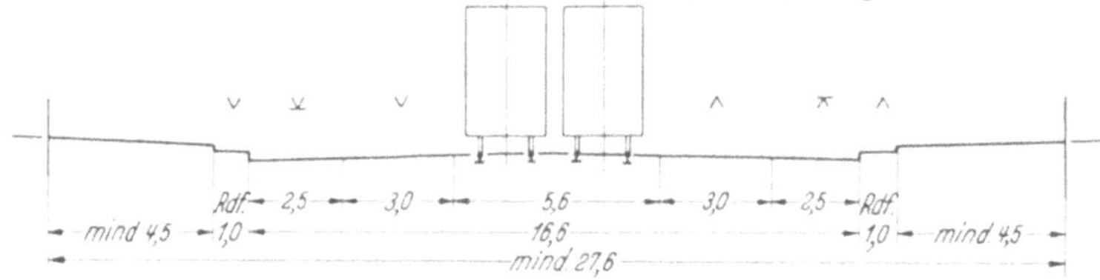

1 : 1 Quergefälle höchst 1 cm

Abb. 33. Innerstädtische Verkehrsstraßen mit Straßenbahn.

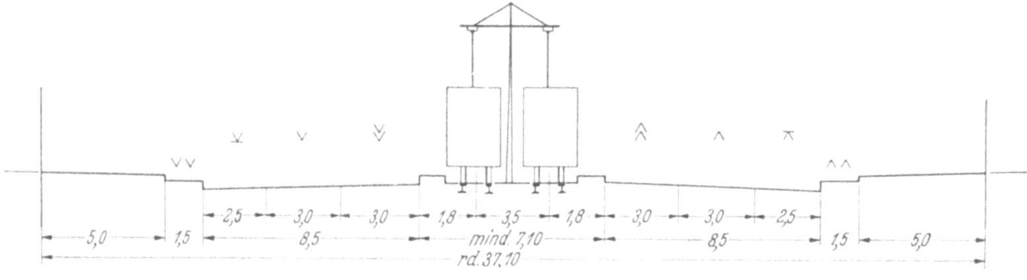

Abb. 34. Innerstädtische Verkehrsstraßen mit eigenem Bahnkörper und Radfahrwegen[1].

Auf die Querschnittsausbildung der „Hauptverkehrsstraßen" wird noch zurückgekommen werden.

[1] Die in den Abb. 33—34 angegebenen Maße sind heute zweckmäßigerweise zu vergrößern: einheitlicher Fahrdamm von 11,6 auf 12 m; Straßenbahn von 5,6 auf 5,8 m, Radweg von 1,0 auf 1,5 m.

2. Der Baufluchtlinienabstand. Der Fluchtlinienabstand der in einer Straße einander gegenüberstehenden Häuserreihen wird in den Bauordnungen vielfach von der zulässigen Häuserhöhe (Höhe des Hauptgesimses über der Straße) abhängig gemacht. Dieser Gedanke ist insofern richtig, als er eine bestimmte Kleinstmenge von Sonnenbestrahlung, von Licht- und Luftzuführung sicherstellen wird; er führt aber zu verkehrten Maßnahmen, wenn er schematisch angewandt wird.

Bei einer Gebäudehöhe h verlangen die Bauordnungen einen Fluchtlinienabstand, der der Formel entspricht: $b = h + x$. Hierin ist x in vielen Städten $= 0$, in einzelnen positiv, in anderen aber auch negativ. Durchschnittlich ergibt sich also — dem bekannten so oft für notwendig bzw. ausreichend gehaltenen Lichteinfall unter 45° entsprechend —, daß die „Straßenbreite" gleich der Gebäudehöhe sein solle. Dies erfordert eine Nachprüfung:

1. Zunächst kann man in den älteren Teilen des Geschäftsviertels das Verhältnis $b = h$ oft nicht erzwingen, weil man die entsprechenden Straßenverbreiterungen wirtschaftlich nicht rechtfertigen kann und unter Umständen auch das geschäftliche Leben unzulässig stark schädigen würde (vgl. die entsprechenden Ausführungen im Abschnitt „Altstadt-Gesundung"). Es ist aber auch zweckmäßig und in Ansehung von Gesundheit und Sicherheit zulässig, reine Geschäftsgebäude, da sie nur die notwendigsten Wohnungen für Wächter und Heizer zu enthalten brauchen, an sonst unzulässig schmalen Straßen zu dulden.

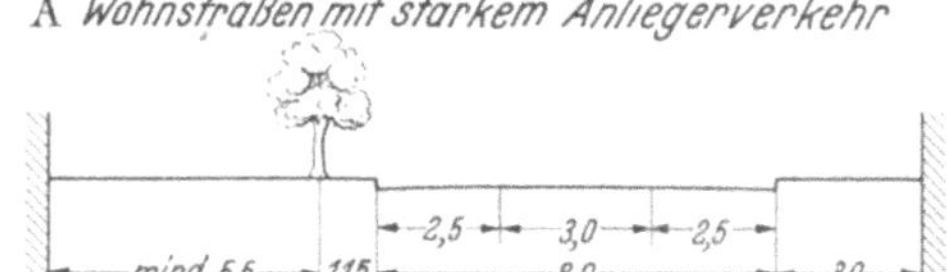

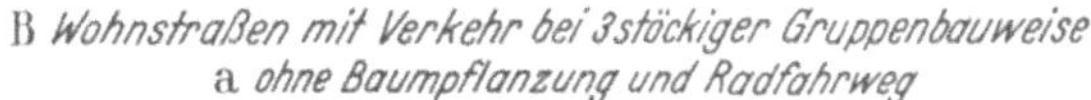

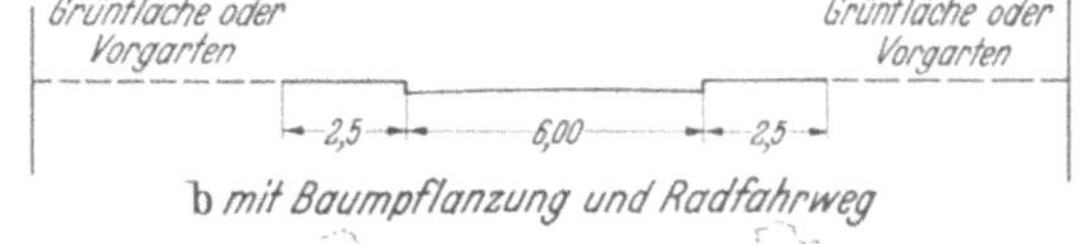

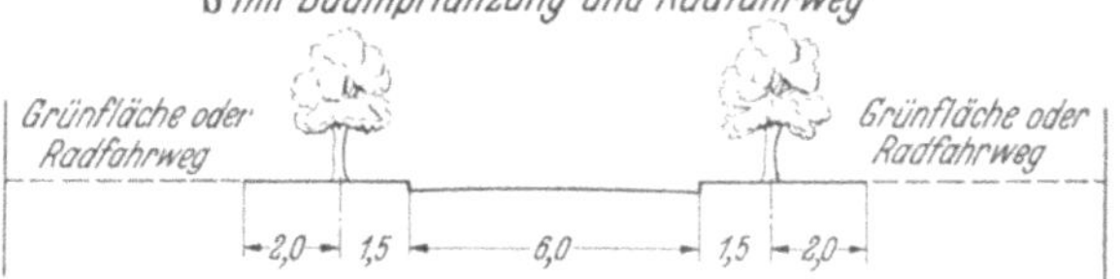

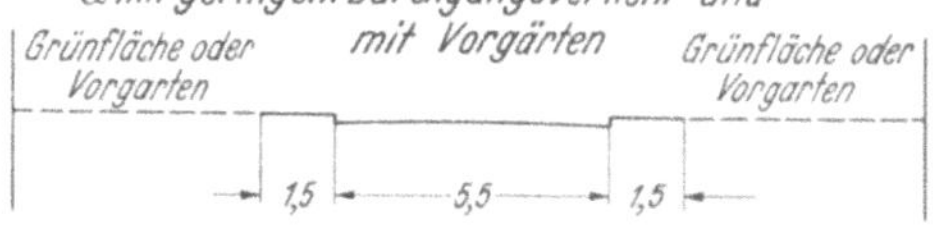

Abb. 35. Wohn- und Siedlungsstraßen.

2. Andererseits ist es notwendig, die Häuserhöhe absolut festzusetzen, also dergestalt, daß auch an den breitesten Straßen über eine bestimmte Höhe und über eine bestimmte Zahl von Stockwerken hinaus nicht gebaut werden darf. Diese Maßnahme richtet sich in erster Linie gegen jene schrankenlose Ausnutzung des Grund und Bodens, die zu den „Wolkenkratzern" geführt hat. Damit sollen Hochhäuser nicht unbedingt abgelehnt werden; sie sind zwar nicht als Wohngebäude, also als „Mietkasernen", wohl aber als Kauf- und Bürohäuser unter vernünftiger Beschränkung ihrer Zahl und Höhe zur Betonung wichtiger Punkte zulässig.

3. Die Gebäudehöhe sollte an einem einheitlichen Straßenzug einheitlich durchlaufen, damit ein ruhiges harmonisches Straßenbild entsteht. Wechsel in

den Höhen der Dächer, der Gesimse und der Fensterreihen können sehr häßlich wirken, desgleichen vorragende Brandgiebel, weiterhin auch der Aufputz mit Türmchen, Zinnen und anderen „romantischen" Motiven.

Scheiden wir für die Bestimmung des Fluchtlinienabstandes Geschäftshäuser an Geschäftsstraßen aus und betrachten wir nur Wohnhäuser an Wohnstraßen, so haben wir nicht von der sog. „Luft- und Lichtzufuhr", sondern von der Besonnung auszugehen; denn wo die Besonnung ausreichend ist, ist die Luft- und Lichtzufuhr ohne weiteres ausreichend, nicht aber umgekehrt. Ausreichende Luftzufuhr zu den einzelnen Räumen braucht außerdem mit dem Fluchtlinienabstand nicht unbedingt etwas zu tun zu haben, sie hängt vielmehr stark von der Möglichkeit der Durchlüftung der einzelnen Wohnung und des Häuserblockes ab. Die Besonnung aber ist unter dem Gesichtspunkt zu betrachten, daß die Sonne einen hohen gesundheitlichen Wert darstellt und — da nun einmal die Wohnverhältnisse leider so schlecht geworden sind — nicht nur für das körperliche, sondern auch für das seelische Befinden der Menschen das beste Heilmittel ist. Wo die Sonne hinkommt, ist der Arzt überflüssig; sonnige Wohnungen stärken die Gesundheit, vermehren die Lebensfreude, erhöhen die Arbeitskraft.

Fluchtlinienabstand und Häuser (Höhe, Grundriß, Aufbau) müssen also so gegeneinander abgestimmt sein, daß jeder Wohn- und Schlaufraum auch im untersten Stockwerk noch eine gewisse Zahl von „Sonnenstunden" erhält. Hierbei sind folgende Einflüsse zu beachten:

1. Die geographische Breite des Ortes; je höher die Breite, desto besser muß für Besonnung gesorgt werden.

2. Das Klima; je regen- und nebelreicher dieses ist, desto größer muß der Abstand der Häuser voneinander sein.

3. Die Höhenlage des Ortes und die Reliefenergie; Städte in hoher, gesunder Lage und in bewegtem Gelände werden mit kleineren Abständen auskommen als Städte in Niederungen, namentlich in solchen, die früher versumpft waren und heute noch moorigen Untergrund haben. Allgemein ist die Himmelshelligkeit im Gebirge größer als im Flachland; die Großstädte liegen aber fast alle im Flachland!

4. Die Lage der Stadt (oder einzelner Teile) auf abfallenden Hängen; auf dem nach Süden geneigten Hang ist die Sonnenwirkung kräftiger als auf dem nach Norden geneigten Hang; man denke an die durch prachtvolle Sonne ausgezeichneten Orte der Riviera, der Nordufer der Schweizer Seen, des Rheingaues. (Vgl. auch den Unterschied zwischen den guten und schlechten „Weinlagen".) Hier ist übrigens auch der Schutz gegen kalte Winde zu beachten[1].

5. Die Größe der Stadt; je größer die Stadt, desto größere Aufmerksamkeit muß man der Besonnung schenken; bei Dörfern und Kleinstädten kann man unter Umständen bescheidener sein. Bei Großstädten ist auch die Beeinträchtigung der Sonnenwirkung durch Staub und Ruß zu beachten.

6. Der wirtschaftliche Charakter der Siedlung; je stärker die gewerbliche Tätigkeit, namentlich in Fabrik und Bergbau entwickelt ist, desto größer müssen die Fluchtlinienabstände sein; je mehr dagegen landwirtschaftliche Tätigkeit (und Arbeit im Freien) vorherrscht, desto kleiner dürfen sie sein.

7. Die Armut der Bevölkerung; je größer diese ist und je kleiner die Wohnungen daher sind, desto besser muß wenigstens für die Besonnung gesorgt werden.

Es ist einleuchtend, daß bei einer derartigen Fülle verschiedenartigster Einflüsse irgendein „Rezept" unmöglich ist. Wie stark sich z. B. die Unterschiede

[1] Die Zahl der Sonnenstunden im Jahr beträgt etwa: in Madrid 2930, im Mittelmeergebiet (grober Durchschnitt) 2000, in Berlin 1640, in Stuttgart 1310, in Hamburg 1280, in London 1030, in Schottland 730. Das theoretische Maximum (4400 h) wird selbst in Ägypten nicht erreicht.

in der Breitenlage auswirken, kann man daraus entnehmen, daß Städte, die nur eine Schnellzug-Nachtfahrt voneinander entfernt sind, ganz verschieden zu beurteilen sind. In Oberitalien wird sich der Städtebauer schon bei mancher Stadt überlegen, ob er nicht Schutz gegen die zu starke Sonne erzielen muß, während er in Deutschland alle Mittel aufbieten muß, um von dem zu kärglichen Sonnensegen nichts zu verlieren. Hierbei muß man übrigens die Frage aufwerfen, ob die engen Straßen im Mittelmeergebiet und im Orient wirklich darin begründet sind, daß die Bevölkerung das Bedürfnis hat, sich gegen die Sonne zu schützen. Es soll nicht bestritten werden, daß dieser Schutz, also der Schatten für den Verkehr, die Märkte und Bazare, zweckmäßig oder sogar notwendig ist; hiermit ist aber doch nichts gegen die Besonnung der Wohnungen bewiesen; auf jeden Fall ist Vorsicht gegenüber Trugschlüssen geboten; die deutschen Städtebauer, die auch in jenen warmen Ländern und auch in den Tropen bewußt auf Durchsonnung und Durchlüftung hinarbeiten, dürften auf dem richtigen Wege sein; gegen zu viel Sonne kann man sich immer mit einfachsten, billigsten Mitteln schützen; aber zu wenig Sonne kann man durch kein Mittel ersetzen.

Da nicht nur von Land zu Land, sondern auch innerhalb desselben Landes von Stadt zu Stadt und sogar innerhalb derselben Stadt die Verhältnisse so verschieden sind, muß der Städtebauer zuerst für jedes Stadtgebiet die Häuserform (Höhe, Stockwerkzahl, Reihen- oder Einzelhaus) festlegen, und dann hat er für jede Straße dieses Gebietes die Mindestabstände der Fluchtlinien und die Mindesttiefen von Höfen und Gärten unter dem Gesichtspunkt zu ermitteln, daß nirgendwo die Besonnung unzulässig klein ist.

B. Linienführung der Straßen.

Bei der Bearbeitung der Linienführung der Straßen, also der Ausarbeitung des Straßenzuges bezüglich Richtung und Steigung ist von der verschiedenen Art der Straßen auszugehen. Hierbei haben bei den Monumentalstraßen die Rücksichten der Schönheit und des besonderen künstlerischen Gedankens die ausschlaggebende Rolle zu spielen. Bei den Verkehrsstraßen wird man in erster Linie die Forderungen des Verkehrs zu beachten haben, jedoch immer mit Beachtung des Umstandes, daß der Verkehr sich gut in andere Rücksichten einordnen läßt. Bei Geschäftsstraßen sind bestimmte Regeln kaum aufzustellen. Besonders bei Wohnstraßen ist zu beachten, daß Fluchtlinie und Breite des Verkehrsstreifens verschiedene Dinge sind; bei ihnen kann in eine schönheitlich richtige Fluchtlinienführung der Verkehrsstreifen stets einwandfrei eingegliedert werden, weil er schmal ist und weil der schwache Verkehr bezüglich Übersichtlichkeit und Steigungen nur niedrige Anforderungen zu stellen braucht; hier können also die Forderungen der Besonnung und Schönheit voll zu ihrem Recht kommen.

1. Die Richtungen der Straßen. Bei der Linienführung der Straßen ist zunächst die Lage zu den Himmelsrichtungen zu untersuchen. Maßgebend ist hierfür bei geschlossener Bebauung die Besonnung; außerdem kann in einzelnen Gegenden und Städten die Rücksicht auf das Fernhalten unangenehmer Winde wichtig sein. Folgende Andeutungen sind ausreichend:

In Straßen, die (ungefähr) von Süd nach Nord verlaufen, hat Vorder- und Rückwand je einen halben Tag Sonne; alle Zimmer werden also — bei leidlich guter Grundrißdurchbildung — genügend durchsonnt werden. In Straßen, die (ungefähr) von West nach Ost verlaufen, haben die Südzimmer gute Sonne, die Nordzimmer entbehren ihrer aber vollkommen. Es wird nun auch dem tüchtigen Architekten oft nicht möglich sein, Grundrisse zu gestalten, in denen nach Norden nur unwichtige Räume (Flur, Bad, Aborte, Speisekammer, Fremdenzimmer, „Salon“) liegen; auch wird es oft nicht möglich sein, die Nordzimmer durch die Südzimmer hindurch zu besonnen; man beachte hierbei, daß in der für die Besonnung kritischsten Zeit, im Winter, die Sonne tief steht. Infolgedessen sollte der Städtebauer West-Ost-Straßen nach Möglichkeit vermeiden und große Straßenzüge dieser Richtung überhaupt nur zulassen, wo zwingende Gründe des Verkehrs sie erfordern. Das wird aber nur für wenige Stellen zutreffen, da die Anlage zahlreicher Ost-West-Straßen dem „strahlenförmigen Schema" der Gesamtheit widerspricht.

Es sei hier über die Stellung bestimmter Gebäude zu den Himmelsrichtungen eingeschaltet: Von der früher weitverbreiteten Ansicht, gewisse Räume, z. B. Künstlerateliers müßten nach Norden liegen, ist man abgekommen. Schulen stellt man zweckmäßig nicht nach Norden, sondern so nach Südwesten (vgl. Abb. 36), daß die Klassenräume Nachmittagsonne haben. Reine Südlage ist vielfach zu empfehlen für Gasthöfe und Sanatorien; dann dürfen nach Norden aber nur Flure, Speisesäle u. dgl. liegen. Daß immer noch für Kirchen bestimmte Richtungen gefordert werden, ist dem Städtebauer manchmal recht unangenehm.

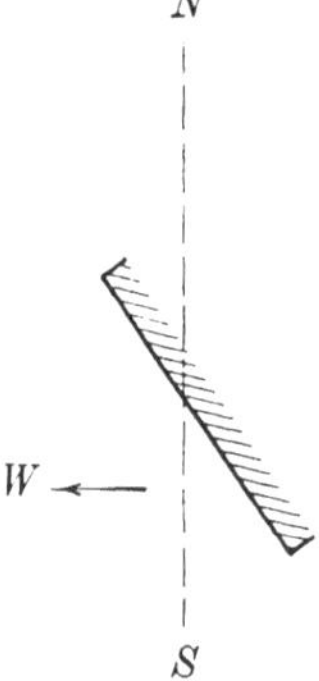

Abb. 36. Stellung von Schulen.

Wenn man nun die West-Ost-Straßenführung als unzweckmäßig verwerfen muß, wird man auch die als gut erkannte Süd-Nord-Straßenführung kaum durchführen können, denn innerhalb desselben Stadtteiles wird man das — ungefähre — Rechteckschema dem Bebauungsplan zugrunde legen. Allerdings kann man auch bei diesem die Schäden mildern, indem man die Süd-Nord-Straßen zahlreich, die West-Ost-Straßen aber möglichst wenig zahlreich vorsieht und dann außerdem die an ihnen liegenden Häuser durch entsprechende Grundrißbildung und Durchbrüche möglichst viel für Ost- und West-Besonnung zugänglich macht. Insgesamt wird sich aber die Forderung ausreichender Besonnung am besten lösen lassen, wenn man die Straßen ungefähr diagonal zu den Himmelsrichtungen verlaufen läßt, also von Südwesten nach Nordosten und von Nordwesten nach Südosten. Im allgemeinen wird dann auch die Grundrißgestaltung der Häuser unter dem Gesichtspunkt der ausreichenden Besonnung aller Räume am einfachsten durchzubilden sein, ferner auch die Anordnung der Vor- und Hausgärten. Aber zum starren „Schema" darf diese Diagonalstellung nicht werden. Der Verlauf der Hauptverkehrsader wird viele Abweichungen bedingen. Ferner ist stets nachzuprüfen, ob die Straßenführung nicht etwa das Durchblasen kalter Winde (von Nordosten) zu stark begünstigt; der Städtebauer sollte hier dem Architekten, der die Wohngebiete im einzelnen weiter bearbeitet, viel Freiheit darin lassen, wie dieser die Blocks gruppieren und gestalten will. Diese Einzelheiten sind nicht mehr „Städtebau", sondern das typische Grenzgebiet zwischen Hochbau und Bebauungsplan.

Die Führung der Straße in geradem oder gekrümmtem Verlauf ist nach den Forderungen der Wirtschaftlichkeit, der Schönheit und des Verkehrs festzulegen. Der Verkehr stellt hier keine absolute Forderung; er fordert nämlich nicht die gerade Linie; er fordert vielmehr, wie oben erwähnt, nur schlanke Führung und Übersicht. Der Verkehrstechniker braucht beim Entwerfen — auch des größten — Bebauungsplanes das Lineal überhaupt nicht in die Hand zu nehmen. Er hat nur zu beachten, daß das Zurechtfinden in dem Stadtviertel genügend leicht ist, daß also kein Labyrinth wie in spanischen und orientalischen Städten und „romantischen" Bebauungsplänen entsteht; und er wird gegen stark gewundene Wege Einspruch erheben, weil sie zu ungehörigem Fahren verführen und weil das Gehen auf ihren Bürgersteigen für den eiligen Fußgänger zur Qual werden kann, da er ständig „abzuschneiden" versuchen wird (vgl. Abb. 37). Der Verkehrstechniker wird also als wirtschaftlich denkender Ingenieur die Straßen in Lage und Höhenlage möglichst dem Gelände anpassen, um kostspielige Erdarbeiten zu vermeiden, und er wird große Rücksicht auf die Kanalisation nehmen.

Wie die Linienführung vom schönheitlichen Standpunkt zu beurteilen ist, ergibt sich am besten aus einer kurzen geschichtlichen Betrachtung: In den älteren Stadtteilen finden wir manche starke und viele schwache Krümmungen und außerdem vielerlei Knicke zwischen den etwa vorhandenen Geraden. Ob sich dies „Krumme" von selbst entwickelt hat, ob es vielleicht sogar auf Fehler beim Bauen oder ob es auf Absicht zurückzuführen ist, wird sich oft nicht entscheiden lassen. Für uns ist hierbei das wesentlichste, daß auf den geschwungenen Linien und den Unregelmäßigkeiten oft die Schönheit unserer alten Städtebilder beruht. Nun wurden in der späteren Zeit, in der Zeit des Verfalles der Städtebaukunst, Stadtviertel angelegt mit lauter schnurgeraden sich rechtwinkelig kreuzenden Straßen; hierbei wurde oft das Schema derart übertrieben, daß man nicht einmal auf Flußläufe, Talsenkungen, Hügel Rücksicht nahm. Als sich nun das gesunde Schönheitsempfinden gegen diese Scheußlichkeiten — die übrigens auch Verkehrsmängel im Gefolge haben — aufzulehnen begann und die schönen alten Städtebilder der modernen Kulturlosigkeit gegenüber stellte, verfiel der Städtebauer leider mehrfach in den Fehler der Übertreibung: weil das absolut Gerade und Rechteckige häßlich war, und weil man in dem Schönen (dem Alten) die krumme Linie und die Unregelmäßigkeit beobachtete, wurde nun alles grundsätzlich krumm und gewunden gemacht. Wahre Schönheit erzielte man damit aber nicht, besonders dann nicht, wenn man das „Malerische" noch steigern wollte, indem man sämtliche kleinen, an sich hübschen, und — sparsam verwendet — auch ansprechenden Motive unbedingt in jedem Stadtviertel unterbringen mußte, und wenn man außerdem „Romantik" trieb, indem man allerhand mittelalterlichen Aufputz in die neuen Straßen hineintrug. Manche Pläne von Stadtvierteln und Villenkolonien jener Zeit sind hoffnungslos verunglückt; manches ist gleichzeitig eine Musterkarte für sämtliche überhaupt vorhandenen Motive des Städtebaues.

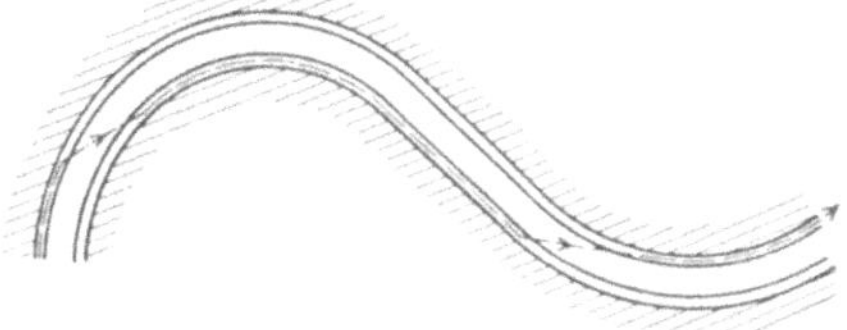

Abb. 37. Zu stark gewundene Straße.

Von dieser Übertreibung hat sich der Städtebau jetzt frei gemacht, und man kann die Frage „gerade oder krumm" etwa so beantworten:

Beim Entwerfen wird man zunächst von der geraden Linie dort ausgehen, wo das Gelände oder andere Anlagen die krumme Linie nicht von Anfang an erfordern. Dann wird man die Linien festlegen, die dem Gelände entsprechend geschwungen verlaufen müssen, z. B. Randstraßen von Wiesentälern und Straßen an Berghängen. Man erhält so ein Hauptgerippe mit zahlreichen geraden und wenigen krummen Linien. Dies Gerippe wird man auf seine Gesamtübersichtlichkeit prüfen und hierbei entweder Krümmungen ausmerzen und mildern oder feststellen, daß gerade Linien unbedenklich in gewundene verwandelt werden dürfen. Dann wird man die weiter nötig werdenden unbedeutenderen Straßen eingliedern und schließlich jede einzelne Straße daraufhin prüfen, ob man die Straßenwände mehr geradlinig und regelmäßig oder mehr unregelmäßig und gekrümmt ausgestaltet. Hierbei ist Maßhalten wohl der wichtigste Grundsatz; auch muß man es vermeiden, daß Gerade und Krumme hart aufeinander prallen. Nicht alles, was auf dem Zeichenbrett unregelmäßig ist, wirkt auch so auf das Auge; das Auge hat vielmehr oft noch den Eindruck des Regelmäßigen, wo geometrisch schon Unregelmäßigkeit vorhanden ist. Ein Blickpunkt braucht nicht haarscharf in der Straßenachse zu stehen, eine Kreuzung braucht nicht mathematisch rechtwinkelig, die Parallelität braucht oft nicht geometrisch zu sein. Andererseits ist das Auge, wo ihm Unregelmäßigkeit geboten werden soll, schon für geringe Abweichungen empfänglich und dankbar; in vielen Fällen genügt eine schwache Krümmung, ein geringes Versetzen der Fluchten vollkommen, um den gewünschten Erfolg zu erzielen.

Von besonderer schönheitlicher Wirkung ist die Konkave, während die Konvexe oft wenig befriedigt. In der Konkaven stellt sich das Bild geschlossener dar, der Rahmen des Bildes ist umfassender, in der konkaven Straßenwand stellt sich jedes Haus dem Wanderer im Zusammenhang mit den Nachbarhäusern vor Augen. In der Konvexen ist dagegen der Rahmen kleiner, das Bild nicht geschlossen. Das Auge gleitet plötzlich von einer Häuserkante ab ins Leere.

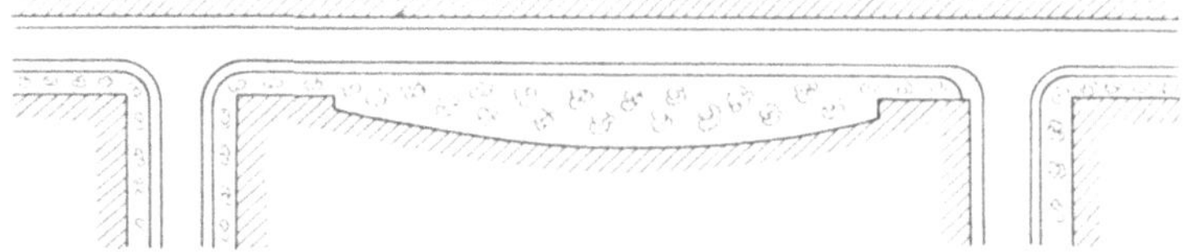

Abb. 38. Konkave Straßenwand.

Der Eindruck höchster Schönheit ganzer Stadtbilder beruht auf der Konkaven; zu den schönsten Städten der Welt gehören die, in denen sich eine Flucht von Uferstraßen in einem Halbrund um die Bucht legt (Zürich, Luzern, Genf, Lugano, Genua). Sehr wirkungsvoll sind auch die Straßen, die — nur einseitig bebaut — sich in konkaver Führung um Parkanlagen oder kleine Seen herumziehen. Das Streben nach der Konkaven und das Vermeiden der Konvexen darf nicht in Spielerei und Künstelei ausarten; Bildungen nach Abb. 38 oder 39 sind daher kritisch anzusehen.

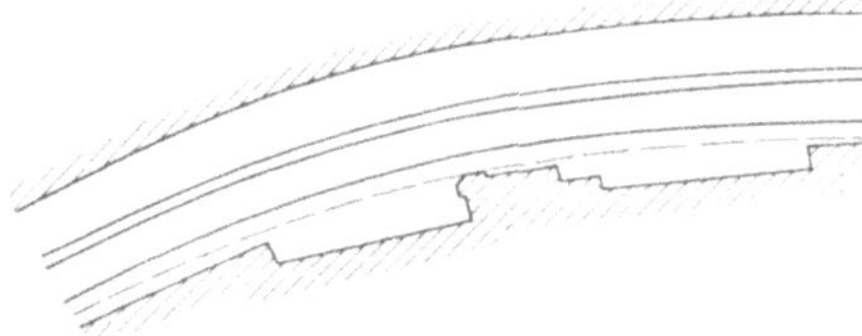

Abb. 39. Brechen der konvexen Wand.

2. Der Längenschnitt der Straßen, Steigungen. In der Höhengliederung der Straßen spielt die Ausbildung des Quergefälles für den Städtebauer keine Rolle; für den Straßenbauer ist es dagegen im Hinblick auf die Straßenbefestigung und die Einzeldurchbildung der Kurven von großer Bedeutung. Das Längsgefälle wird vor allem von den natürlichen Neigungen des Geländes beherrscht, da jede Abweichung nicht nur für die Straße selbst, sondern auch für die Häuser und die Straßenleitungen große Kosten verursacht. Jedoch ist der Städtebauer an das Einhalten gewisser stärkster Steigungen gebunden. Diese sind verschieden je nach der Lage der Stadt im Flach-, Hügel- oder Gebirgsland, ferner nach der Art des Verkehrs — schwere Lastwagen, leichtes Fuhrwerk, Straßenbahnen, Fußgänger. In Städten in der Ebene wird man die Hauptverkehrsstraßen im allgemeinen nicht stärker als 1 : 40 steigen lassen, möglichst aber solche Steigungen auf kurze Strecken, z. B. auf Brückenauffahrten, beschränken. Im Hügelland und für weniger wichtige Straßen ist 1 : 30 und 1 : 25 noch zulässig. Im Gebirge ist 1 : 15 oder auch 1 : 12 oft nicht zu vermeiden. Hier liegt auch etwa die Grenze für die Betriebssicherheit von Straßenbahnen; es läßt sich aber stets nur von Fall zu Fall entscheiden, welches Gefälle für Straßenbahnen ohne besondere Sicherheitseinrichtungen (Zahnstange) noch je nach den örtlichen und betriebstechnischen Verhältnissen zulässig ist.

Alle diese Zahlen und auch die in manchen Ländern noch gültigen Vorschriften — die übrigens sehr verschieden, lückenhaft und gelegentlich in sich widerspruchsvoll sind — bedürfen der Nachprüfung. Es zeigt sich nämlich hier eine ähnliche Erscheinung wie bei den Gebirgseisenbahnen. Bei diesen hat sich die Wissenschaft seit mehreren Jahrzehnten um die zweckmäßigen Steigungen kaum bekümmert; sondern man hat einfach mit dem vor mehr als sechs Jahrzehnten (!) beim Bau der Gotthardbahn festgelegten Maß als einem „Normalmaß“ weitergearbeitet, aber die Fortschritte der Technik (in Lokomotivbau, Bremsen, Oberbau) nicht ausgewertet und auch die Erfahrungen, die auf anderen später gebauten und glänzend bewährten Gebirgsbahnen gemacht worden sind, kaum beachtet. Nun ist im Straßenverkehr das Zugtier fast vollkommen durch den Motor ersetzt und die Konstruktionen der Straßenbahnmotoren und der Bremsen sind so vervollkommnet worden, daß man berechtigt ist, stärkere Steigungen und stärkere Gefälle als früher anzuwenden, ohne daß man zu befürchten braucht, daß darunter die Wirtschaftlichkeit oder die Sicherheit leidet.

Demgemäß muß der Städtebauer für jede Stadt nach ihren besonderen Verhältnissen zunächst sorgfältig ermitteln, welche Höchststeigung für ihre Hauptverkehrsstraßen noch zulässig ist. Diese als richtig erkannten Steigungen können dann aber überschritten werden, wenn es sich um weniger wichtige Straßen, vor allem um reine Wohnstraßen handelt, ferner wenn für dieselbe Verkehrsbeziehung eine zweite Straße mit geringerer Steigung zur Verfügung steht, sei es auch mit einem Umweg.

Vielfach kann man auch Wege nur für Fußgänger (Fahrräder, Kinderwagen, Handkarren) anlegen und ihnen dann unbedenklich Steigungen bis 1 : 5 geben. Hierbei und bei noch stärkeren Steigungen wird man stellenweise Treppenstufen einlegen. Letzten Endes können Fußwege vollständig als Treppen (also etwa 1 : 1,5) und Straßenbahnen als Seilbahnen angelegt werden. Solche Anlagen finden sich z. B. in Lugano, Lausanne, Triest, Palermo, Pittsburg; auch Seilbahnen (Schrägaufzüge) für Fahrzeuge sind nicht ausgeschlossen. Treppen und alle steilen Gehwege sind vom Standpunkt der Gefahr bei Eisbildung recht kritisch anzusehen. Senkrechte Aufzüge für Personen und für Fahrzeuge sind selten, können aber zum Anschluß von Tieftunneln notwendig werden (Hamburg).

Im hügeligen Gelände kann man zu verkehrstechnisch guten und gleichzeitig schön wirkenden Lösungen kommen, wenn man die in Windungen heraufführende Hauptstraße durch unmittelbar in die Höhe geführte Fußwege abschneidet; solche Wege sollten zum Schieben von Fahrrädern eingerichtet sein, aber so, daß das Radfahren selbst (Bergabfahren!) unmöglich gemacht wird.

Der Städtebauer hat bezüglich der Wahl der Steigungen in den hierfür schwierigen Städten so viele Chancen, den Verkehr zu befriedigen und gleichzeitig die wirtschaftlichen und schönheitlichen Rücksichten zu beachten und außerdem die Anlage der Kanalisation zu erleichtern und zu verbilligen, daß er gerade hier nicht nach „bewährten Rezepten“ arbeiten, sondern sich mit Lust und Liebe in die Einzelaufgaben vertiefen sollte.

Wichtig ist bei geraden Straßen der Längenschnitt vom schönheitlichen Standpunkt. Auch hier ist die Konkave gut, während die Konvexe ungünstig wirken kann. Im konkaven Längenschnitt hat das Auge die ganze Straße und die volle Straßenwand vor sich und wird mit einer gewissen Steigerung zu dem am Endpunkt der Steigung zu schaffenden Blickpunkt hingeleitet. Im konvexen Längenschnitt übersicht das Auge dagegen nur einen Teil der Straße und gleitet vom Tangentenpunkt ab ins Leere; von diesem ab verschwinden außerdem die unteren Stockwerke immer mehr, auch Menschen und Fahrzeuge erscheinen stets zuerst nur im oberen Teil und werden erst allmählich in voller Figur sichtbar. Man sollte also die Längenschnitte geradlinig, wenn möglich aber etwas konkav machen und dabei die höchsten Punkte betonen, indem dort für das Auge ein Blickpunkt und Abschluß geschaffen wird. Das den Blickpunkt darstellende Gebäude braucht aber nicht genau in der Achse der Straße und seine Vorderwand braucht nicht senkrecht zu dieser zu stehen. Konvexe Längenschnitte lassen vielfach auf ungenügende Bearbeitung des Entwurfes schließen; denn es gibt tatsächlich nur wenig Fälle, in denen man zu ihrer Duldung gezwungen ist. Die konvexe Führung und vor allem das

Entstehen von „Buckeln“ läßt sich allerdings bei Brücken nicht immer vermeiden; und wenn eine gerade Straße zur Überschreitung eines Flusses oder einer Eisenbahn einen „Buckel“ erhalten muß, ist es auch schwer, diesen für das Auge durch ein Bauwerk zu verschleiern, da der Verkehr glatt durchgehen soll, also den freien Raum braucht. Aber man könnte dann doch wohl durch eine Teilung des Fahrdammes und Aufstellen von Mittelsäulen od. dgl. die Häßlichkeit mildern. Auch die entsprechende Ausbildung der auf der Brücke etwa anzuordnenden Straßenbahnhaltestelle (mit Längsinseln und architektonisch betonten Oberleitungsmasten) kann ein brauchbares Mittel sein. Dagegen erscheint es gerade in solchen Fällen zwecklos, die Brücke durch seitlich anschließende Bauten zu betonen. Am besten vermeidet man aber die Häßlichkeiten dadurch, daß man die Straßen (auch Hauptverkehrsstraßen) über solche Buckel nicht schnurgerade führt, sondern vor den „Buckel“ einen kleinen Knick legt, was dem Verkehr in keiner Weise Abbruch tut.

C. Die Hauptverkehrsstraßen.

Es ist zweckmäßig, die wichtigsten Grundsätze für die Durchbildung der besonders stark belasteten Straßenzüge nachstehend zusammenzufassen. Zu diesen Straßen gehören:

1. Die Hauptstraßen des Geschäftsviertels.

2. Die wichtigsten nach außen führenden Straßenzüge, also die sog. „Ausfallstraßen“.

3. In Industriebezirken die Verbindungsstraßen zwischen den einzelnen Städten.

4. Die besonderen Anschlußstraßen an die typischen Fernstraßen (Autobahnen).

Da hier nach Alter und Zweck große Unterschiede bestehen, so ist Einheitlichkeit in der konstruktiven Durchbildung nicht zu erzielen; vor allem ist zu beachten:

a) Die Straßen zu 1., 2. und 3. dienen allen Verkehrsarten; ob man einzelne dauernd verbieten kann, ist fraglich; sie haben Straßenbahn, wo diese noch nicht vorhanden ist, ist ihre spätere Anlage im Zweifelsfall vorsorglich vorzusehen.

b) Die Straßen zu 4. dienen dagegen einem besonderen Zweck; die anderen Verkehre können daher verbannt werden.

c) Für die Straßen zu 1., 2. und 3. sind mehrteilige Fahrdämme erwünscht; sie werden aber zu 1. meist nicht zu erzielen sein.

d) Diese Straßen bedürfen einer besonders sorgfältigen Durchbildung der Straßenvermittlungen, also der Stellen, an denen Nebenstraßen kreuzen oder einmünden.

e) In ihrem Zug liegen die wichtigsten Verkehrsplätze und von deren Leistungsfähigkeit hängt in erster Linie die Leistungsfähigkeit des gesamten Straßennetzes ab.

f) Das Parken ist in diesen Straßen, sofern dadurch eine Beeinträchtigung der Leistungsfähigkeit oder der Sicherheit eintreten sollte, zu verbieten.

Die in älteren Stadtteilen liegenden Hauptverkehrsstraßen sind meist nur so breit, daß nur ein Fahrdamm gemeinsam für schnelle und langsame Fahrzeuge und für die Straßenbahn angeordnet werden kann. Der Fahrdamm ist in diesem Fall für vier oder sechs Fahrzeugbreiten auszubilden. Die Straßenbahngleise sind hierbei wohl immer in die Mitte zu legen. An den Straßenbahnhaltestellen werden Einsteiginseln anzulegen sein, und zwar auch dann, wenn bei sechsspurigen Straßen dadurch an der Haltestelle eine Fahrzeugbreite verloren geht. Die Lage der Haltestellen der Straßenbahn und der Omnibusse ist sorgfältig auszusuchen; wenn es möglich ist, sollte man die Lage im fortlaufenden Straßenzug dadurch vermeiden, daß man die Haltestellen in die Verkehrsplätze legt.

Liegen in einer Hauptverkehrsstraße keine Straßenbahngleise, so ist es zweckmäßig, an den Kreuzungen den Fahrzeugverkehr durch Mittelinseln zu regeln, die gleichzeitig den Fußgängern das Überschreiten des Dammes erleichtern. Viel finden sich solche Mittelinseln in London, wo bekanntlich auch die Taxenaufstellplätze nicht am Bürgersteig entlang, sondern in der Straßenmitte liegen und so den Verkehr jedenfalls gut regeln[1].

Wo man die Straßenbreite richtig bemessen kann, also namentlich in neu zu erschließenden Gebieten, wird die zweckmäßigste Lösung wohl immer darin bestehen, daß die verschiedenen Verkehrsmittel (Fahrräder, Straßenbahnen, Wagen) besondere Fahrdämme erhalten (Reitwege und „Promenaden" gehören aber nicht in die Verkehrsstraßen, sondern in die Grünflächen). Die einzelnen Fahrdämme werden dann schmal und durch Schutzstreifen voneinander getrennt; hierdurch wird das Überkreuzen der Straße durch Fußgänger erleichtert und besser gesichert. Die Schutzstreifen sollten wenn möglich eine Breite von 2 m erhalten; Baumreihen oder Hecken können die Trennung betonen und zur Verschönerung beitragen.

Abb. 40. Straßenbahn neben dem Bürgersteig, nicht gut!

Da über die Notwendigkeit besonderer Radwege das Erforderliche gesagt ist, so ist hier zunächst die Loslösung der Straßenbahn zu besprechen. Sie ist — wie oben gesagt — in den meisten Fällen das wirksamste Mittel, um starken Verkehr zu bewältigen. Andererseits läßt sich ihr Fahrbetrieb leider mit der übrigen Verkehrsregelung nicht voll in Einklang bringen. Für die Anordnung der besonderen Straßenbahnstreifen sind die verschiedenartigsten Vorschläge gemacht worden und viele verschiedene Arten sind ausgeführt worden; sie lassen sich aber in zwei Hauptgruppen zusammenfassen, nämlich getrennte Lage der beiden Gleise und Lage unmittelbar nebeneinander.

Bei der getrennten Lage ging man von gewissen (vielleicht etwas unklaren) Vorstellungen über den Richtungsbetrieb viergleisiger Eisenbahnen aus und erstrebte ihn daher für den gesamten Verkehr der zu verbessernden Straße; außerdem ging man von dem richtigen Grundgedanken aus, daß man die Straßenbahn, die doch nur mit Menschen, also mit den Fußgängern in Verkehr zu treten hat, die man auch als einen „fahrbaren Bürgersteig" bezeichnen kann, in Zusammenhang zu den Bürgersteigen oder anderen Fußwegen (Mittelpromenaden) bringt. Wird die Straßenbahn neben den Bürgersteig gelegt, so ergibt sich eine Lösung nach Abb. 40. Bei ihr kann man den Bürgersteig gegen die Straßenbahn, diese wieder gegen den Fahrdamm durch Baumreihen oder Gitter (kleine Hecken) abgrenzen. Vorzug der Anordnung ist, daß das Ein- und Aussteigen unmittelbar am Bürgersteig erfolgt; Nachteil ist, daß Kinder unter Umständen beim Spielen auf dem Bürgersteig leicht auf das Gleis geraten können, d. h. nur dann, wenn der in Abb. 40 angedeutete Abschluß fehlt. Der größte und ausschlaggebende Nachteil ist der, daß die Fuhrwerke nicht unmittelbar an der eigentlichen Bürgersteigkante vorfahren können; insgesamt sind solche Querschnitte abzulehnen.

Abb. 41 zeigt die Anlage der Straßenbahngleise in einer Promenade. Hierbei erfolgt das Aussteigen zwar nach dem Fahrdamm hin, jedoch noch nicht auf

[1] Die Empfehlung, in diesen Straßen kleine Inseln anzulegen, darf nicht dahin mißverstanden werden, daß viele kleine Inseln an sich zweckmäßig wären; solche sind vielmehr oft ein Zeichen dafür, daß die Gesamtanordnung fehlerhaft ist (s. unten).

dem Fahrdamm selbst, da die in der Abbildung angedeutete Baumreihe die Anordnung von Einsteigeplattformen ermöglicht.

Alle derartigen Lösungen haben aber irgendwelche Nachteile gezeigt. Hierzu kommen Schwierigkeiten für die Gleisführung an den Verkehrsplätzen usw., also gerade an den kritischsten Stellen, und außerdem ist bei Ausbesserungen

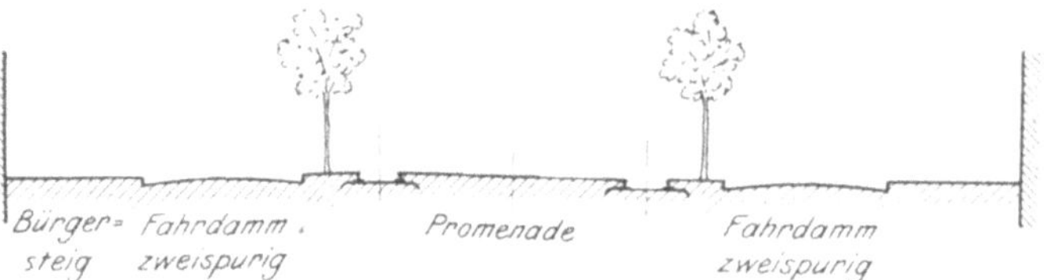

Abb. 41. Straßenbahn in der Promenade, nicht gut!

der eingleisige Betrieb, bei dem die bekannten Kletterweichen eingelegt werden müssen, nur schwierig einzurichten.

Im allgemeinen wird man daher dem besonderen zweigleisigen Straßenbahnstreifen den Vorzug geben, und diesen sollte man dann, wenn irgend möglich, so breit machen, daß die Haltestellen keine besondere Verbreiterung erfordern. Aber das möge nicht als ein „Dogma“ aufgefaßt werden. Letzten Endes ist nämlich diese Frage ähnlich zu erörtern wie die bekannte Streitfrage, ob bei viergleisigen Eisenbahnstrecken der Linien- oder Richtungsbetrieb besser sei; diese Frage ist aber klar dahin entschieden: Es kommt nicht auf die freie Strecke, sondern auf die Bahnhöfe an. Für die Straßenbahn heißt dies: Es kommt auf die Verkehrsplätze an.

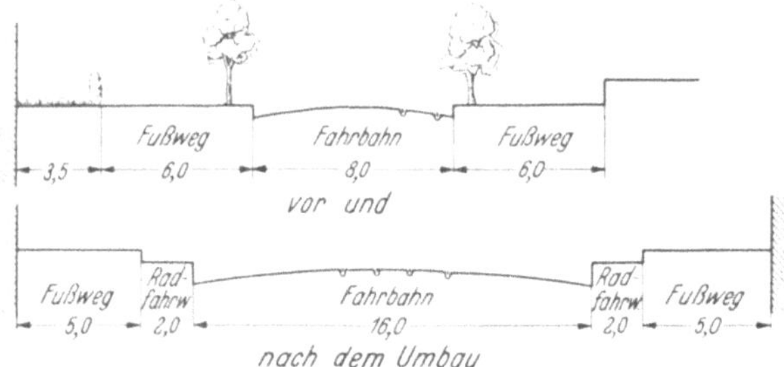

Abb. 42. Der Ausbau der Podbielskistraße.

Mit der Loslösung der Straßenbahn aus dem Fahrdamm und ihrer Verlegung auf einen besonderen Bahnkörper ist schon viel für die Sicherheit des Fahrverkehrs und des den Fahrdamm kreuzenden Fußgängerverkehrs erreicht. Man

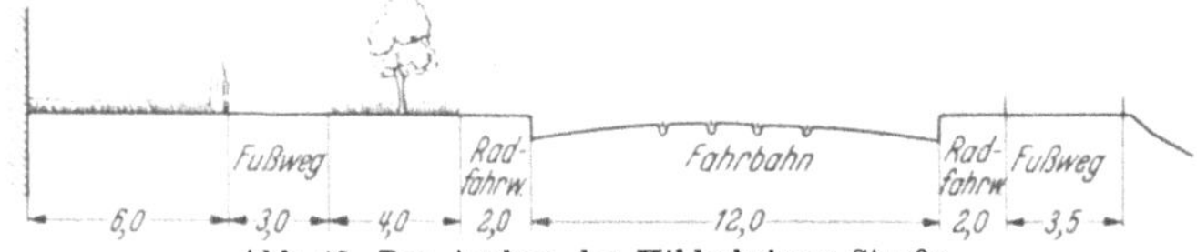

Abb. 43. Der Ausbau der Hildesheimer Straße.

hat dann in früheren Jahren gern eine weitere Unterteilung des Straßenquerschnittes angenommen, indem man den Schnellverkehr vom langsamen Fahrverkehr durch Anlage von „Schnellfahrdämmen“ und „Langsamfahrdämmen“ trennte. Heute tritt eine ähnliche Möglichkeit wieder auf in der Schaffung von besonderen Ortsfahrbahnen (s. unten).

Wenn irgend möglich, ist auch der Fahrradverkehr durch Anlage besonderer Radfahrerstreifen vom übrigen Verkehr abzutrennen. Die Sicherheit aller Verkehrsmittel wird dadurch wesentlich gehoben. Für den Fahrradverkehr ist aber vorher zu prüfen, ob man ihn nicht noch besser bedienen kann, wenn man ihn in eine ungefähr gleichlaufende (Wohn-) Straße oder in einen „Radial-Parkstreifen“ legt.

Die Abb. 42—44 zeigen einige mustergültige Querschnitte dreier Hannoverscher Ausfallstraßen. Man vgl. diese Profile mit Abb. 33 der „Regelquerschnitte“.

In der Linienführung ist auch bei Hauptverkehrsstraßen die gerade Linie, wie oben erwähnt, nicht notwendig; sie kann sogar vom Standpunkt der Sicherheit unerwünscht sein; vom Standpunkt der Schönheit sind lange gerade Linien gerade in Verkehrsstraßen bedenklich, weil sie sowieso schon so viel Starrheit zeigen; „Belebung" des Straßenbildes durch allerlei Zutaten (Säulen, Obelisken, Denkmäler, Brunnen) ist abzulehnen, desgleichen die „Durchbrechung der Eintönigkeit" durch platzartige Erweiterungen. Vorsicht ist auch bezüglich der „Blickpunkte" geboten; das schnurgerade Hinzielen auf die Achse eines großen Gebäudes, womöglich einer Kirche, wird wahrscheinlich verfehlt sein; denn die Straße kann ja nicht durch das Gebäude hindurchführen, sondern muß vor ihm abgeknickt werden; nicht einmal die „Bahnhofstraße" ist senkrecht auf die Mittelachse „ihres" Gebäudes, nämlich des Empfangsgebäudes hinzuführen, denn die Vorfahrt von der Seite her ist günstiger. Hat man die Chance, eine „Verkehrsstraße mit Aussicht auf eine große Architektur" (Dom, Schloß, Brücke) anzulegen, so führe man sie jedenfalls nicht geradlinig, sondern geschwungen und zwar so, daß man schon von weitem erkennt, daß und wie die Straße vorbei geführt wird. Auch für die Auffahrten auf große Brücken kann man schöne Wirkungen erzielen, wenn man die Brücke dem Ankömmling vorher zeigt.

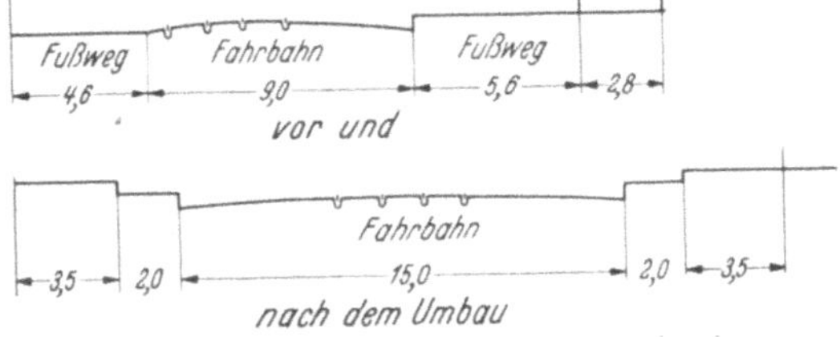

Abb. 44. Der Ausbau der Vahrenwalder Straße.

Das folgende Beispiel möge zeigen, wie man eine derartige Aufgabe lösen kann:

Zwei durch einen Fluß getrennte Städte waren früher gemäß Abb. 45 durch eine Fähre verbunden. Aus dem Zentrum der einen Stadt führte die Straße *A—B* zu der alten Landstraße *B—C*, an die die Fähre anschließt. Am anderen Ufer führt von *D* aus die Hauptverbindung *D—E* schnurgerade auf den Dom der anderen Stadt zu. Die Landstraße *B—C* hat zwei, streckenweise sogar vier Reihen prächtiger alter Bäume; bei *C* liegt eine Terrassen-Gartenwirtschaft mit schöner Aussicht. Die Straße *D—F* hat keine große Bedeutung. Als die Fähre durch eine Brücke ersetzt werden mußte, wollte man diese an der alten Fährstelle errichten und die Straßenachsen beibehalten. Das hätte neben anderen Nachteilen die Vernichtung der alten schönen Allee bedeutet. Glücklicherweise ist diese Lösung verhindert worden: die Brücke ist etwas stromab errichtet worden; die Allee ist eine stille Wohnstraße geworden, die Gartenwirtschaft hat an Ruhe gewonnen; die neuen Straßen sind geschwungen geführt und zwar so, daß man die Brücke gut sieht; die Straße *G—H* läuft nicht schnurgerade auf den Dom zu, sondern geschwungen an ihm vorbei; der Knick im Zug *F—G* ist erträglich; die Platzgestaltung bei *B* erfordert einige Überlegung.

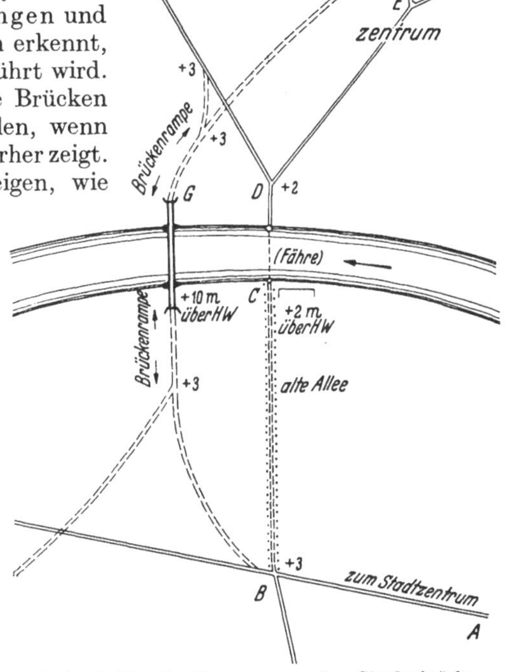

Abb. 45. Richtige Lage einer großen Straßenbrücke.

Als Gegenbeispiel kann die alte Straßen- und Eisenbahnbrücke in Köln genannt werden. Sie ist, wie sich aus Abb. 46 entnehmen läßt, in die Achse des Domes gestellt worden, steht also genau dort, wo sie am allerwenigsten stehen dürfte; hieraus ergeben sich sehr ungünstige Straßenführungen, und die Einführung der Eisenbahn in den Hauptbahnhof ist wegen der überscharfen Kurven geradezu berüchtigt. Leider hat man bei dem Umbau der Brücke (um 1900) die Achse beibehalten; es wäre in Betracht gekommen, die Brücke etwas schräg zum Strom, die Achse also am Dom vorbei zu führen.

Noch ein Hinweis auf die Unterführung von Verkehrsstraßen unter Eisenbahnen: Da diese Straßen breit sind, die Brücken also lang werden, sind Zwischenstützen oft zweckmäßig (vgl. Abb. 47). Durch ihre Anordnung schränkt man

Abb. 46. Mißglückte Axialbehandlung (Köln).

sich aber die Möglichkeit späterer Änderungen des Straßenquerschnittes ein. Dieser Schwierigkeit beugt man meist am besten dadurch vor, daß man nur eine Stützenreihe, also in der Mitte anordnet. Ob hierzu der ursprüngliche Querschnitt symmetrisch werden muß, bleibe dahingestellt; der „Balken auf drei Stützen", und zwar ohne Gelenke wird jetzt auch statisch günstiger beurteilt als in jener Zeit, als man für solche Fälle nur den Balken auf vier Stützen mit Gelenken kannte.

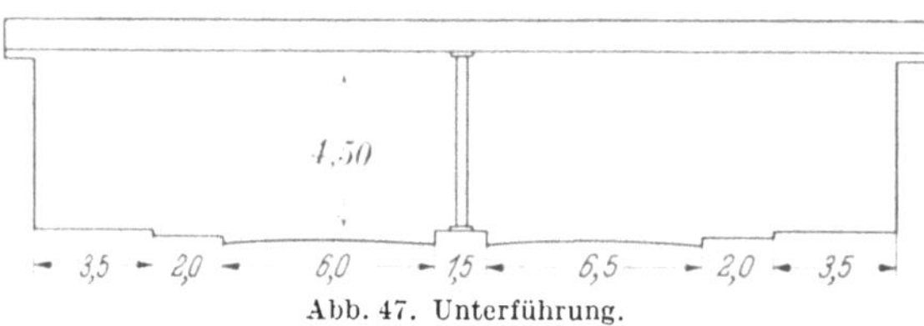

Abb. 47. Unterführung.

Vorstehend ist stillschweigend angenommen, daß die Hauptverkehrsstraße an beiden Seiten bebaut ist. Es ist aber nun noch zu prüfen, ob die Bebauung zweckmäßig ist oder ob sie besser vermieden, also verboten werden sollte. Bei den im Stadtinneren liegenden Hauptverkehrsstraßen sind im allgemeinen beide Seiten zugebaut (Ausnahmen bilden eigentlich nur die Ufer- und die Park-Randstraßen). Mit der Bebauung muß man sich hier abfinden, da sie meist so wertvoll und wichtig ist, daß sie nicht beseitigt werden kann. Man darf sich dabei aber nicht darüber hinwegtäuschen, daß die Bebauung die Übersichtlichkeit beeinträchtigt, daß die (meist sehr zahlreichen) einmündenden und kreuzenden Nebenstraßen die Leistungsfähigkeit der Hauptstraße herabsetzen, daß die haltenden Fahrzeuge den Verkehr erschweren und daß besonders die Toreinfahrten hinderlich wirken. Zu diesen Mißständen hat viel der oben erwähnte

Umstand beigetragen, daß sich die radial verlaufenden Hauptstraßen infolge ungenügender Voraussicht aus den alten Chausseen entwickelt haben und daß sie mehr oder minder dicht zugebaut worden sind.

Es ist also notwendig, die „Hauptverkehrsstraße“ aus ihrer heutigen Bedeutung heraus klar zu entwickeln und sie sinnvoll in die Bebauungspläne der Städte verschiedener Größe und in die Landesplanung, namentlich der Industriebezirke, einzufügen.

In Deutschland ist diese schwierige Gesamtfrage durch die Verordnungen vom 7. Dez. 34, 12. Febr. 36 und 8. Sept. 36 geregelt worden. Hierbei wurde durch die zeitlich erste Verordnung die Länge der Ortsdurchfahrten geregelt; es wurden also zuerst die Grenzen zwischen den Wegeunterhaltungspflichtigen festgelegt; und erst nachdem dies geschehen war, wurde das Bauverbot für die außerhalb der geschlossenen Ortsdurchfahrten gelegenen Strecken ausgesprochen. Hierdurch sind zwar die engen schlechten inneren Teile der Ortsdurchfahrten nicht beseitigt worden, aber es ist doch wenigstens die Verlängerung dieser verkehrsgefährlichen Streckenteile verhindert. Dies wirkt sich natürlich auch günstig auf Linienführung und Bau der Umgehungsstraßen aus, denn für diese liegen nun die End- und Anfangspunkte eindeutig fest, die Linienführung kann endgültig festgestellt und der Bebauungsplan der Umgehungsstraße angepaßt werden; die Baukosten können nicht mehr durch die — sonst immer noch zu befürchtende — Verlängerung der Umgehungsstraße in die Höhe getrieben werden.

Es muß nun aber die Hauptverkehrsstraße, an der entlang das Bauen verboten ist, sinnvoll in den Bebauungsplan eingefügt werden. Hierzu gehört zunächst, daß diese Hauptstraßen nicht nur dem Durchgangsverkehr dienen, sondern auch dem Verkehr der einzelnen Vororte usw. nutzbar zu machen sind. Zu diesem Zweck sind weitere Straßen (Verkehrsstraßen zweiter und dritter Ordnung) abzuzweigen; ihre Zahl ist aber auf das mögliche Kleinstmaß zu beschränken; die Abzweigstellen sind also in großen Abständen anzuordnen, und zwar zu etwa 700 m in der näheren und bis zu 1000 m in der weiteren Umgebung, was auch für die Straßenbahnen und Omnibuslinien zweckmäßige Haltestellenentfernungen ergibt.

Die Bebauung kann die Hauptverkehrsstraße beiderseitig begleiten, wenn nach Abb. 48a und d „Ortsfahrbahnen“ zwischengeschaltet werden. Aber diese Lösung ist teuer, da jede Ortsfahrbahn nur einseitig bebaut werden kann; sie ist außerdem, da eine große einheitliche Breite notwendig ist, nicht immer anwendbar. Es ist daher zu überlegen, ob nicht Lösungen nach Abb. 48b zweckmäßiger sind, bei denen die Hauptverkehrsstraße durch die Gärten gelegt ist und der Ortsverkehr durch die nächste parallele Wohnstraße abgefangen wird; hierbei darf aber die Hauptstraße nicht durch den Blick in üble Höfe und auf schlechte Hinterfronten verschandelt werden! Die Lösung hat auch den Vorzug, daß die Hauptstraße nötigenfalls eine andere Höhenlage als die Umgebung erhalten kann. Doch kann man sich bei dieser Lösung oft des Eindruckes nicht erwehren, daß sie gekünstelt ist. In der Tat kann man sich ja auch von der Verkehrsstraße vollkommen frei machen, indem man zu Lösungen nach Abb. 48c kommt; bei ihnen zweigen also von der Hauptstraße (in vernünftigen Haltestellenabständen) Verkehrsstraßen zweiter Ordnung ab, die zu selbständigen kleinen Siedlungskernen führen.

Um den Charakter der Hauptverkehrsstraße noch schärfer zu erläutern, seien nachstehend ihre wichtigsten Arten kurz gekennzeichnet:

1. Hauptverkehrsstraßen außerhalb der Ortschaften. Sie haben keine unmittelbare Bedeutung für den Ortsverkehr und sind etwa in folgender Reihenfolge abzustufen:

a) Autobahnen — gesperrt für den nicht motorisierten Verkehr;

b) große durchgehende Staatsstraßen (Fernverkehrsstraßen);

c) Landstraßen erster und zweiter Ordnung.

2. Hauptverkehrsstraßen innerhalb der Ortschaften, sie sind vorstehend genügend eingehend erörtert.

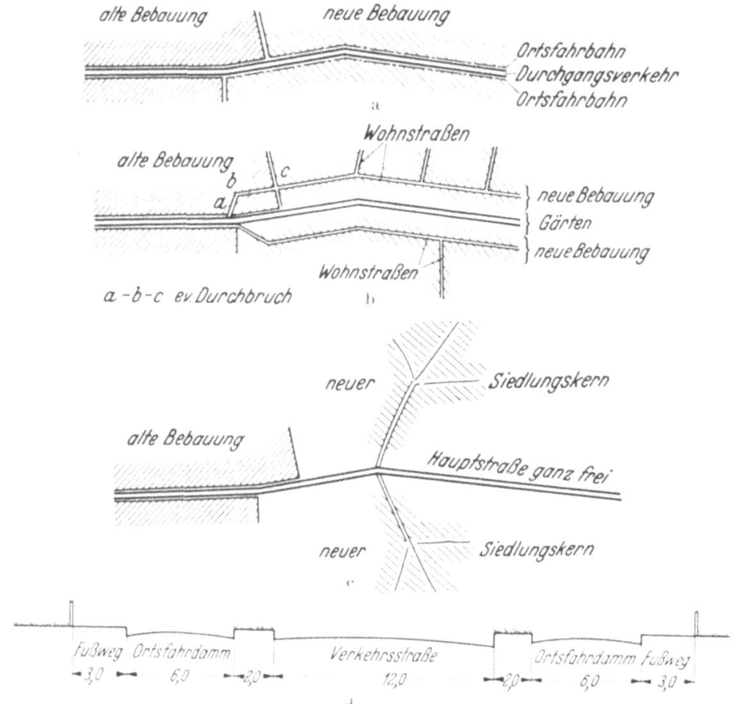

Abb. 48a—d. Hauptverkehrsstraßen in neuen Siedlungsgebieten.

3. Die besonderen Verbindungsstraßen zwischen dem städtischen Straßennetz und den Straßen zu 1. Am wichtigsten sind hier die Einführungsstraßen von den Autobahnen in die Zentren der (Groß-) Städte; sie dienen nur dem Autoverkehr, bedürfen einer würdigen Gestaltung (sehr gut in Hannover und Mannheim), und einer besonderen Ausstattung für den Verkehr und Betrieb (Gaststätte, Unterkunft, Ein- und Aufstellmöglichkeit, Tankstelle, Werkstatt).

Abb. 49. Umführungsstraße.

4. Umführungsstraßen; sie ersetzen hauptsächlich die (engen, schlechten) Ortsdurchfahrten der Straßen zu 1b) und 1c). Sie müssen nach Abb. 49 die bebauten Kurven der Dörfer und Kleinstädte vermeiden, also am Rand entlang geführt werden; gestreckte Linienführung ist erwünscht, aber oft nicht zu erzielen; die Zahl der einmündenden und kreuzenden (aus dem Ort ausstrahlenden) Ortsstraßen ist möglichst klein zu halten; Kreuzungen in verschiedener Höhenlage können in Betracht kommen.

5. Umgehungsstraßen; sie ersetzen wie die Umführungsstraßen die „Ortsdurchfahrten", aber nicht der kleinen, sondern der größeren Städte; sie können

daher meistens nicht die ganze Ortschaft, sondern nur den dicht bebauten inneren (Altstadt-) Kern umgehen, z. B. im Zug alter Wallanlagen. Sie sind daher vergleichsweise nicht so wirkungsvoll für die Umleitung des Durchgangsverkehrs wie die Straßen zu 4. Weite Entfernung vom Stadtkern kann zwar für die Linienführung und Finanzierung günstig sein, kann aber auch die Verkehrsbedeutung herabsetzen, da ein beträchtlicher Teil des Durchgangsverkehrs lieber den „interessanteren“ Weg durch die Stadt als durch „langweilige“ Vororte nimmt und gern Rasten (zu Einkauf und Erholung) einlegt.

6. Entlastungsstraßen; sie haben den Zweck, stark belastete Straßenzüge und Knotenpunkte zu entlasten, indem der Verkehr an bestimmten Punkten abgefangen und umgeleitet wird. Sie sind um so wirkungsvoller, je kleiner der durch sie verursachte Umweg ist und je besser ihre Linienführung und Ausstattung ist. Die Trassierung und Finanzierung ist im einzelnen meist sehr schwierig, was leider oft nicht erkannt wird, so daß in jeder Stadt eine Fülle von recht fragwürdigen Vorschlägen ständig zur Debatte stehen.

Die Grenzen zwischen den Straßen 4. bis 6. sind fließend. Bei allen sind sorgfältige Verkehrszählungen notwendig, bei denen der Verkehr getrennt nach Verkehrsmitteln (schweren und leichten Lastwagen, Omnibussen, Personenwagen, Gespannen, Straßenbahnzügen, Radfahrern) und außerdem nach Orts- und Durchgangsverkehr (und zwar aufgeteilt nach den wichtigsten Verbindungen) erfaßt und ausgewertet werden muß. Diese Arbeiten und Kosten dürfen nicht gescheut werden, da man sich sonst kein Bild davon machen kann, welche Teile des Gesamtverkehrs durch die neue Straße gefaßt werden; daß man Verkehrszählungen gegenüber vorsichtig sein muß, ist selbstverständlich. Außer der Linienführung ist sorgfältig zu ermitteln, ob der neue Weg besondere Streifen für Straßenbahn und Radfahrer erhalten muß; im Zweifel ist diese Frage zu bejahen.

D. Straßenkreuzungen und -vermittlungen.

Die Punkte, an denen mehrere Straßen zusammentreffen, bedürfen einer besonderen Ausbildung vom verkehrstechnischen, schönheitlichen und wirtschaftlichen Standpunkt.

Der Verkehr erfordert hier außer der Übersichtlichkeit Klarheit in den von den Wagen einzuhaltenden Wegen und in den notwendigen Übergängen für Fußgänger über die Fahrdämme und möglichste Kürze für diese Übergänge. Beiden Forderungen werden schmale Fahrdämme am ehesten gerecht. Ferner muß gefordert werden, daß Verkehrsstraßen möglichst selten von Querstraßen gekreuzt werden und daß an der gleichen Stelle immer nur wenige Nebenstraßen einmünden.

Die richtige Lösung ist die einfache, ungefähr rechtwinklige Straßenkreuzung, die sich bei einem ordentlichen Bebauungsplan fast überall ohne Zwang und ohne Schwierigkeiten erzielen läßt. Von der Eisenbahn und der Schiffahrt ausgehend, könnte man auch für den Straßenverkehr für „Trennungspunkte“ eine möglichst „flache“ Krümmung, also einen möglichst kleinen (spitzen) Winkel für zweckmäßig halten, aber das ist ein Trugschluß; mit spitzwinkligen Kreuzungen hat man vielmehr im Straßenverkehr recht ungünstige Erfahrungen gemacht.

Die Wirtschaftlichkeit erfordert gut ausnutzbare Eckgrundstücke. Diesem Gesichtspunkt widersprechen zu schmale spitze Ecken, und zwar gilt dies sowohl für Geschäfts- als auch für Wohngebäude. Die Schönheit erfordert ebenfalls das Vermeiden zu spitzer Ecken, denn das Eckgebäude kann dann nicht genug „Fleisch“ erhalten und daher nicht günstig gelöst werden; man kann sich in solchen Fällen unter Umständen damit helfen, daß man die beiden Bürgersteige laubenartig überbaut. Abb. 50a und 51a zeigen die Mängel der spitzen

Winkel; Abb. 50b und 51b und c stellen den Versuch zu einer leidlichen Lösung dar.

Wenn der Winkel, unter dem sich zwei Straßen kreuzen, sich von dem rechten Winkel nicht stark entfernt (etwa bis zu 70°), werden alle erwähnten Forderungen voll befriedigt.

Über die Frage, ob man die Ecken abschrägen (und die Bürgersteige stark abrunden) soll, gehen die Meinungen stark auseinander. Die Ausbildung

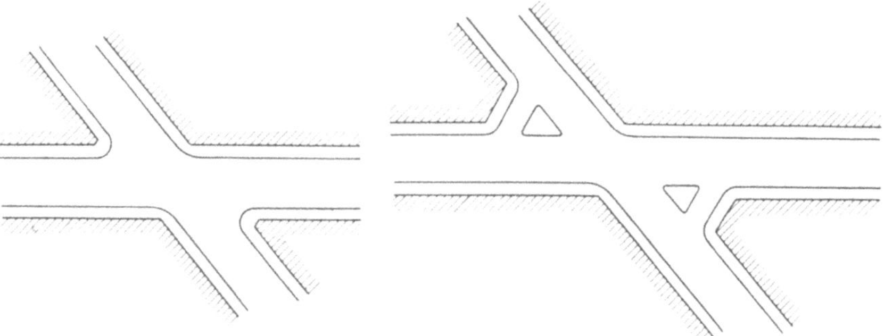

Abb. 50a. Schiefe Straßenkreuzung. Abb. 50b. Schiefe Straßenkreuzung (verbessert).

der Ecken mit einer kleinen Abschrägung kann bei Läden richtig sein — der Laden liegt dann an zwei Straßen —, sie kann auch, architektonisch oder für die Grundrißlösung des Gebäudes wertvoll sein. Eine Abschrägung aus den Anforderungen des Verkehrs heraus begründen zu wollen, ist aber falsch. Der Verkehr fordert nur Übersicht; wie diese erzielt wird, kann ihm gleichgültig

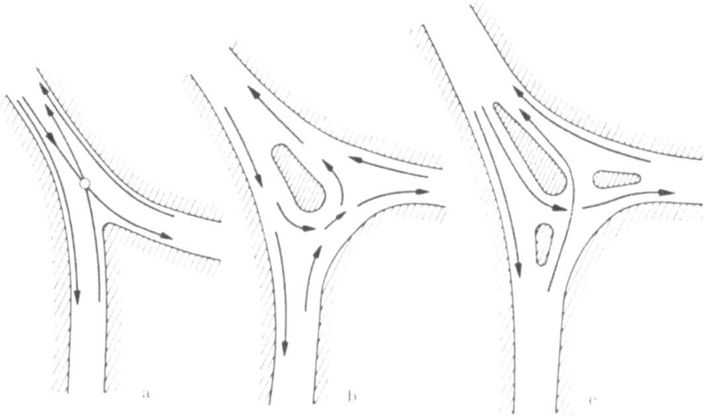

Abb. 51a—c. Straßengabelung.

sein. In Wohnstraßen wird man die Entscheidung dem Architekten überlassen, der hierbei dann wohl hauptsächlich die Frage der Besonnung der Eckhäuser prüfen wird.

Ein geringfügiges Versetzen der Straßenkreuzung ist verkehrstechnisch belanglos wenn nur die Übersichtlichkeit gewahrt wird. Es kann schönheitlich zweckmäßig sein, weil damit das Auge in der (verkehrstechnisch geraden) Straße einen Ruhepunkt erhält (vgl. Abb. 52). Die in Abb. 53 dargestellte vollkommene Versetzung der „(durchgehenden") Querstraße ist früher empfohlen worden, weil die Zahl der Kreuzungen dadurch geringer werde. Das ist ein Trugschluß. Die Lösung ist verkehrstechnisch falsch, weil die Übersichtlichkeit in der Straße *c—d* vernichtet ist, und weil der durchgehende Verkehr *c—d* zwecklos eine S-Kurve beschreiben muß.

Die verkehrstechnisch und oft auch schönheitlich schlimmsten Straßenvermittlungen sind die, bei denen Straßen verschiedenster Bedeutung in größerer Zahl wahllos an derselben Stelle zusammenlaufen, und bei denen dann außerdem

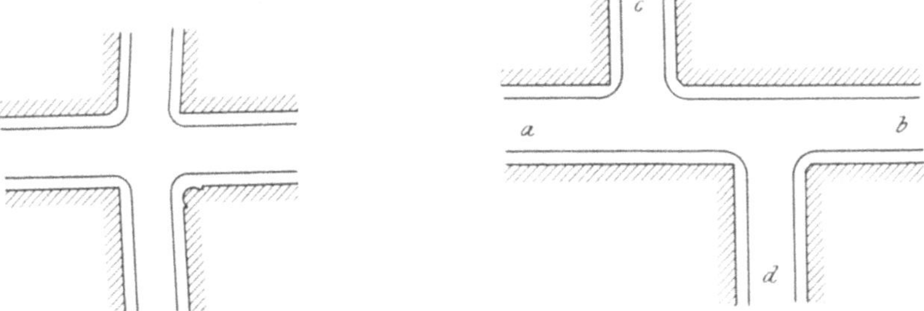

Abb. 52. Mäßig versetzte Straßenkreuzung, richtig.

Abb. 53. Stark versetzte Straßenkreuzung, falsch.

noch die Fluchtlinien Unregelmäßigkeiten (Rücksprünge) zeigen. Hier läßt sich nicht selten beobachten, daß die ganze Behandlung der Straßen darin besteht, an den Häusern entlang Bürgersteige zu führen und alles andere dem Verkehr zu überlassen, der sich dann schon zurechtfinden werde.

Abb. 54a zeigt einen derartigen Straßenknotenpunkt, den man unberechtigterweise auch „Platz“ nennen könnte, als Beispiel einer fehlerhaften Gesamtanlage, bei der nicht einmal der Versuch gemacht ist, die Fehler durch zweckmäßige Einzelausbildung zu mildern. In der Gesamtanlage sind fehlerhaft: die zu starke Häufung von einmündenden Straßen, der spitzwinkelige Schnitt der beiden Hauptstraßen, die trompetenartigen Straßenerweiterungen an den Stellen A und B, die mit ihnen in Verbindung stehenden sehr spitzen schmalen Ekken a und b, die architektonisch ungünstig wirken müssen. In der Einzeldurchbildung ist besonders zu rügen, daß die Bürgersteige gedankenlos einfach mit bestimmter gleichmäßiger Breite an den Häuserfluchten entlang geführt sind; daß also nicht einmal der Versuch gemacht ist, den Verkehr in richtige Bahnen zu lenken; nur die kleine (kreisrunde) Insel weist schüchtern wenigstens an einer Stelle dem Fahrer den Weg.

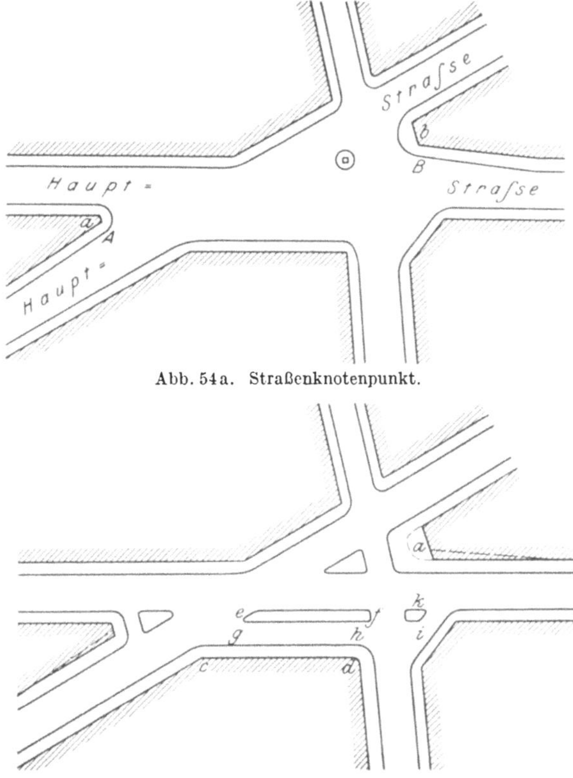

Abb. 54a. Straßenknotenpunkt.

Abb. 54b. Straßenknotenpunkt, verbessert.

Abb. 54b zeigt, wie man die schlimmsten Mängel durch entsprechende Einzellösungen zwar nicht beseitigen, aber doch wenigstens so weit mildern kann, daß der Straßenknotenpunkt auch bei starkem Verkehr wenigstens nicht mehr gefährlich ist. Die angewandten Mittel sind: straffe Durchführung der Fahrdämme in der richtigen Breite, Beseitigung der trompetenartigen Erweiterungen, die, wie angedeutet, auch in den Fluchtlinien zu beseitigen sind, Ausbildung von Schutzinseln, deren Kanten genau den Fahrrichtungen der Fahrdämme entsprechen. Absonderung der zurückspringenden Flucht *c*—*d* durch die vorgelagerte langgestreckte Insel *e*—*f*, wobei der Fahrdamm *g*—*h* nur zum Vorfahren vor die Gebäude benutzt werden darf. An der Stelle *a* wäre unter Umständen Platz für ein kleines architektonisches Schmuckmotiv. Die Durchfahrt *i* könnte vielleicht fehlen und mit dem Inselchen *k* und dem Bürgersteig zu einer großen Bürgersteigfläche vereinigt werden.

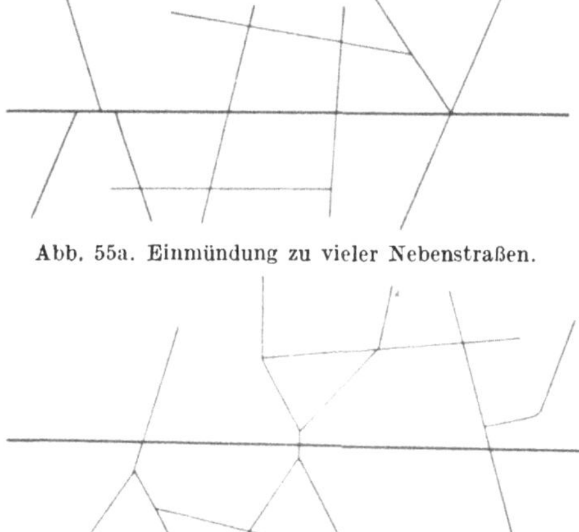
Abb. 55a. Einmündung zu vieler Nebenstraßen.

Abb. 55b. Einmündung zu vieler Nebenstraßen, Verbesserung.

Der oben erwähnte Fehler, daß vielfach Hauptstraßen durch zu viele Nebenstraßen gekreuzt werden, ist nicht selten darauf zurückzuführen, daß von den alten Chausseen viele Feldwege abzweigten. Wenn man diese Feldwege dann alle einfach in das Netz der städtischen Straßen übernimmt,

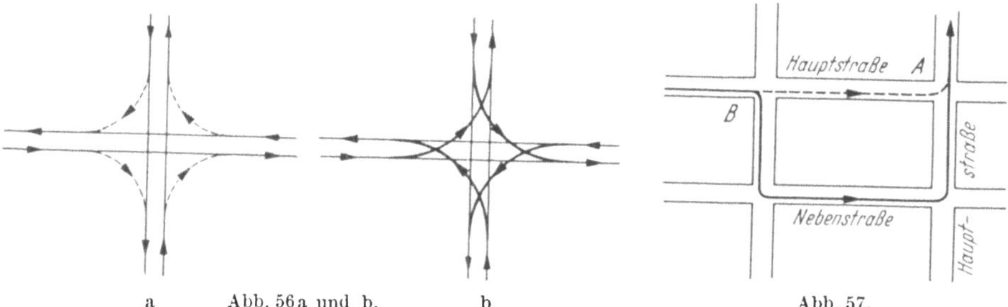

a Abb. 56a und b. b

Abb. 57.

so erhält die Hauptstraße ungünstige Verkehrsverhältnisse. In Abb. 55a ist z. B. ein altes Chaussee-Feldwegnetz dargestellt, in Abb. 55b ein Versuch, die Feldwege im unmittelbaren Bereich der Hauptstraße zu wenigen kreuzenden Straßen zusammenzuziehen.

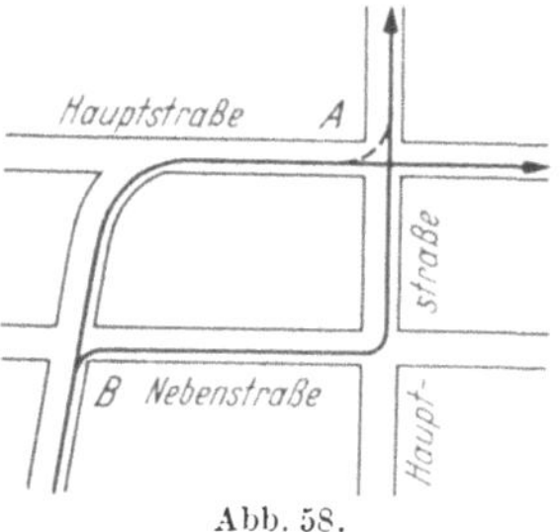

Abb. 58.

Weitere Bemerkungen über die Durchbildung von Straßenvermittlungen können hier entbehrt werden, weil später noch genaue Ausführungen über die Verkehrsplätze gemacht werden müssen; wer aber einen Verkehrsplatz richtig entwerfen kann, wird eine Straßenvermittlung immer meistern können. Es ist nur auf einen besonders wichtigen Punkt hinzuweisen: Bei jeder Straßenkreuzung sind die geradeaus laufenden und die nach rechts abbiegenden Verkehrsströme, wie Abb. 56a lehrt, nicht kritisch, denn es entstehen dabei nur die vier glatten Kreuzungen, die sich — schlimmstenfalls durch eine einfache Verkehrsampel — vollkommen regeln und sichern lassen.

Sehr störend können dagegen die nach links abbiegenden Fahrten (Abb. 56b) wirken, weil sie dem anderen Verkehr in die Flanke fahren. Man kann dieser

Schwierigkeit aber Herr werden, indem man den kritischen Verkehrsstrom nach Abb. 57 oder 58 schon vor der kritischen Stelle A, also an der Stelle B nach rechts ablenkt und dann bei A in glatter Kreuzung durchführt.

II. Die Plätze[1].

A. Geschichtliche Betrachtungen.

Eine kurze geschichtliche Betrachtung ist nicht zu vermeiden, denn jeder Städtebauer muß wissen, was die früheren Zeiten an Plätzen Herrliches geschaffen haben, um daraus zu lernen, wie unsere Zeit wieder zur Schönheit zurückfinden kann.

Die griechische und römische Welt schuf in ihren Städten meist nur zwei Plätze, den Marktplatz als wichtigste Kaufstätte und die Agora bzw. das Forum, als die Stätte des öffentlichen Lebens. Diese beiden Plätze entsprachen den unmittelbaren Bedürfnissen des städtischen Lebens; sie hatten jeder bestimmte Zwecke zu erfüllen (was bei vielen unserer heutigen Plätze nicht der Fall ist) und waren aus ihrem Zweck heraus geschaffen und mit ihrer Umgebung zu einer harmonischen Einheit zusammengeschlossen. Auf dem Forum tagte die Ratsversammlung, dort wurden die wichtigsten Beschlüsse gefaßt und verkündet, dort sprach der Richter Recht, dort wurde den Göttern geopfert. Das Forum war die Stätte des höchsten staatlichen und zugleich auch des kirchlichen Lebens, denn Staat und Kirche waren eine Einheit. Auf dem Forum versammelte sich das Volk auch zu den Festen, zu feierlichen Einzügen, zu Theater und Schaustellungen; und in den Stunden der Gefahr standen hier auch die Reserven zum Einsatz bereit. Das Forum war demgemäß von den großen öffentlichen Bauten der Staatsgewalt und von den Tempeln umgeben; und hier schlossen unter Umständen auch die Zeughäuser und Kornmagazine an. Es war der große Beratungs- und Festsaal, aber mit einem Saal, dessen Decke der tiefblaue Himmel des Südens war. Daß sich das öffentliche Leben unter freiem Himmel abspielte, ist wohl das Charakteristischste für die Platzgestaltung jener Zeit in jenen sonnigen Ländern, in denen ja auch der Hauptraum des Hauses, das Atrium, nach oben offen war. Im nordischen kalten und regenreichen Klima können natürlich die Plätze nicht eine solche Bedeutung haben; wir müssen diese wichtigen Handlungen und oft auch ein Teil unserer Feste in geschlossene Räume verlegen; was den Alten das Forum war, ist uns der Sitzungssaal der Behörden und Gerichte, der Konzertsaal, das Theater, die Kirche; nur ausnahmsweise ist uns der Marktplatz noch der Festsaal der Stadt; sogar der Markt als Kaufstätte ist bei uns vielfach in die Markthalle verlegt worden. Hieraus kann man also schließen, daß wir kein so zwingendes Bedürfnis nach Plätzen haben, die die Stadt beherrschen, daß wir wahrscheinlich bescheidener sein könnten als die Antike; jedoch ist das Bedürfnis nach Aufmarschplätzen usw. zu beachten.

Durch das Mittelalter hindurch hat sich südlich der Alpen das alte Forum — natürlich in gewissen Weiterbildungen — erhalten. Aber es war natürlich, daß bei der sich vollziehenden Trennung zwischen kirchlicher und staatlicher Gewalt sich neben dem Lebensmittelmarkt, dem Mercato, zwei Hauptplätze herausbildeten, der Domplatz und die Signoria. An jenem ragten Dom, Baptisterium, bischöflicher Palast und Kloster empor; dieser war umgeben vom Schloß (oder dem Rathaus) mit der Wache und von den Palästen der Großen. Als hervorragende Beispiele sind der Domplatz in Pisa und die Signoria in Florenz zu nennen.

Nördlich der Alpen hat das rauhere Klima natürlich Änderungen hervorrufen müssen; aber in allen alten Städten können wir immer wenigstens einen aus natürlichen Zwecken heraus entstandenen Platz feststellen, den Marktplatz, an dem das Rathaus aufragt; und es entspricht dem kraftvollen, trotzigen

[1] Hierzu ist besonders C. Sitte zu lesen!

Bürgerstolz der Zünfte, daß sie die Zunfthäuser am Marktplatz errichteten, der dergestalt eine würdige und harmonische, aus dem Zweck heraus entstandene Umrahmung erhielt; als eines der edelsten Beispiele dieser Art darf man den Marktplatz zu Brüssel bezeichnen. Später hat dann der Städtebau der Fürsten hervorragende Plätze entstehen lassen. Hinzuweisen ist besonders auf die Bauten des Barock; bei ihnen ist häufig der dreiseitig zugebaute Vorhof des Schlosses mit offener vierter Seite anzutreffen. Die Schöpfungen des Barock sind für den Städtebauer so wichtig, weil sie nicht allmählich entstanden, sondern weil die Gesamtanlage, Platz und Platzwandung mit allem Zubehör, aus einem Guß von einem Künstler geschaffen wurde und weil auch große Künstler heute oft nichts Besseres tun können, als sich die edelsten Beispiele zum Vorbild zu nehmen.

Vergleicht man die früheren Platzanlagen mit ihrer Schönheit, ihrer Ruhe und Harmonie mit vielen unserer heutigen Anlagen mit ihrer Unrast und Stimmungslosigkeit, so findet man, daß die älteren schönen Anlagen übereinstimmend eine Reihe von charakteristischen Zügen aufweisen, auf denen ihre Wirkung beruht:

1. Die alten Plätze sind, wie schon erwähnt, aus einem bestimmten Zweck heraus geschaffen worden, und diese Zweckbestimmung kommt in der Platzgestaltung, der Größe, den Platzwandungen, der Ausschmückung zum Ausdruck. Die heutigen Plätze haben aber vielfach überhaupt keinen Zweck; wie wenig Zweck die meisten haben, ergibt sich daraus, daß die Notwendigkeit vieler Plätze dem Verkehr zur Last geschrieben wird, obwohl der Verkehr nur ausnahmsweise „Plätze" erfordert. Und wo sich die Notwendigkeit eines Platzes aus Forderungen des Verkehrs heraus ergibt, zeigt sich oft, daß der Platz städtebaulich kein Platz ist (vgl. den sog. Potsdamer Platz in Berlin) und daß er verkehrstechnisch in seiner Grundform verfehlt ist.

2. Die alten Plätze sind durch Geschlossenheit ausgezeichnet. Sie haben umrahmende einschließende Wände, die den freien Raum wirklich zu einem „Platz" machen. In unserer Zeit aber werden nur zu oft eine Fülle von (zu breiten) Straßen alle nach (ungefähr) demselben Punkt geführt, und dann nennt man diese Straßenvermittlung einen Platz, obwohl er keine Wandungen hat, sondern aus einem Aneinanderreihen klaffender Lücken besteht. Wir müssen also wieder lernen, das Straßennetz im Bereich jedes Platzes so zu gestalten, daß nur wenige Straßen auf den Platz münden und zwar an der richtigen Stelle und in der richtigen Richtung; wir werden uns hierbei zu bemühen haben, weitere notwendige Straßen erst außerhalb des Platzes von einer Stammstraße abzweigen zu lassen. Der Eisenbahnfachmann wird hier an die sog. „Vorbahnhöfe" denken, durch die die großen Knotenpunkte von der Überlastung durch zu viele unmittelbar einmündende Linien entlastet werden. Im einzelnen sind bezüglich der Geschlossenheit der Plätze noch folgende Winke zu geben: Man soll den Beschauer nicht zwingen, gleichzeitig in mehrere Straßen hineinschauen zu müssen; man soll nicht „Plätze" schaffen wollen, indem man einen durchgehenden Straßenzug an irgendeiner Stelle, etwa am Schnittpunkt mit einer Querstraße, aufreißt, um ihn durch irgendein geometrisches Gebilde zu „beleben" und dann dies Gebilde durch irgendein Verkehrshindernis (Denkmal) zu betonen.

Wenn man an einer Straße einen Platz anlegen will, dann sollte der Platz — etwa ein regelmäßiger viereckiger — jedenfalls mit seiner schmalen Seite sich gegen die Straße kehren, also mit seiner großen Achse senkrecht zur Straße stehen. Schließlich darf noch auf Hilfsmittel hingewiesen werden, die man gelegentlich anwenden darf, um die für notwendige Straßen unentbehrlichen Lücken zu schließen oder wenigstens zu verkleinern: eine vollkommene Überbauung einer Straße, die Durchführung der Straße durch einen Torbogen ist nicht ausgeschlossen; oft aber wird man sich mit einer Verengung der Lücke begnügen können, indem man an den Eckhäusern die Bürgersteige mittels Lauben überbaut. Ob aber Kolonnaden und Säulengänge — ein in Italien und der Antike durchaus berechtigtes Motiv — in unser Klima passen, muß dahingestellt bleiben. Dagegen kann der Abschluß durch Straßenbahnmasten, Kandelaber usw. berechtigt sein; unter Umständen wird eine hochliegende Bahn zum Abschluß geeignet sein, z. B. bei Bahnhofsplätzen. Aber all dies bedarf der ordnenden Hand eines wirklichen Künstlers!

3. Von besonderer Bedeutung ist die Aufstellung der Gebäude. Die Antike stellte an ihrem Forum die Fülle der staatlichen Gebäude und die Tempel auf; die christliche Welt konnte allerdings nicht mehr vielen Göttern viele Tempel errichten, sie erbaute aber neben dem Dom noch den Palast des Bischofs, das Baptisterium, ein Kloster usw. So wurden die wichtigsten Gebäude an einer oder wenigen Stellen in der Stadt vereinigt; und glücklicherweise konnte diese Vielzahl von großen Bauten nicht jedes für sich auf dem Platz aufgestellt werden, denn dazu waren die Plätze zu klein, da sie in vernünftigen, also bescheidenen Abmessungen gehalten waren. Die Gebäude wurden daher an den Platz gestellt; sie bildeten also die Platzwände. Sie brauchten infolgedessen meist nur eine besonders reiche, also kostspielige Fassade zu haben. Dieses straffe Zusammenhalten der verfügbaren Mittel gestattete also, die wenigen zu betonenden Stellen der Stadt auch wirklich künstlerisch auszugestalten. Wir dagegen zersplittern unsere Kräfte, indem wir für jedes einigermaßen wichtige Gebäude einen besonderen Platz fordern und dann auch noch das Gebäude frei auf diesen Platz stellen. Eingebaute Kirchen sind daher bei uns eine Seltenheit, in Italien dagegen die Regel; wir halten also, obwohl wir relativ weniger Geldmittel für Kirchen usw. zur Verfügung haben, die Mittel nicht zusammen, sondern verschleudern sie. Die Folge für das Einzelbauwerk ist dann fast immer, daß, weil jede Seite sichtbar ist, also wirkungsvoll sein soll, alle Seiten schwächlich, ärmlich werden. Und wenn die Kirche auf dem freien Platz vielleicht auch noch würdig ausgestattet werden kann, so ist die Ausgestaltung der Platzwände den Privaten überlassen, die unter Umständen sparsam sein müssen, und die nur selten veranlaßt werden können, sich in Bauart und würdiger Ausstattung der Gebäude an das beherrschende Gebäude anzuschließen. Wir müssen also lernen, die notwenigen Gebäude wieder stärker an wenigen Stellen zu vereinigen und die natürlich zusammengehörigen Gebäude zu Gruppen zusammenzufassen, also z. B. Kirche, Pfarrhaus, Gemeindehaus oder Bahnhof, Post, Dienstgebäude. Zweifellos sind in dieser Beziehung in der letzten Zeit erhebliche Fortschritte gemacht worden und große Schöpfungen entstanden (s. unten).

4. Mit dem Aufstellen der Gebäude nicht auf, sondern am Platz wurde als weiterer großer Vorzug das Freihalten der Mitte erzielt. Erst hierdurch wurden die Plätze zu wirklichen Räumen, zu Versammlungssälen, auf denen sich die Volksmenge einheitlich zusammenfinden konnte.

5. Das Freihalten der Mitte führte weiter dazu, daß auch die kleineren baulichen Zutaten (Denkmäler, Rednertribünen, Brunnen) an den Wandungen entlang aufgestellt wurden. Damit erhielt nicht nur jedes Monument eine gewisse Ruhe, denn es stand abseits vom Hauptgedränge, gewissermaßen im Schutz der Wand, sondern es erhielt auch einen entsprechenden Hintergrund, gegen den es nach Form, Baustoff und Größe abgestimmt werden konnte. Wir dagegen stellen die Denkmäler in die Platzmitte, unter Umständen mitten hinein in den brandenden Verkehr, wo niemand sie in Ruhe betrachten kann, wo sie keinen Hintergrund und keinen Rahmen finden, wo sie meist stark aus dem Maßstab fallen. Durch das richtige Aufstellen der „Zutaten“ werden außerdem die Blickrichtungen auf die großen Bauten, namentlich auf ihre wichtigsten Teile (Türme, Portale) frei gehalten, so daß ihre Schönheit voll gewürdigt werden kann; wir dagegen setzen womöglich ein reich gegliedertes Denkmal in die Achse eines reich gegliederten Portals, anstatt vor eine ruhige glatte Wand.

Auf vielen alten Plätzen, besonders auch auf deutschen Marktplätzen, muß man bewundern, mit welchem Geschick Denkmäler und Brunnen auf den toten Punkten aufgestellt sind, so daß sie den Verkehr nicht behindern und von ihm nicht gefährdet werden; sehr gut jetzt der Wilhelmplatz in Berlin.

B. Platzarten.

Nach ihrer Art kann man die Plätze etwa in folgender Weise unterscheiden:

1. Marktplätze. Sie bilden den Mittelpunkt des städtischen Lebens; an ihnen stehen das Rathaus und unter Umständen weitere wichtige Gebäude der städtischen Verwaltung. Auf dem Marktplatz findet auch der Markt, der Verkauf von Lebensmitteln, Blumen usw. statt. Der Marktplatz soll aber auch der Festraum der Stadt für Empfänge, Versammlungen, für die Aufstellung von Festzügen sein. Er bedarf jedenfalls einer größeren einheitlichen, von Fahrdämmen nicht durchschnittenen Platzfläche. In großen Städten wird sich der Marktplatz in den verschiedenen Stadtgebieten mehrfach wiederholen, weil auch die städtische Verwaltung und der Markt der Dezentralisation bedürfen. Ähnlich wie die Marktplätze sind in den Hauptstädten der Staaten, Provinzen usw. die Plätze zu bewerten, an denen die obersten Behörden ihren Sitz haben. Alle derartigen Plätze sind naturgemäße Gebilde, sie werden harmonisch wirken, wenn bei ihrer Anlage nicht grobe Fehler gemacht werden.

2. Architekturplätze. Sie dienen zur Hebung der architektonisch bedeutungsvollen Bauten und geben die Möglichkeit, Gruppen von wichtigen Gebäuden zu einheitlicher erhöhter Wirkung zusammenzufassen. Außer den Marktplätzen wird man Architekturplätze dort schaffen, wo größere Gebäude öffentlichen und privaten Charakters fordern, daß der Beschauer einerseits in Muße, Ruhe und Sicherheit die Architekturen auf sich wirken lassen kann und daß andererseits die Höhe der Gebäude in einem bestimmten Verhältnis zu der Straßenbreite bzw. der Platztiefe steht. Hierüber hat natürlich der Künstler zu bestimmen; der Verkehrstechniker hat sich ihm unterzuordnen und er hat dafür Sorge zu tragen, daß der Verkehr, also die Fahrdämme so an dem Platz vorbeigeleitet werden, daß sie die Ruhe des Platzes nicht stören und die einheitliche Wirkung nicht beeinträchtigen. Die Architekturplätze sind die gegebenen Stellen für Denkmäler u. dgl. Sie können auch Pflanzenschmuck und „dekoratives Wasser" erhalten, auch unter Umständen hohe Bäume; doch muß sich hier der Schmuck der Architektur unterordnen. Für den Ingenieur ist hierbei bedeutungsvoll, daß mehr und mehr die Ingenieurhochbauten, z. B. die Eisenbahnempfangsgebäude, Wassertürme und Gasbehälter zu den größten Gebäuden in der Stadt werden. Da auch Privatbauten (Banken, Warenhäuser, Verwaltungsgebäude der Großindustrie) mehr und mehr den Charakter beherrschender Monumentalbauten annehmen, sollte man auch für sie Architekturplätze schaffen. Für große Platzschöpfungen hat man das Fremdwort „Forum" angewandt, wenn hier Gebäudegruppen, die einem einheitlichen Zweck zu dienen haben, nach einem einheitlichen künstlerischen Plan zusammengefaßt werden; so könnte man in Großstädten schaffen je ein „Forum" der Stadt, des Staates, der Kunst, der Wissenschaften, des Handels, der Industrie; das ist oft sicher der planlosen Verzettelung der öffentlichen Bauten vorzuziehen.

3. Schmuckplätze. Der Begriff „Schmuckplatz" steht nicht fest. Wenn ein Platz nur angelegt werden sollte, um einen bestimmten Stadtteil zu schmücken, so kann man Bedenken gegen seine Berechtigung haben. Wenn aber Markt- oder Architekturplätze infolge ihrer liebevollen Ausstattung mit Kleinarchitektur (Brunnen, Bänken, Denkmälern), „dekorativem" Grün und „dekorativem" Wasser sich den Namen „Schmuckplatz" erwerben, so wird sich jeder über eine solche Platzanlage freuen. Der Städtebau kann aber ohne diesen Begriff auskommen; als eine besondere Platzart kann man den Schmuckplatz kaum gelten lassen.

4. Erholungsplätze. Sie dienen in erster Linie zur Erholung, zum längeren Aufenthalt und zum Spielen für kleine Kinder, außerdem aber auch für alte Leute, also für die Lebensalterklassen, die nicht rüstig sind und sich nicht durch weite Spaziergänge und Sport erholen können. Die Erholungsplätze für Kinder müssen in geringen Entfernungen von den Wohngebieten namentlich des ärmeren Teiles der Bevölkerung liegen, in der sog. „Kinderwagenentfernung"; es ist also eine große Zahl solcher Plätze über die Stadt zu verteilen. Es kann daher nötig werden, besondere Plätze für diese Zweckbestimmung anzulegen, selbst wenn das Gesamtfreiflächensystem richtig durchgebildet ist; denn auch dann können einzelne Wohngebiete von den Grünanlagen zu weit entfernt liegen. Im übrigen wird man sich aber stets bemühen, die Erholungsplätze in die größeren Grünanlagen einzugliedern. Die Kinderspielplätze erfordern Freihalten von Fahrverkehr; sie bedürfen einer besonderen Ausstattung für das Spielen, für das leibliche Wohl der Kinder und für den Schutz gegen Regen und Zugluft. Sie sollten durch Hecken und durch die notwendigen Bauten (Milchhäuschen, Regenschutzhallen) so abgeschlossen werden, daß der von ihnen ausgehende Lärm gedämpft wird. Das unmittelbare Nebeneinanderlegen von Spielplatz für kleine Kinder und von Sitzplatz für die Alten kann ganz gut sein, denn dem Spiel der Kinder zuzuschauen, ist für manchen Alten die schönste Erholung. Eine Trennung durch eine lebende Hecke ist leicht herzustellen. In den letzten Jahren sind so manche liebevoll durchgebildete Kinderspielplätze geschaffen worden; sie zeichnen sich vielfach auch durch ihren dem Kindergemüt angepaßten Schmuck aus.

Zu den Erholungsstätten kann man auch die „Squares" rechnen, deren Begriffsbestimmung allerdings nicht feststeht. Camillo Sitte nennt die Squares „eine in Grund und Boden verfehlte Anlage". Dieses Urteil ist in seiner Verallgemeinerung zu hart; es trifft nur auf jene Plätze zu, die in einem geometrischen Straßennetz dadurch entstehen, daß gelegentlich ein Baublock unbebaut gelassen und nun irgendwie mittels Rasen, Büschen, Teppichbeeten, Bäumen, Wasserbecken, Denkmälern zu einem „Schmuckplatz" gestempelt wird. Sitte schreibt:

„Ist nur erst ein Bebauungsbezirk schön säuberlich durch geradlinige parallele Straßen schachbrettartig in Baublöcke zerlegt, und wünscht man irgendwo einen öffentlichen Garten oder Kinderspielplatz, so läßt man einen oder mehrere Blöcke unbebaut, übergibt sie zu mehr oder weniger anspruchsvoller Ausgestaltung dem Stadtgärtner, und der Square ist fertig. Der Umstand, daß dieser Garten dann ringsherum frei an der Straße liegt, wird bei dieser einfachen Methode nicht beachtet; gerade darin liegen aber die groben Fehler dieser Anordnung, denn von der Straße wirbelt der Wind allen Staub, diese furchtbarste Plage des Großstadtlebens, über die Gartenanlage weg, die noch obendrein von dem ganzen Lärm der Straße erfüllt ist, besonders wenn diese Squares nur in kleinerem Flächenmaß angelegt sind."

Er stellt dann diesen verfehlten Anlagen, die zur Erholung nicht geeignet sind und daher von der Bevölkerung gemieden werden, die alten (ehemalig herrschaftlichen) Privatgärten gegenüber, die, sobald sie dem öffentlichen Besuch zugänglich gemacht sind, von Erholungsbedürftigen überfüllt sind; denn sie liegen nicht an der offenen Straße, sondern sind gegen sie durch ihre alten Mauern abgeschlossen, sie sind daher windstill und staubfrei und von „nervenberuhigender idyllischer Ruhe". Sitte warnt daher auch mit Recht vor dem früher so beliebten Niederreißen der alten Parkmauern.

Die scharfe Kritik ist für manchen „Square" zutreffend, und es ist dann Aufgabe des Städtebauers zu erwägen, wie vielleicht durch Vertiefen des Platzes, durch dichte (immergrüne) Hecken, auch durch Mauern und durch Bänke mit hohen Rückwänden der Platz verbessert werden kann. Andererseits gibt es aber auch Squares, die richtig gelegen, nämlich dem Straßenverkehr entzogen sind und ihren Zweck gut erfüllen. Auch der Erholungsplatz im Blockinneren ist oft zweckmäßig; er kann unter Umständen ohne unzulässig hohen Aufwand bei der „Altstadtsanierung" gewonnen werden; er ist vielfach die zweckmäßigste

Lösung für neue Wohnviertel (vgl. die entsprechenden Ausführungen an anderen Stellen).

5. Verkehrsplätze. Den Verkehrsplätzen muß man kritisch gegenüberstehen. Die „Verkehrsfanatiker" fordern um so mehr und um so größere Plätze, je geringer ihre Kenntnisse sind; der Verkehrsfachmann vertritt dagegen den Standpunkt, daß er nur ausnahmsweise einen „Platz" braucht. Vielfach werden Plätze als „Verkehrsplätze" bezeichnet, weil man um eine andere Begründung für ihre Notwendigkeit verlegen ist.

Tatsächlich bedarf der Verkehr, wenn vom Parken abgesehen wird, nur an wenigen Stellen eines Platzes; denn das Kennzeichen des Verkehrs ist nicht der Stillstand, sondern die Bewegung; der Verkehr erfordert also Bahnen, die sich allerdings an gewissen Stellen häufen (berühren, verzweigen, kreuzen) und infolgedessen auf gewisse Strecken nebeneinander hergeführt werden müssen, so daß die Gesamtbreite vergrößert werden muß.

Eigentliche Plätze werden erst notwendig, wenn größere Mengen von Fahrzeugen längere Zeit aufgestellt werden müssen. Dies ist aber, vom Parken der Privatwagen abgesehen, eigentlich nur notwendig:

1. Für Kraftdroschken; diese können sich aber fast immer am Bürgersteig entlang oder in der Straßenmitte in einer langen Reihe aufstellen.

2. Für Straßenbahnen und Omnibusse an deren End- und Einsatzstationen. Hier können aber im allgemeinen an kritischen Stellen, nämlich in der Innenstadt, keine Schwierigkeiten entstehen, weil die Linien nicht in der Innenstadt beginnen und endigen, sondern sie als Durchmesserlinien durchqueren sollen, so daß die Endstationen (und die Straßenbahnhöfe und Omnibusgaragen) in die Außengebiete zu liegen kommen. Wo ausnahmsweise Straßenbahnlinien im Stadtinneren endigen müssen, kann man auch ohne „Platz" gute Lösungen erzielen, indem man die Linie schleifenförmig um einen Block herumführt.

3. Für den besonders starken Verkehr, der zu bestimmten Zeiten an Stadthallen, Theatern, Konzertsälen, Ausstellungen, Stadien usw. entsteht; diese Gebäude müssen aber überhaupt richtig in den Verkehr hineingestellt werden.

4. Für die Fuhrwerke, durch die die Märkte und Markthallen bedient werden.

5. Für den Verkehr von und zu den Bahnhöfen; für diesen sind natürlich „Bahnhofplätze" notwendig, die noch besonders erörtert werden müssen.

Daß das Bedürfnis nach „Verkehrsplätzen" tatsächlich — bis zum Aufkommen des Kraftwagens — recht gering war, ergibt sich daraus, daß in manchen Weltstädten gerade die am stärksten belasteten Stadtteile auffallend wenig Plätze aufweisen und daß diese wenigen Plätze für den Verkehr nicht in Anspruch genommen zu werden brauchten, sondern als „Schmuckplätze" erhalten bleiben konnten, vgl. den Leipziger und manchen anderen Platz in Berlin, vgl. auch wie wenig Verkehrsplätze die amerikanischen Riesenstädte aufweisen.

C. Formen und Größe der Plätze. — Platzgruppen.

Es ist ausgeschlossen, in diesem engen Rahmen alle Platzformen zu erörtern und zu würdigen. Wir beschränken uns daher auf die regelmäßigen Plätze und besprechen von diesen in erster Linie die falschen Formen. Diese Art der Darstellung genügt hier, weil die schönheitlichen Fragen zum Teil schon erörtert sind und weil die verkehrstechnischen Fragen noch behandelt werden müssen.

In Abb. 59 sind eine Reihe der wichtigsten falschen Platzformen dargestellt. Sie sind sämtlich geometrisch und symmetrisch. Ihre Fehler bestehen darin, daß der Verkehr den Platz in der Mitte schneidet, daß also eine Platzwirkung kaum möglich ist und daß die Wege für Fußgänger über den Platz hinüber gefährlich werden. Man kann diese Formen dergestalt entstanden denken, daß der Platz durch Verbreitern der Straßen nach beiden Seiten hin gewonnen ist.

Neuerdings wird das in diesen Platzformen zum Ausdruck kommende „Abschneiden der Ecken“ von manchen Seiten mit Rücksicht auf den Verkehr wieder gefordert. Aber selbst wo dies — aus wirklichen Verkehrsgründen oder zur Erzielung besserer Grundrißlösungen für die Eckhäuser — zweckmäßig sein sollte, darf man solche Gebilde nicht „Platz“ nennen. Außerdem darf man dann nicht etwa die Fahrflächen vergrößern, sondern man muß, unter entsprechender Vergrößerung der Bürgersteige, die beiden Fahrdämme glatt hinüberführen. Verfehlt ist es wahrscheinlich immer, in dem Mittelpunkt irgendein

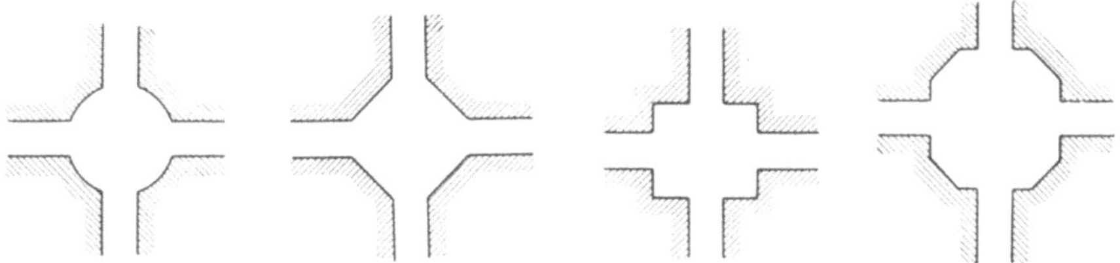

Abb. 59. Falsche Platzformen.

Denkmal aufzustellen; desgleichen kann es verfehlt sein, den Fahrverkehr um eine mittlere runde Insel herumzuleiten, namentlich dann, wenn der „Platz“ so klein ist, daß die Haltestellen der Straßenbahn nicht unmittelbar in die Insel gelegt werden können und der Fahrverkehr sich nicht richtig „einfädeln“ kann; auf diese Frage wird noch zurückgekommen werden.

Als falsch darf man wohl auch den in Abb. 60 dargestellten Sternplatz bezeichnen. Er ist aber früher ein besonders beliebtes „Motiv“ gewesen und es gibt immer noch Städtebauer, namentlich in romanischen Ländern, die diese Form für besonders schön, wirkungsvoll oder zweckmäßig halten müssen, denn man begegnet dem Sternplatz immer wieder.

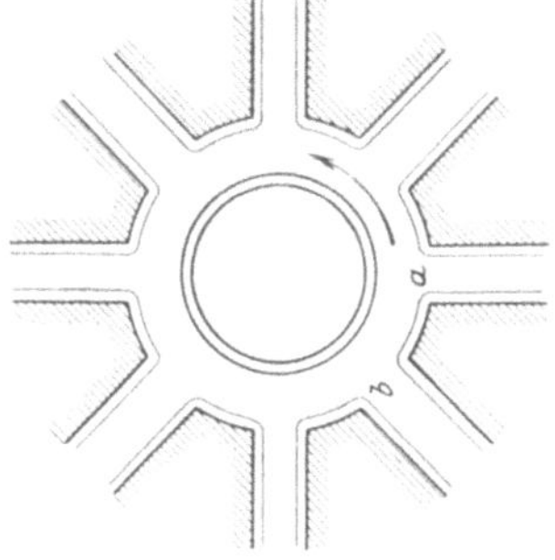

Abb. 60. Sternplatz.

Es gibt Sternplätze, die ansprechend sind, nämlich die Sterne in großen Parkanlagen, deren Mitte durch ein großes Motiv, häufig durch das stärkste Gartenmotiv, einen gewaltigen Springbrunnen, besonders betont ist. Gehen von der „großen Fontäne“ strahlenförmig Alleen durch den Park nach dem Schloß, dem Kavalierhaus, einem Gartentempel usw., so kann das architektonisch einwandfrei sein, und verkehrstechnisch ist dagegen einfach deswegen nichts zu erinnern, weil „Verkehr“ in solchen Parkanlagen nicht vorhanden ist.

Falsch aber war es, daß man das Motiv in die Häusermassen und den Verkehr verpflanzte. Hier wirken die Sternplätze nicht nur vielfach architektonisch schlecht, sondern sie erschweren auch das Zurechtfinden; und die Dämme für den Fahrzeugverkehr sind auf solchem Platz wahrscheinlich überhaupt nicht richtig zu disponieren; auf vielen Plätzen hat man es damit versucht, einen ringförmigen Fahrdamm anzulegen, auf dem sich aller Verkehr nur in der einen Richtung bewegen darf, so daß also z. B. ein Wagen von a nach b um den ganzen Platz herumfahren muß; bei dieser Verkehrsregelung haben offensichtlich unklare Vorstellungen über den Schleifenbetrieb von Straßen- und Stadtbahnen eine gewisse Rolle gespielt.

Während der volle Sternplatz verkehrstechnisch meist als verfehlt bezeichnet werden kann, können halbe Sternplätze, also fächerförmige Plätze an manchen Stellen zweckmäßig oder sogar notwendig werden, und zwar aus folgendem Grunde: Wo Bahnanlagen oder Flüsse oder sonstige „Barrikaden“ nur an wenigen Stellen von Straßen durchbrochen werden können, ist hinter dem Hindernis, also hinter der geschlagenen Bresche, eine Fächerung des Verkehrs erforderlich. Eine solche Platzgestaltung — man wird sie besser nur „Straßenvermittlung“

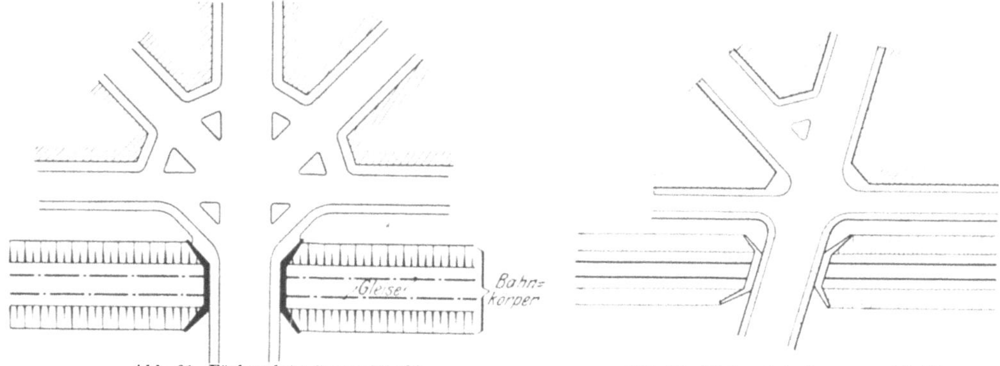

Abb. 61. Fächerplatz (geometrisch). Abb. 62. Fächerplatz (unsymmetrisch).

nennen — ist in Abb. 61 dargestellt, und zwar in der regelmäßigen geometrischen Form, die allerdings meistens nicht anzuwenden sein wird, weil die Verkehrsbelastung der ausstrahlenden Straßen wahrscheinlich ungleichmäßig sein wird; die übertrieben geometrische Form ist also etwa nach Abb. 62 durch eine unsymmetrische Form zu ersetzen.

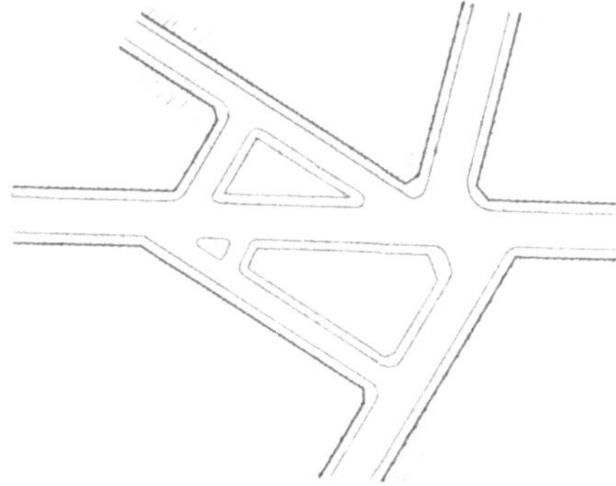

Abb. 63. Doppelter dreieckförmiger Platz.

Als falsch kann man im allgemeinen dreieckförmige Plätze bezeichnen, namentlich dann, wenn sie nach Abbildung 63 in ein ziemlich regelmäßiges Straßennetz ohne bestimmten Grund hineingelegt werden. Dagegen wird man sie nicht ablehnen dürfen, wenn die Gestaltung des Straßennetzes auf sie hinweist.

In Hannover ist z. B. der in Abb. 64 dargestellte Hauptplatz der Innenstadt, der Adolf-Hitler-Platz, dreieckförmig; er wirkt städtebaulich ausgezeichnet. Er wird nämlich so von dem Opernhaus beherrscht, daß er in seiner Gesamtgestalt nicht zu erkennen ist, sondern für das Auge in zwei voneinander getrennte Plätze geschieden wird. Die so entstehenden zwei Plätze sind je für sich wieder dreieckförmig, sie sind aber in ihren Größen so fein auf das Opernhaus abgestimmt und gärtnerisch so geschmackvoll durchgebildet, daß der Beschauer keine Veranlassung hat, sich über die Gestalt des Grundrisses Gedanken zu machen.

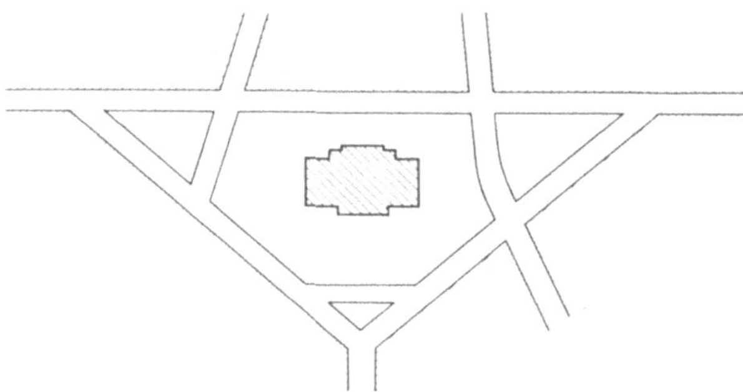

Abb. 64. Dreieckförmiger Platz.

Im allgemeinen wird man zu einer richtigen Platzform kommen, wenn man folgende Regeln beachtet: Man gehe von einer ungefähr rechteckigen Gestalt aus, aber ohne geometrischen Zwang, ohne schnurgerade Linien, ohne rechte Winkel, es sei denn, daß die Architektur dies (ausnahmsweise) verlangt.

Bei diesem Rechteck mache man das Verhältnis von Breite zu Länge größer als 1 : 1 und kleiner als 1 : 2; man vermeide also einerseits quadratische, andererseits übermäßig lange Plätze; jedoch sind größere Längen bei typischen „Breitenplätzen" (s. unten) unter Umständen notwendig. Man bilde die Plätze dem natürlichen Zug der Straßen folgend dergestalt, daß die Straßenmündungen an die Ecken des Platzes, also nicht in die Mitten der Platzwände zu liegen kommen. Man lege den Platz nicht mit seiner längsten, sondern mit seiner kürzesten Seite an die an ihm vorbeiführende wichtigste (breiteste) Straße; der Platz wird dann ruhiger und geschlossener. Man hüte sich davor, einen Platz unmittelbar an eine Hauptverkehrsstraße zu legen; denn diese wird wahrscheinlich so breit sein, daß sich der Platz, wenn er in angemessener Größe gehalten wird, gegen sie nicht wird behaupten können.

Man überlege sich die Höhenlage des Platzes recht genau, namentlich bei Plätzen, die die richtige Linienführung der Straßen zeigen, nämlich die Führung nicht durch die Mitte, sondern nur am Rande. Bei dieser richtigen Gestaltung kann man nämlich den eigentlichen Platz unter Umständen mit hohem Erfolg vertiefen und dann gegen das beherrschende Gebäude ansteigen lassen; auf keinen Fall darf ein Platz gegen dieses Gebäude abfallen. Man muß sich hierbei auch überlegen, ob man den Platz besser mit Rasen oder Stein, also mit Grün oder Grau bedeckt; auch große Wasserbecken kommen dann in Betracht[1].

Von großer Bedeutung für die Form ist die Frage, ob der Platz im Hinblick auf seine Wandungen ein Breiten- oder Tiefenplatz oder beides zugleich ist.

Wird der Platz nämlich von einem Gebäude beherrscht, das im Verhältnis zu den anderen Platzwandungen schmal und hoch ist, so ist der Platz als Tiefenplatz zu gestalten; es muß also seine „Tiefe", d. h. seine Länge auf dieses Gebäude abgestimmt werden; denn

„in dieser Richtung wird vorwiegend der Platz und das dominierende Bauwerk betrachtet; in dieser Richtung sollen seine Größe, sein Format, sein etwaiger figürlicher Schmuck so angeordnet sein, daß alles in allem ein Maximum der Wirkung herauskommt" (Sitte, a. a. O., S. 48).

Übrigens braucht das beherrschende Gebäude nicht unmittelbar am Platz selber zu stehen; es kann vielmehr über davorstehende, die Platzwand unmittelbar bildende niedrigere (bescheidene) Baulichkeiten hinüberschauen. Hierdurch kann die Wirkung unter Umständen sogar gesteigert werden, namentlich dadurch, daß der Beschauer die richtigen Maßstäbe erhält.

Wird der Platz dagegen von einem Gebäude beherrscht, das lang, aber verhältnismäßig niedrig ist, so ist er als Breitenplatz zu gestalten; es muß dann nämlich seine Breite auf dieses Gebäude abgestimmt werden.

Die Beziehungen der Länge und Breite des Platzes zu den Platzwandungen, namentlich zu deren Höhe, geben auch Fingerzeige für die Größe der Plätze. Allgemein läßt sich sagen, daß bei einem Breitenplatz die Breite mindestens so groß sein muß wie die Gebäudehöhe, daß sie aber besser doppelt so groß sein sollte, weil erst dann das ganze Gebäude als einheitliches Bild erfaßt werden kann, daß jedoch eine mehr als dreifache Breite zwecklos ist und sogar anfängt schädlich zu wirken. Geht man nun davon aus, daß große lange Gebäude bei vernünftigen Bauordnungen nicht höher als 25 bis 30 m sein werden, so braucht kein Platz breiter als 60 bis 80 m zu sein. Und da ein Platz höchstens 2mal so lang wie breit sein sollte, so erhält man Längen von etwa 120 bis 160 m. Hieraus ergibt sich, daß ein Platz kaum größer als 13000 m² sein dürfte. Man wird aber in den modernen Großstädten lange suchen müssen, um einen wichtigen Platz von dieser bescheidenen Größe zu finden. Unsere Plätze sind vielmehr fast sämtlich zu groß, und viele lassen jeden Maßstab zu ihren Gebäuden vermissen.

[1] Persönlich vertrete ich die Ansicht, daß der Platz vor dem Zwinger in Dresden besser mit Rasen bedeckt würde; und bei dem Schloßplatz in Würzburg glaube ich, daß es das Beste wäre, ihn zu vertiefen, ihn dann mit Rasen zu bedecken und vielleicht ein Wasserbecken in die Achse des Hauptportals zu legen.

Wie klein Plätze sein können, ergibt sich aus den folgenden zwei Beispielen, die für die in diesem Sinn maßgebenden Platzarten, nämlich den Architektur- und den Verkehrsplatz gelten und deshalb ausreichend sind, weil die anderen Plätze (Markt-, Schmuck- und Erholungsplätze) noch kleiner sein können.

1. Der Markusplatz in Venedig (die „Piazza") ist nach Abb. 65 nur 56 bis 82 m breit und nur 175 m lang; er ist nur 12000 m² groß und vielleicht auch gerade wegen dieser bescheidenen Abmessungen von hervorragender Schönheit; er hat aber keinen Fahrverkehr!

Der Markusplatz bildet mit der „Piazetta" eine Platzgruppe (s. unten). Er ist in bezug auf den Dom San Marco ein Tiefenplatz, in bezug auf die Prokurazien ein (zweiseitiger) Breitenplatz; die Piazetta ist ein Breitenplatz in bezug auf die Hauptfront des Dogenpalastes, ein Tiefenplatz in bezug auf die herrliche Aussicht über den hier schon ziemlich

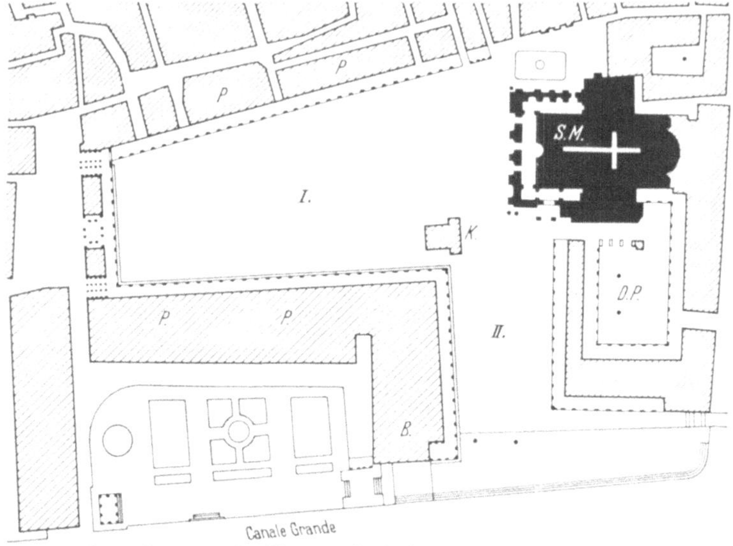

Abb. 65. Markusplatz. *I.* Piazza, *II.* Piazetta, *P.* Prokurazien, *K.* Kampanile, *D.P.* Dogenpalast, *S.M.* Dom San Marco, *B.* Bibliothek.

breiten Kanal nach S. Giorgio Maggiore. „So viel Schönheit auf diesem einzigen Fleckchen Welt vereinigt, daß kein Maler noch je Schöneres ersonnen hat an architektonischen Hintergründen, kein Theater noch je Sinnberückenderes gesehen hat, als es hier in Wirklichkeit zu erstehen vermochte. Das ist in Wahrheit der Herrschersitz einer großen Macht, einer Macht des Geistes, der Kunst und Industrie, welche die Schätze der Welt auf ihren Schiffen vereinigt, von hier aus aber die Herrschaft über die Meere ausübt, an diesem schönsten Punkt des Erdenrundes die gewonnenen Schätze genießt. Nicht einmal Titian und Paul Veronese haben in ihren frei komponierten Stadtbildern (Hintergründe der großen Hochzeitsbilder usw.) etwas noch Herrlicheres zu ersinnen vermocht. Sehen wir zu, mit welchen Mitteln diese unübertroffene Pracht erreicht ist, so zeigen sich die aufgewendeten Mittel allerdings von ungewöhnlichster Art. Die Wirkung des Meeres, die Häufung prächtigster Monumentalbauten, die Fülle von plastischem Schmuck an denselben, die Farbenpracht von S. Marco, der gewaltige Kampanile. Das alles ist aber auch vortrefflich gestellt und die gute Aufstellung gehört entschieden mit zum Ganzen. Zweifeln wir nicht daran, daß alle diese Kunstwerke, nach modernem System verzettelt aufgestellt, schnurgerade nach geometrischen Mittelpunkten, in ihrer Wirkung unglaublich erniedrigt werden könnten. Man denke sich S. Marco frei gelegt; in der Achse des Hauptportales inmitten eines riesigen modernen Platzes den Kampanile, die Prokurazien, Bibliothek usw., statt eng geschlossen nach dem modernen ‚Blocksystem' einzeln herumgestellt und an einem solchen sog. Platz dann noch gar eine Ringstraße von nahezu 60 m Breite vorbeigeführt. Man kann den Gedanken nicht ausdenken. Alles vernichtet, alles! Es gehört eben doch beides zusammen; sowohl schöne Bauten und Monumente als auch eine gute richtige Aufstellung derselben" (Camillo Sitte).

2. Der in Abb. 66 dargestellte Bahnhofplatz in Hannover dient dem Bahnhofsverkehr (und zwar einschließlich des Post- und Expreßgutverkehrs),

eines der zehn größten Knotenpunkte Deutschlands; er ist gleichzeitig einer der zwei wichtigsten Verkehrsplätze einer durch besonders starken Verkehr ausgezeichneten Stadt von rund 450000 Einwohner. Er ist nur 18000 m² groß und wird noch nicht einmal für den Verkehr vollständig in Anspruch genommen, obwohl seine gegenwärtige Gestaltung verkehrstechnisch schlecht ist.

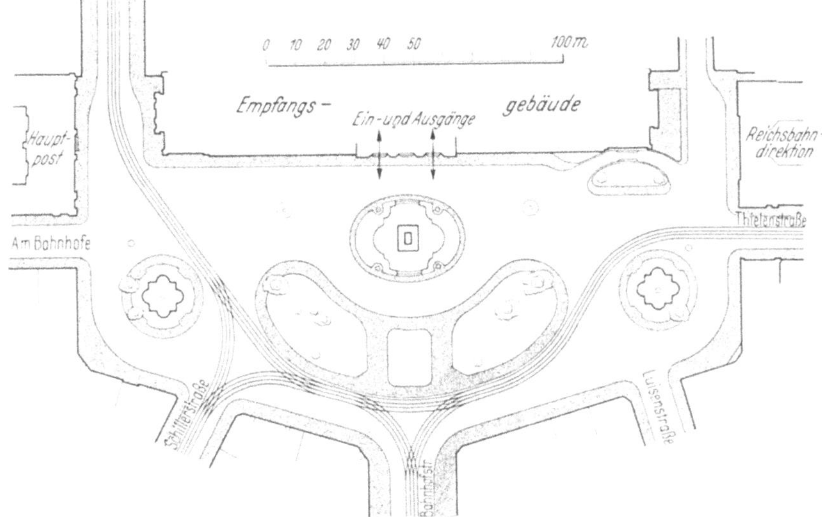

Abb. 66. Hannover, Bahnhofplatz.

Zwei Arten von „Riesenplätzen“ sind aus ihren Zwecken heraus begründet und dürfen daher nicht beanstandet werden. Es sind die Aufmarschgelände und die Flugplätze. Bei diesen Plätzen fehlt jede Möglichkeit, die

Abb. 67. Königlicher Platz in München.

Abmessungen des Platzes zu der Höhe der Platzwandungen in Beziehung zu bringen, da ein vernünftiger Städtebau die erforderliche Höhe und Stockwerkzahl ablehnen muß; die Gebäude am Rand solcher Plätze „nehmen sich vielmehr aus, wie in freier Natur aufgestellte Villen oder aus der Ferne gesehene Dörfer“. Die Flugplätze kann man übrigens kaum als städtische Plätze bezeichnen, da sie zu weit außerhalb liegen müssen; eine hohe Randbebauung würde bei ihnen sicherungstechnisch verfehlt sein. Die kleineren Aufmarschplätze können vielleicht von großen Künstlern gemeistert werden, indem der Platz selber vertieft und in

Lage und Höhe gegliedert wird und indem einige Gebäudeteile turmartig betont werden. Abb. 67 zeigt den Königlichen Platz in München in seiner neuen, eindrucksvollen, würdigen Gestaltung.

Die nachstehende Zusammenstellung enthält die Hauptabmessungen einiger wichtiger und besonders lehrreicher Plätze:

Name		Abmessungen			Bemerkungen
der Stadt	des Platzes	Breite m	Länge m	Fläche m²	
Bremen . . .	Markt	63	68	4300	Anerkannt schöne Plätze nördlich der Alpen
Lübeck	Markt	60	85	5000	
Nancy	Stanislaus	100	120	12000	
Venedig . . .	Markusplatz	58 90	175	13000	Der „schönste Platz der Welt“
Kassel	Königsplatz	140	Durchm.	15400	
Berlin	Wilhelmplatz	98	176	17000	
Hannover. . .	Bahnhofplatz	90	200	18000	Verkehrstechnisch vollkommen ausreichend
Triest	P. Grande	100	190	19000	
Rom	P. del Popolo	150	180	20000	
London. . . .	Trafalgar Square	145	155	22000	
Stuttgart . . .	Schloßplatz	180	210	38000	
Berlin	Gensdarmenmarkt	155	340	53000	Zu groß!
Rom	St. Peter	240	340	57000	

Mit der Erwähnung des Markusplatzes und der Piazetta ist schon auf die Platz**gruppe** hingewiesen. Diese ist, besonders in Italien ein so häufiges Motiv, daß man sie geradezu als Regel für die Mittelpunktbildung der Stadt ansprechen kann. Mit der Bildung der Platzgruppe wird nicht dem Grundsatz widersprochen, daß die Zahl der Plätze einer Stadt insgesamt klein sein soll. Die Platzgruppe könnte man vielmehr als die Auflösung eines übergroßen Platzes — auf dessen Mitte wir das beherrschende Gebäude freistehend errichten würden — in eine Reihe kleinerer Plätze bezeichnen, die den Zweck haben, daß das Gebäude nicht frei zu stehen braucht, sondern angebaut werden kann und daß gleichzeitig seine besten (wichtigsten, kostbarsten) Teile (Portal, Turm) je für sich voll zur Geltung gebracht werden.

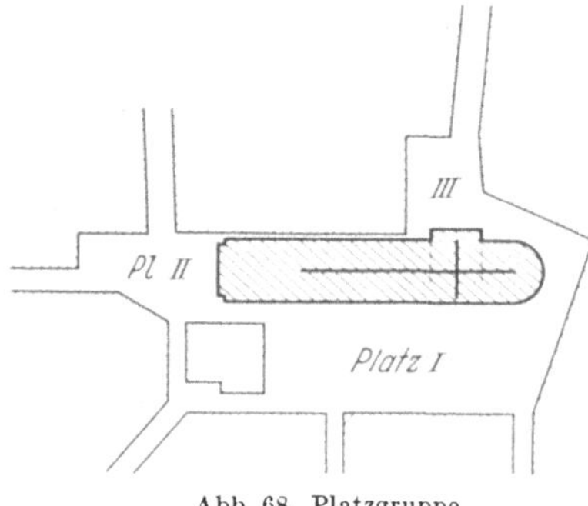

Abb. 68. Platzgruppe.

So haben z. B. bei der in Abb. 68 dargestellten Platzgruppe die drei Plätze folgende Bedeutung:

Platz I Breitenplatz für die Seitenfassade, man beachte, daß die andere Seite vollständig angebaut ist!

Platz II Tiefenplatz für das Portal, übrigens mit einer auf dieses zulaufenden Straße.

Platz III Tiefenplatz für den Turm. Man beachte, daß die drei Plätze gegeneinander abgetrennt sind und daß jeder in sich geschlossen ist.

Weitere Beispiele, namentlich auch aus Deutschland, siehe bei Sitte.

Wir werden also bei unseren Planungen oft zu überlegen haben, ob wir aus derartigen künstlerischen Überlegungen heraus die Platzgruppe anwenden können oder sollen.

Außerdem kann die Platzgruppe aber auch aus verkehrstechnischen Erwägungen heraus begründet sein und hier in vielen Fällen eine besonders glückliche Lösung darstellen. Namentlich gilt dies von der Auflösung der bei großen Bahnhöfen erforderlichen Gesamtplatzfläche in mehrere selbständige Plätze, je für Abfahrt, Ankunft, Post, Parken und Straßenbahn-Abstellgleise.

D. Winke für die verkehrstechnische Entwurfbearbeitung von Plätzen.

Für die Bearbeitung der Entwürfe zu Plätzen mit starkem Verkehr seien folgende Winke gegeben:

1. Man fasse den ganzen Platz zunächst als einen großen einheitlichen Bürgersteig, also als eine große „Platzinsel" auf, so als ob auf dem Platz nur Fußgängerverkehr bestände. [Beste und in dieser Vollkommenheit sehr seltene Fußgängerplätze sind der Markusplatz in Venedig, der Domplatz in Ragusa, die Plätze vor großen Moscheen (vgl. Abb. 69).]

Abb. 69. Platz vor einer Moschee.

2. Man schneide die Fahrdämme in diese Insel ein; geradlinig ist nicht erforderlich, aber gestreckt und übersichtlich, ohne überflüssige Verbreiterungen, jedoch in der für den glatten Verkehr notwendigen Breite.

3. Man bemühe sich dabei, mit möglichst wenig Fahrdämmen auszukommen und die Platzmitte möglichst nicht zu durchschneiden.

4. Dies wird man oft am besten erreichen, indem man einen durchgehenden, ausreichend breiten Fahrdamm an den Platzwänden entlang um den ganzen Platz herumführt. Dieser Fahrdamm fängt dann alle einmündenden Fahrdämme ab und verbindet sie untereinander. Liegt der Platz hierbei gut im Straßennetz, wie z. B. bei Abb. 70, so wird wahrscheinlich nichts Wesentliches mehr abzuändern sein; ist die Gesamtgestaltung aber ungünstig, wie z. B. bei dem in Abb. 71 dargestellten Sternplatz, so muß man prüfen, ob der Verkehr durch einen um den Platz herumführenden Fahrdamm ausreichend bedient wird. Hieraus folgt:

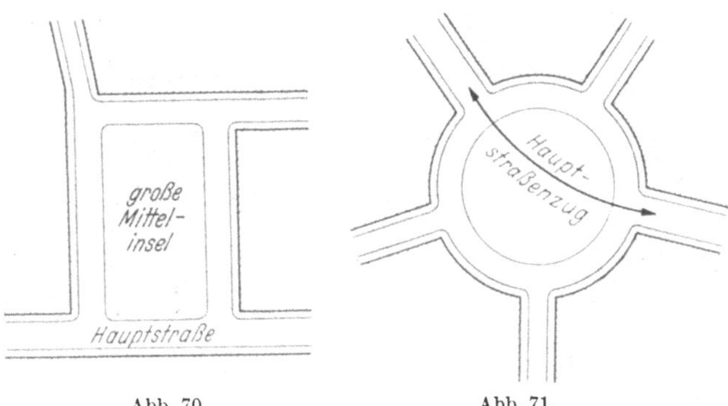

Abb. 70. Abb. 71.

5. Man prüfe allgemein, ob der um den Platz herumführende Fahrdamm für den Gesamtverkehr ausreichend ist oder ob für die besonders starken Verkehrsbeziehungen direkte Verbindungen notwendig sind, die dann die Platzmitte durchschneiden müßten. Dem Bedenken, daß wenige Fahrmöglichkeiten nicht ausreichen könnten und der Meinung, daß man möglichst alle Möglichkeiten offen lassen müßte, ist entgegenzuhalten, daß hierdurch eine entsprechend große Zahl von Kreuzungen entstehen würde.

6. Man prüfe jeden Fahrweg für beide Richtungen daraufhin durch, ob alle Wege glatt, gestreckt und übersichtlich sind. Wo dies mit dem Auge allein

nicht zuverlässig beurteilt werden kann, verfolge man jeden Verkehrsstrom mit Hilfe von kleinen Fahrzeugmodellen. Gute Hinweise bei vorhandenen Plätzen mit zu großen Fahrflächen bieten auch die Spuren im frisch gefallenen Schnee.

7. Man führe die Straßenbahnlinien über die große Platzinsel und vereinige auf ihr alle Straßenbahnhaltestellen; hierdurch wird der Umsteigeverkehr, der gerade bei Plätzen mit starkem Verkehr sehr oft überwiegt, — ohne den Fahrverkehr zu stören — bequemer und sicherer gemacht. Wenn die große Insel hierfür nicht ausreichend sein sollte, so ist dies ein Beweis dafür, daß der Platz nach Größe, Gestalt oder Lage nicht zweckentsprechend ist. Man muß dann leider einzelne Haltestellen vor oder hinter dem Platz in die Straßenmündungen legen. Auch die Weichen der Straßenbahn lege man möglichst nicht in die Fahrdämme, sondern in Inseln. Eine zur Verfügung stehende große Platzinsel nicht für die Straßenbahn auszunutzen, wird meistens falsch sein; man beachte, daß die Straßenbahn ein ,,fahrbarer Bürgersteig“ ist und daß sich Straßenbahn und Fußgänger aufs Beste miteinander vertragen (s. unten)[1].

8. Dann lege man die Haltestellen der Omnibusse fest; oft eine sehr schwierige Aufgabe! Verbreiterungen der Fahrdämme, Ausbuchtungen, besondere Haltestreifen sind hierbei oft zweckmäßig.

9. Man prüfe alle Übergänge für Fußgänger durch, ob sie kurz und klar und möglichst rechtwinkelig sind.

10. Die hiernach aufgestellte erste Gesamtskizze muß dann auf alle Einzelheiten und — scheinbaren — ,,Kleinigkeiten“ genau durchgeprüft werden. Der Entwurf wird um so besser sein, je kleiner die Zahl der Inseln ist und je größer die einzelnen (wenigen) Inseln sind, je mehr die Fahrdammkreuzungen und -einmündungen sich dem rechten Winkel nähern, je länger die Fahrstrecken zum Ein- und Ausfädeln sind, je schärfer die gesamte Straßenbahnanlage auf einer Insel konzentriert ist. Dagegen sind viele kleine Inseln, spitzwinkelige Kreuzungen und eine Verzettelung der Straßenbahnhaltestellen ein Zeichen dafür, daß der Entwurf schlecht ist. Ein guter Prüfstein für die Güte des Entwurfes ist die Frage, wieviel Verkehrszeichen und Polizeibeamte man braucht; am besten ist der Platz, der auf beide verzichten kann!

Man muß bei größeren Platzgestaltungen auch beachten, daß sie meist recht kostspielig sind; Beträge von 400000 bis 700000 RM werden oft erforderlich sein, und oft wird die Umgestaltung des einen Platzes Änderungen an anderen Knotenpunkten notwendig machen. Man darf es daher nicht als falsch bezeichnen, wenn man zur Erprobung des Geplanten zunächst Provisorien (aus Holz oder mittels beweglicher Bordsteine) herstellt.

Die schwierigsten Verkehrsplätze werden im allgemeinen die **Bahnhofplätze** sein; es verlohnt sich daher, sie besonders zu erörtern; das Über-sie-zu-Sagende wird aber auch auf die Plätze vor Theatern, Ausstellungen u. dgl. anwendbar sein, weil es sich bei allen um einen besonders starken Fußgänger-, Straßenbahn-, Omnibus- und Wagenverkehr zwischen der Straße und einem großen, verkehrsreichen Gebäude handelt. Hierbei werden die Anforderungen an die verkehrstechnische Durchbildung des Platzes beim Bahnhofplatz am umfangreichsten, eigenartigsten und vielseitigsten sein, weil bei ihm auch auf einen starken und vielgestaltigen Güterverkehr (Reisegepäck, Postsachen, Expreßgut) Rücksicht zu nehmen ist, und weil außerdem ein großer Teil der Reisenden ortsunkundig, eilig und aufgeregt ist.

---

[1] Wer eine große Platzinsel für den Straßenbahn- und womöglich auch für den Fußgängerverkehr vollständig sperren will, habe den Mut, sie dann für den einzigen noch übrig bleibenden Zweck auszunutzen, nämlich als Schafweide; sie etwa zum Parken benutzen zu wollen, kann bedenklich sein. Die Zahl der Zufahrten zum Parkplatz müßten dann jedenfalls im Interesse des fließenden Verkehrs möglichst gering gehalten werden.

Jeder Bahnhofvorplatz dient zwei verschiedenen Verkehrsarten, dem gewöhnlichen, den Platz berührenden, durchgehenden Straßenverkehr und dem besonderen Verkehr zwischen Bahnhof und Stadt (Bahnhofsverkehr).

Der gewöhnliche Straßenverkehr ergibt sich daraus, daß ein Bahnhofplatz wohl nie nur Bahnhofsverkehr hat, sondern daß er gleichzeitig auch ein städtischer Platz ist. Für diesen Straßenverkehr, der also Durchgangsverkehr ist, ist der Platz nach den vorstehend entwickelten Grundsätzen auszubilden; es ist aber darauf Rücksicht zu nehmen, daß der Verkehr der Gasthöfe usw. besondere Anforderungen bezüglich des Parkens stellt.

Der Bahnhofverkehr besteht aus folgenden Gruppen:

1. Reisende, und zwar ohne großes Gepäck,

a) als Fußgänger,

b) als Fahrgäste von Straßenbahnen und Omnibussen,

c) als Insassen von Einzelwagen (Droschken und Privatwagen);

2. Reisende mit großem Gepäck,

meist als Insassen von Einzelwagen, aber auch als Fahrgäste von Straßenbahnen und Omnibussen und sogar als Fußgänger;

3. Wagen und Karren mit Gepäck, Eil- und Expreßgut und Postsachen.

Jeder dieser Verkehre spielt sich in beiden Richtungen ab (Abfahrt und Ankunft). Für die Eisenbahn bereitet dabei die Abfertigung der Abfahrenden die größere Schwierigkeit, für den Platz ist dagegen der Ankunftverkehr schwieriger, weil er das Aufstellen von zahlreichen Wagen erfordert.

Die Verkehrsgruppen zu 1. erfordern Eingänge vom Platz zur Fahrkartenschalterhalle und Ausgänge von den Bahnsteigen zum Platz; bei kleinen und mittleren Bahnhöfen fallen Ein- und Ausgänge zusammen; bei großen Bahnhöfen ist oft ein besonderer Ausgang vorhanden, der unter Umständen auch auf einen besonderen Platz (Ankunftplatz) führt. Gruppe 1a und 1b erfordern bequeme und sichere Zugänglichkeit mittels Bürgersteigen, Gruppe 1c erfordert eine Vorfahrt, bei größerem Verkehr je eine Vorfahrt für Abfahrt und Ankunft.

Die Verkehrsgruppen zu 2 und 3 erfordern Vorfahrten und bequemes Ent- und Beladen unmittelbar vor den entsprechenden Abfertigungsräumen, also vor den Gepäck- (und Expreßgut- und Eilgut-) Abfertigungen und vor den Postpackkammern. Eine allen Ansprüchen gut gerecht werdende Lösung ist hierbei dann leicht zu erzielen, wenn in dem Empfangsgebäude die Gepäckabfertigungen usw. Tore haben, die unmittelbar nach der Straße führen, so daß also der Gepäckverkehr zwischen der Abfertigung und den draußen haltenden Wagen die Fahrkartenschalterhalle (Haupthalle) nicht berührt. Diese Lösung ist bei den neueren Bahnhöfen meist erzielt. Die bei größerem Verkehr meist gewählte Unterbringung der Postabfertigung in einem besonderen Anbau oder in einem Nebengebäude ist für die Platzgestaltung günstig, weil der Postverkehr dann getrennte Vorfahrten erhalten kann.

Die Fußgänger fordern bequeme, sichere und möglichst gestreckte Verbindungen zwischen den Bürgersteigen aller auf den Platz mündenden Straßen und aller Ein- und Ausgangstüren des Empfangsgebäudes; sie dürfen hierbei nicht genötigt sein, die Parkplätze zu überschreiten. Die Fahrgäste der Straßenbahnen und Omnibusse stellen die gleichen Forderungen an die Verbindungen ihrer Haltestellen mit dem Empfangsgebäude. Die Fahrzeuge fordern klare und übersichtliche Verbindungen zwischen allen einmündenden Straßen, den Vorfahrten und Parkplätzen. Die Parkplätze sind gegebenenfalls bei größerem Verkehr nach den Wagenarten Kraftdroschken, Hotelwagen, Privatwagen, Last- und Lieferwagen, Karren) zu trennen; die Parkplätze müssen und können unter Umständen abseits angeordnet werden; desgleichen die Aufstellgleise etwaiger Endhaltestellen der Straßenbahn (möglichst in Schleifenform, s. unten).

Legt man die Gliederung in Durchgangsverkehr und in Bahnhofsverkehr zugrunde, so wird man bei folgerichtiger Durchbildung zu einer gewissen

Zweiteilung des Bahnhofsplatzes kommen: es wird sich nämlich der Durchgangsverkehr in den Platzteilen entfernt vom Empfangsgebäude abspielen, während der Bahnhofsverkehr die Platzteile neben und vor dem Empfangsgebäude in Anspruch nehmen wird. Wenn sich dann zwischen diesen beiden Teilen größere Inseln ergeben, so wird das meist zu einer im allgemeinen richtigen Gesamtgliederung führen.

Mit dieser Zweiteilung kommt man aber oft nicht aus, und zwar deswegen nicht, weil sie dem Straßenbahn- (und Omnibus-) Verkehr nicht genügend Rechnung trägt. Dieser gehört nämlich zu beiden Verkehrsarten, sowohl zum Durchgangs- wie zum Bahnhofsverkehr.

Im allgemeinen wird der Durchgangsverkehr nur in Millionenstädten gegenüber dem Bahnhofsverkehr den Vorrang behaupten, vgl. z. B. die vergleichsweise schwachen Beziehungen zwischen Straßenbahn und Eisenbahn am Potsdamer Platz in Berlin; im übrigen ist dagegen der Bahnhofsverkehr wichtiger, wobei noch zu beachten ist, daß dieser durch das Ein- und Aussteigen mit Gepäck und durch die vielen Ortsfremden und meist auch durch die vielen verkehrsungewandten Personen erschwert wird. Demgemäß wird man die Straßenbahnhaltestellen möglichst dicht an das Empfangsgebäude heranschieben, und das führt zu einer Dreiteilung des Platzes, nämlich (vom Empfangsgebäude aus gesehen) zu der Aufteilung: Bahnhofsverkehr — Straßenbahnverkehr (auf einer besonderen Längsinsel) — Durchgangsverkehr; an der Straßenbahninsel müßten folgerichtig auch die Omnibusse vorfahren; aber das wird oft auf Schwierigkeiten stoßen.

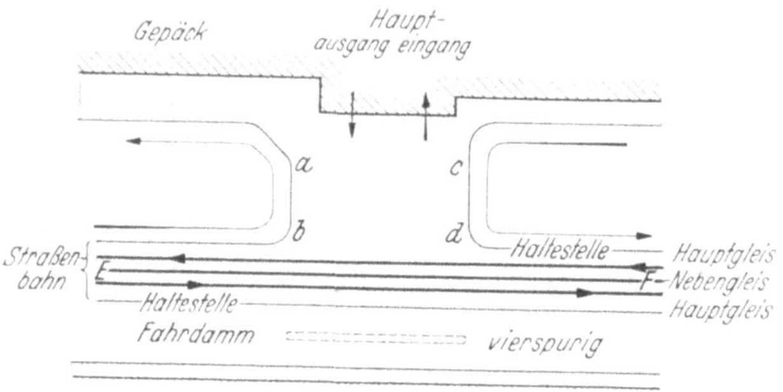

Abb. 72. Prinzipskizze für einen Bahnhofsvorplatz.

Vorstehende Erwägungen sind noch durch folgende Überlegung zu ergänzen: Aus dem Empfangsgebäude strömen große Massen angekommener Fahrgäste heraus, von denen viele ortsunkundig, eilig, nervös, unaufmerksam sind. Dieser Strom darf nicht unmittelbar beim Heraustreten vom Fahrverkehr gekreuzt werden, da beide hierdurch gefährdet werden; man muß also vor die Hauptausgänge große Inseln vorlagern, auf denen sich der Strom erst einmal beruhigen kann und die Ortsunkundigen sich orientieren können. Auf diese Inseln gehören auch alle die Einrichtungen, die auf einem Bahnhofplatz vorhanden sein sollten: Pläne der Stadt, desgleichen der Umgebung, Fahrpläne, Bänke, Wartehalle, Hilfsfahrkartenschalter, Auskunftstelle des Verkehrsvereins, Trinkbrunnen, (unterirdische) Bedürfnisanstalt (aber keine Teppichbeete und Denkmäler!).

Man kommt hiermit zu der in Abb. 72 in einfachster Form dargestellten Lösung; bei ihr liegt also vor der Bahnhofhalle die „Halbinsel" *a, b, c, d,* von der aus dann die zwei weiteren langgestreckten „Halbinseln" nach *E* und *F* ausgehen, auf denen die Straßenbahnen mit ihren Haltestellen liegen. Hierbei brauchen also die Straßenbahnfahrgäste beim Weg vom und zum Bahnhof überhaupt keinen Fahrdamm zu überkreuzen, und auch einem Teil der Omnibusfahrgäste wird man diese Wohltat ohne Schwierigkeit zuwenden können. Ferner entstehen zwei große Buchten für das Vorfahren der Wagen an dem Empfangsgebäude und für deren Parken[1].

[1] Diese Lösung ist meines Wissens erstmalig von Professor Vetterlein und mir beim Wettbewerb Bahnhofvorplatz Stuttgart vorgeschlagen worden; leider ist hier aber später

Nach vorstehenden Überlegungen ist der in Abb. 73 dargestellte Platz entwickelt: Zwei Hauptverkehrsstraßen mit Straßenbahn sind aus der City kommend rechts und links in den Platz eingeführt und dann am Empfangsgebäude vorbei in Unterführungen unter dem Bahnhof durchgeführt; die dritte Straße dient als Geschäftsstraße — also als typische „Bahnhofstraße" — hauptsächlich dem Fußgängerverkehr und müßte von durchgehendem Fahrverkehr möglichst frei gehalten werden. Die Straßenbahnhaltestellen sind leider nicht sämtlich auf der großen Längsinsel vereinigt, aber die dargestellte Lösung wird nicht zu beanstanden sein; ob für die Straßenbahn Nebengleise notwendig oder möglich sind, ist besonders zu prüfen; sie würden bei Verbreiterung der Längsinsel bequem unterzubringen sein. Der Baublock auf der linken Seite eignet sich

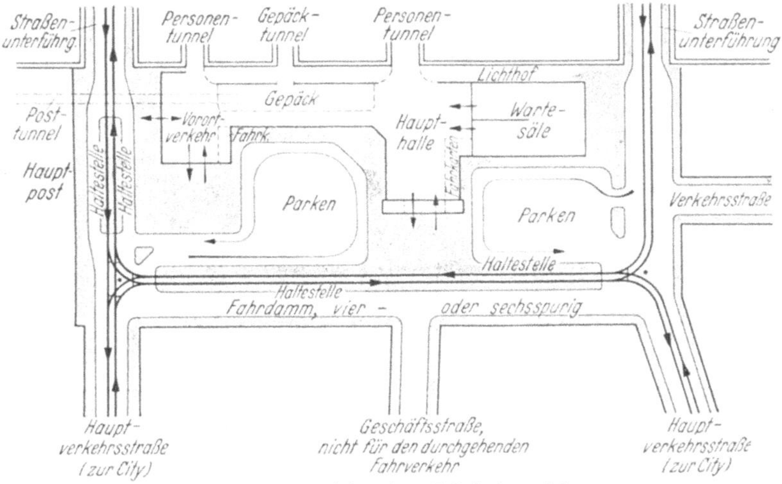

Abb. 73. Entwurf für einen Bahnhofsvorplatz.

besonders gut für die Hauptpost; sie liegt hier in der Nähe der Gepäckhalle, ist allerdings von ihr durch die Verkehrsstraße getrennt; unterirdische Verbindung ist also erwünscht.

III. Die Freiflächen.

Einführung.

Für die Stadt sind Freiflächen, mit Grün und Wasser bedeckt, nicht nur vom schönheitlichen Standpunkt wertvoll, sondern auch für die körperliche und seelische Gesundheit und Wiedergesundung der Bevölkerung erforderlich. Wenn man die Freiflächen als „Lungen der Stadt" bezeichnet, so darf das nicht dahin aufgefaßt werden, als ob je Kopf der Bevölkerung so und so viel m² Freifläche erforderlich wären, die eine bestimmte Menge Kohlensäure usw. zu vertilgen und eine bestimmte Menge Sauerstoff zu erzeugen hätten. Die Freiflächen haben vielmehr den Zweck, die üblen Einwirkungen des städtischen Lebens (Ruß, Staub, Lärm, die hastenden Bilder des Verkehrs, die glühende Hitze) von uns fern zu halten, uns von der angespannten Aufmerksamkeit, die wir den Verkehrsgefahren gegenüber beobachten müssen, zu entlasten, uns aus der Unnatur der Steinwüste und damit aus all den Sorgen des täglichen Lebens loszulösen, uns der Natur zurückzugeben, damit wir in ihr ausruhen,

vor der Haupthalle eine unmittelbare Durchfahrt durchgelegt worden. Die Lösung, die immer mehr Schule macht, hat sich bisher bei vielen Bahnhofplätzen bewährt; sie bedarf natürlich starker Abwandlungen, da in jedem Fall die örtlichen Verhältnisse anders liegen.

spazieren gehen, Sport treiben, im Garten arbeiten können. Der Sinn der Freiflächen ist also der, den Menschen durch ihre Pflanzen, ihr Wasser und ihre Tiere zeitweilig wieder mit der Natur zu verbinden, die wir im steinernen Häusermeer verloren haben.

Von besonderer Bedeutung ist hierbei die Wirkung des Natürlichen auf unsere Seele. Von der Blume, dem Baume, dem kleinen Teich, die zunächst nur äußerlich unser Auge erfreuen, dann aber unser Gemüt freudig stimmen, führen uns unsere Gedanken unbewußt weiter zum Wald, zum Gebirge, zum Seestrand, zum Meer, zu Erinnerungen an glückliche Tage, in denen wir von der Tretmühle des Alltages bei der Mutter Natur ausruhten und neue Kräfte sammelten.

Wenn diese Gedankengänge richtig sind — was sich allerdings nicht beweisen läßt, sondern empfunden werden muß —, so sind sie für den Städtebauer ein deutlicher Hinweis darauf, daß schon ein klein wenig Grün — ein einziger schöner Baum — ausreicht, um in uns die freudigen und erhebenden Empfindungen auszulösen, daß also in den vielen Stadtgebieten, in denen man nicht mehr Besseres schaffen kann, auch das Kleine gehegt werden muß.

Und wenn uns der eine Baum schon an den ganzen Wald erinnert und uns einlädt, in ihn hinauszuwandern, dann muß der Städtebauer diese Einladung verstärken, indem er aus der Innenstadt heraus Wege (Parkstreifen) schafft, die zum Hinauswandern und Hinausradeln auffordern oder, mit anderen Worten, er muß den Wald in die Stadt hineinbringen, indem er von ihm aus grüne Bänder wie Saugadern in die Innenstadt hineinführt.

Unter Freiflächen haben wir zu verstehen:

1. Die vollständig der Bebauung, dem Verkehr und dem Gewerbe entzogenen Grünflächen, also die Wälder, Wiesen, Bachtäler, Parkanlagen;
2. die Wasserflächen, soweit sie nicht lebhaftem Güterverkehr dienen;
3. die Spiel-, Sport- und Übungsplätze, von denen die letzteren allerdings teilweise staubig sind und außerdem der Bevölkerung nur bedingt zur Verfügung stehen;
4. die Friedhöfe und Urnenhaine;
5. die großen Privatgärten, deren Wert für die Allgemeinheit noch erhöht wird, wenn Privatgärten und öffentliche Parkanlagen unmittelbar aneinandergrenzen;
6. große Anstalten, bei denen relativ kleine Gebäude in große Grünflächen eingebettet sind (Krankenhäuser, Schulen, Akademien, unter Umständen auch Kasernen mit den Übungsplätzen);
7. Gärtnereien, Laubenkolonien (Pachtgärten), Baumschulen.

Es gehört also alles dazu, wo Grün, wo Wasser, wo Erholung, Ruhe und Sport; es gehört aber nicht dazu, wo Lärm, Rauch, Staub und Verkehr; z. B. kann man nicht Verkehrsstraßen und geräuschvolle Plätze dazu rechnen, auch wenn Bäume darauf stehen, auch nicht „Alleen" unter Hochbahnen.

Da in den Freiflächen die „Grün"anlagen, also die Wiesen, Gärten, Parkanlagen und Wälder eine so große Rolle spielen, so hat der Städtebauer drei Sonderaufgaben zu lösen:

1. Er muß lernen, mit dem Gärtner und dem Forstmann zusammenzuarbeiten. Jede Stadt, von der Mittelstadt an aufwärts, wird einen Gartenbaufachmann haben, der die Grünanlagen hauptamtlich betreut; jede Stadt mit größerem Waldbesitz muß einen Forstmann haben, der ihre Forsten bewirtschaftet. Mit beiden muß der Städtebauer zusammen wirken, nicht so sehr bei der laufenden Unterhaltung und Verwaltung als bei neuen Planungen und Veränderungen.

2. Der Städtebauer muß sich eine gewisse Kenntnis von der für die Freiflächen wichtigen Pflanzen- und Tierwelt verschaffen, nicht, um den Gärtnern und Forstleuten „ins Handwerk zu pfuschen", sondern um mit ihnen

sachkundig verhandeln zu können, ihre Vorschläge beurteilen und selber zweckmäßige Vorschläge machen zu können. Von besonderer Bedeutung ist hierbei, daß die Pflanzen und Tiere in der Stadt (genau so wie die Menschen) von der Natur losgelöst sind, also ungünstigen Lebensbedingungen unterliegen (s. unten).

3. Der Städtebauer muß einen gewissen Überblick über die geschichtliche Entwicklung und die verschiedenen Arten von Gärten und Parkanlagen besitzen.

Ehe zu Punkt 2. und 3. noch einige Angaben gemacht werden, sei vorab noch bemerkt:

Unsere heutigen Parkanlagen und vor allem die, die wir erst schaffen müssen, dienen anderen Zwecken als die großen Gartenschöpfungen der Fürsten, der englischen Lords und anderer reicher Leute. Damals wurde der Park für einen Fürsten, für eine Familie, für eine Hofhaltung geschaffen, jedenfalls für die wenigen Reichen; das „Volk“ war und ist vielfach noch heute von der Benutzung ausgeschlossen oder darf den „Schloßpark“ jedenfalls nur zum Spazierengehen gebrauchen, aber nicht zu Spiel und Sport. Heute hat dagegen der Städtebauer für die breite Masse des Volkes und besonders für dessen ärmere Schichten zu arbeiten. Alles also, was nur der feinempfindende Ästhet als Schönheit verstehen und würdigen kann, paßt nur ausnahmsweise in unsere Freiflächen; das Volk will Wald, Wiese und Bach, wie die Natur sie wachsen läßt; das Volk will die „gewöhnlichen“ Blumen; das Volk versteht feine Teppichbeete und kunstvoll geschnittene Hecken nicht; das Volk will auch nicht hübsch artig auf den abgezirkelten Wegen bleiben, es will sich frei bewegen, sich lagern und austoben. Es wird also nicht richtig sein, allzuviel Einzelkunst in die Parkanlagen hineinzustecken — so sehr das Gesamtfreiflächensystem eine Kunstschöpfung sein muß —; je mehr der Städtebauer die Natur walten läßt, desto mehr wird er dem Zweck gerecht werden und mit desto geringeren Geldmitteln wird er auskommen, und auch hier ist das Sparen ein wichtig Ding.

Früher mag der Gartenarchitekt eine wichtige Persönlichkeit gewesen sein; heute ist der Gärtner wohl wieder wichtiger. Wo aber Grünanlagen nur zur Betonung von Architekturen dienen („dekoratives Grün“ vor großen Gebäuden, auf Friedhöfen, auf sog. „Schmuckplätzen“), handelt es sich um Einzelaufgaben, die von dem Architekten in Verbindung mit dem Gärtner zu lösen sind. Das gleiche gilt vom „dekorativen Wasser“.

Die Pflanzenwelt der städtischen Freiflächen.

Ebenso wie der Mensch in dem Häusermeer und unter so mancher Einwirkung der Stadt leidet, so auch die Pflanzen und Tiere; sie finden in der Stadt nicht die gewohnten Lebensbedingungen, die natürliche Umgebung, die lieben Freunde und Nachbarn. Sie sind vielmehr von manchen Schäden bedroht. Die wichtigsten hiervon sind folgende: Der Schatten der Häuser macht viele Stellen für Pflanzenwuchs ungeeignet; die von der festen Straßendecke und den Häusern rückstrahlende Hitze führt zu frühem Welkwerden der Blätter; der Straßenstaub hindert die Blätter am Atmen; der Boden kann unter der festen Decke nicht durchlüften, er ist mit Gas durchsetzt, so daß das Wurzelwerk krankt, das außerdem nur zu oft bei dem vielen Aufreißen der Straßen brutal beschädigt wird; die Luft enthält schweflige Säure und andere schädliche Gase; Fuhrwerke und Kinder verletzen Stamm und Äste. Die Tiere leiden, weil die Pflanzen, die ihnen Wohnung und Nahrung bieten, selber leiden; außerdem sind sie durch den Mutwillen der Kinder und die Verständnislosigkeit der Erwachsenen gefährdet.

Im allgemeinen treten die Schäden um so stärker auf, je mehr die Pflanzen von Steinmassen und Verkehr umgeben sind, je weniger Schutz sie durch die Gesellschaft anderer Pflanzen finden, je kleiner die einzelne Grünfläche ist. So sehr man also den Einzelbaum als wirksames Motiv pflegen muß, so muß man sich doch mit Rücksicht auf das Gedeihen der Pflanzenwelt dazu bekennen, daß die auch aus anderen Rücksichten erstrebenswerte Anordnung weniger großer, aber gut verbundener Freiflächen vor der Anordnung vieler kleiner „Schmuckplätze“ den Vorzug verdient.

An Laubbäumen scheinen besonders die mit glatten Blättern gut geeignet zu sein, in erster Linie Ulmen, Linden, Platanen, Kastanien, Ahorne. Die Ulmen leiden aber zur Zeit an einer Krankheit, die viele Tausend prächtiger Bäume dahingerafft hat und immer noch nicht überwunden ist. Nadelhölzer sind leider schwer zu halten, obwohl gerade diese und andere immergrüne Pflanzen den Vorzug haben, auch im Winter grün zu sein. In der Verwendung von Nadelhölzern in städtischen Grünanlagen hat aber die Gartenbaukunst in den letzten Jahren offensichtlich erhebliche Fortschritte erzielt. Unmittelbar im Stadtinneren sind sie allerdings wohl zu stark bedroht; aber gleich am Stadtrand scheinen sie sich bei sorgfältiger Auswahl und Pflege gut zu halten; entsprechende Erfahrungen sind z. B. in Hannover gemacht worden. Mit tropischen und subtropischen Gewächsen (Palmen, Bananen) sollte man außerhalb ihrer Heimat vorsichtig sein. Abgesehen davon, daß Palmen nicht einmal in ihrer Heimat immer schön sind und daß manche Palmenarten recht häßliche, Staub und Ungeziefer sammelnde Stämme haben, ist auch die schönste Palme nie so schön wie unsere Buchen, Eichen und Tannen; außerdem wirken sie immer unnatürlich und gekünstelt; ferner verschlingen sie viel Geld, wenn sie ordentlich gehalten werden. Allerdings haben niedrige Palmen und Bananen den Vorzug, daß sie sich wegen ihrer eigenen strengen regelmäßigen Architektur gut als „dekoratives Grün“ vor Monumentalbauten eignen, aber auch dann nur in ihrer Heimat[1].

Von besonderer Bedeutung sind für den Städtebauer die bodenbedeckenden Pflanzen. Von ihnen ist Rasen am schönsten, aber leider sehr teuer in Anlage und Unterhaltung. Er gedeiht am besten im milden, feuchten Klima, so z. B. in England; es ist aber falsch, die in England gemachten Erfahrungen auf Länder mit anderen Klima übertragen zu wollen; jedenfalls darf der Rasen anderswo nicht so strapaziert werden (durch Begehen, Lagern, Spielen) wie in England. Die Erfolge unserer Gärtner sind aber glücklicherweise auf dem Gebiet des Rasens recht groß; offensichtlich verfügen wir jetzt über Sorten, die auch im Schatten gut gedeihen, jedoch ist dabei zu beachten, daß Rasen unter bestimmten Bäumen nicht ordentlich fortkommt. In den Städten der Tropen und Subtropen macht der Rasen der „Schmuckplätze“ meist einen kümmerlichen Eindruck, selbst wenn viel Geld auf ihn verwendet wird; anscheinend haben es die Züchter hier noch nicht verstanden, die richtigen Sorten zu erzielen, obwohl doch gerade die warmen Zonen eine Fülle von Gräsern aufweisen. Dem Rasen ist in der letzten Zeit die Motorisierung der Mähmaschinen zugute gekommen, da sie die Unterhaltungskosten gesenkt hat.

Andere bodenbedeckende Pflanzen sind verschiedene Arten von Sedum und Efeu. Gegen diesen haben leider viele Menschen als gegen eine „Friedhofpflanze“ ein unberechtigtes Vorurteil. Der Städtebauer muß dies überwinden, denn er kann des Efeus und anderer „Schattenpflanzen“ nicht entraten, weil er an vielen Stellen, an die die Sonne leider nicht hinkommt, für Grün sorgen muß.

Über Sträucher ist nur zu bemerken, daß die Gartenbaukunst in der letzten Zeit sowohl in der Züchtung blühender Sträucher als auch vor allem in ihrer Verwendung (am Rand von Wiesen, in lichten parkartigen Wäldern, vor dunklen

[1] Ich wage die höchst ketzerische Behauptung, daß der berühmte Palmengarten Pyrmonts durch die im selben Park zu bewundernden Rhododendren und Azaleen und besonders durch die stolzen Kastanien an Schönheit übertroffen wird. — Einige tropische und subtropische Bäume mag man gelten lassen zur Belehrung für Kinder und Erwachsene; desgleichen ausländische Gewächse, die sich nach vielen Rückschlägen akklimatisiert haben, wie z. B. im kleinen, aber wunderhübschen Park von Bad Eilsen bei Bückeburg.

Baumhintergründen) hervorragende Erfolge erzielt hat. Da hier die Wirkung auf den hellen leuchtenden Farben beruht, ist zu erwähnen, daß außer in der Blütenpracht die Farbe uns noch entgegentritt in der Blutbuche, dem japanischen Ahorn und in den im Herbst sich stark gelb und rot verfärbenden Bäumen und Sträuchern. Meister in der Farbenwirkung sind die Japaner, die vor die schweren dunkelgrünen Wände der Tannen und Eichen für das Frühjahr die (rosa blühende) Kirsche, für den Herbst den Ahorn setzen.

Auch in der Blumenzucht sind große Fortschritte zu verzeichnen; hinzuweisen ist vor allem auf die Steinbrecher und die Stauden. Sie sind meist besser am Platz als die früher so beliebten „Teppichbeete", die man nur sparsam verwenden sollte, denn sie sind teuer und können leicht gekünstelt wirken.

Die Park- und Gartenarten. Man kann bei den Park-, Garten- und Friedhofanlagen zwei Grundformen unterscheiden: Die unregelmäßige (natürliche, landschaftliche) und die regelmäßige (geometrische, künstliche bzw. gekünstelte) Form.

Am meisten verbreitet sind die regelmäßigen Formen. Das muß merkwürdig berühren, da doch die wichtigsten Glieder aller Gärten usw., nämlich die Pflanzen, Naturkinder sind. Die Regelmäßigkeit ist aber doch stark begründet; denn

die Haus- und Vorgärten stehen in Beziehung zum Haus, also zu einem „geometrischen" Gebilde; regelmäßige Formen lassen sich daher, mindestens bei den Zugängen und Zufahrten, bei Terrassen und Abgrenzungen nicht vermeiden;

die Nutzgärten bedürfen einer klaren Gliederung in rechteckige Beete, die Obstbäume der Ordnung in Reihen und an Spalieren entlang;

das „dekorative" Grün und Wasser muß sich der Gliederung von Baumwerken unterordnen;

der „Schmuckplatz" muß sich in die Architektur der Platzwände einfügen;

die Sonderforderungen, die bei der Gestaltung von Kurgärten, Sportplätzen und Friedhöfen zu beachten sind, führen mindestens für einzelne Teile zu geometrischen Gebilden.

Man darf also die Regelmäßigkeit für die Freiflächen nicht ablehnen; aber man muß feststellen, daß sie oft übertrieben worden ist. Dies ist in der geschichtlichen Entwicklung begründet; namentlich hat hierbei das Klima und die soziale Verfassung des vorderasiatischen Kulturkreises eine entscheidende Rolle gespielt. Für den vorderasiatischen Raum ist nämlich zu beachten: die Wärme gibt Veranlassung, das eigentliche Haus klein zu halten und dafür offene Terrassen, Altane, Hallen usw. zu bevorzugen, also Gebilde, die unmerklich zum „Garten" hinüberführen; die Wasserarmut macht das Wasser zu einem kostbaren Gut und veranlaßt die Reichen, in ihren Gärten mit dem Wasser Luxus zu treiben, also Becken, Kaskaden, Springbrunnen usw. anzulegen und diese architektonisch, also „regelmäßig" anzuordnen; die Holzarmut und im Gegensatz dazu der Reichtum an guten Bausteinen ruft Meisterwerke der Stein-Architektur hervor und gibt Veranlassung, diese auch in die Gärten zu übertragen; die Pflanzenwelt ist bar unserer herrlichen Laubbäume und arm an Tannen, die Menschen kennen unsere prächtigen Wälder nicht; dagegen weist die strenge Form der Palmen usw. auf regelmäßige Anordnung der Baumgruppen hin; die soziale Struktur jener — meist auf Großwasserwirtschaft angewiesenen — Staaten drückt die breite Masse zu der dürftigen Lebenshaltung des „Fellachen" herab und hebt nur eine kleine Oberschicht heraus, die dann ihre Gärten in engster Verbindung mit den Palästen, Tempeln und Grabmälern anlegt.

Gestützt auf die Leistungen der ägyptischen, babylonischen und assyrischen Gartenbaukunst sind dann unter Zwischenschaltung der griechischen Kunst zwei Höhepunkte in der Anlage regelmäßiger Gärten erreicht worden, und zwar im römischen und im sog. „maurischen“ Garten. In der römischen Welt entwickelte sich der Garten ursprünglich aus dem Gartenhof des reichen römischen Hauses (vgl. Pompeji); später wurden prächtige Parkanlagen namentlich an Ufern und Berghängen geschaffen, die weite Ausblicke bietend in Terrassen gegliedert, durch Wasserkünste und Wasserbecken belebt und durch Bildwerke geschmückt wurden (vgl. die Villa des Hadrian bei Tivoli)[1]. In der mohamedanischen (maurischen) Welt finden sich die herrlichsten Werke nicht etwa, wie so oft behauptet wird, in Spanien (Alhambra), sondern in Vorderindien, wo das Taj Mahal aus einem Park aufragt, der an Schönheit diesem „schönsten Grabmal der Welt“ nicht nachsteht (vgl. Abb. 74).

Abb. 74. Taj Mahal-Garten.

Im „Abendland“ waren die Gärten zunächst bescheiden; die gepflegtesten zeigten aber auch hier regelmäßige Formen, denn es waren die Klostergärten in den Kreuzgängen und die Nutz- und Arzneigärten der Mönche. Dann entwickelte die Gartenbaukunst der Renaissance und des Barock, gestützt auf die Antike, den italienischen Garten. Bei ihm bilden Haus (Palast) und Garten eine Einheit. Die Gesamtanlage liegt möglichst an einem Hang, der Gelegenheit zu großartigen Terrassenanlagen (mit Stützmauern, Treppen, Geländern, Nischen und Grotten) bietet; das Wasser wird zu Springbrunnen, Kaskaden, Becken großzügig ausgenutzt; auf perspektivische Wirkungen wird hoher Wert gelegt; die Wege sind gerade und werden von streng geschnittenen Hecken eingefaßt; das beste Beispiel ist wohl die Villa d'Este bei Tivoli, die uns aber, wenn wir ehrlich sind, kalt läßt, ebenso wie die Isola Bella[2].

Aus dem italienischen Garten wurde zur Zeit des „Sonnenkönigs“ der französische Garten entwickelt, der den Geist des Absolutismus widerspiegelt: Von der Hauptachse des Schlosses öffnet sich der regelmäßige Park in durchaus axialer Anordnung mit weiten Perspektiven; die Wege sind schnurgerade (oder kreisrund); die Hecken streng geschnitten, die Kreuzungs- und Blickpunkte sind durch Springbrunnen, Vasen, Tempelchen, Bildwerke betont.

---

[1] „Villa“ heißt nicht Landhaus, sondern Gut oder Park oder Garten nebst Wohnhaus usw.; die beste Übersetzung ist vielleicht Gehöft.

[2] Über die italienischen Gärten und ihre Schönheit möchte ich mit meinem Urteil nicht zurückhalten, auf die Gefahr hin, bei hochgelehrten Kennern Anstoß zu erregen. Ich bin der Meinung, daß die Gärten den Zweck haben, den Menschen Freude, Erbauung, Erholung, Kräftigung zu verschaffen. Ich kann mich daher mit Anlagen wie Isola Bella oder Villa d'Este nicht befreunden; auch so manche Giardini publici lehne ich ab; das ist alles viel zu gekünstelt und zu steinern; auch die Villa Borghese ist zu geometrisch, zu viel von Straßen durchschnitten, zu sehr von Verkehr erfüllt, der Pincio ein Parkplatz!! Da sind die kleineren Gärten auf Capri, in Taormina (Domenico), in Girgenti und Monreale doch höher zu bewerten. Am schönsten aber sind Villa Serbelloni, Villa Carlotta, Isola Madre. Warum? Der Hauptton liegt bei ihnen auf den nordischen Bäumen, auf den prachtvollen großen Laubbäumen, Tannen und Kiefern; es sind Parkanlagen nordischer Art, in die mittelmeerische und subtropische Pflanzen und italienische Gartenmotive eingebettet sind; Villa Carlotta ist übrigens von zwei feinsinnigen Deutschen geschaffen und von einem Dänen geschmückt.

Zu beiden Seiten des repräsentativen Parks laden aber verschwiegene, dicht zugewachsene, waldartige Gärten zu Erholung und allerlei Kurzweil ein. Dieser französische Garten wurde im übrigen Europa von vielen kleinen Fürsten nachgeahmt, so daß eine Fülle solcher Parkanlagen auf unsere Zeit gekommen ist. Die ursprünglich so strenge Anordnung wurde später fast überall gemildert, weil die Unnatur im Lauf der Zeit doch zu peinlich empfunden wurde.

Gegen die Unnatur lehnte sich etwa von 1720 ab das natürliche Empfinden auf, und es wurde gefordert, daß man Wald, Wiese und Wasser der natürlichen Landschaft entsprechend zu formen habe und Bäume, Sträucher und Blumen als natürliche Geschöpfe wachsen lassen solle. Dies führte zu jener landschaftlich gehaltenen Park- und Gartenform, die wir „englischen" Garten nennen; er ist durch große Wiesen mit freien Durchblicken, lichten Baumbestand, wirkungsvolle Baumgruppen und Einzelbäume, Bachläufe und Teiche gekennzeichnet.

In Deutschland begann sich der landschaftliche Garten von 1750 ab durchzusetzen; eine der großartigsten Schöpfungen ist der Park Wörlitz bei Dessau, dann der berühmte Park Muskau des Fürsten Pückler; zu nennen sind ferner der „Englische Garten" in München, Babelsberg (im Gegensatz zu dem französischen Park von Sanssouci), die Welfengärten in Hannover, bei denen man die Unterschiede der verschiedenen Richtungen und den Gegensatz zum französischen Stil am anschließenden „Großen Garten" besonders gut studieren kann.

Der „englische" Garten darf unbedenklich mit regelmäßigen Formen durchsetzt werden; die Unregelmäßigkeit oder das Natürliche soll nicht übertrieben werden; gerade Linien (Alleen, s. unten) und Achsenbeziehungen sind oft notwendig, um Ordnung zu schaffen und notwendige Einteilungen kenntlich zu machen, desgleichen im Umkreis der Gebäude, denn diese müssen ja mit dem Garten zu einer einheitlichen Schöpfung zusammengefaßt werden. Bei großen einheitlichen Freiflächen wird die mehr regelmäßige Gestaltung bei den Teilen richtig sein, die näher zur Stadt liegen und daher meist klein (schmal) sind; dagegen wird man die Natur um so mehr walten lassen, je weiter sich die Freifläche von der Stadt entfernt und je größer (breiter) sie wird; im Außengebiet wird man sie in Wiese und Wald übergehen lassen; ein hervorragendes Beispiel hierfür bietet die Eilenriede in Hannover.

Der „Volkspark", der nicht nur zum Spazierengehen und Ausruhen bestimmt ist, sondern auch vielen Arten von Sport dienen soll, bedarf mindestens in einzelnen Teilen einer gewissen Regelmäßigkeit, weil die verschiedenen Teile gegeneinander abgegrenzt werden müssen und weil manche von ihnen wegen ihres Zweckes in sich regelmäßig gestaltet sein müssen (vgl. z. B. Tennisplätze). Auch die Friedhöfe können, selbst wenn sie in ihrer Gesamtanordnung als Wald- oder Parkfriedhof landschaftlich gestaltet sind, in einzelnen Teilen der Regelmäßigkeit nicht entbehren.

Etwa von 1700 ab hat China und von 1870 ab hat Japan die abendländische Gartenbaukunst (ähnlich wie das Kunstgewerbe) stark angeregt. Wir haben hierbei viel von den großzügigen chinesischen Parkanlagen und von den kleinen, unendlich liebevoll gestalteten japanischen Gärtchen gelernt; daß hierbei durch Nachäfferei mancher Unfug angerichtet worden ist, ist bedauerlich; das ist aber jetzt überwunden.

A. Pflanzenschmuck der Straßen und Plätze.

Wenn wir unsere Straßen und Plätze mit Bäumen, Sträuchern, Blumen und Rasen schmücken, so tun wir das, um in die steinerne Öde des Häusermeeres wenigstens etwas Grün und damit ein wenig Natur hineinzubringen; wir müssen hierbei aber dessen eingedenk bleiben, daß es sich um nichts Selbständiges, sondern um etwas Zusätzliches handelt, das sich also den Hauptanlagen, d. h. der Straßenfläche und der Straßenwandung unterordnen muß. Die wichtigsten Arten dieser „Grünanlagen" sind Baumreihen, Einzelbäume, Vorgärten und Schmuckstreifen.

1. Baumreihen, Alleen. Die üblichste Bepflanzung der Straßen ist die mit Baumreihen. Hierbei werden die Bäume je nach Breite und Einteilung der Straße in einer Reihe (an der einen Bürgersteigkante entlang) oder in zwei Reihen (an beiden Bürgersteigen) oder in drei und noch mehr Reihen angeordnet. Bei großer Straßenbreite ist das Motiv einer besonderen „Allee" beliebt gewesen, und zwar diente hierbei die Allee entweder nur dem Fußgänger oder auch (bei genügender Breite) auf je einem besonderen Streifen auch dem Reit- und Radfahrverkehr. In derartig breiten Alleen werden die einzelnen Verkehrsstreifen durch die Baumreihen getrennt, wobei die Baumreihen wieder durch Rasenstreifen, Girlanden u. dgl. zusammengefaßt werden können. So schön nun auch viele Alleen sein mögen, so erscheint es doch zweckmäßig, an die Spitze dieser Erörterung eine Kritik zu setzen. In dem Anhang zu Camillo Sittes „Städtebau" heißt es über die Allee:

„Eine echte Barockidee zum Zweck der perspektivisch großartigen Auffahrt zum Hauptportal barocker Schloßbauten. Eine echte Handwerksburschenidee von der Landstraße her...... Jede Allee ist langweilig; aber keine Großstadt kann sie ganz entbehren, denn ihr endloses Häusermeer braucht alle nur erdenklichen Formen zur Unterbrechung des ewigen Einerleis...... Die moderne geometrische Stadtbaurichtung hat nicht einmal Geschick genug bewiesen, um dieses ihr doch sinnesverwandte Motiv auch nur halbwegs richtig zu verwenden. Man nahm einfach unverhältnismäßig breite Ringstraßen und Avenuen an und pflanzte beiderseits eine ununterbrochen fortlaufende Allee......"

Dieser Ablehnung der Allee gegenüber wird nun aber wohl jeder eine Reihe von Alleen kennen, die ihm wegen ihrer Schönheit ans Herz gewachsen sind. Zur Aufklärung des Widerspruches diene folgendes:

Wir bezeichnen mit dem Wort „Alleen" gedankenlos städtische Straßen mit Baumreihen, Chausseen und Baumgänge in Parkanlagen; und weil jeder von uns unter den letzteren hervorragende Schöpfungen kennt, übertragen wir gar zu leicht das sympathische Gefühl auf die äußerlich allerdings ähnliche, in ihrem Wesen nach jedoch verschiedene Anlage, die im Häusermeer und dem Verkehr der Stadt liegt. Prüfen wir aber, welche Alleen als die schönsten in unserem Gedächtnis stehen, so finden wir, daß es Alleen sind, die von dem Häusermeer losgelöst sind, die durch Parkanlagen führen, die höchstens von Villen begleitet werden, die frei sind von lärmendem Verkehr. Das sind also Grünanlagen, die in anderes Grün eingebettet sind, die aus ihm herauswachsen, die seine Wirkung durch ihre größere Strenge steigern sollen. Hiermit soll nicht behauptet werden, daß alle solche Alleen glückliche Lösungen seien; geometrische Übertreibungen sind vielmehr zahlreich vorgekommen; oft werden wir uns dazu bekennen können, daß eine Allee, die zum Mittelbau eines Schlosses, zu einem großen Springbrunnen hinführt, zwar recht schön ist, daß aber eine nicht geometrische Lösung, daß eine langgestreckte Wiese mit Baumumrahmung oder ein Wasserbecken noch schöner wäre.

Ferner kann jeder an sich die Beobachtung machen, daß er in einer Allee, die auf der einen Seite von einer Straße mit Häuserreihe, auf der anderen Seite aber von einem Park begleitet wird, unwillkürlich nach der Parkseite hinübergleitet, ein Zeichen dafür, daß wir die Allee innerlich ablehnen und den freien Park bevorzugen. Zu beachten ist auch, daß der Boden der Alleen meist nicht mit Rasen bedeckt werden kann, ferner daß die Kronen der Laubbäume den Blick auf den „Blickpunkt" und den Himmel versperren und daß man Reihen von entlaubten Bäumen beim besten Willen nicht als schön bezeichnen kann; auch müssen wir immer fürchten, daß an bestimmten Stellen die Bäume kränkeln. Wir werden also viel Zurückhaltung zu üben haben, d. h. neue Alleen kaum anlegen, wohl aber die Doppelreihen schöner alter Bäume der alten Chausseen sorgfältig hegen (s. unten). Wir müssen auch den Mut haben, die stadtseitige Anfangsstrecke einer „berühmten" Allee abzuhacken und durch eine anders gestaltete Grünfläche, nämlich durch eine mit niedrigen Pflanzen (Rasen, Stauden, Sträuchern) zu ersetzen, wenn die Alleebäume doch verkümmern würden. In manchen Fällen wird man auch gezwungen sein, eine alte Allee durch eine Querstraße zu durchbrechen; das soll man aber nicht durch Künstelei „verkleistern“, sondern durch eine entsprechend breite (unter Umständen sogar gärtnerisch betonte) Bresche offen bekennen; eine zu lange Allee kann hierdurch vielleicht sogar gewinnen.

Wenn man unsere Alleen mit ihren Laubbäumen und Baumkronen und ihrem nichtgrünen Boden nachdenklich betrachtet, so kommt man auf den Gedanken, daß es eine Art von Allee gibt, die unbedingt die schönste ist; aber gerade diese können wir leider innerhalb der Stadt nicht schaffen; das ist nämlich die Schneise im hohen Tannenwald; sie hat den grünen (oder beschneiten) Boden, die immergrünen Wände, den freien Himmel, den weiten Ausblick.

Immerhin ist es erklärlich, daß der Städter nun auch die „Alleen“ für schön, richtig und erstrebenswert hält, die nur „Promenaden“ oder gar Verkehrsstraßen, aber mit mehreren Reihen von Bäumen bepflanzt sind. Dazu kommt der sinnfällige Vorteil der Schattenspendung, ferner bei mehrteiligen Straßen der Vorteil der gegenseitigen Abgrenzung der verschiedenen Verkehrsstreifen und dann der (verzeihliche) Trugschluß, daß Baumreihen überhaupt die einzige Möglichkeit für Straßenbepflanzungen wären, und das vereinigt sich dann zu dem Ergebnis, daß wir jede Baumreihe in Straßen für schön und nützlich halten und daß wir uns sogar vortäuschen, solch eine mit Baumreihen bepflanzte Straße wäre eine „Freifläche“.

Führen uns diese Gedankengänge schon dazu, die Baumreihen in Straßen etwas skeptischer anzuschauen, so kommen noch folgende Umstände hinzu, die wir von Fall zu Fall zu würdigen haben: Baumreihen können in schmalen Straßen die unteren Geschosse der Häuser stark verdunkeln; sie sammeln in stark belebten Verkehrsstraßen große Mengen von Staub auf ihren Blättern an, die dem Baum selbst schaden und bei Wind die Staubplage vermehren; ferner können sie unter Umständen wertvolle Architekturen verdecken, ebenso auch die Aussicht aus den Häusern über einen Fluß oder Park hinüber[1]. Ferner finden die Baumreihen in den Straßen keine günstigen Lebensbedingungen vor; sie kranken also und können nur unter hohem Geldaufwand leidlich gesund erhalten werden. Dabei ist zu beachten, daß die „geometrischen“ Baumreihen einer gewissen Regelmäßigkeit bedürfen; jeder einzelne kränkelnde Baum fällt also durch Kleinheit, frühes Welkwerden, frühe Entlaubung unangenehm auf; außerdem aber unterliegen die einzelnen Baumreihen in derselben Straße verschiedenen Lebensbedingungen, weil Regen, Wind und Sonne verschieden stark auf sie einwirken. Insgesamt kann man also mit einem gewissen Recht behaupten, daß es überhaupt sinnwidrig ist, den Baum, das Kind der Natur, in die Großstadtstraße zu verpflanzen, wo er notwendigerweise krank werden muß, daß es dann aber noch sinnwidriger ist, von diesen teils leicht kränkelnden, teils schwer kranken Bäumen zu verlangen, daß sie sich gleichmäßig entwickeln sollen. Andererseits aber ist nicht zu leugnen, daß Baumreihen in vielen Fällen, besonders in an und für sich verpfuschten Stadtgebieten, immer noch das beste Mittel sind, um die Straßen wenigstens etwas zu verschönern, Schatten zu spenden, Anklänge der Natur in die Steinmassen zu bringen. Man darf das Urteil über die Baumreihen etwa wie folgt zusammenfassen:

a) Erhalten die Verkehrsstreifen der Straßen im Gegensatz zu den Fluchtlinienabständen keine übertriebenen, sondern nur solche Breiten, wie sie nach früheren Erörterungen notwendig sind, so wird das Bedürfnis nach Baumreihen überhaupt abnehmen, weil man dann die Vorgärten oder öffentlichen Schmuckstreifen entsprechend gut entwickeln kann.

[1] In vielen Städten am Rhein werden die Baumkronen der Uferpromenaden flach geschnitten, so daß der freie Ausblick nicht gehindert wird; dadurch wird auch eine starke Schattenwirkung erzielt, so daß diese Alleen sich im heißen Sommer durch erfrischende Kühle auszeichnen. Ähnliches findet sich mehrfach in trefflichen Ausführungen an den Schweizer Seen.

b) Das Bedürfnis nach Baumreihen läßt ferner nach, wenn die Gesamtgruppierung der Freiflächen richtig ist, also genügend Parkverbindungsstreifen vorhanden sind; man kann dann nämlich auf „Promenadenstraßen" verzichten.

c) Man soll nirgendwo Bäume pflanzen, wo sie im ständigen Schatten stehen würden, also z. B. nicht auf der Südseite der West-Ost-Straßen.

d) Man soll keine Regelmäßigkeit erzwingen wollen, wo die Bäume sich infolge verschieden guter Lebensbedingungen doch verschieden entwickeln würden.

e) Man soll zwei und mehr Reihen nur in breiten Straßen anordnen; man soll sich also nötigenfalls mit einer Reihe (auf der Sonnenseite) begnügen; eine Lösung, vor der sich offensichtlich viele wegen der Unsymmetrie scheuen.

So sehr diese Regeln gegen die Baumreihe sprechen, so darf man doch nicht vergessen, daß jeder in der Stadt noch vorhandene Baum ein Heiligtum ist, den man erhalten und pflegen muß und den man nur dann töten darf, wenn man bestimmt etwas Besseres an seine Stelle setzen kann.

2. Einzelbaum und Baumgruppe. Während die Baumreihe in unseren Städten so stark vertreten ist, bringen wir dem Einzelbaum (und der Baumgruppe) vielfach nicht genügend Beachtung entgegen. Das ist bedauerlich, denn der Einzelbaum ist nicht nur ein fruchtbares Motiv, sondern er kann auch ein Träger der Geschichte und der Poesie sein; ein einziger schöner Baum kann uns zurückversetzen in die Tage der Kindheit, er ruft uns oft die schönsten Tage unseres Lebens ins Gedächtnis zurück; nicht ohne Grund haben unsere Vorfahren die Gottheit in heiligen Eichen verehrt; nicht ohne Grund begleitet so manchen das Gedächtnis an die Dorflinde durch das ganze Leben; nicht ohne Grund klingt der Einzelbaum in manchem Volksliede wieder; nicht ohne Grund ist der Einzelbaum ein so häufiges Motiv der besten Landschaftsmaler.

Leider hat die Zeit, die im Städtebau unmittelbar hinter uns liegt, den Einzelbaum nicht geachtet. Namentlich haben die rechteckigen Schemata unter den schönen alten Bäumen gewütet; anstatt sie zu schützen und die Straßen dementsprechend ein wenig zu versetzen, haben die Gerade und der rechte Winkel die ehrwürdigen Naturdenkmale vernichtet. Das ist aber noch nicht überwunden; vielmehr müssen wir leider noch ständig dieses Morden mitansehen, wobei selbstverständlich der „moderne Verkehr" als der gebieterisch Fordernde hingestellt wird. Es ist daher eine wichtige Aufgabe des Städtebauers, alte Bäume wie unersetzliche Erbstücke zu erhalten und in das neue Stadtbild harmonisch einzufügen. Dies geschieht durch geschickte Straßenführung, etwa durch eine Einziehung der Straßenwand oder durch eine Straßenkrümmung oder durch eine Verschiebung einer Straßenmündung, und sollte immer so ausgeführt werden, daß der Baum ein eigenes Plätzchen für sich erhält, ein totes Winkelchen, in dem auch eine Ruhebank aufgestellt werden mag. Die Schönheit alter Bäume wird häufig dadurch gesteigert, daß unter ihrem Schutz von altersher sich kleine Bauwerke erhalten haben, z. B. ein Dorfbrunnen; auch diese muß der Städtebauer schonen und ehren.

Sobald man die Bedeutung des alten Einzelbaumes für das Straßen- und Platzbild erkannt hat, wird man in richtiger Gedankenfolge auch dazu kommen, beim Entwerfen von neuen Straßen usw. nicht nur die vorhandenen Bäume zu schonen, sondern auch das Anpflanzen neuer Einzelbäume und Baumgruppen vorzusehen. Und dies Mittel ist jedenfalls mehr als eine Allee geeignet, das Straßenbild zu verschönern; denn die Kosten sind niedriger und alle aus der Regelmäßigkeit der Allee entspringenden Nachteile und Kostenerhöhungen fallen fort. Einzelbäume und Baumgruppen können nämlich stets dort gepflanzt werden, wo sie günstige Lebensbedingungen finden; es können für dieselbe Straße die verschiedenartigsten, also die für jede einzelne Stelle geeignetsten Bäume ausgewählt werden; sie können in Zusammenhang gebracht werden mit Rücksprüngen in der Bauflucht, mit dem Grün der Vorgärten, mit hervorragenden

Bauten (als Umrahmung), mit den Bäumen, deren Kronen aus Privatgärten über die Straßen hinüberreichen. Bei einem Minimum von Kosten ergibt sich eine Fülle von Schaffensmöglichkeiten.

3. Vorgärten und Schmuckstreifen. Bei der Mehrzahl der Wohnstraßen wird nur ein verhältnismäßig schmaler Streifen für den Verkehr notwendig; die überschießenden Flächen sind zu Grünanlagen zu verwenden.

Als solche sind die Vorgärten der Häuser die älteren und bekannteren Mittel. Der Vorgarten ist ein Schmuck der Straße, eine Steigerung der Schönheit des Hauses; er bildet die Überleitung von der öffentlichen Straße zu dem Haus, er schützt es gegen Lärm, Erschütterungen und Staub, er gibt Gelegenheit zur Anordnung von Sitzplätzen, die in Form von Terrassen und Erkern mit den Wohnräumen zusammenhängen oder auch selbständig angelegt werden können. All dem kann aber der Vorgarten nur gerecht werden, wenn er genügende Tiefe hat und sorgfältig unterhalten wird. Als geringste zulässige Tiefe sind 5 m zu bezeichnen, es ist aber zweckmäßig, nicht weniger als 6 m zu wählen; größere Tiefen wird man nur dann anwenden, wenn die Verkehrsstreifen der Straße später verbreitert werden müssen; im übrigen wird man aber die verfügbare Fläche dem Hintergarten zuschlagen, weil dieser für die Bewohner wertvoller ist.

Ebenso wie bei den Baumreihen kann auch bei den Vorgärten die Regelmäßigkeit schädlich wirken. Von der in vielen Städten üblichen Anordnung gleichbreiter Vorgärten auf beiden Seiten der Straße ist oft zu vermuten, daß sie falsch ist; im Gegensatz hierzu ist zu prüfen, ob nicht die unregelmäßige Ausgestaltung richtiger ist, insbesondere ob es nicht zweckmäßig ist, nur eine Vorgartenreihe anzuordnen. Der Grenzfall, in dem letzteres unbedingt nötig ist, ist wieder die von Ost nach West gerichtete Straße, und zwar besonders dann, wenn man jeder Vorgartenreihe nur weniger als 5 m Breite geben könnte. Es ist hier richtig, auf der ständig im Schatten liegenden Südseite keinen Vorgarten anzuordnen (die Häuser finden ihr Grün auf ihrer sonnigen Rückseite im Hintergarten); dagegen wird man auf der Nordseite die Vorgärten um so breiter halten.

Da die Vorgärten die Überleitung zu dem Haus bilden und mit diesem harmonisch zusammenklingen müssen, ist für sie eine strengere architektonische Behandlung angezeigt. Von Bedeutung ist hierbei, ob es sich um geschlossene oder um offene Bauweise handelt. Bei Reihenhäusern ist ein Zusammenhang zwischen Vor- und Hintergarten nicht vorhanden, bei allein stehenden Häusern (oder kleineren Häusergruppen) gehen Vor- und Hintergarten ineinander über, besonders dann, wenn zwischen den Häusern oder Hausgruppen nicht die törichten schmalen „Bauwiche", sondern wirkliche Gartenflächen freigehalten werden. Beim Reihenhaus lehnt sich der Vorgarten an das Haus an; das Einzelhaus steht im Garten.

Die Gliederung und Bepflanzung des Vorgartens richtet sich um so stärker nach der Architektur und der Gliederung des Hauses, je schmaler der Vorgarten ist; eine eigentliche landschaftliche Behandlung ist nur bei großer Tiefe möglich, aber auch dann nicht immer richtig. Strenge Linien ergeben sich ohne weiteres aus der Führung des Weges (und der Vorfahrt) von der Straße zum Haus, ferner aus der Lage von Sitzplätzen auf Terrassen, Balkonen usw.; die Verteilung von Blumen, Teppichbeeten usw. sollte mit den Flächen des Hauses zusammenklingen, seine Pfeiler und Ecken geben die Stützpunkte für Kletterpflanzen. Je schmaler der Garten ist, desto niedriger müssen im allgemeinen die Pflanzen gehalten werden; schön gepflegter Rasen, immergrüne Pflanzen, Blumen, wechselnd nach der Jahreszeit, am Haus Schlingpflanzen sind die gegebenen Motive. Die Schönheit läßt sich steigern, wenn der Vorgarten zum Haus ansteigt.

Wichtig ist der Abschluß der Vorgärten gegen die Straße und untereinander. Der Abschluß scheint notwendig, weil es sich um Privatbesitz handelt, aber die Verschönerung der Straße erheischt das Offenlassen für das Auge; der völlige Abschluß gegen Sicht würde auch die Architektur des Hauses verdecken. Diese kurzen Andeutungen genügen, um zu zeigen, daß hier Kompromisse nötig sind, daß man nicht alle Anforderungen erfüllen kann, daß eine allgemeine Lösung nicht möglich ist, daß vielmehr der Künstler von Fall zu Fall je nach dem Charakter von Straße, Häusern, Bewohnern die richtige Einzellösung suchen muß. Allgemein lassen sich folgende Winke geben: Der völlige Abschluß durch Mauern widerspricht dem Zweck des Vorgartens; Mauern auf kurze Strecken können dagegen zum Schutz gegen die Einsicht in die Sitzplätze und gegen Zugluft günstig sein; durchlaufende Eisengitter — „hinter denen die Pflanzen wie die wilden Tiere im Käfig hocken“ — sind abzulehnen; Holzgitter sind nicht zu beanstanden; unauffällige Drahtgitter sind zulässig, wenn für das Auge nicht sie, sondern lebende Hecken aus immergrünen Pflanzen den Abschluß bilden.

Mehr und mehr geht man jetzt dazu über, auf einen regelrechten Abschluß gegen die Straße zu verzichten, und auch die Gitter zwischen den aneinanderschließenden Vorgärten (und den von der Straße aus sichtbaren Teilen der Hausgärten) fallen zu lassen. Hiermit lassen sich gute Wirkungen erzielen, besonders wenn die Gärten einheitlich durchgebildet werden; dann stehen die Häuser nicht am einzelnen kleinen Gärtchen, sondern in dem einen großen Garten. Schutz gegen Sicht und Zugluft für die Sitzplätze im Vorgarten läßt sich auch hierbei erreichen; daß das Fehlen des Abschlusses zu Eingriffen in das Privateigentum führt, ist nach dem bisherigen Erfahrungen kaum zu befürchten; man muß den Mut haben, seinen Mitbürgern etwas mehr Vertrauen entgegenzubringen. An den leider noch viel zu wenigen Stellen, an denen man in Deutschland diesen Mut gehabt hat, sind bisher Mißstände kaum beobachtet worden.

Leider haben die Vorgärten einen großen Mangel: sie wirken nur gut, wo sie gut unterhalten werden, und das kostet Zeit und Geld. In den Wohnvierteln der ärmeren Bevölkerung machen die Vorgärten daher vielfach einen trostlosen Eindruck; oft dienen sie auch als Wirtschaftshof, Arbeitsraum, Lagerstätte. Einige Abhilfe hiergegen ist allerdings durch polizeiliche Maßnahmen zu erzielen, doch sollte man sich davon nicht allzuviel versprechen. Wesentlich mehr Erfolg verspricht, ebenso wie beim Blumenschmuck der Balkone, die Erziehung (besonders der Mädchen) in der Schule, ferner die Veranstaltung von Vorgartenwettbewerben, die Belohnung für schöngehaltene Gärten, die Abgabe von Samen und Pflanzen und die ständige Belehrung durch die Stadtgärtnerei.

Wenn nun auch zu hoffen ist, daß auf dem Wege der Volkserziehung im Laufe der Zeit erhebliche Fortschritte gemacht werden, so muß man für die nähere Zukunft doch noch mit großen Unzuträglichkeiten rechnen. Da scheint es am besten zu sein, wenn man statt der privaten Vorgärten öffentliche Grünstreifen in den Straßen anlegt. Für diese ist es zwar wichtig, aber nicht von ausschlaggebender Bedeutung, ob sie auf städtischem oder privatem Grund liegen, und ob sie unmittelbar an den Häusern entlang laufen oder von ihnen durch einen schmalen Gehweg getrennt sind. Von den Vorgärten unterscheiden sie sich nach ihrer Anlage jedenfalls durch die Betonung der durchgehenden Längenrichtung. Für ihre Pflanzen sind die bodenbedeckenden Pflanzen und niedrige Sträucher und Blumen am wichtigsten; hohe Bäume sind bei entsprechender Straßenbreite natürlich auch anzuordnen, sie brauchen aber nicht als „Allee“ zu wirken. Einen Abschluß durch Gitter sollte man zunächst jedenfalls fortlassen und ruhig abwarten, ob er zum Schutz der Pflanzen wirklich notwendig wird. Private Vorgärten und öffentliche Grünstreifen können auch nebeneinander in derselben Straße vorkommen.

Im Anschluß an die Besprechung der Vorgärten sind noch einige Worte über die Hausgärten und andere (große) Gärten zweckmäßig, denn diese liegen oft an der Straße und beeinflussen dadurch das Straßenbild; bei freier Bauweise gehen Vor- und Hausgärten sogar unmittelbar ineinander über.

Während der Vorgarten aus seinen Beziehungen zur Straße nicht losgelöst werden kann und für das Auge Allgemeingut ist, ist beim Hausgarten sein

Charakter als Privatbesitz und seine Bedeutung für das Familienleben zu beachten. Für Hausgärten ist daher ein dichterer Abschluß gegen Sicht, gegen unberechtigten Zutritt und gegen Zugluft berechtigt; bei ihm sind also abschließende Mauern namentlich dann nicht zu beanstanden, wenn er an einer geräuschvollen Nebenstraße oder an einem zugigen Platz liegt. Es ist also auch verfehlt, die alten Mauern jener früheren Privatgärten und Friedhöfe niederzulegen, die dauernd oder zeitweilig der Öffentlichkeit zugänglich sind; man muß sich damit gegen die Mode aussprechen, die diese Mauern durch „elegante“ Gitter ersetzen will; denn damit schädigt man nicht nur das Pflanzenleben, sondern vor allem die Besucher, die in der geschützten Abgeschlossenheit des Gartens ihre Ruhe und Erholung suchen; der Vorübergehende aber soll sich an den die Mauer überragenden, den Bürgersteig überdeckenden Baumkronen der alten Bäume erfreuen.

B. Die Höhenlage der Freiflächen.

Für die Höhenlage der Freiflächen sind die Forderungen der Gesundheit, Schönheit und Wirtschaftlichkeit, die Verwertbarkeit der Grundstücke für Bauzwecke und die Lebensansprüche der Pflanzen maßgebend.

Mit Rücksicht auf die Gesundheit der Bewohner wird man den Bau von Wohnungen (und auch den von Arbeitsstätten) in den feuchten Niederungen, auf den den kalten Winden ausgesetzten Höhen und auf den nach Norden fallenden, also sonnenarmen Hängen vermeiden; besonders sind sumpfige Stellen und solche mit moorigem Untergrund bedenklich; sie können, wenn Mückenplage hinzukommt, geradezu gefährlich werden.

Aus wirtschaftlichen Gründen wird man alles Bauen auf schlechtem Untergrund, an steilen Hängen und auf den Höhen vermeiden, weil hierdurch nicht nur die einmaligen Baukosten, sondern auch die laufenden Ausgaben für Unterhaltung, Betrieb und Verkehr erhöht werden.

Hiermit ist — „negativ“ — klargestellt, daß Niederungen, Höhen und gewisse Hänge, weil sie sich zur Bebauung wenig eignen, zur Anlage der Freiflächen in erster Linie in Betracht kommen.

Dies deckt sich auch gut mit den Forderungen der Schönheit: Betonung von Kuppen durch Wälder (unter Umständen unter Hinzufügung von einzelnen Bauten, Türmen), Ausnutzung von Hängen zu terrassenartiger Gestaltung von Grünflächen und zur wirkungsvollen Hervorhebung des Wassers, Ausgestaltung von Mulden zu Wiesen mit Wasserflächen und von Bachläufen zu Parkstreifen.

Die Schönheit der Freiflächen kann dadurch gehoben werden, daß man in der Höhengliederung die Konkave zur Geltung bringt und daß man das Hineinsehen möglich macht. Wiesen kann man fast immer tief legen und ihre Umrandungen ansteigen lassen; ähnlich wirkt die Umrahmung von (ungefähr waagerecht liegenden Wiesen durch Pflanzen von zunehmender Größe (Stauden — Sträucher — Bäume). Wasserflächen haben von Natur ansteigende Umrahmung, Bachtäler konkaven Querschnitt. Gärten kann man terrassenförmig derart anordnen, daß die innere Terrasse immer tiefer liegt als die äußere. Um das Hineinsehen in die Gärten, Wiesen, Wasserbecken usw. zu ermöglichen, muß man dem Betrachtenden entsprechend erhöhte Sitzplätze, Standpunkte und Spazierwege geben; hierbei hat man zu beachten, daß die Augenhöhe des Menschen relativ gering ist (nur 1,50 m) und daß daher schon kleine Höhenunterschiede große Wirkungen ergeben können; es kann z. B. zweckmäßig sein, eine Wiese, an der ein Weg vorbeiführt, an diesem entlang etwas abzusenken und dann in größerer Entfernung von dem Weg wieder ansteigen zu lassen. Die Schönheit von Wasserflächen beruht u. a. darauf, daß sie sich an der tiefsten Stelle befinden und daher dem Auge gut darstellen. Besonders wirkungsvoll kann der Einblick in Gärten von hochgelegenen Straßen sein; die „Terrasse“

in Kurgärten usw. hat u. a. den Sinn, den tiefer gelegenen Garten besser zur Erscheinung zu bringen; man beachte diese Winke z. B. auch bei der Umgestaltung alter Festungswälle zu Grünanlagen.

C. Das Wasser in den Freiflächen.

Im Städtebau tritt uns das Wasser in seiner Bedeutung für den Verkehr, für gewerbliche Betriebe und als belebendes schönheitliches Motiv gegenüber. Inwieweit bei der städtebaulichen Behandlung der Gewässer die Forderungen des Verkehrs zu berücksichtigen sind, hängt von der Schiffbarkeit ab. Je besser diese ist, desto mehr wird der Verkehr bestimmend sein müssen; wo aber die „Schiffbarkeit“ etwa nur für kleine Nachen vorhanden ist, müssen die Rücksichten auf die Schönheit ausschlaggebend sein. Es ist aber auch bei den gut

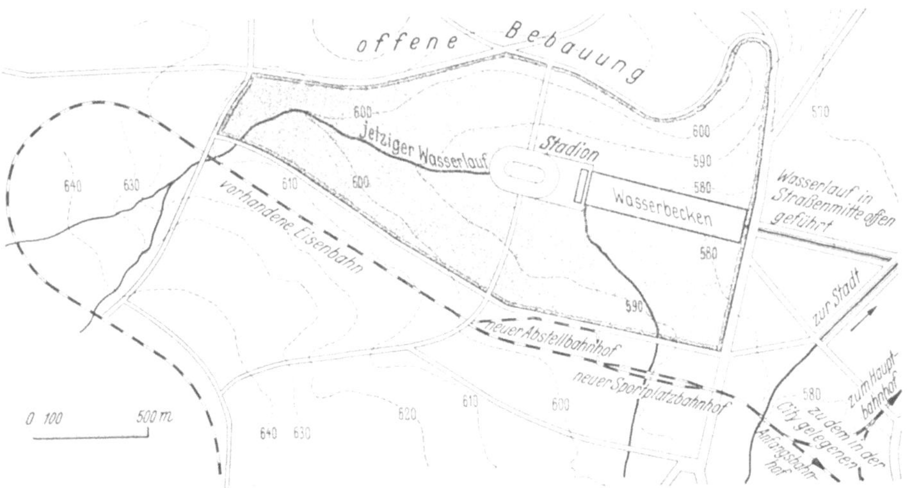

Abb. 75a. Ausschnitt aus dem Freiflächensystem Sofias. Ausnutzung der Wasserläufe. Sport- und Erholungsgelände.

schiffbaren und stark belebten Gewässern zu beachten, daß im allgemeinen eine starke Konzentration des Verkehrs, d. h. der Lösch- und Ladetätigkeit, nur an bestimmten Stellen, nämlich in den Häfen und an den Kaistraßen vorhanden ist, während der größere Teil der Wasserflächen und der Ufer nicht zum Laden und Löschen dient. Dieser größere Teil kann also bequem so gestaltet und umrahmt werden, daß das Wasser in seiner Bedeutung als belebendes und schönheitliches Motiv zur Geltung kommt. Hier wird sich bei vielen Städten sogar die höchste Schönheit offenbaren, die Schönheit, die der Stadt ihr besonderes Gepräge verleiht. Aber auch die Ufer, die dem Ladeverkehr unmittelbar dienen und daher mit Kaistraßen und auch mit Schuppen, Lagerhäusern, Kranen ausgerüstet werden müssen, können meistens ansprechend ausgestaltet werden, insbesondere dann, wenn die eigentliche Ladestraße tiefer liegt als die ihr parallel laufende öffentliche Straße. Dem ästhetischen Nur-Genießer wird allerdings jedes Schiff, jeder Kran, jedes Sirenensignal ein Greuel sein; der hart arbeitende Mensch wird aber in einem Hafen wie Hamburg vollendete Schönheit erleben; und der Städtebauer arbeitet für arbeitende Menschen, aber nicht für Ästheten.

Die Gewässer, die zu gewerblichen Zwecken benutzt werden, sind zweckmäßig danach einzuteilen, ob die Benutzung durch öffentliche Körperschaften oder durch Private erfolgt, und ob durch den Gewerbebetrieb die Gefahr der Verschmutzung des Wasserlaufes gegeben ist. Am kritischsten sind Gewässer, die starker Verschmutzung durch Privatbetriebe ausgesetzt sind. Die von ihnen zu befürchtenden Schädlichkeiten werden am besten durch Abkauf oder Ablösung der Gerechtsame endgültig beseitigt; gleiches gilt von solchen Mühlgräben, die durch ihren Stau Nachteile für die Umgebung herbeiführen können. Zu lösen ist diese Frage im Zusammenhang mit der Verteilung der Gewerbeviertel und der Hinauslegung der störenden Industrie. Wo die Gefahr der Verschmutzung gering ist — und das ist bei vielen Gewerbebetrieben, z. B. auch bei den Ableitungsgräben aus landwirtschaftlich benutzten Flächen der Fall —, wird man die Wasserläufe vielfach als belebendes, verschönerndes Motiv ausnutzen können; „schmutziges" Wasser, in schnellem Lauf sprudelnd dahinfließend zwischen Grün und Steinen, ist für das Auge, wenn der Grad der Verschmutzung nicht hoch ist, noch immer „klares" Wasser. Auch die städtischen Abwässer wird man nach entsprechender Vorklärung unter Umständen in offenen Gräben führen können.

Bei Städten in hügeligem Gelände kann man die von den Höhen herabfließenden Bäche mit geringen Kosten (für die Staudämme) in Sammelbecken aufspeichern, deren Wasser zur Belebung und Verschönerung beiträgt, zum Sport und unter Umständen noch zum Spülen von Abwassergräben dienen kann, die man ohne diese Spülung in Rohre fassen müßte. Abb. 75a zeigt als Beispiel hierfür einen Ausschnitt aus dem Freiflächensystem des von Muesmann-Dresden (in Verbindung mit dem Verfasser) aufgestellten Bebauungsplanes für Sofia. Die zahlreichen vom Gebirge kommenden Bäche werden am Rand der so schön, aber leider nicht an einem größeren Fluß gelegenen Stadt in Staubecken aufgefangen. Hierdurch wird nicht nur der Schönheit und dem Sport, sondern auch der Wasserwirtschaft gedient, da die Hochwasser zurückgehalten und die Wasserläufe bei Niederwasser gespült werden können.

Abb. 75b. Ausschnitt aus dem Freiflächensystem Sofias. Parkgelände.

Abb. 75b zeigt einen anderen Ausschnitt aus demselben Bebauungsplan.

Sehen wir von der Bedeutung des Wassers für Verkehr und Gewerbe ab und würdigen wir es als schönheitliches und Freiflächenmotiv, so ist zunächst zu bemerken, daß die Gewässer ähnlich wie die Grünanlagen, sich nach Größe, Art, Gestalt abstufen von den großen, den Wäldern vergleichbaren Flächen der Meeresbucht, des Sees oder des Stromes bis herab zum Teich, Quell, Bächlein, die man mit dem Einzelbaum vergleichen könnte. Ebenso beobachten wir die Parallele mit den Grünanlagen bezüglich des Grades von Natur und Kunst, die in den Gewässern vorwalten; von den rein „natürlichen" Gewässern führt eine lange Stufenreihe hinüber zu den Kunstschöpfungen der Wasserbecken, Wasserkünste, Brunnen und schließlich zu dem rein „dekorativen Wasser", das nur Zubehör einer Architektur ist. Auf die künstlerische Ausgestaltung der Gewässer kann hier nicht eingegangen werden, weil die Erörterung dieser Fragen zu weit führen würde; es sei aber darauf hingewiesen, daß wie bei der Grünanlage auch beim Wasser viel Kunst viel Geld kostet und daß es den Bedürfnissen der ärmeren Volkskreise nicht entspricht, wenn in die Gewässer viel Einzelkunst hineingesteckt wird. Dagegen sei auf folgendes hingewiesen:

Der Städtebauer sollte es sich angelegen sein lassen, das Wasser auch auszunutzen, um die Bevölkerung mit den Wasserpflanzen und Wassertieren bekannt zu machen; denn er wird damit insbesondere die Großstadtkinder der Natur näher bringen und die Freude an der Natur beleben. Von noch größerer Bedeutung ist die Rücksichtnahme auf Sport und Gesundheit. Die Gewässer sind daher daraufhin zu prüfen, für welche Art Sport sie sich eignen oder mit geringen Kosten geeignet gemacht werden können. Der Segelsport erfordert große Flächen und ist ziemlich kostspielig; der Rudersport ist billiger und kann auch auf schmalen Wasserläufen betrieben werden. Schwimm- und Badeanstalten am offenen Wasser wird man durch künstliche Becken ergänzen, damit sie auch im Winter benutzt werden können. Das Schlittschuhlaufen ist am sichersten und außerdem am ehesten und längsten möglich, wenn Wiesen u. dgl. nur mäßig hoch mit Wasser überstaut werden. Da nun auch für viele Sommersports die Wiese am geeignetsten ist, wird sich der Städtebauer bemühen, in den Freiflächen große Wiesen zu schaffen, die bequem überstaut werden können; man hat dann auch die Möglichkeit, die Wiesen oder einen Teil derselben gelegentlich im Sommer unter Wasser zu setzen, sei es, daß man dies zur Frischhaltung des Rasens wünscht, sei es, daß man für besonders heiße Zeiten „Plantschwiesen" herstellen will.

Hier zeigt sich deutlich die Zusammengehörigkeit von Wasser und Grünflächen. Tatsächlich muß der Städtebauer sich auch bemühen, beide stets zu einer Einheit zusammenzufassen. Ob hierbei das Wasser oder das Grün vorherrscht, hängt von dem Größenverhältnis ab, jedoch mit der Einschränkung, daß das Wasser auch schon als kleines Bächlein einer ganzen Grünanlage einen besonderen Charakter verleihen kann. Das ist wichtig, weil der Städtebauer dadurch in den Stand gesetzt wird, mit bescheidenen Mitteln (wenig Wasserverbrauch) große Wirkungen zu erzielen. Insbesondere sollten, abgesehen von der Eingliederung kleiner Seen und Zierteiche in die Parkanlagen, alle kleinen Bachläufe in Grünanlagen eingebettet werden; man kann hier ohne besondere Kosten nur durch Fernhalten des Verkehrs und durch geschickte gegenseitige Gruppierung von Bach, öffentlicher Grünanlage und Privatgärten Hervorragendes schaffen.

Hieraus ergibt sich der Gedanke, daß man auch die nicht dem Verkehr oder dem Gewerbe dienenden Gewässer möglichst nicht durch Privatgrundstücke begrenzen, sondern der Allgemeinheit erschließen sollte. Die unmittelbar am Wasser entlang führenden Wege sind nicht nur in Seebädern die schönsten und beliebtesten Spazierwege, sondern auch im Gebirge, so gehören z. B. im Harz, also der absoluten Natur, die Pfade zu den schönsten, die an den alten Zuleitungsgräben für die Bergwerke entlang führen; es zeigt sich hier übrigens deutlich, in wie starkem Maße ein kleines Wässerchen einem weit ausgedehnten hochstämmigen Forst eine besondere Note verleihen kann; bezeichnenderweise heißt der schönste dieser Wege „Goetheweg". Die hohe Anziehungskraft Merans beruht nicht zuletzt auf seinen Waalwegen, jenen kleinen Fußpfaden, die sich an den Gebirgshängen an den uralten Bewässerungsgräben entlang durch Wald, Wiese und Weinberg hinziehen.

Das unmittelbare Angrenzen von Privatgrundstücken an das für die Gestaltung der Freiflächen wichtige Wasser wird man nur zulassen, wenn dadurch schöne Spazierwege der Allgemeinheit nicht entzogen werden, und wenn außerdem Sicherheit besteht, daß die an das Wasser grenzenden Grundstücke gut gehaltene Gärten sein werden; ist dies der Fall, so können sich daraus reizvolle Städtebilder ergeben. Dagegen haben sich dort, wo nicht rechtzeitig Vorsorge getroffen worden ist, Mißstände eingenistet; sie müssen, namentlich auf dem Weg der Altstadtsanierung und der Industrieverlagerung beseitigt werden. Übel verschandelt ist z. B. auf lange Strecken die Spree in Berlin.

D. Die Gruppierung der Freiflächen.

Die Gesamtanordnung der Freiflächen ist bereits oben kurz erörtert worden, weil durch sie die Gesamtanlage der Stadt maßgebend mitbestimmt wird. Diese Erörterungen sind aber noch zu ergänzen:

Grundsätzlich könnte man zwei Systeme unterscheiden: Verzettelung und Zusammenfassung.

Bei der Verzettelung sind einzelne Freiflächen von verschiedenster Größe über das Stadtgebiet zerstreut aber nicht organisch in das Gesamtgefüge hineingearbeitet und daher auch nicht durch Grünverbindungen zu einer höheren Einheit zusammengefaßt. Die einzelnen Freiflächen zeigen hierbei nach ihrer Größe alle Abstufungen vom kleinen Erholungsplatz (Square) bis zum Großen Garten in Dresden, dem Tiergarten in Berlin, dem Bois in Paris, dem Hydepark in London, dem Zentralpark in New York. Im einzelnen können hierbei also hervorragende Einzelschöpfungen entstehen, die für ihre nähere Umgebung allen Anforderungen entsprechen. Es bleiben aber immer einzelne Stadtteile stiefmütterlich bedacht, und zwar wahrscheinlich meist die, die die Freiflächen gerade am nötigsten brauchen. Ferner fehlt auch bei den größten Parkanlagen, wie z. B. bei den vorstehend genannten, die Verbindung mit der äußeren freien Umgebung; die Bevölkerung kann also nicht durch sie hinauswandern; vielmehr schlagen hinter dem großen Park die Wellen des Häusermeeres wieder zusammen.

Es ist heute unverständlich, daß man dies früher nicht verhindert hat, obwohl man es z. B. beim Berliner Tiergarten sicher ohne großen Aufwand hätte tun können; hier hat man die Verbindung mit dem Grunewald zuerst durch eine großzügige „Promenadenstraße", den Kurfürstendamm, herzustellen versucht, für den sich übrigens kein geringerer als Bismarck eingesetzt hat; später wurde dann die Döberitzer Heerstraße geschaffen; beides verunglückte Schöpfungen mit ihren protzigen Fassaden verlogener Mietkasernenpaläste, erfüllt vom „brausenden" Verkehr, Mahnzeichen dafür, wie man es nicht machen darf. Was hätte man hier schaffen können mit dem Grundmotiv eines Verbindungsparkes!

Die Verzettelung ist also abzulehnen und durch die Zusammenfassung der Freiflächen zu einem einheitlichen Ganzen zu ersetzen. Hierbei kann man zwei Unterarten unterscheiden, den sog. Freiflächengürtel und die Radialanordnung.

Der „Grüngürtel" hat in Deutschland zwischen 1870 und 1910 eine große Rolle gespielt[1]; alle Welt hielt ihn für die Ideallösung; erst in dem Wettbewerb Groß-Berlin (im Jahr 1910) wurde von Möhring-Petersen und Blum-Schmitz der fragwürdige Wert eines weit draußen liegenden freien Gürtels betont und statt dessen das Hineinführen der Freiflächen mittels einzelner „Keile" oder Adern bis an die Innenstadt, den Altstadtkern und außerdem in die Wohngebiete der ärmeren Bevölkerung hinein gefordert. Diese ist nämlich wirtschaftlich nicht in der Lage, den draußen liegenden Gürtel zu benutzen, wenn sie erst Geld für ein Verkehrsmittel aufwenden muß, um hinauszufahren. Demgemäß müssen Wald, Wiese, Wasser in die Stadt hineingebracht werden, damit die Bevölkerung eingeladen wird, hinauszuwandern. Wenn man diesen Grundgedanken dahin ergänzt, daß jeder Stadtteil Erholungs- und Spielplätze in der „Kinderwagen-Entfernung" haben muß, und wenn man dann noch bedenkt, daß die Verzettelung in kleine und kleinste Plätze sowohl für die Menschen wie für die Pflanzen nicht so gut wie die Zusammenfassung ist, so kommt man zu der Forderung des zusammenhängenden Fleiflächennetzes.

Ehe aber gezeigt wird, wie dies Netz vom Städtebauer kunstvoll zu „konstruieren" ist, soll darauf hingewiesen werden, daß die Natur seine wichtigsten Glieder oft selber geschaffen hat, daß aber die törichten oder geldgierigen

---

[1] Bemerkenswert ist hierzu ein Buch der Gräfin Dohna, das zum erstenmal die Frage der öffentlichen Grünanlagen mit der Wohnungsfrage in Verbindung brachte, aber keine Beachtung fand.

Menschen das gütige Walten der Natur oft nicht erkannt und daher nicht ausgenutzt oder sogar verschandelt haben. In vielen Städten bereitet nämlich die Natur durch Wasser (Meer, Seen, große Flüsse, Überschwemmungsgebiete), schlechten Untergrund oder Gebirge der baulichen Erschließung so große Schwierigkeiten, daß ganz von selbst große Freiflächen entstehen, und zwar mindestens eine zusammenhängende Freifläche, die die Stadt entweder einseitig begrenzt (typische Lage der meisten Seebäder) oder tief in die Stadt vorstößt (typische Lage der Städte an den Spitzen der Seen, Zürich, Luzern, Genf) oder die ganze Stadt durchdringt (typische Lage der Großstädte an Flüssen, Köln, Düsseldorf, Basel, Leipzig).

Großartige Beispiele für solche natürlichen Durchdringungen usw. bieten:

Stockholm, von Meeresarmen zerschnitten;

Istambul, durch den prächtigen Bosporus und außerdem durch das Goldene Horn in verschiedene Stadtteile aufgelöst, die aber je für sich städtebaulich zum Teil skandalös sind;

Luzern, fast gar nicht „verschandelt";

Zürich, aber in seinen prachtvollen Uferanlagen stark bedroht, da man nicht rechtzeitig für eine weiter abliegende durchgehende Verkehrsstraße vorgesorgt hat;

Genf, aber mit bösen städtebaulichen Unterlassungssünden;

Leipzig, von Nord nach Süd von einer großen Freifläche durchzogen;

Hamburg, von den beiden großen Wasserflächen der Elbe und der Alster durchzogen;

Paris, mit seinen monumentalen Seine-Ufern;

Neapel, mit seinen Nachbarorten, prachtvoll an dem konkaven Ufern des Golfs aufgereiht;

New York, von zwei Meeresarmen zerschnitten, deren Ufer aber leider fast ganz dem Verkehr und der Industrie ausgeliefert worden sind.

Diese großen natürlichen Freiflächen, die allerdings besondere Kosten, namentlich für Brücken verursachen mögen, sind städtebaulich so stark und so wertvoll, daß man mit Schmerz feststellen muß, wie wenig oft die großen Möglichkeiten ausgenutzt worden sind, wieviel namentlich dadurch gesündigt worden ist, daß man nicht rechtzeitig die Ufer in den Besitz der öffentlichen Hand gebracht und damit ihre Ausschlachtung durch die Spekulation verhindert hat.

Kehren wir zur „Konstruktion" des Freiflächennetzes zurück, so können wir drei Gruppen von wichtigsten Teilen unterscheiden:

1. die Freiflächen innerhalb des bereits bebauten Gebietes,
2. die in den Außengebieten schon vorhandenen oder zu schaffenden Freiflächen,
3. die Verbindungen zwischen diesen beiden Arten.

Die innerhalb des bereits bebauten Stadtgebietes liegenden Freiflächen sind infolge der Sünden früherer Zeiten meist klein, außerdem vielfach schlecht gruppiert und in sich nicht immer richtig ausgestaltet. Aufgabe des Städtebauers ist zunächst, alles an Grün und Wasser Vorhandene zu erhalten, ferner jede einzelne Anlage in sich möglichst zweckmäßig zu gestalten, sodann Verbindungen zwischen den einzelnen Teilen herzustellen. Neue Freiflächen in der Innenstadt ohne hohen Geldaufwand zu gewinnen, wird nur ausnahmsweise möglich sein, im allgemeinen wohl nur dann, wenn man „Großbetriebe" (Häfen, Bahnhöfe, Kasernen, Fabriken) verlegen oder die Altstadtsanierung entsprechend durchführen kann. Bei der räumlichen Beschränktheit muß man sich gerade hier besonders bemühen, das wenige vorhandene Grün zu einer einheitlichen Wirkung zusammenzufassen; man wird also Privatgärten und öffentliche Parkanlagen möglichst ineinander übergehen lassen und hieran auch die Grünstreifen in Wohnstraßen unmittelbar angliedern.

Die Freiflächen der Außengebiete, also der noch nicht bebauten Gebiete, bereiten insofern keine großen Schwierigkeiten, als hier städtische Bebauung noch nicht vorhanden ist und das Gelände noch billig ist. Der Städtebauer braucht also bei der Bearbeitung dieser Außengebiete nur auf die großen Verkehrsanlagen und die zu schaffenden Industriegebiete Rücksicht zu nehmen. Er wird zunächst die Gebiete zu künftigen Freiflächen bestimmen, die bereits landschaftliche Vorzüge aufweisen (Seen, Wälder, große Wiesen, Gutshöfe mit ihren Parkanlagen); sodann wird er weiter forschen, auf welchen Gebieten sich Wald, Wiese und Wasser mit den geringsten Kosten werden schaffen lassen, wobei unter Umständen Hand in Hand mit der Wasserversorgung der Stadt zu arbeiten sein wird. Eine große Rolle spielen dabei die Eigentumsverhältnisse: in erster Linie ist städtischer Besitz, in zweiter Linie staatlicher, in dritter großer Privatbesitz ins Auge zu fassen und möglichst bald durch die Stadt zu erwerben. Die Finanzierung wird hierbei erleichtert, wenn man nur einen Teil — aber den wesentlich größeren! — zur Freifläche bestimmt, den anderen aber für die Bebauung erschließt; mit einer (natürlich maßvollen) Wertsteigerung, die ein kleiner Teil durch Aufschließung erfährt, kann man oft ein großes Gesamtgelände bezahlen. „Aufschließung", nämlich durch radial gerichtete Verkehrswege ist für die Freiflächen der Außengebiete erforderlich, weil sie sonst ihrem Zwecke nicht ordentlich gerecht werden können.

Die Verbindungen zwischen den alten kleinen inneren und den neuen großen äußeren Freiflächen sollen, wie oben angedeutet, nicht in Promenaden oder Alleen, sondern in Parkstreifen, also in langgestreckten Parkanlagen bestehen, deren Breite allerdings streckenweise stark zusammenschrumpfen wird. Der Verkehr in ihnen ist auf Fußgänger, Kinderwagen, Radfahrer und Reiter zu beschränken; für die Radfahrer ist hierbei besser zu sorgen, als dies bisher meist geschieht. Die Grünverbindungen werden in Planung und Finanzierung meist die schwierigsten Teile des Freiflächensystems sein, da bei ihnen allenthalben die wichtigen anderen städtebaulichen Momente als Hindernisse auftreten werden; es wird z. B. kaum möglich sein, eine Radial-Parkverbindung durch eine größere Bahnhofsfläche hindurchzubringen. Im allgemeinen werden die Schwierigkeiten von außen nach dem Stadtinneren zu wachsen; je weiter nach innen, desto schmaler werden die Verbindungsstreifen daher sein müssen. Für die Anordnung der Verbindungen sind zwei Ausgangspunkte gegeben: der eine liegt an einem Park der Innenstadt (unter Umständen an der „Ringpromenade"), der andere an einer größeren äußeren Freifläche. Die allgemeine Richtung wird oft einer Hauptverkehrsader parallel sein; der Parkstreifen sollte aber vom Verkehr durch mindestens einen Häuserblock getrennt sein. Bezüglich der Ausbildung muß man sich schlimmstenfalls mit einer baumbepflanzten, verkehrsarmen Straße begnügen; wenn aber irgendwie etwas Breite gewonnen werden kann, soll man einen wirklichen Parkstreifen schaffen, durch den sich ein Fußpfad hindurchschlängelt; ein geschickter Gärtner kann schon bei 30 m und sogar bei noch geringerer Breite treffliche Wirkungen erzielen. Parkstreifen, die durch ältere schlechte Wohngegenden führen, wird man zwischen die Vorderfronten legen, bei solchen aber, die durch neue, geschickt gebaute Landhaus- (oder auch Reihenhaus-) Viertel führen, ist die Lage zwischen den Rückfronten vielleicht vorzuziehen, weil der Parkstreifen dann ruhiger ist und außerdem mit den Privatgärten zu einheitlicher Wirkung gut zusammengefaßt werden kann. Ein treffliches Beispiel hierfür ist der Spazierweg von Wiesbaden nach Sonnenberg; er hat auch den großen Vorzug, daß sich ein kleiner Bach durch den Parkstreifen schlängelt. Allgemein sind Bachtäler vortreffliche Grundlagen für die notwendigen langgestreckten Grünanlagen.

Eine noch so gute Verteilung der Freiflächen enthebt den Städtebauer nicht der Pflicht, auch für die Erschließung der Erholungsflächen der näheren und vor allem der weiteren Umgebung Sorge zu tragen. Denn das eigentliche „Freiflächensystem" einer Stadt kann doch im allgemeinen nur Spaziergängen von einigen Stunden oder höchstens Halbtagswanderungen dienen. Ein verantwortungsvoller Städtebauer wird sich auch darüber Gedanken machen müssen, wie er seinen Mitbürgern die landschaftlichen Schönheiten der ländlichen Umgebung durch Wochenendfahrten u. dgl. erschließen kann und wie er die Menschen möglichst billig und angenehm aus der Stadt herausbefördern kann.

Für die glücklichen Besitzer von Kraftfahrzeugen braucht hier verhältnismäßig wenig getan zu werden, da sie ja schnell, bequem und auch ziemlich weit

Abb. 76. Kopenhagen, Ausflugswege.

fahren können. Wichtig ist vielmehr die große Zahl derer, die zu Fuß, mit Rad oder mit den öffentlichen Verkehrsmitteln die Stadt verlassen müssen. Für sie sind also besondere Fuß- und Radfahrwege in Grünstreifen anzulegen, auf denen man die großen Erholungsflächen der weiteren Umgebung erreichen kann. Wege dieser Art sind auch von den für den Ausflugsverkehr in Frage kommenden Haltepunkten der Eisenbahn, Straßenbahn- und Autobuslinien aus vorzusehen.

Eingehende und gut ausgearbeitete Vorschläge in dieser Richtung sind für Kopenhagen[1] gemacht worden. Die Abb. 76—79 zeigen die Erschließung der „grünen Umgebung Kopenhagens" durch Fuß- und Radfahrwege.

Abb. 77. Kopenhagen, Fußwege im Anschluß an Haltepunkte der Eisenbahnen.

Anhang.

Das Freiflächensystem Hannovers (vgl. Abb. 80).

Das wohl allgemein als das beste anerkannte Freiflächensystem von Großstädten zeigt Hannover, und man kann jedem Städtebauer nur dringend empfehlen, es eingehend

[1] Københavnsegnens Grønne Omraader. Forslag til et System af Omraader for Friluftsliv. Gyldendalske Boghandel, Nordisk Forlag.

zu studieren, am besten im Mai-Juni; denn er hat hier Gelegenheit kennenzulernen: die Hauptelemente der Freiflächen (Hochwald, Parkanlagen, große Wiesen, Wasserflächen), ihre Zusammenfassung zu höheren Einheiten, die verschiedenen Gartenstile, namentlich den französischen und den englischen Garten, kleine Parkanlagen zur Betonung monumentaler

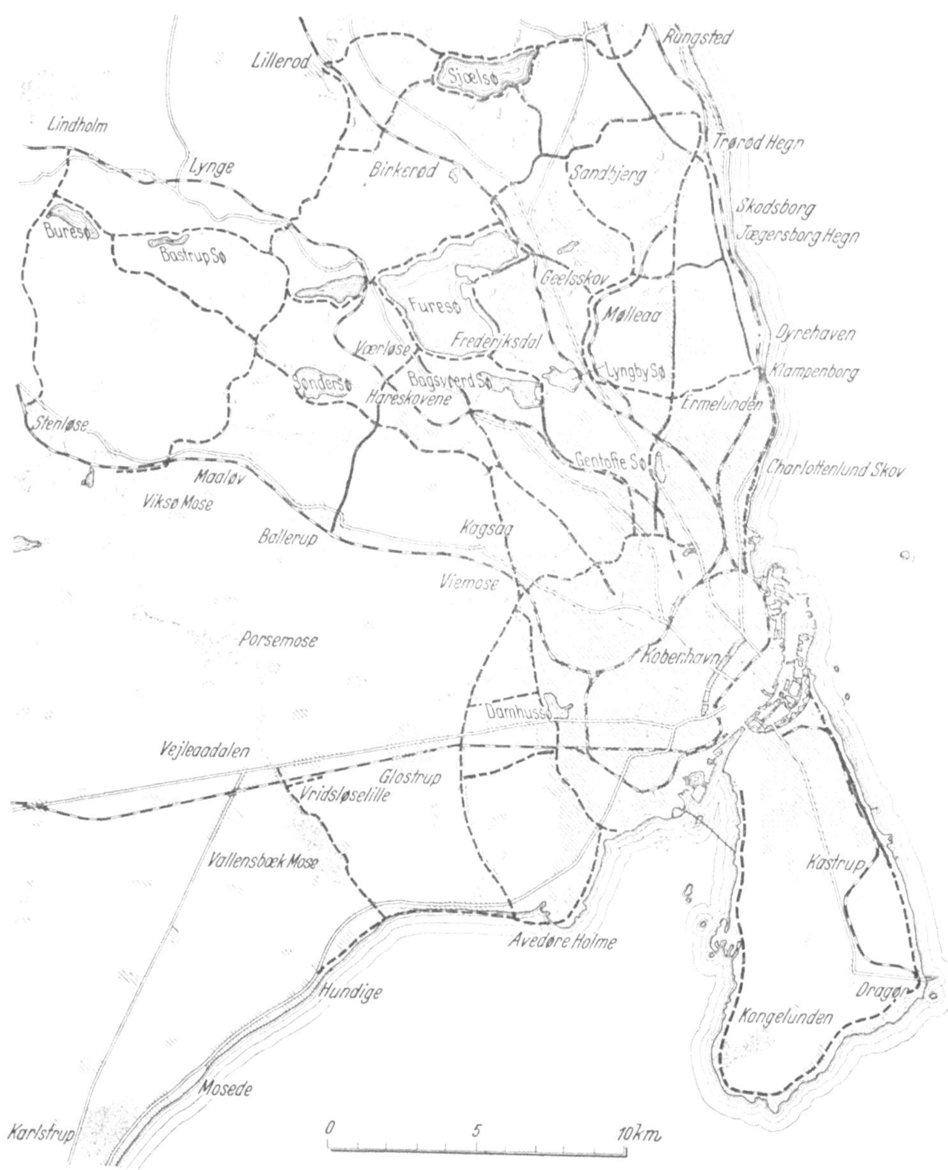

Abb. 78. Kopenhagen, Radfahrwegenetz.

Bauten (Technische Hochschule, Welfengärten, Rathaus, Maschpark, Stadthalle), das Stadion und den Turnierplatz, schließlich den neuen Maschsee, ein Meisterwerk Elkarts.

Hannover, die „Großstadt im Grünen" hat 450000 Einwohner; die Stadt zeigt typisch die sternförmige Entwicklung, die jetzt als die zweckmäßigste Form allgemein anerkannt ist. Diese Form ist jedoch nicht etwa nach dem Plan eines großen Städtebauers künstlich geschaffen worden; der große Meister war hierbei die gütige Natur, die große Gebiete für die Bebauung ungeeignet gemacht hat: Im (Süd-) Westen streicht nämlich das große Überschwemmungsgebiet der Leine, die hohe Hochwasser führt, unmittelbar an der Altstadt vorbei, so daß hier breite Wiesen nach Nordwesten und Südosten weit ins Land hinausführen, ohne durch Bebauung unterbrochen zu werden; und im Osten hat sumpfiger Untergrund die Bebauung verhindert, dafür aber den Hochwald der Eilenriede entstehen lassen. Diese günstigen natürlichen Grundlagen sind vom Menschen geschickt ausgenutzt

Abb. 79. Kopenhagen, Radfahrwege in Verbindung mit der Eisenbahn.

worden: Im Westen hat das Fürstenhaus unmittelbar von der dichten Bebauung ab große Parkanlagen geschaffen, und zwar die Herrenhäuser Allee, den Georgen-, Welfen- und Berggarten in englischem, den Großen Garten in französischem Stil; im Osten hat der Bürger stets eifersüchtig darüber gewacht, daß ihm seine Eilenriede nicht verkümmert werde; im Süden hat die Stadt aus dem Überschwemmungsgebiet Parkanlagen, Schützen- und Sportplätze und schließlich den Maschsee geschaffen (vgl. Abb. 81). Die besonderen Vorzüge des Freiflächensystems Hannovers sind:

Die einzelnen Hauptflächen sind so groß und sie sind so gut untereinander verbunden, daß sich eine zusammenhängende Fläche von Nord über Ost nach Süd und von hier in Richtung Nordwest bis tief in die Stadt hinein erstreckt; die Freiflächen umschließen aber die Stadt nicht nur, sondern sie dringen an drei Stellen mit kräftigen Keilen so tief in die Innenstadt vor, daß man vom Mittelpunkt der City die drei Anfangspunkte in 10 min Gehens erreichen kann; und dann kann man nach den verschiedensten Richtungen durch Grün bis in die freie Natur hinauswandern, da — im Gegensatz zu den oben genannten Städten — nirgendwo die Wogen der Bebauung hinter den Grünflächen zusammenschlagen. Abb. 82 zeigt die neue Verbindung zwischen den beiden Hochwäldern Eilenriede und Tiergarten in Hannover in Form einer Auenlandschaft.

Abb. 80. Die Freiflächen Hannovers.

E. Die Freiflächen größerer Bezirke.

Die Freifläche in der Landesplanung.

Vorstehend sind die Freiflächen — nicht bezüglich der Einzelfragen, wohl aber bezüglich der Fragen der Gruppierung — für die isoliert liegende Einzelstadt erörtert worden. Die Untersuchungen bleiben auch gültig, wenn in der näheren Nachbarschaft einer Großstadt kleinere Städte liegen; immerhin wird man dann schon zu prüfen haben, ob und wie die Freiflächen der Kleinstadt in die der Großstadt einzuarbeiten sind. Es ist nun aber noch das System der Freiflächen von Städtegruppen (Städtepaaren, Städtereihen) und von Industriebezirken zu erörtern.

Man wird hierbei zu einem vorläufig brauchbaren Ergebnis kommen, wenn man:

zuerst das Freiflächensystem für jede selbständige Stadt in großen Zügen so entwirft, als ob die Nachbarstädte nicht vorhanden wären

und dann die so ermittelten Systeme gegeneinander abstimmt.

Hierbei entstehen keine Schwierigkeiten, wenn die Flächenbedürfnisse der beiden Städte, d. h. die Bedürfnisse ihrer nach vernünftigen Grundsätzen angenommenen künftigen Einwohnerzahlen gedeckt werden können, wenn also

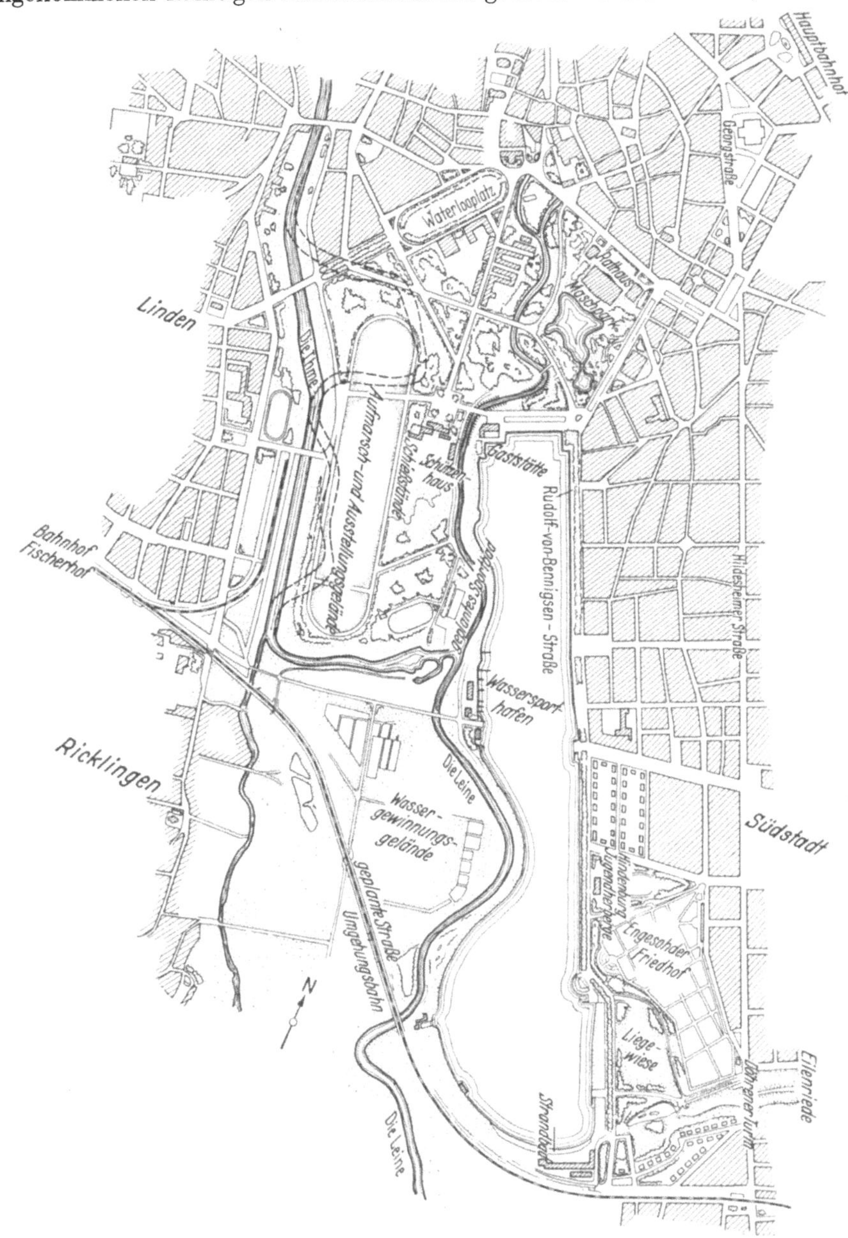

Abb. 81. Maschsee (Hannover).

der Abstand der beiden Stadtkerne voneinander so groß ist, daß sich die beiden notwendigen Flächen nicht überlagern.

Ist dies aber der Fall, dann ist bezüglich der einzelnen Stadt eine „Kompromißlösung“ unvermeidlich; man muß dann nämlich jede für sich möglichst nach den freien Seiten hin entwickeln. Vor allem ist aber in solchen Fällen zwischen den beiden Städten, also in dem „Überlagerungsgebiet“, eine breite „Schutzzone“ auszuweisen.

Außerdem sind noch folgende Fragen zu prüfen:

Nachbarstädte können wirtschaftlich und kulturell einen ungefähr gleichen oder einen recht verschiedenen Charakter haben; vgl. für den ersten Fall Halle-Leipzig, Rotterdam-Amsterdam, Duisburg-Mülheim-Essen-Bochum, für den zweiten dagegen Mainz-Wiesbaden und Mannheim-Heidelberg. Bei verschiedenem Charakter wird die eine Stadt wahrscheinlich durch Naturschönheiten (Wald, Meer, Seen) besonders ausgezeichnet sein; sie wird also mit ihrer Umgebung das wichtigste Erholungsgebiet für die andere Stadt darstellen.

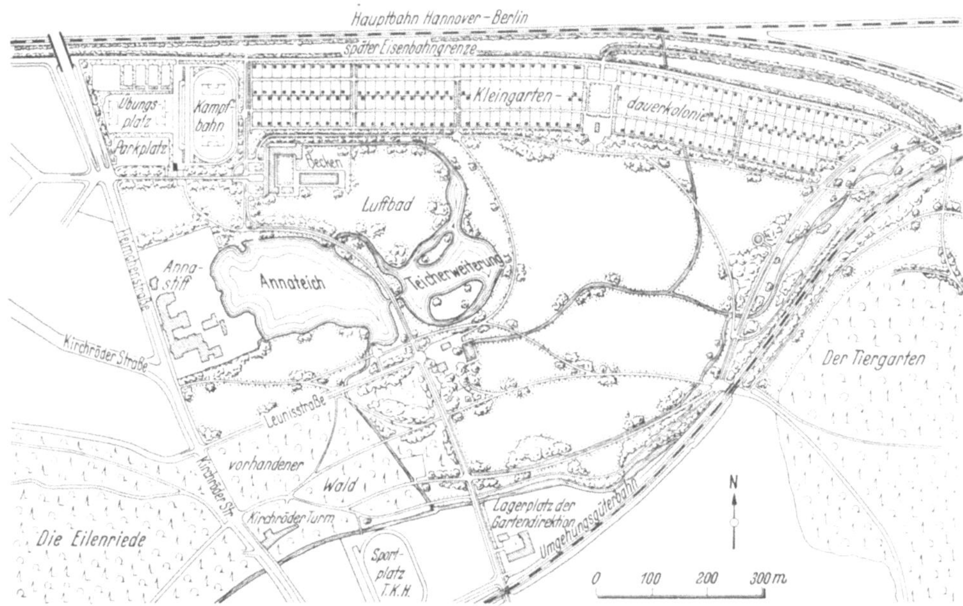

Abb. 82. Grünverbindung zwischen der Eilenriede und dem Tiergarten in Form einer Auenlandschaft (Hannover).

Dies ist bei der Ausgestaltung der Freiflächen und der zu ihnen führenden (Massen-) Verkehrsmittel, Fuß- und Fahrradwege zu beachten.

Von den beiden benachbarten Städten wird die eine oft im „Windschatten“ der anderen liegen; so liegt z. B. Düsseldorf in der von Neuß herüberkommenden vorherrschenden Windrichtung. In diesem Fall muß das Freiflächensystem so angeordnet und gegen die Industriegebiete so abgestimmt werden, daß die im Windschatten liegende Stadt unverdorbene Luft erhält und nicht etwa von Ruß und Rauch überschüttet wird.

Zwischen den beiden Städten wird sich oft ein großes, von Natur freies Band durchziehen, z. B. ein Fluß mit seinen Überschwemmungsgebieten. Dieses wird dann den wichtigsten Teil der Schutzzone zu bilden haben, vgl. den Rhein zwischen Wiesbaden und Mainz, Neuß und Düsseldorf, das tief eingeschnittene Tal der Wupper zwischen Solingen und Remscheid.

Für Industriegebiete ist zunächst der für die Bevölkerung des Gesamtgebietes erforderliche Freiflächenbedarf zu ermitteln, wobei man namentlich für Wälder und für Schrebergärten noch mehr fordern sollte als bei der isoliert liegenden Großstadt, weil die Verbindung zwischen der Bevölkerung solcher Bezirke und der Natur noch lockerer sein wird. Sodann sind alle als Freiflächen in Betracht kommenden Flächen aufzunehmen und daraufhin zu prüfen, welchen besonderen Wert sie für diesen Zweck haben, ob sie (infolge ihrer besonderen

Lage oder infolge anderer Vorzüge) für Bebauung in Betracht kommen, oder ob ihre dauernde Verwendbarkeit als Freifläche sichergestellt werden kann. Im Anschluß hieran ist der besondere Wert der einzelnen Flächen als Freifläche festzustellen; Wälder, große Parks, Bachtäler und die Ufer von Flüssen und Seen werden dabei am wertvollsten sein; außerdem sind die Stellen und Anlagen zu ermitteln, die für bestimmte Sportzwecke von besonderer Bedeutung sind, wie z. B. die Stauseen im Ruhrkohlenbezirk. Von großer Bedeutung sind ferner die weiter ab liegenden Landschaften, die infolge ihres besonderen Charakters (Meeresküste, Gebirge, Wald) die natürlichen Ausflugs- und Erholungsgebiete der hart arbeitenden Massen sind. Hier kann man auch durch noch so gute Wanderwege und Grünverbindungen es nicht mehr erreichen, daß die Bevölkerung hinauswandert, da die Entfernungen — namentlich für den Nachhauseweg der Kinder — zu groß werden. Um so sorgfältiger muß man hier abwägen, wieweit der Ausflugverkehr noch mit dem Fahrrad geleistet werden kann, von wo ab also mit öffentlichen Verkehrsmitteln gerechnet werden muß. Auf jeden Fall ist gerade hier für Fahrradwege gut zu sorgen; die Wege dürfen durch den Kraftverkehr nicht bedroht sein, und es ist bei ihnen auch an „Umgehungswege“ zur Vermeidung schwieriger Ortsdurchfahrten zu denken. Von den öffentlichen Verkehrsmitteln ist für diesen Erholungs- und Ausflugverkehr die Eisenbahn am wichtigsten, weil sie dem Massenandrang am besten gewachsen ist, die niedrigsten Fahrpreise gewähren und ausreichende Bequemlichkeit zur Verfügung stellen kann.

IV. Das Wohnwesen[1].

Um die Nutzfläche eines Gebietes planmäßig, d. h. sinnvoll aufteilen zu können, muß man feststellen, welche Teile des nutzbaren Bodens sich am besten eignen

a) für die landwirtschaftliche Erzeugung von Nahrung, b) für industrielle Zwecke, c) für Handel, Gewerbe und Verkehr, d) für die Erholung und e) für Wohnzwecke.

Der Bedarf im einzelnen ist abhängig von den natürlichen Gegebenheiten, dem Klima, den Sitten und von der wirtschaftlichen Struktur der Bevölkerung, die den Boden zur Erfüllung ihrer Lebensnotwendigkeiten benutzt. Bei der Mannigfaltigkeit dieser Voraussetzungen kommt daher eine für alle Gebiete gleiche prozentuale Aufteilung nicht in Frage, sondern der Flächenbedarf jeder einzelnen Gattung ist in jedem Einzelfalle zu ergründen. Während es nun aber denkbar ist, den jeweiligen Zustand der Gegebenheiten durch Statistik und Forschung genau zu bestimmen, ist der Blick in die Zukunft durch das Unbestimmte und Unwägbare eines täglich sich ändernden Volkszustandes erschwert. Man kann nur schätzen und muß seine Vorbereitungen für die Bodennutzung so einstellen, daß sich die vermuteten Entwicklungen jeweils reibungslos nebeneinander vollziehen können.

Während nun die landwirtschaftlichen Flächen im großen und ganzen fest liegen und höchstens durch Meliorationen von Ödland oder durch Landgewinnungen an Meeresküsten vermehrt werden können, müssen die Wohnflächen häufig erweitert werden, indem man „Land“ als Bauland zum Bebauen freigibt. Das muß fast immer auf Kosten der landwirtschaftlich genutzten Flächen geschehen, und eine kluge Staatspolitik muß also darüber wachen, daß dieses Opfer von Nährfläche im Rahmen des Tragfähigen bleibt. Andererseits aber ist auch das Wohnbedürfnis eine Forderung der Natur zur Erhaltung der Gesundheit des arbeitenden Menschen. Die Erweiterung der Wohnflächen ist also gerechtfertigt, soweit sie der Gesundung des Volkskörpers dient.

[1] Dieser Abschnitt ist von Prof. Dr.-Ing. Vetterlein bearbeitet.

Die Ausweisung von Wohngebieten hat daher nach folgenden Grundsätzen zu geschehen:

a) Der Volkskörper ist in seinem Bestand zu erhalten, und seine Vermehrung ist sicherzustellen.

b) Die Wohnlage wird bestimmt durch die Erwerbsquellen, die dem Wohnenden zur Bestreitung seiner Lebensbedürfnisse dienen.

c) Die Wohnung hat der Erhaltung der Arbeitskraft und Lebensfreude des Wohnenden zu dienen.

Das Bevölkerungsproblem soll also den Ausgangspunkt aller städtebaulichen Maßnahmen zur Erschließung von Wohnflächen bilden. Hier ist nun zu beachten, daß alle früheren Schätzungsmethoden über die Bevölkerungszunahme überholt sind, da der Volkskörper durch den Weltkrieg und durch die Geburtenverminderung eine veränderte Struktur aufweist.

Früher ging man von den Annahmen aus:

a) das Land hat einen Geburtenüberschuß, der auf dem Lande keinen Platz findet und den Städten zufließt,

b) die Städte vermehren sich durch Geburten, wenn auch nicht so stark wie das Land; die Sterblichkeit kann durch hygienische Maßnahmen vermindert werden, und der Zuzug vom Land in die Stadt bewirkt eine Vergrößerung der Einwohnerzahlen, die daher eine ansteigende Kurve bildet.

Heute ist auch auf dem Lande der Geburtenüberschuß in den meisten sog. Kulturstaaten zurückgegangen. Dagegen hat in Deutschland die Regierung Maßnahmen ergriffen, durch Neubildung des Bauerntums die auf dem Lande Geborenen dort festzuhalten und durch Neuanlagen von Industrie abseits der großen Städte auch den nicht landwirtschaftlich Tätigen krisensichere Wohngelegenheiten auf dem Lande und in kleinen Gemeinden zu schaffen. Der Zug zur Stadt ist damit unterbrochen, abgelenkt oder verzögert worden. Auch in der Stadt ist selbstverständlich die Geburtenzahl zurückgegangen und bildet nur noch einen geringen Anteil zur Erhaltung der Einwohnerzahl.

Es ist daher zu prüfen, ob diese Beobachtungen ausreichen, einen „Städtetod" vorherzusagen, vor dem sich die Sorge um erweiterte Wohngebiete von selbst erübrigt.

Die Verteilung der Bevölkerung wird stets von der Arbeitsgelegenheit abhängen. Deshalb lebten vor der Industrialisierung in Deutschland 1875 zwei Drittel auf dem Lande und nur ein Drittel in Städten. In diesen aber setzte sich die aufkommende Industrie an, denn sie fand in ihnen am leichtesten den Anschluß an die Eisenbahn und die benötigten Arbeiter. Die Arbeitsgelegenheit zog weitere Massen an, und die Bestellung der benötigten Wohn-, Geschäfts- und Industriebauten bildete einen neuen Arbeitsvorrat, der wiederum neue Arbeiter anzog. Heute leben daher zwei Drittel der deutschen Bevölkerung in den Städten, und das eine Drittel der Landbevölkerung ist 1932 ziffernmäßig kleiner als die zwei Drittel von 1875: 21 Mill. gegen 26 Mill. vom Jahre 1875.

Der riesige Industrieapparat, der sich in diesen 60 Jahren aufgebaut hat und für zwei Drittel der Bevölkerung die Lebensgrundlage bildet, läßt sich nun aber nicht plötzlich von seinen Fundamenten abheben, zumal er meist mit Güterverkehrsanlagen fest verbunden ist. Neu zu begründende Industrien lassen sich wohl ins „Land" verlegen und neue Verkehrslinien lassen sich für sie schaffen, aber die in den Städten verankerte Industrie ist eine Tatsache, die für das Weiterleben der Städte von Bedeutung bleibt.

Die staatliche Steuerung der Industriewirtschaft wird daher der Erhaltung der städtischen Arbeitsgrundlagen stets ihre Aufmerksamkeit zuwenden und die Städte werden immer für das Wohl ihrer industrieverbundenen Einwohnerschaft sorgen müssen, wozu von ihrer Seite vor allem die Meisterung des Wohnungsproblems gehört.

Es wäre unbedacht, wenn man dabei die aus der Statistik errechneten Verhältnisse als unabänderlich ansehen wollte. Gewiß, Deutschland hat durch den Krieg einen Verlust von 2 Mill. Männern zu beklagen, 1 Mill. Einwohner sind der Blockade zum Opfer gefallen, mindestens 3 Mill. Kinder sind nicht geboren worden und $6^1/_2$ Mill. sind durch die Abtrennung deutscher Gebiete verloren gegangen. Die Entwicklung der Volksvermehrung hängt aber von den in der Zukunft wirksamen Verhältnissen ab, und die Geburtenziffern werden entscheiden, ob wir wieder aufleben oder absterben. Es fielen auf eine Haushaltung 1900 4,6 Personen, 1933 nur 3,98. Es muß daher der Wille zum Kind gestärkt werden. Es ist dabei zu beachten, daß auf dem Lande auf 1000 männliche Personen nur 948, in den Großstädten aber auf 1000 Männer 1114 Frauen entfallen. Das zwingt die Städte zu einer erhöhten Wohnungsfürsorge mit dem Ziele, die Neubildung deutscher Familien zu fördern, da der Frauenüberschuß zu 57% in den Großstädten steckt.

Wenn also dem Lande die Aufgabe zufällt, durch gute Landarbeiterwohnungen die Landflucht zu mindern, so bleibt den Städten die Aufgabe, ihre Wohnungswirtschaft vor allem dadurch in den Dienst der Bevölkerungsprobleme zu stellen, daß sie Raum für neue Haushaltungen schaffen und die Schäden ungesunder Wohnverhältnisse beheben.

Will man nun den Bedarf an neuer Wohnfläche ermitteln, so muß man fragen: Wer sucht in der Stadt eine Wohnung? Was soll gebaut werden? Wie groß sollen die Gartenflächen sein? Wie sollen die Häuser zusammengestellt werden?

Auf der Suche nach einer Wohnung sind folgende Personengruppen:

1. Die Brautpaare,
2. die schlecht Wohnenden,
3. die zu teuer Wohnenden,
4. die für ihre Kinderzahl zu eng Wohnenden,
5. die Arbeiter und Angestellten, die in die Nähe ihrer Arbeitsstätte ziehen wollen,
6. die Anspruchsvollen, die auf Ausstattung und Lage der Wohnung Wert legen können.

Für die erste Gruppe ist die Zahl der Eheschließungen bestimmend. Die Zahl der Haushaltungen ist in den Nachkriegsjahren stärker gewachsen als die Bevölkerungszunahme. Während diese nur 4,5% betrug, stieg die Zunahme der Haushaltungen auf $15^1/_2$%. Das ist dadurch erklärlich, daß die starken Vorkriegsjahrgänge, d. h. die von 1900—1910 Geborenen nach Beendigung des Krieges zur Heirat schritten, andererseits aber auch dadurch, daß ältere Leute durch die verstärkte hygienische Fürsorge länger als früher am Leben blieben.

Im Durchschnitt kann man in Deutschland jährlich 200000 neue Haushaltungen erwarten. Da nun die älteren Leute meist bis zum Tode beider Eheteile ihre Wohnung beibehalten, die oft die letzte Einnahmequelle des Alters bildet, werden die Wohnungen der Eltern nicht für die Kinder frei. Die Generationen lösen also nicht einander ab, sondern schieben sich nebeneinander zusammen, so daß der Wohnungsbedarf neuer Ehen vorwiegend durch neu zu erbauende Wohnungen zu befriedigen ist. Es müssen daher in Deutschland jährlich 200000 neue Wohnungen erstellt werden.

Die zweite Gruppe, also die der „schlecht Wohnenden", ist eine Folge der ungezügelten, nur auf Rente bedachten Bauweise in den Städten. Die Bevölkerung drängte sich zu dicht aufeinander, und so kamen bei einer durchschnittlichen Wohndichte des Reiches von 139 Menschen auf 1 km² in Hamburg 31500, Stuttgart 30500, Berlin 25900, Leipzig 25500, Breslau 24700 Personen.

Diese zu dichte Bebauung erfordert die Auflockerung der überbewohnten Gebiete, die aber nicht nur in den Altstadtkernen, sondern auch in den in der

Neuzeit gebauten Mietkasernen, sofern sie nicht die hygienischen Anforderungen nach Licht und Luft erfüllen, zu finden sind. Zu ihrer „Sanierung“ aber gehört die Bereitstellung neuen Wohnraumes.

Drittens suchen die „zu teuer Wohnenden“ eine neue Wohnung. Erhöhte Kinderzahl und steigender Lebensbedarf bei gleichbleibendem Einkommen drückt auf den für die Wohnungsmiete verfügbaren Betrag. Es verdienten um 1928

bis 1500 RM	jährlich, oder	125 RM	monatl.	46,3%	der Versteuerten
1500—3000 RM	„	125—250 RM	„	38,5%	„ „
3000—5000 RM	„	250—400 RM	„	10,9%	„ „
5000—8000 RM	„	400—650 RM	„	4,0%	„ „
über 8000 RM	„	650 RM	„	0,3%	„ „

Rechnet man ein Viertel des Einkommens als Wohnungsmiete, so können 84% der Erwerbstätigen eine Wohnungsmiete nur bis 60 RM monatlich tragen; fast die Hälfte aber muß unter 30 RM bleiben. Das zwingt zur Bereitstellung besonders von Kleinwohnungen, die womöglich so zusammengefügt werden sollten, daß bei Bedarf eine Wohnungsvergrößerung möglich wird.

Das gilt für die vierte Gruppe: Die fruchtbaren Ehen in zu kleinen Wohnungen. Die Furcht vor dem Raummangel ist ein gefährlicher Widersacher des Willens zum Kind! Deshalb muß es eine der vornehmsten Aufgaben des Städtebaues sein, gesunde und billige Wohnungen für kinderreiche Familien bereit zu stellen.

Die fünfte Gruppe, also die der Arbeiter und Angestellten, die eine Wohnung in der Nähe ihrer Arbeitsstätte suchen, ist durch die Befruchtung und Organisation der Industrie stark angewachsen. Es handelt sich hier meist um besonders tüchtige Arbeiter, die mit ihrem Werke innig verbunden sind, ferner um von auswärts herbeigerufene und um planmäßig umgesiedelte Arbeiter. Ihre Zahl hängt von Umschichtungen der Wirtschaft ab und läßt sich nicht statistisch errechnen. Wohl also muß man darauf Bedacht nehmen, daß die Nähe der Arbeitsstätte nicht der Bequemlichkeit dient, sondern der praktischen Erwägung, daß diese Arbeiter nicht mit täglichen Opfern an Zeit und Fahrgeld belastet werden dürfen und daß auch Zwang zu einer täglich mehrfachen Benutzung des Fahrrades eine Minderung der Leistung bedeuten kann.

Schließlich wird der Wohnungsbedarf auch noch durch die anspruchsvolleren Wohnungssucher vermehrt, die auf Ausstattung und günstige Lage ihrer Wohnung Wert legen. Wenn auch bei solchen Leuten öffentliche Mittel nicht bereitgestellt werden, ist bei der Flächennutzung doch die Möglichkeit zu schaffen, daß das Baugewerbe für solche Mieter oder Bauherrn tätig werden kann.

Der Wohnungsbedarf ist also nicht nur von der Geburten- oder Eheschließungszahl abhängig, sondern auch von anderen beachtlichen wirtschaftlichen Verhältnissen, die in jeder Stadt je nach ihrer Eigenart in Rechnung zu stellen sind.

Wie kann nun der Wohnungsbedarf erfüllt werden? Vor allem durch Neubauten, aber auch durch Neubesetzung frei gewordener Altwohnungen. Da letztere Möglichkeit aber nur in beschränktem Maße möglich ist, bleibt auch bei geminderter Bevölkerungszunahme die Notwendigkeit weiteren Neubaues an Wohnungen bestehen.

Die Schaffung von guten und zugleich billigen Wohnungen ist selbstverständlich auch nur durch Bereitstellung billigen Geldes möglich, daher muß also hier der Staat eingreifen und durch Bereitstellung von Hypothekengeldern den Neubau von Wohnungen ermöglichen. Bildet doch die gesunde Wohnung die Voraussetzung für die Gesundheit des Volkskörpers. Wenn aber der Staat aus den Mitteln der Allgemeinheit den Wohnungsbau fördert, ist besonders gründlich zu erwägen, in welcher Art die bereitgestellten Mitteln verwendet werden sollen, und es fragt sich: Was soll gebaut werden?

Man unterscheidet zunächst zwischen Eigenbesitz und Mietwohnung. Nicht jedem bedeutet der Arbeitsplatz auch den ständigen Wohnsitz. Nur der Ansässige kann Eigenbesitz brauchen; für den unsteten Arbeiter oder Gewerbetreibenden, der seine Arbeitsstätte unter Umständen wechseln muß, kommt in erster Linie die Mietwohnung in Betracht.

Beim Eigenheim ist die Zuteilung von Hof, Garten und Stall sorgsam zu überlegen. Wer nur eine Wohnung braucht, und für die Betätigung in Garten und Stall weder Zeit noch Neigung hat, soll den knappen Bodenvorrat nicht der erfolgreichen Nutzung entziehen. Nur wer des Bodens würdig ist, soll ihn besitzen. Andererseits aber strebt so mancher Mietwohner nach einem Stück Land, das ihm die Arbeit am Boden ermöglicht. Die Grundstücksgrößen sind also so zu bemessen, daß jeder Wohnung ein angemessenes Gartenstück in leicht erreichbarer Nähe zugeteilt werden kann.

Der Hauptteil der Angestellten gehört in die gesunde Mietwohnung. Neuvermählte kommen eine Zeit lang mit zwei Zimmern aus; bald wird das dritte und vierte Zimmer Bedürfnis. Man sollte daher erstreben, auch die Kleinstwohnung erweiterungsfähig zu machen, z. B. dadurch, daß man zwischen die zweiräumigen Blockteile eine Achse von Zimmerbreite einschiebt, die es möglich macht, von dieser Achse nach Bedarf ein oder zwei Zimmer der anstoßenden Grundwohnung zuzuteilen. Dann würde auch die Kleinstwohnung die Furcht vor dem Kinde vermindern und bevölkerungspolitisch zulässig sein. Für ältere Angestellte, die einen Ortswechsel nicht mehr zu erwarten haben, ist das Eigenheim mit Einliegerwohnung, womöglich für die eigenen herangewachsenen Kinder, nebst einem Garten das Beste. Dann können die Eltern später die Hauptwohnung den Kindern überlassen und selbst die kleinere Einliegerwohnung beziehen.

Beim Garten ist der Wirtschaftszweck zu beachten. Soll er nur ein Stück Natur zum Aufenthalt im Freien sein, so genügt ein idyllisches Plätzchen; will man ihn aber zur Nahrungsbeschaffung verwenden, so erfordert er eine bestimmte Größe. Den gesamten Nahrungsbedarf wird er nur liefern, wenn er je nach der Bodengüte mehrere Morgen groß ist; kleinere Abmessungen ermöglichen nur die Schaffung von Zusatznahrung, die das Arbeitseinkommen ergänzt. Das spielt nun eine besondere Rolle bei den auf geringes Einkommen Angewiesenen, die wie oben erwähnt 84% der Erwerbstätigen bilden. Bereitstellung von Gartenland ist also eine wichtige Aufgabe des Städtebaues, wobei das Land entweder aufgeteilt in Einzelstücke dem Eigenheim oder in größeren Zusammenhängen den Mietwohnungen zugeteilt werden kann. Im allgemeinen kann man sagen:

Die Stadt braucht die Mietwohnung mit Garten in erreichbarer Nähe zur Wohnung,

die Vorstadt braucht das Eigenheim mit Nutzgarten,

das Land braucht den Nährgarten mit Kleinwohnung.

Wie man die Häuser zusammenstellt, regelt die Bauweise. Wie hoch man sie macht, bestimmt die Bauzone, wie man die Häuser zugänglich macht und wie man die sonstigen Teile des Stadtorganismus sowie die Freiflächen verteilt, regelt der Bebauungsplan; wie man die für die Straßen freizuhaltenden Verkehrsflächen von den bebauten und privat genutzten Flächen ausscheidet, bestimmt der Fluchtlinienplan. Die Anzahl der Menschen auf einem bestimmten Gebiet heißt die Wohndichte; die Zahl der Menschen, die auf einem Grundstück wohnen, ist die Behausungsziffer.

Je dichter die Menschen wohnen, desto schwerer ist die Zuteilung von Gartenland. Darum bildet die Auflockerung dichtbebauter Gebiete eine Aufgabe des Städtebaues, nicht wegen der Annehmlichkeit freieren Wohnens, sondern wegen der Verpflichtung das bevölkerungspolitische Ziel der Volkserhaltung und Volksvermehrung zu fördern und auch dem geringeren Einkommen eine Zusatznahrung zu ermöglichen.

Ob man die Häuser frei hinstellt oder aneinander fügt, wie viel Wohnungen man übereinander lagert, ist vorwiegend eine bautechnische und wirtschaftliche Frage. Es kann sinnvoll und praktisch sein, beim Zusammenfügen einzelne Teile, wie z. B. Brandmauern gemeinsam zu benützen, an ein Treppenhaus mehrere Wohnungen anzuschließen, mit einem Dach viele Wohnungen zu bedecken. Damit ist die Bauweise zunächst ein bauwirtschaftliches Rentabilitätsproblem. Erst wenn die Häufung der Wohnungen bevölkerungspolitische Gefahren im Gefolge hat, ist eine Beschränkung der Wohnungshäufung und -überlagerung nötig. Für die sichtbare Erscheinung bildet das kleine Einfamilienhaus meist eine zu geringe Baumasse, besser ist das Doppelhaus oder die Baugruppe, während das Reihenhaus oft linear und unkörperlich wirkt.

Mit der Zahl der Wohnungen wächst die Beanspruchung der Zugangsstraßen, so daß das große Miethaus besondere Anforderungen an den Bebauungsplan stellt oder bei feststehenden Verkehrsverhältnissen unerträglich sein kann. Besonders gilt das vom Hochhaus, das an sich wohl ein städtebaulich wirksames Gebilde sein kann, aber oft mit Rücksicht auf die Verkehrslage nicht am Platze ist. Es kommt hinzu, daß die höheren Geschosse schwer und mühevoll ersteigbar sind und technische Hilfsmittel erfordern, die mit dem Ziel der billigen Miete nicht zu vereinbaren sind. Für das Wohnungsproblem der Minderbemittelten kommt daher das Hochhaus nicht in Frage; für die künstlerische Formung des Stadtkörpers aber ist es als Baukörper an sich nicht abzulehnen, sofern nur seine Zweckbestimmung und Einfügung in den Stadtorganismus die Anhäufung der Baumassen rechtfertigen.

Städtebaulich gesehen ist jedes Haus nur ein Baustein, der seinen Sinn erst in Gemeinschaft mit anderen Bausteinen gewinnt. Wenn man die besten Ergebnisse eines Wettbewerbs für ein Wohnhaus nebeneinander stellen würde, so wäre jedes Ding an sich vortrefflich, die Gesamterscheinung aber unerfreulich. Erst in der Gruppierung entscheidet sich der städtebauliche Wert. Wenn man aber die Häuser an eine starre Baufluchtlinie anhängt, so daß sie wohl in Reih und Glied stehen, aber alle verschiedene „Uniformen“ anhaben, so muß das Straßenbild unruhig wirken. Darin liegt das Verhängnisvolle des Fluchtliniengesetzes von 1875, daß es die Fläche der öffentlichen Straße durch eine Bauflucht begrenzte, aus der man nicht vorrücken durfte, die aber zugleich ein Zurückweichen ausschloß. War das in geschlossener Reihe zu billigen, weil sonst häßliche Brandmauern sichtbar geworden wären, so würde es unsinnig bei offener Bauweise, weil damit der Baugestaltung Fesseln auferlegt wurden, die die denkbare Aufgabe einer Verbindung von Haus und Garten erschwerten.

Es ist daher zu fordern, daß vor jedem Baufluchtlinienplan ein „Aufbauplan“ entworfen wird, der die körperliche Erscheinung der Bauten in den Grundzügen regelt. Die Schwierigkeit liegt dann weiter darin, daß der Städtebau auf Jahrzehnte vorausdenken soll und daß es nicht feststeht, wie die Bauten später einmal aussehen werden. Man kann wohl von den Anschauungen der gegenwärtigen Zeit ausgehen, muß aber auch der Zukunft die Entwicklungsmöglichkeit lassen. Es wird daher jeweils zu prüfen sein, ob ein Bau sich seiner unmittelbaren Nachbarschaft einfügt und mit dieser harmonisch zusammenklingt. Jedes Baugesuch sollte auch die Nachbarbauten mit aufzeigen und ein Verlassen der Bauflucht nur dann zugelassen werden, wenn künstlerische Erwägungen dies rechtfertigen.

Städtebaulich ist es also ein Unterschied, ob man für eine klar erkannte Aufgabe mit gleichartigen Baueinheiten einen Aufteilungsplan aufstellt, oder ob man für künftige Bauabsichten unbekannter Einzelbauherrn ein Gebiet aufschließt. Im ersten Falle kann man die Formung des Straßenbildes festlegen, im anderen Falle muß man aber eine zwanglosere Form zugrunde legen. Namentlich mit streng symmetrischen Straßenanlagen soll man vorsichtig sein, da sie aus Einzelbauten eigenwilliger Bauherrn nicht mit Sicherheit glücklich gelöst werden können. Es besteht ein Unterschied zwischen dem Einzelbau einer Kolonie und einem Bau aus der Eigengestaltung eines zufälligen Bauplatzkäufers.

Solche Erwägungen sind der Aufstellung eines Siedlungsplanes voranzustellen. Was durch ihn geregelt werden soll, unterliegt den Vorschriften der Bauordnung, den Möglichkeiten der Baufinanzierung, den etwaigen Bauauflagen bezüglich Baustoffen usw., den Richtlinien des Aufbauplanes, dem Stande der allgemeinen Bauerziehung oder der ungezügelten Baufreiheit. In den Zeiten liberalistisch betonter Individualität allerdings muß es immer als ein Glücksfall bezeichnet werden, wenn selbst aus einem guten Plan eine harmonische Baugestaltung hervorgeht.

Wenn man also auch in den Bebauungsplänen vorausschauend ganz allgemein die Wohngebiete aus den Freiflächen und den industriell und gewerblich nutzbaren Gebieten ausscheidet, so sollte ein die Einzelheiten regelnder Siedlungsplan erst dann aufgestellt werden, wenn der wirkliche Siedlungswille erkannt, wenn also die Bebauung für das in Frage kommende Gebiet notwendig geworden ist. Bei rein bäuerlicher Ortsstruktur kommt vorwiegend die Wohnung mit angemessener Landzulage in Frage, bei gemischten, industriell durchsetzten Landgemeinden sind auch Wohngebiete ohne Eigengärten vorzusehen, wobei aber die Bereitstellung von Dauerpachtgärten ins Auge zu fassen ist. Bei rein industriellen Gebieten sind vor allem Mietwohnungen in gesunder Form, mit leicht erreichbaren Pachtgärten anzunehmen, während das Eigenheim mit Nutzgarten im Vorland größerer Städte vorherrschen wird.

Bei der Auswahl der Siedlungsflächen ist zu beachten, daß die Aufschließung nicht mit Zubringerstraßen belastet werden sollte, deren Anlage und Ausbau unverhältnismäßig hohe Kosten verursacht. Verbindungsstraßen vom bebauten Ortskern bis zur Siedlung lassen sich durch Anliegerbeiträge nicht finanzieren; weiträumige Planungen — wie wir sie wünschen — erfordern nämlich darüber hinaus lange Straßen innerhalb der Siedlung, deren Kosten allerdings allenfalls noch durch Anliegerbeiträge aufgebracht werden können. Die Benutzung wichtiger Verkehrsstraßen als Zubringerstraßen zu ferner liegenden Siedlungsflächen ist von Fall zu Fall zu überprüfen. Der Anbau an Hauptverkehrsstraßen ist falsch und unstatthaft.

Deshalb sind in erster Linie Gebiete im Anschluß an die bestehende Bebauung für Neuerschließung von Wohngebieten heranzuziehen. Dabei bestimmen die Enden der bestehenden Straßen gewissermaßen die Eingangstore der Siedlung, an die sich die neuen Aufschließungsstraßen netzartig anschließen sollen. Man wird dabei beachten, daß sich nur einseitig bebaubare Straßen schwerer finanzieren lassen als zweiseitig bebaubare. Wenn die Verkehrsstraßen nicht ganz vom Anbau freigehalten werden, so ist neben der Verkehrsstraße eine dem Anbau dienende Wohnstraße zu empfehlen. Besser ist es, sie in einem Abstand von etwa 50 m neben der Verkehrsstraße herlaufend vorzusehen, so daß der innere Verkehr der Siedlung keine Verbindung mit dem Durchgangsverkehr der Hauptstraße hat.

Das Maß von 50 m ergibt sich aus der Erwägung, daß mit ihm eine vernünftige Parzellenaufteilung möglich ist. So erfordert eine Parzelle von 800 m^2 16 m Straßenflucht, und bei 3 m beiderseitigem Bauwich kann ein Haus von 10 m Breite erstellt werden. Eine Wohnstraße erschließt also nach beiden Seiten hin einen Block von 2×50 m $= 100$ m, so daß also alle 100 m eine weitere Wohnstraße erforderlich ist.

Die Länge des Blocks ist nach oben unbegrenzt. Einige Querstraßen wird man aber doch vorsehen, und da diese auch zur Finanzierung der Straßenkosten Anlieger haben sollen, macht man den Block etwa 300 m lang, so daß auch, wenn die Querstraßen bebaut werden, eine bebaubare Straßenlänge von rd. 200 m zur Finanzierung der Blockstraße verfügbar ist.

Bei längeren Baublocks ist auch die Queraufteilung durch etwa 2 m breite Gartenwege zu empfehlen. Eine zweckmäßige Aufschließung bildet auch der Wohnhof, der viel häufiger zur Anwendung kommen sollte, da er leichter die Schaffung künstlerisch geformter Hausgemeinschaften ermöglicht.

Bei Aufstellung des Siedlungsplanes muß man fragen, ob die Häuser nach einheitlichem Plan und annähernd gleichzeitig errichtet werden, oder ob es von der Verkaufsgelegenheit der Parzellen abhängt, ob, wie, wann und für wen sie einmal bebaut werden. In letzterem Falle wird man bei der Führung der Straßen an häufigere Blickbegrenzungen denken, um die unbegrenzte Unruhe erträglicher zu machen.

Ein wichtiges Problem bilden die Besitzverhältnisse, die durch die Aufschließung berührt werden. Auf einer großen Fläche, die nur einem Besitzer gehört, kann man die Straßen nach Belieben anlegen. Schneiden diese aber verschiedene Besitzungen an, so kann man wohl die Straße mit gewissen Rechtsmitteln, z. B. förmlich festzulegenden Fluchtlinienplänen im Wege der Enteignung frei machen, aber die als Bauplätze in Betracht kommenden Restflächen verbleiben den einzelnen Besitzern. Wenn nun die alten Grenzen ungünstig auf die neue Straßen aufstoßen, wird die bauliche Ausnutzung oder die Teilung in Bauplätze erschwert oder unsinnig. Dann wird eine Umlegung nötig, die aber kostspielig und zeitraubend ist. Man vermeidet besser die Notwendigkeit einer Umlegung, indem man von vornherein auf die Besitzverhältnisse nach Möglichkeit Rücksicht nimmt.

Für die Großstadt gelten natürlich andere Maßstäbe! Das Einzelhaus verschwindet im Hausblock, der nunmehr zur Einheit der Gestaltung wird und sich in Beziehung zu den höher aufragenden öffentlichen Gebäuden setzt. Wenn die Hausblöcke sich in ihren Formen zu lebhaft aufführen, verkennen sie diese Aufgabe der Unterordnung und wirken überladen und lächerlich. Darin liegt die Hauptursache, daß so viele mit reicher Fassadenausstattung errichtete Wohnstraßen der letzten Jahrzehnte so wenig befriedigen. Ihr Aufputz ist an die falsche Stelle geraten.

Man muß also Wohngebiete in Großstädten mit ,,Dominanten" durchsetzen oder Grünflächen einlagern, die das Betonen einzelner Wohnbauten rechtfertigen. Das Spiel rhythmisch gegliederter Massen bedient sich wohl der Einzelhäuser als Material der Gestaltung, greift aber für die Gestaltung des Ganzen über die Parzelle und selbst über den Baublock hinaus. So wird die Stadtbaukunst zur Krönung aller Baukunst.

Man darf aber dabei nicht die wirtschaftlichen Grundlagen aus dem Auge verlieren. Sie sind für die Durchführung und das Endergebnis bestimmend. Mit seiner Miete muß der Mieter nicht nur die reinen Baukosten bezahlen, sondern auch die Kosten des Grund und Bodens, die Zinsen der Darlehen, die Aufschließungskosten, den Zeitverlust für den Weg zur Arbeitsstätte und zur Schule. Alle diese Aufwendungen müssen sich also in volkswirtschaftlich vernünftigen Grenzen halten.

Bei den Aufschließungskosten ist zu achten auf die Länge und Ausbildung der Zubringerstraßen, auf die Geländeverhältnisse, besonders auch auf den Stand des Grundwassers, auf die zweckmäßige Anlage von Anschlüssen an das Kanalnetz, die Wasser-, Gas- und Lichtleitungen und die Möglichkeit eines gefahrlosen Verkehrs. Mit den berechtigten Wünschen für Rückkehr zur Scholle und zum Eigenheim, für Auflockerung der Großstadt, für Wiesengürtel und Grünkeile muß man im Interesse eines tragbaren Mietzinses der vorwiegend minder bemittelten Großstadtbevölkerung haushälterisch umgehen. Die Grundstücke wird man kleiner machen und von 800 m² bis auf 300 m² herabgehen, dafür aber die Gärten zusammenlegen zu Gartengebieten auf solchen Flächen, die durch ihre Lage und Beschaffenheit für die Errichtung von Bauten weniger geeignet sind. Im Straßennetz wird man gute befestigte Verkehrsstraßen als

Sammelstraßen für schmalere und weniger stark befestigte Wohnstraßen benutzen und mit dem kostspieligen Straßennetz vorsichtig und sparsam sein. Insbesondere muß man bei der Wasserversorgung, der Entwässerung und den Lichtleitungen scharf rechnen, damit die Anlagen auch volkswirtschaftlich tragbar und vernünftig bleiben. Bei allen technischen Anlagen soll man nicht nur die Anschaffungskosten, sondern vor allem auch die Unterhaltungskosten mit in die Rechnung einbeziehen.

Der Städtebau darf aber nun nicht zu einem kapitalistischen Rechenexempel werden. Das verbietet schon die staatspolitische Notwendigkeit, die Wohnungsbeschaffung für die Arbeiterschaft in den Vordergrund zu stellen. Die an einer Stelle fehlende Wirtschaftlichkeit muß dann durch Überschüsse an anderer Stelle ausgeglichen werden. So darf bei der Wasserversorgung nicht nur das einzelne Haus auf Rentabilität des Anschlusses untersucht werden, sondern das ganze Gebiet, in dem sich einfachere Häuser auf größeren Grundstücken mit Reihenhäusern oder mit mehrstöckigen Gruppenhäusern mischen; oder es muß ein Verzicht auf Anliegerbeiträge bei Bauten für Minderbemittelte durch erhöhte Einnahmen bei der Gasversorgung ausgeglichen werden. Die Verwaltung einer Großstadt setzt sich aus vielen Einzelheiten zusammen, und der beste Städtebauer wird der weitblickende und die Gesamtbilanz überschauende Oberbürgermeister sein, der es versteht, durch wirtschaftliche und durch kulturelle Entwicklungen den Lebensstandard seiner Bürger zu heben, wozu nicht zuletzt gute und gesunde Wohnmöglichkeiten gehören. Nicht allein die billige, sondern die tragfähige — d. h. den Erfordernissen eines gesunden Familienlebens entsprechende — Wohnung zu schaffen, wird die Aufgabe des Wohnungswesen einer Großstadt sein.

V. Die Gewerbegebiete.

Einführung, allgemeine Grundlagen.

Da die Städte und Dörfer nicht nur dem Wohnen, sondern auch dem Arbeiten zu dienen haben, so muß der Städtebau auch die Stätten der Arbeit in ihren städtebaulichen Forderungen und in ihren Einwirkungen auf die anderen Glieder der Stadt untersuchen. Hierbei können aber unbedenklich gewisse Arbeitsgebiete unberücksichtigt bleiben, namentlich die der Behörden, der Banken und anderer Zentralstellen der Wirtschaft, der Kaufgeschäfte, vieler Handwerksbetriebe, ferner der Schulen; denn für alle diese Tätigkeiten sind keine besonderen Stadtteile erforderlich; sie werden vielmehr in der Geschäftsstadt und den Wohngebieten mit erledigt. Die Arbeitsstätten des Verkehrs (Häfen, Rangierbahnhöfe, Werkstätten) sind bei der Erörterung der Verkehrsmittel zu behandeln; große Bahnhöfe, Eisenbahnwerkstätten stehen vom städtebaulichen Standpunkt den Anlagen der Großindustrie nahe.

Die Untersuchung hat sich also besonders auf die Stätten der gewerblichen Arbeit, auf die Industriegebiete zu erstrecken. Sie sind für den Städtebau aus folgenden Gründen besonders wichtig:

1. Von den Städten leben viele, von den Großstädten die meisten stark von gewerblicher Tätigkeit. Diese verdient daher besondere Rücksicht, vor allem muß dahin gestrebt werden, daß die Arbeitsbedingungen ständig verbessert werden, so daß die Gewerbe billiger erzeugen können, also wettbewerbsfähiger werden.

2. Das ist aber nur möglich, wenn der Grund und Boden billig zur Verfügung gestellt werden kann, wenn für gute Verkehrsmittel im Güter- und Personenverkehr, und zwar im Nah- und Fernverkehr, gesorgt wird, und wenn die gewerblichen Arbeiter in nicht zu großer Entfernung gesund angesiedelt werden können. Das beeinflußt also die Bodenpolitik, die Disposition der Verkehrsanstalten, die Verteilung der Bauklassen und die Abstufung der Wohngebiete.

3. Die gesunde Ansiedlung der Arbeiter einerseits, die von der Industrie ausgehenden Störungen andererseits beeinflussen wiederum stark die Durchbildung der Freiflächen.

Es erscheint auf den ersten Blick als das einfachste und beste, wenn man alle Gewerbe in einem Industriebezirk ansiedelt. Das ist aber schon in kleineren Städten kaum möglich, weil man hier neben dem einen Gewerbeviertel auch in der Geschäftsstadt und in den Wohnvierteln gewisse Gewerbe zulassen muß. Für Großstädte aber wäre die (oft gedankenlos empfohlene) Anlage eines Industriegebietes verfehlt, denn sie bedeutet Konzentration von Verkehr, Erhöhung der Bodenpreise, Konzentration der Fabrikbevölkerung, sie würde also verkehrstechnisch, bodenpolitisch und sozial ungünstig wirken. Man muß vielmehr bei der Anlage der Industrie die auch in anderen Beziehungen städtebaulich so heilsame Dezentralisation erzielen.

Sobald man diese nun in Angriff nimmt, kommt man aber mit dem Einheitsbegriff „Gewerbe" (oder „Industrie") nicht mehr aus; denn der Gewerbe sind gar viele, und sie stellen die verschiedenartigsten Ansprüche bezüglich der Lage zu den Geschäfts- und Wohnvierteln, der Verkehrsanlagen, der Grundstückgrößen, der Bodenpreise, der Arbeiterwohnungen usw.

Bei der erforderlichen Gliederung der Gewerbe (nach städtebaulichen Gesichtspunkten) wird man aber wohl immer mit folgenden Gedankengängen auskommen:

a) Nach dem Grad der Störungen eingeteilt, ist jedes Gewerbe um so unangenehmer für die Umgebung,

je größer die für die einzelnen Betriebe erforderlichen Flächen sind,
je mehr Straßentransporte verursacht werden,
je mehr Eisenbahn- oder gar Wasseranschluß notwendig wird,
je mehr Belästigungen durch Lärm, Rauch, Schmutz, Geruch entstehen.

b) Nach dem Grad der an den Verkehr zu stellenden Anforderungen sind die Gewerbe danach einzuteilen, ob sie

mit Straßentransporten allein auskommen,
oder Eisenbahnanschluß erfordern,
oder auch noch (mittelbaren oder unmittelbaren) Wasseranschluß erfordern.

Hiernach kann man folgende Gruppen von Gewerben unterscheiden, bei denen das entscheidende Kennzeichen allerdings nicht von positiver, sondern nur von negativer Bedeutung ist, da es nur vom Störungsgrad ausgeht:

1. Die nicht störenden Gewerbe. Sie haben geringes Flächenbedürfnis, bedürfen keines Eisenbahnanschlusses, noch weniger des Wasseranschlusses. Sie verursachen keine oder nur geringe Belästigungen durch Rauch, Lärm, Geruch. Diese Gewerbe stellen in erster Linie hochwertige Güter her (Kleider, Wäsche, Hüte, Nahrungsmittel, Hausgerät, Möbel, Luxusgegenstände, Drucksachen). Sie arbeiten vielfach in mehrgeschossigen Fabriken; manche von ihnen sind Kaufgeschäften angegliedert; vielfach führen sie hauptsächlich Ausbesserungen oder Anschlagarbeiten (z. B. Glaser- oder Schlosserarbeiten) aus. Ein Teil dieser Gewerbe bedarf der Lage in der Innenstadt, weil nur dort die nötige Kundschaft zusammenströmt, ein anderer Teil muß (ebenso wie kleine Läden für den Tagesbedarf) über alle Wohnviertel zerstreut sein. Städtebaulich verursachen diese Gewerbe keine besonderen Schwierigkeiten, weil sie keine eigenartigen Anforderungen an den Bebauungsplan stellen.

2. Die wenig störenden Gewerbe. Sie haben größeres Flächenbedürfnis, verursachen viele Straßentransporte und eine gewisse Belästigung durch Rauch, Lärm usw. Eisenbahnanschluß ist für sie erwünscht bis notwendig, Wasseranschluß aber noch nicht nötig. Diese Gewerbe sind im Interesse einer gesunden Dezentralisation in den weniger ruhigen Stadtvierteln nicht zu verbieten. Sie sind möglichst in der Nähe der Güterbahnhöfe anzusiedeln.

3. Die stark störenden Gewerbe. Sie haben großes Flächenbedürfnis und erfordern niedrige Bodenpreise. Sie verursachen starke Belästigungen.

Eisenbahnanschluß ist notwendig, Wasseranschluß erwünscht. Diese Gewerbe sind in einzelnen, wenigen, großen, in sich geschlossenen Bezirken anzusiedeln.

Nach dieser Gliederung der Gewerbe in drei Gruppen, wäre das Stadtgebiet in vier Gruppen zu gliedern:

1. Gebiete, in denen Industrie vollständig verboten ist: Ruhige Wohnviertel, Landhaussiedlungen, Heimstättensiedlungen. Hier wird man auch noch andere „störende Betriebe" ausschließen oder beschränken (Krankenhäuser, Wirtschaften, Tanzlokale u. dgl.).

2. Gebiete, in denen die „nicht störende" Industrie zugelassen wird.

3. Gebiete, in denen die „wenig störende" Industrie noch zugelassen wird: z. B. Nähe der Güterbahnhöfe, und vor allem Gebiete, die zur folgenden Gruppe 4 gehört haben, aus denen die „stark störenden" Gewerbe aber verbannt werden sollen.

4. Gebiete, die für die „stark störende" Industrie bestimmt sind, also die großen „Industriekomplexe" mit den dazugehörigen Verkehrsanstalten.

In welche Gruppe ein bestimmter Gewerbezweig je nach seinen Ansprüchen und den von ihm ausgehenden Störungen einzuordnen ist, ist Sache der Bauordnung. Strittige Fragen können also nur von Fall zu Fall entschieden werden. Wie die Eingliederung der Gewerbe in das Stadtgefüge zu bewirken ist, wie für sie also in den Flächennutzungs- und Bebauungsplänen zu sorgen ist, wird am besten an der „stark störenden" Industrie erläutert, weil sie die höchsten Anforderungen stellt, also am schwierigsten zu befriedigen ist.

Zur „stark störenden" Industrie gehören nicht etwa nur Großbetriebe der privaten Wirtschaft (Zechen, Hütten, Maschinenfabriken, Gießereien, Eisenwerkstätten, Sägewerke usw.), sondern auch gewisse Großbetriebe der Stadtverwaltungen (Gasanstalten, Elektrizitätswerke, Vieh- und Schlachthöfe, Müllbeseitigungsanlagen, ferner auch noch die Pumpwerke der Wasserversorgung und Kanalisation; die Pumpwerke verursachen allerdings nur wenig Störung, sie werden sogar oft zweckmäßig in Freiflächen eingebettet, sie erfordern aber meist die Zuführung erheblicher Kohlenmengen, also Gleisanschluß). Hinzuzurechnen sind ferner gewisse Großbetriebe des Staates: Eisenbahnwerkstätten, Bauhöfe der Wasserbauverwaltung, auch Militärwerkstätten. Es ist also erforderlich, die Gesamtmasse aller „sehr störenden" Gewerbe (der privaten, städtischen, staatlichen) zu ermitteln und die Flächen zu bestimmen, die innerhalb bestimmter Zeiträume hierfür an „Industriekomplexen" erforderlich werden.

Ist das Flächenbedürfnis festgelegt, so sind die Stadtgebiete auszusuchen, die sich für die Industrie besonders gut, für Wohnzwecke dagegen weniger gut eignen und die jedenfalls nicht für Freiflächen in Betracht kommen. Zu beachten sind: die vorherrschende Windrichtung (diese auch im Hinblick auf Nachbarorte), die Höhengliederung (je ebener, desto besser), der Boden (nicht zu weich, aber auch nicht felsig, also so, daß die Gründungen einfach und billig werden), das Grundwasser (nicht zu hoch), die Wasserversorgung (ausreichend, zuverlässig und billig). Dazu kommt noch: Die Wohnungen für die in dem Industriegebiet Tätigen müssen so nahe liegen, daß die Wege zu Fuß oder mit dem Fahrrad zurückgelegt werden können; die Industriegebiete müssen durch die öffentlichen Verkehrsmittel (Straßenbahn, Omnibus) gut mit der Geschäftsstadt verbunden und ihre Gesamtgruppierung muß auf die der Freiflächen harmonisch abgestimmt sein.

Alle diese Bedingungen müssen vornehmlich deshalb erfüllt werden, damit die oben angedeutete Forderung zu ihrem Recht kommt: Der Städtebauer hat durch seine Gesamtplanung und durch die Einzeldurchbildung dafür zu sorgen, daß die Industrie billig produzieren kann, denn nur dann kann sie sich im harten Wettbewerb gegen das Ausland behaupten.

Es kann aber nicht Aufgabe eines Lehrbuches über Städtebau sein, die Anlage von Industriegebieten im einzelnen zu erörtern; das gehört vielmehr in ein

Lehrbuch über Industriebau. Es sind aber drei Fragen des Industriebaues für den Städtebau und namentlich auch für die Landesplanung von so großer Bedeutung, daß sie hier eingehender untersucht werden müssen, nämlich die Beziehungen zwischen den Industriegebieten und den Freiflächen, der Anschluß der Industriegebiete an den Güterfernverkehr und die Umsiedlung der Industrie.

A. Die Beziehungen zwischen den Industriegebieten und den Freiflächen.

Die Industrie steht infolge ihrer Störungen naturgemäß im Gegensatz zu den Freiflächen. Beide müssen also voneinander abgesondert werden. Der Städtebauer wird aber trotzdem Grünanlagen an die Industriegebiete heranziehen; er wird nämlich — soweit dies ohne Künstelei möglich ist — die Industriegebiete gegen die Nachbarschaft, namentlich gegen Wohngebiete abkapseln, um das Übergreifen der Störungen möglichst abzuschwächen. Die geeigneten Abschlußmittel sind hohe Gebäude und Grünstreifen. Hohe Gebäude, von denen selbst keine Störungen ausgehen, müssen in jedem Industriegebiet sowieso vorhanden sein, vor allem Verwaltungs- und Dienstgebäude; aber auch zahlreiche Lager- und Fabrikgebäude verursachen weder Schmutz noch Lärm. Es ist wichtig, gerade derartige Bauten am Rand, also als Schutz zu errichten. Schönheitlich können sie gut wirken, wie so mancher neue Fabrikbau zeigt. Außer solchen Bauten können auch Grünstreifen als Abschluß dienen; Gebäude sind aber wirkungsvoller, besonders wenn sie hoch sind. Grünstreifen wirken nur dann genügend, wenn sie dicht und hoch sind; sie sind unter Umständen dann recht zweckmäßig, wenn vorhandene Höhenunterschiede entsprechend ausgenutzt werden können. Solche abschließenden Grünstreifen müssen in das übrige Freiflächensystem richtig eingegliedert werden; man kann sie aber kaum als „voll“ rechnen.

B. Der Anschluß der Industrie an den Güterfernverkehr.

1. Allgemeine Grundsätze. Eine der wichtigsten Voraussetzungen für die Senkung der Produktionskosten ist das Niedrighalten und Senken der Transportkosten für die Anfuhr der Roh-, Halb- und Hilfsstoffe und die Abfuhr der Erzeugnisse (und der Abfälle). Je nach der Art der Industrie geht nämlich der Anteil der Transportkosten am Wert (Preis) des Enderzeugnisses bis auf 38% hinauf[1]; er ist natürlich am kleinsten bei hochwertigen Gütern, am größten bei geringwertigen Massengütern (z. B. Ziegelsteinen, Zement, Schnittholz, Roheisen).

Die wichtigsten Mittel, die Transportkosten namentlich für die Massengüter (Holz, Roheisen, Stahl, Profileisen, Erden, Steine, tropische Erzeugnisse) und für den wichtigsten Hilfsstoff (nämlich Kohle) zu senken, sind die Wahl des richtigen Standortes und der unmittelbare Anschluß des Werkes (der Fabrik) an die dem Güterfernverkehr dienenden Verkehrsanstalten (Eisenbahn, Kleinbahn, Wasserstraße, Fernstraße, Autobahn).

Beide Punkte sind von größter Bedeutung für die Landesplanung und den Städtebau, die Wahl des Standortes namentlich für die Landesplanung, der Verkehrsanschluß mehr für den Flächennutzungs- und Bebauungsplan. Vorläufig haben wir uns nur mit dem letzteren Punkt zu beschäftigen.

Der unmittelbare Anschluß der Industrie an die Güterfernverkehrsanlagen ist für die Senkung der Transportkosten deshalb so wichtig, weil dadurch die vergleichsweise kostspieligeren Straßentransporte fortfallen, das Umladen und die damit verbundenen Kosten und Werteinbußen vermieden werden und außerdem unter Umständen das Ausladen, Lagern und Stapeln billiger und

[1] Vgl. Pirath, Verkehrswirtschaft. Berlin: Julius Springer 1934.

schonender ausgeführt werden kann. Es genügt, nachstehend den Eisenbahn- und den Wasseranschluß genauer zu erörtern, da die Industriegebiete durch das — ja an sich immer notwendige — Straßennetz unmittelbaren Anschluß an die Fernverkehrsstraßen besitzen. Es kann sich also im Hinblick auf den Straßenverkehr im allgemeinen nur darum handeln, das Industriegebiet in zügiger Straßenführung — möglichst ohne Berührung der Wohngebiete und der City — an die Haupt- und Fernverkehrsstraßen bzw. Autobahnen anzuschließen.

Über die Bedeutung des unmittelbaren Anschlusses der Industrie (einschließlich der Großanlagen für Lagerung, Speicher, Lagerplätze, Speditionsbetriebe) an die dem Massenverkehr dienenden Verkehrsmittel sind die beteiligten Kreise (die Aufsichtsbehörden und Stadtverwaltungen und namentlich die Gewerbetreibenden nebst den Handelskammern) merkwürdig schlecht unterrichtet, und es wird daher über diesen Punkt oft mit einer geradezu verhängnisvollen Leichtfertigkeit hinweggegangen. Infolgedessen muß diese Frage hier eingehend erörtert werden, obwohl sie eigentlich nicht städtebaulicher, sondern verkehrstechnischer Natur ist.

Die Gewerbetreibenden begehen häufig den Fehler, daß sie die Bedeutung des Eisenbahnanschlusses nicht erkennen, sondern vielmehr glauben, daß sie mit Kraftwagen auskommen könnten, bis sie mit Schrecken erfahren, daß dessen Unkosten höher sind, als sie glaubten. Aber auch solche Gewerbetreibenden, die den Wert des Eisenbahnanschlusses zu würdigen verstehen, machen leider oft den Fehler, daß sie sich zu spät an die Eisenbahnverwaltung wenden, daß sie nämlich zuerst Grundstücke kaufen und mit dem Bau ihrer Fabrik beginnen und dann nachträglich den Anschluß erbitten, der dann vielleicht überhaupt nicht oder nur in ungünstiger Form oder nur mit hohem Aufwand geschaffen werden kann. Jeder Gewerbetreibende müßte sich zur Richtschnur bei Neuanlagen und Erweiterungen machen, daß der erste Weg der zur Eisenbahndirektion sein muß. Schließlich werden auch Fehler gemacht, indem an Anlagekosten geknausert wird, was sich dann in hohen dauernden Bedienungskosten rächt.

Die Stadtverwaltungen stehen — außer in den besonders industriereichen Gegenden — der Frage der Eisenbahnanschlüsse ziemlich teilnahmslos gegenüber, so weit es sich nicht um stadteigene Anschlüsse (Schlachthof, Bauhof, Hafen) handelt. Scheinbar ist es ja auch nicht Sache der Stadt, sich in die „Privatangelegenheiten“ zwischen Eisenbahn und Gewerbetreibenden zu mischen; in Wirklichkeit liegt die Sache aber aus den teils schon angegebenen, teils noch zu erörternden Gründen anders: Die Stadt hat die Aufgabe für gutes Industriegelände, also auch für gute Wasser- und Gleisanschlüsse zu sorgen; sie hat diese Fragen also nicht als Privatsache anzusehen, sondern hat sie durch den Flächennutzungsplan voll zu klären. Ferner ist die Stadt selber stark daran interessiert, daß vermeidbare Straßentransporte auch wirklich unterbleiben, denn diese sind mit Belästigungen und Schädigungen (Staub, Lärm, Erschütterungen) verbunden und sie verursachen hohe Kosten für die Anlage, Verbesserung und Unterhaltung der Straßen.

Die staatlichen Aufsichtsbehörden haben leider in vielen Ländern noch nicht die richtige Vorstellung davon, wie wichtig gute Anschlüsse sind und zeigen daher manchmal nicht das notwendige Entgegenkommen bei landespolizeilichen Prüfungen und bei Anträgen auf Enteignungen und Eingemeindungen.

2. Der Eisenbahnanschluß. Der Eisenbahnanschluß kann nur im Zusammenarbeiten mit der Eisenbahnverwaltung erzielt werden, denn diese ist nicht nur für „Privatanschlußbahnen“ die staatliche Aufsichtsbehörde, sondern sie kann auch allein darüber entscheiden, an welchen Punkten des Eisenbahnnetzes und in welcher Einzeldurchbildung sie Privatanschlüsse anlegen kann.

Im allgemeinen muß die Eisenbahnverwaltung es ablehnen, daß Privatanschlußgleise auf der „freien Strecke“ abzweigen; gelegentlich ist das allerdings zulässig, nämlich auf schwach belasteten Linien oder an reinen Güterzuglinien; es ist aber ausgeschlossen, daß durch den Anschluß wichtige Hauptpersonengleise berührt oder gar gekreuzt werden. Da nun außerdem jede Anschlußbedienung von der freien Strecke aus teuer und umständlich ist, so ist es einleuchtend, daß die Eisenbahnverwaltung dahin streben muß, die Anschlüsse in größerer Zahl an einen Rangier- oder Güterbahnhof anzugliedern.

Hieraus ergibt sich, wie stark die Gesamtverteilung der Industrie von der Lage der schon vorhandenen oder aus anderen Gründen vorzusehenden Güter- und Rangierbahnhöfe abhängig ist. Man könnte natürlich auch neue besondere „Bedienungsbahnhöfe für Industrie“ vorsehen; das würde aber den Nachteil haben, daß hierfür besondere Kosten für Bau und Unterhaltung und besonders für den Betrieb entstehen würden und daß die angeschlossenen Werke die Güter, die aus irgendeinem Grund nicht über den Anschluß abgefertigt werden können (z. B. Stückgüter), in einem vielleicht weit entfernten öffentlichen Güterbahnhof abfertigen müßten. Abgesehen von besonders großen Verhältnissen ist also immer der Anschluß an einen öffentlichen Güterbahnhof zu empfehlen.

Im einzelnen sei noch bemerkt: Früher sind die Eisenbahnanschlüsse von den damaligen Eisenbahngesellschaften meist unter sehr leichten Bedingungen gewährt worden. Einerseits standen nämlich vielfach die Privatbahnen in Wettbewerb gegeneinander, andererseits waren die Zuggeschwindigkeiten noch so klein, der Verkehr so schwach und die Ansichten über Betriebssicherheit noch so unentwickelt, daß Anschlüsse beinahe an jeder beliebigen Stelle, also namentlich auf freier Strecke und außerdem in dürftigster Ausstattung (an Gleisen und Weichen) zugelassen wurden. Heute ist aber der ungesunde Wettbewerb zwischen den Privatbahnen beseitigt, die Zuggeschwindigkeit ist so gestiegen, der Verkehr ist so groß geworden und die Ansprüche an die Betriebssicherheit sind so gesteigert, daß die oben angegebenen höheren Anforderungen gestellt werden müssen. Außerdem muß heute eine gute Ausstattung verlangt werden, die allerdings höhere Baukosten verursacht, dafür aber flotte und billige Bedienung, also niedrige Anschlußgebühren ermöglicht. In diesem Sinn ist für kleine und Mittelgewerbe der „Gruppenanschluß“ oder die „Gleisgenossenschaft“ von großer Bedeutung; Träger derartiger Unternehmungen brauchen nicht die Gewerbetreibenden allein zu sein; es kann sich auch die Stadt oder die Handelskammer usw. beteiligen.

Der Gleisanschluß kann nur von einem Eisenbahnfachmann entworfen werden. Das gilt auch von den Gleisanlagen innerhalb des einzelnen Werkes, dessen Anlagen — mögen sie auch noch so klein sein — mit größter Sorgfalt durchzuarbeiten sind. Hier liegt ein Vergleich mit dem Wohnungsbau nahe: „Je kleiner das Haus werden muß und je ärmer seine künftigen Bewohner sind, desto tüchtiger muß der Architekt sein.“

3. Der Wasseranschluß. Wasseranschluß läßt sich für nur verhältnismäßig wenige Industriegebiete erzielen; denn die Zahl der Städte am Meer und an gut schiffbaren Binnenwasserstraßen ist beschränkt, da deren Netz weitmaschig ist und nur unter hohen Kosten erweitert und verästelt werden kann. Da außerdem die Transportkosten auf der Eisenbahn (bei richtiger Berechnung!) oft nicht höher sind als die auf Flüssen und Kanälen und da die Eisenbahn alle Arten von Gütern in allen Mengen (in den größten, aber namentlich auch in kleinen Mengen) zwischen allen Punkten (einer geschlossenen Landmasse) und zu allen Zeiten (auch bei Frost, Wassermangel und Hochwasser) befördert, so ist der Eisenbahnanschluß für viele Gewerbe unbedingt notwendig, für die der Wasseranschluß nur erwünscht ist. Es müssen daher fast alle Werke, die Wasseranschluß haben, auch Eisenbahnanschluß haben. Kriegswichtige

Großgewerbe brauchen den Eisenbahnanschluß unbedingt; und man sollte ihn auch stets für größere Kasernen, Übungsplätze usw. vorsehen.

Wo Wasseranschluß geschaffen werden kann, beherrscht er den Flächennutzungsplan und auch die Durchbildung des Eisenbahngüternetzes in hohem Maße, namentlich dann, wenn es sich nicht nur um kleine Anlegestellen an Flüssen und Kanälen, sondern um richtige Häfen handelt. Denn der Hafen ist das überhaupt größte und starrste — also stärkste — und oft auch kostspieligste Element des Städtebaus.

Es können daher auch bei Großstädten meist nur zwei oder höchstens drei Industriebezirke mit Wasseranschluß versehen werden; Maßhalten und Konzentration der Kräfte ist jedenfalls zu empfehlen. Hiermit wird allerdings die Gesamtlänge von Kaien, also die Gesamtlänge der „Wasserfront“, die den verschiedenen Werken zur Verfügung gestellt werden kann, meist recht kurz. Dieser Nachteil läßt sich aber in hohem Maße dadurch ausgleichen, daß man neben dem „unmittelbaren Wasseranschluß“ dem „mittelbaren Wasseranschluß“ besondere Sorgfalt angedeihen läßt.

Der unmittelbare Wasseranschluß ist gegeben, wenn zwischen Fabrikhof und Schiff unmittelbar geladen werden kann; dazu gehört aber auch das Laden (über öffentliche Straßen hinüber) mittels Seil- oder Hängebahnen, Gurtförderern oder ähnlicher Zwischenfördermittel. Dieser unmittelbare Anschluß kann naturgemäß nur verhältnismäßig wenigen Gewerben gewährt werden, weil sonst die von bestimmten Privaten benutzte Kailänge zu groß wird. Der unmittelbare Anschluß ist aber tatsächlich auch nur für bestimmte Gewerbe (z. B. Silos, Mühlen, Kohlenlager, Gasanstalten) erforderlich, während viele andere Gewerbe sich ohne wirtschaftlichen Schaden mit dem mittelbaren Anschluß begnügen können, nämlich damit, daß die Güter zwischen Schiff und Fabrikhof mittels Eisenbahnwagen umgesetzt werden. Die Fabrik kann hierbei noch im eigentlichen Hafengebiet liegen, sie kann aber auch in einem vom Hafen getrennten Industriegebiet liegen; nur muß dann ein gut trassiertes Verbindungsgleis zwischen beiden vorhanden sein. Ein Hafen kann also sehr wohl mehrere Industriegebiete bedienen. Auch die Straßenbahn kann zur Erzielung mittelbaren Wasseranschlusses herangezogen werden. Liegen ein Industriegebiet oder einzelne große (private oder städtische) Werke, die mittelbaren Wasseranschluß erhalten sollen, von der Wasserstraße oder dem Hafen ziemlich weit entfernt, so nehmen die Verbindungsgleise den Charakter von Gütereisenbahnen an und diese können unter Umständen recht bedeutende Längen erreichen, vgl. die vielen Zechen- und Hüttenbahnen, die im Ruhrbezirk zu den Häfen und Anlagestellen des Rhein-Herne-Kanales hinführen. Derartige Bahnen müssen im Bebauungsplan genau so sorgfältig bearbeitet werden wie die Eisenbahnen des öffentlichen Verkehrs!

C. Die Umsiedlung von Gewerben.

Die Schaffung neuer Industriegebiete, die in jeder Beziehung gut angelegt und ausgestattet sind, ist das beste und wirksamste Mittel, um die Schäden der früheren „wilden Industrialisierung“ zu mildern und unter Umständen ganz zu beseitigen. Es handelt sich dabei hauptsächlich um zwei Fälle:

1. Die Industrie soll in derselben Stadt bleiben, aber aus der Innenstadt oder von anderen Stellen, in denen sie ungünstig wirkt, nach Gebieten verlegt werden, wo keine Unzuträglichkeiten entstehen, d. h. also in die neu vorgesehenen Industriegebiete; das ist eine Sache des Städtebaus und des Flächennutzungsplanes.

2. Die Industrie, die in einem Bezirk oder einer Stadt insgesamt zu stark zusammengeballt ist, soll aufgelockert werden, derart, daß eine Reihe von

Werken in andere Gegenden, in andere Städte verlegt wird; das ist eine Sache der Landesplanung und Raumordnung.

Zu 1. Wo Stadterweiterungen nicht genügend großzügig geplant worden sind, oder wo die zu engen Gemeindegrenzen die Einwirkung auf das naturgemäße Erweiterungsgebiet verhinderten, hat sich die Industrie nicht selten wahl- und regellos in der Innenstadt und im engsten Umkreis um diese angesiedelt, und es sind dann die Anschlußgleise oft in großer Zahl und großer Länge ausgeführt worden. Mit dem Anwachsen der Städte ergeben sich hieraus große Schwierigkeiten, weil man nun allenthalben beim Entwerfen von notwendigen Straßenzügen, von Freiflächen usw. auf die wild zerstreuten Gewerbebetriebe und ihre Anschlußgleise stößt. Ein Schulbeispiel hierfür ist der Stadtteil Oberbilk in Düsseldorf. Wenn man in solche verpfuschten Gebiete wirklich Ordnung hineinbringen will, kommt man ohne energische Schnitte nicht aus; man ist gezwungen, einzelne besonders störende Gewerbebetriebe zu zerschneiden, was oft der völligen Aufhebung gleichkommt, und die besonders störenden Anschlußgleise aufzuheben, was wieder der Aufhebung des Gewerbebetriebes gleichkommt, falls kein Ersatz durch neue Gleise geschaffen werden kann. Außerdem hat die zu starke Zusammenballung der Industrie im Stadtinneren naturgemäß auch eine starke Zusammenballung der Wohnungen der industriellen Bevölkerung zur Folge. Das einzig wirksame Mittel ist also die „Umsiedlung“ der Industrie, d. h. ihr Hinauslegen in die neuen Industriegebiete und gleichzeitig hiermit die Umsiedlung der Arbeiter in neu zu schaffende Wohngebiete.

Bestehende Industrien zu verlegen, scheint nun aber eine recht schwierige und kostspielige Maßnahme zu sein, die entweder den Säckel der Stadt oder der Industrie oder beider unzulässig schwer belastet. Bei näherer Prüfung ergibt sich aber (nicht immer, aber oft), daß die Umsiedlung doch nicht so schwierig ist, wie es zunächst erscheint und daß man sie ohne zu schwere wirtschaftliche Folgen durchführen kann. Man hat nämlich zu bedenken:

Daß viele Gewerbezweige in den alten, beengten Anlagen — in den „alten Buden“ —, die keinen oder nur schlechten Gleisanschluß haben, recht teuer arbeiten,

daß hier Erweiterungen oft unmöglich sind oder jedenfalls sehr kostspielig sein würden,

daß viele Anlagen und Einrichtungen kurzlebig sind, also in kurzen Zeitabschnitten erneuert werden müssen und

daß viele Maschinen und andere Ausstattungsstücke verlegt werden können.

Wenn also die Stadtverwaltung mit der Industrie planvoll zusammenarbeitet und wenn dann nichts überstürzt, sondern auf lange Sicht gearbeitet wird, kann es nicht so schwierig sein, so manchen Gewerbebetrieb zu veranlassen, den Umzug in den neuen Industriebezirk zu wagen, der ja infolge seiner trefflichen Anlage eine Senkung der Produktionskosten gewährleistet. Die frei gewordenen Gebiete gehen am besten in den Besitz der Stadt über, die sie dann zweckentsprechend verwertet.

Zu 2. Die Umsiedlung von Industrie aus den mit ihr zu stark überlasteten Großstädten und Industriegebieten in andere Gegenden ist vielfach das überhaupt wirksamste Mittel, die besonders schlechten Siedlungsverhältnisse bestimmter Großstädte und Gegenden zu verbessern. Daß hier dezentralisiert werden muß, ist von weitblickenden Männern schon frühzeitig erkannt worden. So schrieb schon im Jahre 1765 Johann Halle in der „Werkstätte der heutigen Künste“:

„Außerdem handeln wir überhaupt wider den ersten Grundsatz des Staatshaushaltes, wenn wir alle Fabriken und Manufakturen in die Hauptstädte hineinverlegen, da sie vielmehr in die kleinen Städte und Provinzen gehören. Der Zusammenfluß der Menschen in den Hauptstädten drängt das Blut ohnehin in dem Herz des Staatskörpers eng zusammen; und Fabriken sind noch außerdem ein schrecklicher Polyp, der mit seinem Anschwellen die großen Herzgefäße zwar zu ernähren scheint, aber mehr Wassersucht als Leben bei sich führt."

Leider ist diese Warnung aber kaum beachtet worden.

Und der württembergische Minister Steinbeis hat schon um 1840 erklärt, daß man zwar die Gewerbe fördern, daß man aber ihrer Zusammenballung von Anfang an zielbewußt entgegenwirken müsse; bekanntlich zeigt Württemberg eine recht günstige Auflockerung seiner Industrie, was allerdings zu einem erheblichen Teil in den geographischen Verhältnissen und der Struktur seiner Gewerbe begründet ist.

Bei der Verlegung in andere Gegenden bewegen sich nun manche Vorschläge in der Richtung, daß man ganz neue Industriesiedlungen fern von schon vorhandenen Ortschaften schaffen solle. Solche Vorschläge können gelegentlich zweckmäßig sein, namentlich in Kolonialländern und in anderen noch wenig erschlossenen Staaten; sie können ferner Erfolg versprechen, wenn es sich um die Erschließung neuer Rohstoffe oder Wasserkräfte oder um Anlagen militärischer Art handelt oder wenn ein neuer starker Verkehrsweg geschaffen wird, durch den ein zurückgebliebener Landesteil aufgeschlossen wird. Im allgemeinen dürfte aber für höher entwickelte Länder die Verlegung in die schon vorhandenen Mittel- und Kleinstädte und an deren schon vorhandene Verkehrsanlagen der bessere, billigere und schnellere Weg sein. Man kann nämlich auch bei der Industrieverlagerung nicht alles neuschaffen, weil sie dann oft an den hohen Kosten überhaupt scheitern würde; vielmehr liegt auch hier das Geheimnis des Erfolges zu einem großen Teil in der sinnvollen Ausnutzung des schon Vorhandenen.

Da nun der Einfluß des Verkehrs auf die Verlagerung der Industrie im vierten Abschnitt noch genauer erörtert werden muß und wir uns davor hüten möchten, uns in die Theorie der industriellen Standortlehre zu verlieren, so müssen folgende Bemerkungen genügen:

Die Theorie der industriellen Standortlehre geht auf den Altmeister der Ingenieurwissenschaften, Launhardt, zurück, der schon vor rund 70 Jahren den theoretisch günstigsten Standort für eine Industrie, die mehrere Rohstoffe erfordert, auf mathematischem Wege ermittelte. Da aber Launhardt ein guter Mathematiker war, war er davor bewahrt, die Mathematik falsch anzuwenden. Später sind aber mit einem großen Aufwand von mäßig angewandter Mathematik große Theorien aufgestellt worden, denen man recht skeptisch gegenüberstehen muß. Abgesehen von anderen Schwächen kranken sie an folgenden Mängeln: Sie berücksichtigen zwar mit Recht stark die Transportkosten, übersehen dabei aber, daß eine zielbewußte Betriebs- und Tarifpolitik die etwaige Ungunst der Transportlage stark mildern kann (vgl. den vierten Abschnitt); sie berücksichtigten ferner nicht genügend, daß menschliche Kräfte (Unternehmergeist, Tradition, politische und geschichtliche Faktoren usw.) die Standorte der Industrie stark beeinflussen; sie betrachten alles fast nur unter dem Gesichtspunkt des privaten Nutzens (der niedrigsten Gestehungskosten), während wir doch gerade den Gemeinnutzen in den Vordergrund zu schieben haben[1].

Wir können nun die Industrie danach einteilen, ob wir von ihr eine unzulässige Zusammenballung der Bevölkerung befürchten oder nicht, wobei wir davon auszugehen haben, daß wir Klein- und Mittelstädte nicht nur nicht fürchten, sondern sogar befruchten wollen, daß wir also nur die (Groß- und) Riesenstädte und die Industriebezirke als kritisch ansehen und daher zu entlasten streben.

Nicht kritisch ist daher fast die gesamte Industrie, die land- und forstwirtschaftliche Erzeugnisse des Inlandes verarbeitet und die typisch Güter für die Landwirtschaft erzeugt; denn diese Gewerbebetriebe liegen auf dem platten Land (Zuckerfabriken, Sägewerke) oder in Klein- und Mittelstädten

[1] Vgl. „Raumforschung und Raumordnung", 1937, S. 385.

10*

(Mühlen, Konservenfabriken). Kritisch kann aber die Verarbeitung ausländischer Erzeugnisse (Getreide, Ölfrüchte) in den großen Häfen sein; die Raumordnung muß jedenfalls beobachten, ob hier Gefahren vorhanden sind oder entstehen können.

Nicht kritisch sind im allgemeinen die Industrien der Steine und Erden (Ziegeleien, Zementfabriken, Steinbrüche nebst ihren Folgebetrieben), weil sie im allgemeinen auf dem platten Land oder in Klein- und Mittelstädten liegen.

Gleiches gilt von den Industrien der Salze und Erze, namentlich dann, wenn es sich nur um die Gewinnung und die erste Aufbereitung handelt, denn die Vorkommen der Rohstoffe sind hier weit verbreitet, und die Zahl der Arbeitskräfte ist verhältnismäßig klein.

Kritisch sind aber die Lagerstätten der Kohlen und bei gewissen Ländern des Öles. Würde es sich hier nur um die Gewinnung, die erste Aufbereitung und den Abtransport handeln, so würden dafür nur so geringe Arbeiterzahlen erforderlich sein, daß noch keine Gefahren entstehen können. Leider wandern aber die Erze in großem Umfang zur Kohle hin, um sich verhütten zu lassen, und leider baut sich dann auf der Kohle-Metallindustrie eine gewaltige Fertigungsindustrie (Baukonstruktionen, Maschinen, Eisenbahnmaterial, Waffen) auf, zu denen noch all die Gewerbe hinzukommen, die dazu dienen, die Bedürfnisse der Bevölkerung zu befriedigen. Hier muß die Raumordnung eingreifen, und zwar muß sie in erster Linie die Industriezweige zu verlegen trachten, bei denen der Stoff wenig, die Arbeit stark zu Buch schlägt. Das wichtigste Mittel hierzu ist die Tarifpolitik der Verkehrsanstalten, die durch niedrige Tarife für die Roh- und Hilfsstoffe (z. B. für Stahl und Kohle) die Veredelung von der Rohstoffbasis fort, und zwar in Richtung der Verbrauchstellen verschieben helfen müssen.

Besonders kritisch sind aber die Riesenstädte, also jene Gebilde, die sich im allgemeinen aus der Verkehrs- zur Handels- und Industriestadt entwickelt haben. Hier kann nur eine zielbewußte Gesamtpolitik des Staates wirken, die sich auf eine Arbeit von Jahrzehnten einstellt und alle Zweige der Wirtschafts-, Handels-, Steuer- und Verkehrspolitik erfaßt.

Anhang:

Altstadtgesundung.

Bei der „Altstadtgesundung“ denkt man in erster Linie an die Altstadtkerne mittelalterlicher Städte. Hier zeigen sich nämlich im Wohnungs- und Verkehrswesen und im Wirtschaftsleben bestimmte ungünstige Erscheinungen, die beseitigt werden müssen. Es gibt aber auch verhältnismäßig junge Städte, namentlich in den schnell gewachsenen Industriestaaten und in Kolonialländern, in denen einzelne Stadtteile ein entsetzliches Wohnungselend und erschreckende Gesundheitsverhältnisse und unter Umständen auch ungünstige Verkehrsverhältnisse aufweisen. Die Schuld an diesen Zuständen in jungen Städten tragen zunächst Fehler in der Lage der Stadt, was namentlich bei Hafenstädten in den Tropen zu beobachten, hier aber wegen des geographischen Zwangs oft zu entschuldigen ist; denn es müssen eben wegen der gesamten Meeres- und Küstenverhältnisse Häfen gelegentlich in ungesunder Umgebung angelegt werden (Kalkutta, Madras, Batavia), ohne daß man in der Lage ist, die notwendigen Gegenmaßnahmen (Entsumpfungen, Senkung des Grundwassers, Bau von Vorortbahnen) alsbald durchzuführen. Ferner zeigen solche Städte oft Fehler in ihrer Gesamtanlage und ungenügende Rücksichtnahme auf die Anforderungen des Klimas. Die Folge ist der Abzug der wohlhabenden Schichten aus der als ungesund erkannten ersten Siedlung und der Einzug der armen und ärmsten Kreise in diese. Durch Schaden klug gemacht, haben die Europäer später fast allgemein in ihren tropischen und subtropischen Kolonien neben der alten „schwarzen“ Stadt eine neue „weiße“ Stadt gegründet und diese im Gegensatz zur Eingeborenenstadt möglichst luftig angelegt.

Ferner gibt es verhältnismäßig junge Stadtteile, und zwar in jungen und alten Städten, bei denen die Gesamtverhältnisse sehr ungünstig liegen. Die Schuld tragen hier: schlechte Bebauungspläne, falsche Bauordnungen (vor allem solche, die die Mietskasernen übelster Art begünstigen), schlechte Bauausführung, Mietwucher usw. Berüchtigt sind in dieser Beziehung die Neger- und Chinesenviertel amerikanischer Städte (New York, Baltimore, San Franzisko).

So wichtig die Gesundung dieser verhältnismäßig jungen Anlagen ist, so genügt es für unseren Zusammenhang, die aus dem Mittelalter stammende „Altstadt“ zu erörtern, denn bei ihr ist die Aufgabe besonders schwierig. Hier sind nämlich außer den anderen Forderungen auch noch die zu erfüllen, daß in ihr wirtschaftliche Werte zu berücksichtigen sind und daß großes mittelalterliches Kulturgut zu erhalten ist. In diesem Sinn sollte man auch nicht von „Altstadtsanierung“, sondern von „Altstadtgesundung und -erhaltung“ sprechen. Wer diese — oft sehr schwierige — Aufgabe meistern kann, dem können die schlechten jungen Stadtteile keine großen Schwierigkeiten bereiten, weil bei ihnen die Verhältnisse einfacher liegen und weil bei ihnen der vollständige Abbruch nicht zu scheuen und vielfach das richtigste Mittel ist. Bezüglich der Altstadtgesundung sind die Voraussetzungen bei den einzelnen Städten selbst in demselben Land nicht immer gleich und noch weniger können sie es selbstverständlich in den verschiedenen Ländern, etwa den germanischen und den mittelmeerischen sein. Man kann unterscheiden:

1. Die Altstadt, die schon im Mittelalter verhältnismäßig groß war und ihre Stellung als Zentrum der Stadt bis in die Gegenwart hinein behauptet hat. Das ist besonders dann der Fall, wenn die Stadt eine langsame Entwicklung zeigt (Hildesheim, Münster); aber auch in schnell gewachsenen Städten ist es noch (abgeschwächt) zu beobachten (Köln, Breslau).

2. Die Altstadt, die früher verhältnismäßig klein war, und heute nicht mehr das Zentrum der Stadt bildet, sondern zum Randgebiet eines neuen, „modernen“ Stadtzentrums geworden ist (Düsseldorf, Hannover, Kassel, Leipzig, Bern).

Der erste Fall, also die große Altstadt, bereitet vom verkehrstechnischen Standpunkt meist größere Schwierigkeiten als der zweite Fall; denn die kleine Altstadt hat nur einen Durchmesser von etwa 700 bis 1000 m und es geht durch sie fast immer nur eine Längsstraße und eine Querstraße hindurch, die sich in der Mitte auf dem alten Marktplatz kreuzen. Derartige Altstadtkerne bedürfen auch heute meist keiner zusätzlichen Hauptverkehrsstraßen, und es können fast immer an ihrem Rand (z. B. auf frei gewordenem Festungsgelände) Straßen und Plätze angeordnet werden, in denen der Verkehr des Stadtkernes „verarbeitet“ wird. Dagegen bedarf ein großer Altstadtkern für jede Hauptrichtung mehrerer Hauptverkehrsstraßen, und es werden bei ihm größere Verkehrsknotenpunkte im Inneren nicht entbehrt werden können.

Andererseits kann die kleine Altstadt insofern vom wirtschaftlichen Standpunkt große Schwierigkeiten bereiten, als bei ihr die Erhaltung und Wiedererweckung des absterbenden wirtschaftlichen Lebens besondere Maßnahmen erfordert (Bern).

So groß die Unterschiede sind, so lassen sich doch für die Gesundungs- und Erhaltungsmaßnahmen folgende **Grundsätze** aufstellen:

1. Das wichtigste Ziel ist fast immer die Verbesserung der Wohnverhältnisse.
2. Das zweitwichtigste (oft übertrieben betonte) Ziel ist die Verbesserung der Verkehrsverhältnisse.

3. Die Altstadt muß in ihrer Schönheit und ihren Kulturwerten erhalten bleiben.

4. Die wirtschaftlichen Grundlagen der in der Altstadt ansässigen Gewerbetreibenden dürfen nicht erschüttert, sondern müssen im Gegenteil wieder gestärkt werden.

5. Die Maßnahmen müssen mit einem möglichst geringen Aufwand durchgeführt werden.

1. Die Gesundung der Wohnverhältnisse. Da unsere Altstädte ursprünglich von vernünftigen und verantwortungsbewußten Männern geschaffen worden sind, die tüchtige Städtebauer waren und anständig zu bauen verstanden, so können die heutigen Mißstände nicht durch die ursprüngliche Anlage verschuldet und begründet sein, sondern sie müssen erst später entstanden sein. Jedoch ist zu beachten, daß die Umschließung mit Festungswerken die Stadt stark zusammendrängte und daß die hygienischen Anforderungen früher nicht so hoch waren und auch nicht so hoch zu sein brauchten wie heute.

Unsere Altstädte hatten ursprünglich gesunde Wohnverhältnisse, denn es gab fast nur Vorderhäuser und diese waren nur ein- oder zweistöckig und gut gebaut. Wenn also auch die Straßen schmal waren, so erhielten die Häuser doch genügend Luft und Sonne, denn sie lagen zwischen der Straße und dem ausreichend tiefen Hof oder Garten.

Man beachte hierzu, daß im Mittelmeergebiet und noch schärfer ausgeprägt im (mohamedanischen) Orient die Häuser nach den engen Straßen zu oft überhaupt keine oder nur kleine (Guck-) Fenster haben, daß sie sich dagegen nach hinten in sonnige Höfe und Gärtchen öffnen. Ähnlich war das Haus des wohlhabenden Römers angelegt, das sich ebenfalls nach großen Innenhöfen öffnete und nach der Straße zu keine Fenster hatte, sondern mit Wohn- und Arbeitsstätten kleiner Handwerker und Krämer zugebaut war (vgl. das Haus des Pansa in Pompeji).

Wenn in den mittelalterlichen Städten die Bevölkerung wuchs, so wurde der Stadtraum durch Hinausschieben der Festungsmauern (oder eines Teiles derselben) erweitert; das erforderte keine unzulässig hohen Mittel, solange die Waffentechnik noch unentwickelt, die Befestigungen also noch einfach waren. Als diese aber stärker werden mußten, wurde das Hinausschieben zu teuer, und nun mußte der Bevölkerungsüberschuß auf dem gleichen Raum untergebracht werden. Dies führte: Zum Aufstocken der Häuser, womit die unteren Stockwerke nun nicht mehr genügend Sonne erhielten; dann zum Verlängern der Häuser in die Höfe hinein, wodurch die Lichtverhältnisse weiterhin verschlechtert wurden; dann zum Bau von Seitenflügeln und Hinterhäusern, wodurch der Hof- und Gartenraum verkleinert wurde; und schließlich wurde der letzte Rest von Hof und Garten, soweit die Bau- und Feuerpolizei nicht einen Riegel vorschob, zum Bau von Werkstätten, Schuppen, Ställen usw. ausgenutzt. In vielen Städten gab es auch außer den Straßen noch rückwärtige Gassen, die nur als Zugänge zu den Gärten, Höfen und Festungsanlagen dienten. Ursprünglich war nicht daran gedacht, an diesen Gassen Häuser zu errichten; um aber die schnell steigende Bevölkerung aufzunehmen, wurden dann auch diese Gassen zugebaut.

Dieser Mißbrauch des Eigentumsrechtes am Grund und Boden hätte nun spätestens aufhören müssen, als zu Beginn des 19. Jahrhunderts die Festungsmauern fielen und hiermit der Weg zur räumlichen Ausdehnung der Städte frei wurde. Leider versagten aber damals — im Zeichen der „Freiheit“ — die Regierungen, und die immer weniger gezügelte Erwerbsucht schuf dann die Zustände, die wir heute so beklagen. Sie wurden noch dadurch verschlimmert, daß die zusätzlichen Bauten schlecht ausgeführt wurden, daß man aus Schuppen und Ställen „Wohnungen“ machte, daß für Treppen, Flure, Aborte ungenügend gesorgt wurde usw. Die Folge dieser Verschlechterungen war, daß die wohlhabenderen Bewohner in neue Wohngebiete abwanderten, in denen sie den „modernen Komfort“ fanden, daß manche „besseren“ Geschäfte in die neuen Geschäftsgegenden verlegt wurden und daß in die frei gewordenen Räume die Armut einzog, wobei die Wohnungen noch weiter unterteilt werden mußten und dann auch nicht mehr ausreichend instand gehalten wurden, so daß sie in Bauverfall gerieten. Von der Verwahrlosung sind auch gut gebaute und bisher gut unterhaltene Häuser bedroht, wenn das alte Familienerbe tüchtiger Geschlechter (etwa wegen Verlegung des Geschäftes und der Wohnungen in die neue Geschäftsstadt) an Leute verkauft wird, die das Haus nur als Ausbeutungsobjekt ansehen, aus dem sie möglichst viel Miete herausholen wollen.

Die traurigen Zustände sind weiten Kreisen der Bevölkerung und sogar den Regierungen der sog. „Kulturstaaten“ zum Teil unbekannt; und diese Unkenntnis trägt zu einem großen Teil die Schuld daran, daß das Elend so lange geduldet worden ist, obwohl die Städtebauer schon lange darauf hinweisen und entsprechende gesetzgeberische Maßnahmen fordern. Außerdem haben gewisse politische Kreise an der Verelendung der Großstadtbevölkerung lebhaftes Interesse; ferner konnte man sich bisher fast nirgendwo entschließen, in die überspannten Rechte der Grund- und Hausbesitzer und der Hypothekengläubiger einzugreifen[1].

Aus dieser Schilderung ergibt sich, was zur Gesundung zu geschehen hat: Es muß der ursprüngliche gesunde Zustand wiederhergestellt werden; die Vorderhäuser sind, wenn sie ordentlich und gut gebaut sind, zu erhalten, dagegen sind die Hinterhäuser und Seitenflügel und alles andere, was in die Höfe und Gärten hineingebaut ist, zu beseitigen. Es sind also die alten Höfe und Gärten wiederherzustellen, so daß in jedem Block eine größere zusammenhängende Freifläche entsteht und die Sonne wieder an die Hinterfronten der Vorderhäuser gelangen kann. Inwieweit hierbei einzelne Anbauten an die Vorderhäuser zur Verbesserung ihrer Benutzung erhalten bleiben dürfen, ist von Fall zu Fall zu prüfen. Das Niederreißen von Vorderhäusern muß auf Ausnahmefälle beschränkt bleiben. Es ist zulässig, wenn das Haus keinen künstlerischen Wert darstellt, wenn es schlecht gebaut oder so schlecht unterhalten ist, daß der Neubau wirtschaftlicher ist als die Instandsetzung, wenn die Straße so schmal ist, daß genügende Besonnung nicht erzielt werden kann, oder wenn eine Straßenverbreiterung aus Verkehrsgründen wirklich unvermeidlich ist. In solchen Fällen ist es meist richtig nur auf der einen Straßenseite niederzulegen, und zwar am besten auf der konvexen Seite, weil der Einblick in die konkave Seite schöner ist.

Das Erhalten der Vorderhäuser und das Ausräumen der Höfe ist, wie sich aus nachstehenden Ausführungen ergeben wird, die vom wirtschaftlichen, städtebaulichen und kulturellen und meist auch vom verkehrstechnischen Standpunkt zweckmäßigste Lösung.

2. Die Verbesserung der Verkehrsverhältnisse. Hier ist zunächst zwei Übertreibungen entgegenzutreten: Erstens den übertriebenen Forderungen von „Verkehrsfanatikern“, die ohne genügende Sachkunde Verbreiterungen und Durchbrüche fordern, ohne sich um die kulturellen Werte, die städtebaulichen Folgen und die wirtschaftlichen Belastungen zu kümmern; zum anderen den „Konservierungsfanatikern“, die die Altstadt am liebsten in ein Museum verwandeln und daher gegen den Verkehr abkapseln möchten.

[1] Für viele sog. „Gebildeten“ sind die Altstädte so „interessant“ und sogar sehenswürdig, weil sie gleichzeitig skandalös und romantisch sind. Wer daher in fremde Lande kommt, besucht sie; sei es, daß er das Gruseln lernen will, sei es, daß er sich an mittelalterliche Romantik erbauen will; aber gegen das furchtbare Elend, das dort herrscht, verschließt man die Augen. Man vermeidet es auch, diese Viertel in der eigenen Stadt kennenzulernen; man bevorzugt vielmehr das Ausland, je weiter, desto interessanter; am interessantesten sind natürlich die Quartiere, in denen schwarze, braune und gelbe Menschen wohnen.

Der Verkehrsfachmann wird dagegen kühl folgende Überlegung anstellen: Es gibt Verkehrsbeziehungen, die mit dem Leben der Altstadt nichts zu tun haben. Hierzu gehört der gesamte Durchgangsverkehr zwischen den neuen Stadtteilen, der infolge der geschichtlichen Entwicklung zwar noch durch die Altstadt fließt, aber ohne Schaden um sie herum geleitet werden kann, wozu verkehrspolizeiliche und vor allem bauliche Maßnahmen notwendig sind. Die Entlastung der Altstadt vom Durchgangsverkehr wird am besten erzielt, indem gute neue Verkehrsstraßen am Rand der Altstadt geschaffen werden. Im allgemeinen wird die Wirkung derartiger Entlastungsstraßen um so stärker sein, je enger sie sich (streckenweise) dem Rand der Altstadt anschmiegen; manche derartige Straße wird für die engen Gassen der Altstadt als „Sammeltangente" wirken; die in ihnen liegenden Haltestellen der Straßenbahnen usw. werden zu großen Teilen der Altstadt und zu ihrem Innenverkehr günstig liegen, desgleichen die an ihnen angeordneten Parkplätze.

So sehr man den Durchgangsverkehr, der nichts in der Altstadt zu suchen hat, von ihr fernhalten muß, so wenig darf man den Innenverkehr — oder Ortsverkehr —, der in die Altstadt selber hinein will, von ihr fernhalten, und zwar gilt dies ebensosehr vom öffentlichen wie vom Einzelverkehr. Wenn man so oft hört, wie in dieser Beziehung die Straßenbahn als die Wurzel allen Übels hingestellt wird, so ist — unter Hinweis auf den vierten Hauptabschnitt — hier kurz festzustellen, daß die Straßenbahn ein unentbehrliches Verkehrsmittel ist, daß ihre Verbannung aus der Altstadt die Verkehrsnöte wahrscheinlich noch vergrößern würde (z. B. durch Vermehrung des Fahrradverkehrs) und daß gerade die „kleinen Leute" in der Altstadt auf Kunden angewiesen sind, die ebenfalls „kleine Leute" sind und daher auf das billigste Beförderungsmittel — die Straßenbahn — angewiesen sind. Ebensowenig ist es zulässig, die Altstadt gegen den Kraftwagen zu sperren, da hierdurch ihr Wirtschaftsleben geschädigt werden würde; insbesondere darf der Güterverkehr nicht behindert werden, weil in den meisten Altstädten zahlreiche gewerbliche und kaufmännische Betriebe und Lager das unmittelbare Ein- und Ausladen erfordern.

Dagegen muß die Altstadt, außer vom Durchgangsverkehr, von allem entlastet werden, was der Eisenbahnfachmann nicht als „Verkehr", sondern als „Betrieb" bezeichnen würde; zum „Rangieren" und „Abstellen" z. B. sind die Altstadt und ihre Plätze nicht da. Es muß vielmehr alles auf glatten Durchfluß abgestellt werden, wie bei den „Citystationen" der Stadtschnellbahnen, die gerade wegen ihrer Kleinheit und Einfachheit ihren ungeheuren Verkehr so glatt leisten.

Im einzelnen ist über die Verkehrsverbesserung zu bemerken:

a) Wenn die vorstehend angedeuteten Maßnahmen durchgeführt werden, so kann die Gesamtbreite der Hauptstraßen klein gehalten werden; man muß dann mit 15 bis 16 m einschließlich der Bürgersteigen auskommen können, denn man kann dann einen vierspurigen Fahrdamm mit zweigleisiger Straßenbahn unterbringen. Zahlreiche wichtige Straßen in alten Stadtkernen haben kaum 16 m Gesamtbreite.

b) Wo sich diese Breite nicht erzielen läßt, muß man versuchen, den zu starken Strom durch Anordnung des Einbahnverkehrs zu teilen.

c) In manchen Fällen läßt sich die Breite des Fahrdammes vergrößern, indem man die Bürgersteige in die Häuser legt, also Laubengänge anordnet. Hierfür bieten zahlreiche alte Städte treffliche Beispiele; eines der schönsten ist Bern. Oft sind diese Rückverlegungen nur auf kürzere Strecken, namentlich an Straßeneinmündungen notwendig; eine gute Lösung dieser Art zeigt Dresden am Austritt der Wilsdruffer Straße in den Altmarkt.

d) Wo diese Mittel versagen, bleiben nur die drastischen Mittel der Straßenverbreiterung oder des Durchbruchs übrig. Beide haben die Nachteile, daß sie sehr kostspielig sind und daß sie die städtebauliche Einheit der Altstadt zerstören können.

Die Straßenverbreiterung kann ein- oder zweiseitig durchgeführt werden; sie ist im allgemeinen schlechter als der Durchbruch, denn sie ist teurer, weil sie den Ankauf und das Niederlegen der besonders wertvollen Vorderhäuser erfordert, und sie vernichtet meistens besonders hohe Kulturwerte, weil ihr gerade die schönsten alten Gebäude zum Opfer fallen. Der Durchbruch erfordert dagegen im allgemeinen nur billigeres Hintergelände und den Abbruch der oben gekennzeichneten späteren minderwertigen Bauten, dagegen beschränkt sich der Ankauf und Abbruch von Vorderhäusern auf die wenigen Gebäude an den Anfangsstellen, die übrigens so durchgebildet werden sollten, daß schöne alte Häuser als Eckhäuser stehen bleiben.

e) Im einzelnen sind alle dem Verkehr dienenden Verbesserungen von einem feinsinnigen Künstler auf ihre städtebauliche Wirkung und das richtige Sicheinfügen in das alte Stadtbild zu prüfen. Hierbei ist besonders daran zu erinnern, daß der Verkehr weder die gerade Linie noch den rechten Winkel, sondern nur Übersichtlichkeit erfordert; alles Neue kann also ohne Bedenken in jenen geschwungenen Linien geführt werden, die für unsere schönen alten Städte so charakteristisch sind. Der Verkehrsfachmann wird auch den Mut haben, auf den vierspurigen Fahrdamm streckenweise zu verzichten, wenn dies zur Erhaltung besonders wertvoller Bauten erforderlich ist. Hinzuweisen ist hier besonders auf die alten Stadttore, die oft nur eine Durchfahrtbreite aufweisen; die richtige Lösung wird hier fast immer die Erhaltung des Tores und die Herstellung eines neuen einspurigen Durchbruches neben dem alten Tor sein, vgl. München (Isartor und altes Rathaus).

3. Erhaltung der Schönheit und der Kulturwerte. Unter Hinweis auf die schon gemachten Angaben ist hier nur hervorzuheben, daß der Städtebauer sich nach allen Seiten hin von Übertreibungen frei halten muß; er darf weder Verkehrs- noch Konservierungsfanatiker sein; er darf weder übertrieben modern noch romantisch empfinden. Da in diesem Lehrbuch die Bedeutung der Schönheit ebenso stark betont wird wie die gerechten Anforderungen des Verkehrs, so dürfen nachstehend einige Worte gegen die übertriebene Schonung des Alten, und zwar in Anlehnung an Ausführungen der Zeitschrift „Der Baumeister“ (Oktober 1936, Heft 10) gesagt werden:

„Ein Haus ist nicht dann erhaltenswert, wenn früher einmal irgendein bekannt gewordener Bürger darin gewohnt hat oder weil irgendein künstlerisch wertvoller Teil mit diesem Hause verbunden ist. Bei der Beurteilung muß man nicht von den Häusern, sondern von den Menschen ausgehen. Die Häuser sind nicht nur Museumsstücke, sondern sie enthalten die Wohnungen von Hunderten und Tausenden unserer Volksgenossen! Der Zweck der Altstadtgesundung ist doch gerade, durch Beseitigung der zu starken Bebauung der Altstadt dafür zu sorgen, daß für die verbleibenden Wohnungen und Räume genügend Luft, Licht und Sonne gewonnen wird.

Man hat eingewandt: Schon seit Hunderten von Jahren seien in diesen Wohnungen Generationen nach Generationen aufgewachsen, warum sollten die Wohnungen jetzt auf einmal unzureichend sein? So kann man nicht folgern. Unzureichend waren die Wohnungen schon früher. Wenn noch vor etwa 30 Jahren jedes neugeborene vierte Kind im ersten Jahr dahinsterben mußte, so war das nicht zum mindesten eine Folge der unzulänglichen Wohnungsverhältnisse. In früheren Jahrhunderten ist leider diese Kindersterblichkeit noch viel größer gewesen. Damals hat man sich mit der traurigen Tatsache abgefunden, daß eine Mutter, die zehn Kinder geboren hatte, davon in der Regel nicht einmal die Hälfte großziehen konnte. Wir finden uns damit nicht mehr ab und wollen dafür sorgen, daß eine solche Vergeudung von Menschenkraft und Menschenglück nicht mehr stattfindet.

Wer jede Gesundheitsmaßnahme der Stadt aus kunsthistorischen Gründen bekämpft und jedes alte Haus aus irgendeiner geschichtlichen Erwägung heraus erhalten will, der denkt zu viel an die Steine und zu wenig an die Menschen. Was aber ist wichtiger? Die Altstadt ist kein Museum, sondern ein Lebensraum für Menschen und muß als solcher erhalten bleiben. Man darf die in der Altstadt wohnenden Volksgenossen nicht zur lebendigen Staffage malerischer Altstadtwinkel herabwürdigen wollen.“

Da bei der Verbesserung der Altstadt es nicht zu vermeiden ist, daß einzelne Häuser ganz neu errichtet werden müssen, muß ein wirklicher Künstler darüber wachen, daß diese in ihrer Architektur nicht aus dem Rahmen fallen, sondern sich harmonisch in das schöne alte Gesamtbild einfügen. Das heißt aber nicht, daß sie nun genau im Stil der schönsten oder charakteristischsten mittelalterlichen Bauten der betreffenden Stadt gehalten werden, oder daß sie sich in ihrer Erscheinung sklavisch an ihre stehengebliebenen Nachbarhäuser anlehnen müßten. Derartige falsche Romantik würde verfehlt sein, denn die Bedürfnisse sind nun doch etwas anders geworden, und vielleicht stehen auch gar nicht mehr die alten Baustoffe und handwerklichen Leistungen zur Verfügung. Dagegen beachte man, daß ja auch in den alten Städten viele Jahrhunderte hindurch gebaut worden ist, daß ihr Stil also gar nicht so einheitlich sein kann, wie das so oft von Laien angenommen wird; in mancher Altstadt sind noch vor 60 bis 100 Jahren neue Häuser entstanden, die sich harmonisch eingegliedert haben und heute manchmal die besten Vorbilder abgeben dürften; in dieser Hinsicht ist die Umgestaltung des Ballhofviertels in Hannover besonders lehrreich.

4. Erhaltung und Stärkung der wirtschaftlichen Kräfte der Altstadt. Wie oben angedeutet war die Altstadt früher fast immer das Zentrum des geschäftlichen, administrativen und kulturellen Lebens und hiermit Jahrhunderte hindurch der wirtschaftlich wertvollste Teil der Gesamtstadt. Sie hat dann aber dadurch gelitten, daß die oben skizzierten Mißstände einrissen und daß die neuen Stadtteile die Geschäfte, die Behörden und die Stätten der Kultur anlockten. Vielfach sind hierbei namentlich unter dem Einfluß eines von der Altstadt weit entfernten Hauptbahnhofs und des Neubaues von Rathäusern und anderen Verwaltungsgebäuden, Theatern, Gasthöfen, höheren Schulen usw. neue Geschäftsviertel entstanden, so daß die Altstadt technisch immer mehr „vollgepfropft“, wirtschaftlich aber immer mehr „ausgehöhlt“ wurde. Das darf man nicht so treiben lassen; man muß vielmehr die noch vorhandenen Kräfte erhalten und wieder stärken und außerdem der Altstadt neues Leben zuführen. Welche Mittel hierzu dienlich sind, ist zum Teil schon angedeutet:

a) Das Ausräumen der Höfe, das Hineinbringen von Luft und Licht, das Niederreißen der typischen Elendquartiere veranlaßt die asozialen Schichten zur Abwanderung.

b) Gleichzeitig wird hierdurch der Anreiz zum Abwandern des wertvollen Teiles der Bevölkerung vermindert.

c) Wo die frei gelegten Vorderhäuser sich zwar nicht mehr zu gesunden Wohnungen eignen, können sie doch recht gut zu Geschäftshäusern ausgestaltet werden.

d) Man sollte mit dem Hinauslegen der Behörden, namentlich der städtischen Verwaltungsstellen etwas vorsichtiger sein, als das in manchen Städten der Fall gewesen ist. Man muß hier beachten, daß viele Behörden einen großen „Laufverkehr“ erzeugen, also einen Verkehr, der das Wirtschaftsleben anregt, aber an die Straßen keine großen Ansprüche stellt, weil er fast nur aus Fußgänger-, Fahrrad- und Straßenbahnverkehr besteht.

e) Man muß sich bemühen, der Altstadt neues Leben zuzuführen. Man muß sich überall dort, wo das Niederlegen ganzer verkommener Wohnbaublocks notwendig oder erwünscht ist, überlegen, ob und welche neue Bauten an ihrer Stelle zu errichten sind. Da die Herstellung neuer Wohngebäude in vielen Fällen nicht erwünscht ist, kann es zweckmäßig sein, hier Verwaltungsgebäude zu errichten, und zwar möglichst solche, die nur einen starken Laufverkehr, aber wenig Fahrverkehr hervorrufen.

5. Kosten der Altstadtgesundung. Die Gesundung und Erhaltung der Altstadt erfordert meist bedeutende Geldmittel, und diese können fast nie aus dem Erlös des gewonnenen Geländes gedeckt werden, zumal ein großer Teil des zur Gesundung zu erwerbenden Geländes nicht wieder bebaut werden darf. Die Kosten werden aber in fast allen Staaten dadurch in die Höhe getrieben, daß unter der Herrschaft des den Eigentumbegriff überspannenden römischen Rechtes die Rechte der Grund- und Hauseigentümer (und der Hypothekengläubiger) in übertriebener Weise geschützt werden, daß auf Ausbeutung und

Wucher geradezu Prämien gezahlt werden, daß aber nach dem Wohl und Wehe der dort Wohnenden und Arbeitenden und hiermit nach dem Gemeinwohl nicht gefragt wird. Ferner sind vielfach die Gesetze über Planfeststellung und Enteignung so rückständig, daß einzelne Eigentümer die dringlichsten Maßnahmen durch planmäßiges Schikanieren jahrelang verzögern können. Auch die Rechtsprechung der Obersten Gerichte läßt vielfach eine Überschätzung des Eigennutzes und eine Unterschätzung des Gemeinwohles erkennen; jeder Verkehrsfachmann und so mancher Stadtbaurat weiß hiervon ein Lied zu singen.

Die Städtebauer fordern daher seit langem Gesetze, durch die

1. die Grund- und Hauseigentümer (und die Hypothekengläubiger) angemessen, aber nicht wie bisher, übertrieben entschädigt werden,
2. die Nutznießer zu den Kosten herangezogen werden,
3. das ganze Verfahren vereinfacht und abgekürzt wird.

An dieser Stelle ist, da diese Gesamtfrage an anderer Stelle behandelt wurde, nur das für die Altstadtgesundung Besondere hervorzuheben:

1. Die Überbewertung des Bodens und der Häuser, die sich aus der Überspannung des Begriffes „voller Wert" durch die Sachverständigen, Verwaltungsbehörden und Gerichte ergeben hat, muß beseitigt werden. Es darf nicht mehr ein übertriebener „voller", sondern nur der „angemessene" (vernünftige, anständige) Wert vergütet werden. Dieser wird durch Kapitalisierung eines angemessenen (anständigen, nichtwucherischen) Mietertrages ermittelt. Hierbei dürfen nicht berücksichtigt werden:

Die Mieten aus Baulichkeiten, die nicht genehmigt worden sind, und aus Gewerbebetrieben, die z. B. aus feuerpolizeilichen Gründen nicht zulässig sind;

Mietsteigerungen durch zu dichte Belegung und durch wucherische Ausbeutung.

2. Von dem so ermittelten Wert ist bei schlechtem Bauzustand der Betrag abzuziehen, der aufgewendet werden müßte, um den ordentlichen Zustand wieder herzustellen.

3. Die Entschädigung braucht nicht in bar gezahlt zu werden, sondern sie kann als Ablöseschuld mit Verzinsung und Tilgung sichergestellt werden, unter Umständen kann für Häuser, die niedergelegt werden müssen, Ersatz durch Land in gesunder Lage nebst Bauzuschüssen geleistet werden.

4. Entstehen durch die Sanierung Wertsteigerungen für andere Grundstücke und Häuser, so können deren Eigentümer zur Finanzierung durch Belastung ihrer Grundstücke herangezogen werden.

5. Auch die Hypothekengläubiger müssen sich Kürzungen gefallen lassen, denn sie sind nicht frei von Schuld, wenn sie durch Wucher usw. hochgetriebene Werte zu hoch beliehen oder sich nicht genügende Tilgung ausbedungen haben, obwohl sie doch genau wissen, daß jedes Haus allmählich an Wert verliert.

6. Das ganze Verfahren muß vereinfacht und beschleunigt werden[1].

Auch bei Erlaß von Gesetzen, die diesen Forderungen Rechnung tragen, wird es meist nicht möglich sein, die Altstadtgesundung und die Niederlegung von Elendquartieren ohne erhebliche Zuschüsse der öffentlichen Hand durchzuführen.

Bisher mußte man in deutschen Großstädten etwa mit einem Zuschuß von 60 bis 70% rechnen! Aber solche groben Durchschnittszahlen sind mit größter Vorsicht aufzunehmen.

Zum Schluß sei noch auf einige Beispiele von Sanierungsplänen bzw. -maßnahmen aus jüngster Zeit hingewiesen:

In London sollen jetzt 267000 Häuser niedergelegt und dafür 285000 Häuser neu gebaut werden; der Kostenaufwand ist zu 1,15 Mill. Pfund (1,4 Millrd. RM), für ein Haus also durchschnittlich zu etwa 400 Pfund (5000 RM) geschätzt. Die Kosten sollen zu 75% vom Staat und zu 25% von

[1] Eingehende Begründung und Erläuterungen dieser Forderungen sind gegeben in den „Monatsheften für Baukunst und Städtebau", Februar und April 1934.

der Stadt London, also anscheinend ganz durch die öffentliche Hand aufgebracht werden.

In Braunschweig sind durch „Entrümpeln" der Höfe 900 Wohnungen in Ordnung gebracht worden; die Kosten haben je Wohnung nur etwa RM 1500.— betragen, also einen Satz, für den man eine neue Wohnung nicht schaffen kann: die Hypothekenbanken hatten dabei keine Verluste. Hand in Hand mit der Altstadtsanierung ging aber das Bauen von Neusiedlungen. Die Arbeiten in Braunschweig sind vorbildlich und genauen Studiums wert; wie schlecht die Verhältnisse waren, ergibt sich daraus, daß in einem (mittelalterlichen) Baublock ursprünglich nur 21 Familien, kurz vor der Sanierung aber 120 Familien gewohnt haben!

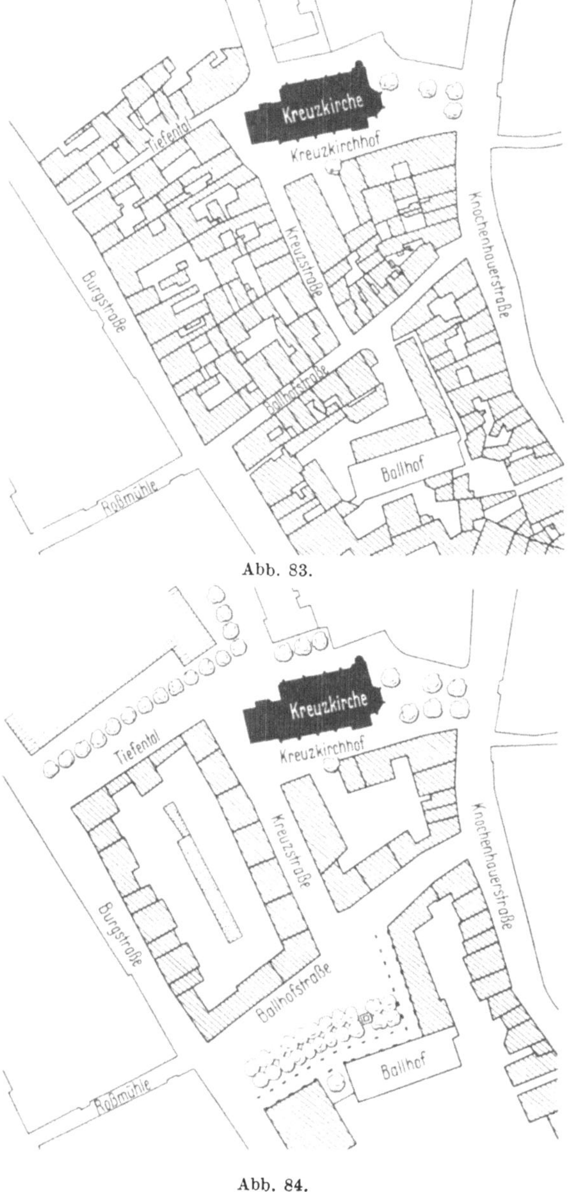

Abb. 83.

Abb. 84.

Abb. 83 und 84. Ballhofviertel in Hannover vor und nach der Sanierung.

Die Gesundungsmaßnahmen in Kassel hatten neben einem Straßendurchbruch aus verkehrlichen Gründen die Schaffung gesunder Wohnungen zum Ziel. Von 7500 vorhandenen Wohnungen müssen 1500 beseitigt werden. Die Kosten je Wohnung betragen 2500 bis 3000 RM.

In Hannover wird zur Zeit das sog. Ballhofviertel verbessert. Abb. 83 zeigt den bisherigen, Abb. 84 den künftigen Zustand. Der erste Abschnitt der Sanierung umfaßt 33 Grundstücke, aus denen 158 Familien ausgesiedelt, also anderweitig untergebracht werden mußten. Alle Grundstücke konnten (mit einer Ausnahme) freihändig erworben werden. Die Kosten des ersten Abschnittes sind zu rund 1400000 RM veranschlagt[1].

[1] Vgl. „Neues Schaffen". Hannover: Osterwald 1936, ferner über Kassel: Labes in „Bauamt und Gemeindebau" 1936, S. 149, und in derselben Zeitschrift allgemein: Elkart 1937, S. 128.

Vierter Abschnitt.

Der Verkehr.

I. Einführung.

Die Bedeutung des Verkehrs für die Siedlung ist schon hervorgehoben: Der Verkehr hat die Aufgabe, die Siedlungen untereinander zu verbinden; die Konstruktion der Verkehrsnetze (das „Trassieren“) hat also an die Siedlungen anzuknüpfen; andererseits ruft der Verkehr an seinen Raststationen, Betriebsstützpunkten und vor allem an seinen Knotenpunkten Siedlungen hervor; und wo die verkehrsgeographische Gunst oder die Politik die Verkehrswege in beherrschenden Knotenpunkten zusammenfaßt, sind die überhaupt größten Städte entstanden. Verkehr und Siedlung, Verkehrsgeographie und Siedlungsgeographie, Verkehrspolitik und Siedlungspolitik sind Einheiten; wo man sie nicht als Einheiten erkennt und behandelt, muß das Siedlungswesen Schaden nehmen.

A. Irrige Ansichten.

Leider bestehen auch in Kreisen, die die vorstehend angedeuteten Zusammenhänge kennen, gewisse irrige Vorstellungen, die vorab kurz richtig zu stellen sind:

1. Im allgemeinen wird der Personenverkehr über-, der Güterverkehr unterschätzt. Besonders kraß kommt das in jenen laienhaften Darstellungen zum Ausdruck, in denen die Bedeutung eines Eisenbahnnetzes nach den Expreß- und Luxuszügen oder in denen die Güte der Eisenbahnen nach den höchsten Geschwindigkeiten beurteilt wird. Demgegenüber ist festzustellen: Der Güterverkehr ist bei allen großen Fernverkehrsanstalten die wichtigere Verkehrsart; er erfordert die größeren Bauanlagen (Häfen, Rangier- und Güterbahnhöfe) und wesentlich mehr Fahrzeuge (Schiffe, Lokomotiven, Wagen), also einen größeren Kapitalaufwand; er erfordert mehr Betriebsleistungen (Züge, und zwar längere und schwerere), mehr Personal. Er bringt dafür aber auch die größeren Einnahmen und bildet damit das wirtschaftliche Rückgrat der meisten Verkehrsunternehmen, während der Personenverkehr oft nur seine Betriebskosten decken kann; der Güterverkehr ist ferner von ungleich höherer Bedeutung für die Landesverteidigung. Man kann infolgedessen bei den Fragen der Umgestaltung von Verkehrsanlagen meist überhaupt keinen Erfolg haben, wenn man nicht vom Güterverkehr ausgeht. Im engeren Rahmen des Städtebaues, also der Verbesserung der einzelnen Stadt, ist der Güterverkehr auch deswegen oft wichtiger als der Personenverkehr, weil seine Anlagen weit größer sind, weil sie also einerseits größere Hindernisse sind, andererseits aber auch, sofern man ihre Verlegung oder Verkleinerung durchsetzen kann, größere Chancen für die Verbesserung der Stadt bieten. Im Rahmen der Landesplanung ist der Güterverkehr oft deswegen wichtiger als der Personenverkehr, weil bei allen Fragen der Industrieverlagerung der Güterverkehr von entscheidendem Einfluß ist; denn eines der wirksamsten Hilfsmittel für die Verlegung von Industrie aus den Großstädten ist das Anknüpfen an vorhandene Güterbahnhöfe und Häfen, die in noch dünn besiedelter Gegend liegen und daher noch nicht voll ausgenutzt sind.

2. Im allgemeinen wird die Bedeutung der „Stationen“ (Häfen, Bahnhöfe) unter-, die der freien Strecken dagegen überschätzt. Das Leben der großen Verkehrsanstalten wurzelt aber in den Stationen. Von ihnen hängt in erster Linie die Leistungsfähigkeit, der verkehrstechnische und wirtschaftliche Erfolg ab. Demgemäß können oft gerade bei den Häfen und Bahnhöfen usw. keine

Konzessionen bezüglich Verlegung, Verkleinerung oder Umgestaltung gemacht werden. Vom städtebaulichen Standpunkt sind die „Stationen" wichtiger als die freien Strecken, weil sie einerseits als Hindernisse große, breite Flächen einnehmen, die auch in ihrer Höhenlage sehr starr sind, während die freien Strecken nur Bänder von verhältnismäßig geringer Breite sind, die auch in ihrer Höhenlage elastischer sind. Andererseits stellen die Stationen für den gesamten Verkehrsplan der Stadt und die Verteilung der Industrie mit die stärksten befruchtenden Kräfte dar.

3. Oft wird — nicht allgemein, aber im Städtebau — bezüglich des Personenverkehrs die Bedeutung des Nahverkehrs über-, die des Fernverkehrs unterschätzt. Der Fernverkehr und die Fernverkehrsmittel sind aber von großer Bedeutung, weil der Hauptbahnhof und z. B. auch die Hauptanlegestellen der Dampfer gewissen Stadtteilen ihr Gepräge geben und meist einen der wichtigsten Knotenpunkte für das Netz der städtischen Verkehrsmittel bilden; ähnliches gilt — natürlich abgeschwächt — von den Vorortstationen der Fernbahnen[1].

B. Gliederung des Verkehrs.

Es ist zur Vermeidung von Mißverständnissen zweckmäßig, eine kurze Gliederung des Verkehrs zu geben und einige Begriffe festzulegen:

1. Unter **Verkehrsmitteln** sind die verschiedenen technischen Einrichtungen zu verstehen, mittels deren die Transporte durchgeführt werden. Diese sind:

a) Wasser-Verkehrsmittel. Sie sind nach See- und Binnenverkehr einzuteilen; die Grenze zwischen beiden ist fließend. Vgl. die Küstenschiffahrt und die Schiffahrt in den großen Strommündungen, z. B. der Verkehr Hamburg-Cuxhaven-Helgoland-Sylt oder Köln-Holland-Hamburg. Vom Wasserverkehr ist der Güterverkehr namentlich für die Industrieverteilung, der Personenverkehr namentlich als Nahverkehr (Vorort- und Ausflugverkehr) von Bedeutung, vgl. Hamburg, Venedig, Stockholm, Zürich, Luzern, Genf, Neapel und viele Rheinstädte.

b) Land-Verkehrsmittel und zwar:

α) Schienenwege, Eisenbahnen, Kleinbahnen, Straßenbahnen, Stadtschnellbahnen,

β) Straßen, Stadtstraßen, Landstraßen, Autobahnen,

γ) Leitungen, für elektrischen Strom, Gas und Öl; sie sind städtebaulich insofern belanglos, als ihre Einführung in die Städte keine Schwierigkeiten bereitet, sie können aber für die Landesplanung von großer Bedeutung sein, weil ihr richtiger Einsatz die Dezentralisation der Industrie erleichtern kann.

c) Die Mittel des elektrischen Nachrichtenverkehrs, mit oder ohne Draht, für die größeren Siedlungen keine Schwierigkeiten bereitend, für die wirtschaftliche und kulturelle Befruchtung des platten Landes von großer Bedeutung.

d) Luftverkehre, Flugzeuge und Luftschiffe; erfordern sehr großflächige Flughäfen.

2. Unter **Verkehrsarten** sind die „Transportgegenstände" zu verstehen, nämlich Menschen (Fahrgäste, Reisende), Sachen und Nachrichten.

Über die Nachrichten ist nur kurz zu bemerken: Sie bestehen aus „Briefen" aller Art (Postkarten, Drucksachen, Postanweisungen), Zeitungen, Telegrammen, Ferngesprächen usw. Sie werden durch die Post befördert; diese ist kein

[1] Bei anderen Verkehrsbetrachtungen wird dagegen oft der Fernverkehr insofern überschätzt, als gewisse Verkehrsfeuilletonisten sich am sog. „Weltverkehr" berauschen, vgl. die oben schon kritisierte Überschätzung der Luxuszüge.

Verkehrsmittel, sondern eine Verkehrsanstalt, die sich anderer Verkehrsmittel bedient. Städtebaulich ist der Postverkehr von Bedeutung, weil das Hauptpostamt einen starken Verkehr erzeugt. Daß die Post in Deutschland auch einen starken Güterverkehr, nämlich den Postpaketverkehr vermittelt, stellt den meisten anderen Ländern gegenüber einen Ausnahmefall dar.

Der Verkehr in Menschen und Sachen deckt sich nicht genau mit den üblichen und auch von uns angewendeten Bezeichnungen „Personen"- und „Güter"-Verkehr. Es umfassen vielmehr:

a) Der Personenverkehr den Verkehr von Fahrgästen, Reisegepäck, Expreß- (auch Eil-) Gut und Postsachen,

b) der Güterverkehr den Verkehr der „Sachen" außer den eben genannten; ferner den Verkehr der Tiere und der großen geschlossenen Menschenmassen (politische und andere Verbände, Pilger, Auswanderer und vor allem Truppen).

Dies ist städtebaulich von Bedeutung, weil die Anlagen für den Personenverkehr (Empfangsgebäude, Bahnhofvorplätze, Flugplätze, Anlegestellen) den gesamten unter a) genannten Verkehrsarten gewachsen sein müssen, und weil andererseits geschlossene Menschenmassen vielfach in den Güterbahnhöfen usw. abgefertigt werden; hiermit kann eine erwünschte Entlastung stark belasteter Straßen und Plätze verbunden sein. Für die unschönen Bezeichnungen „Personen"-Verkehr usw. bürgern sich allmählich Bezeichnungen wie Reiseverkehr, Reisezüge, Reisebahnhöfe oder Fahrgastschiffe ein.

3. Unter **Verkehrsgruppen** verstehen wir die Aufteilung des Verkehrs nach den Entfernungen, also die „regionale" Gliederung. Sie ist gerade für das Siedlungswesen von großer Bedeutung. Es besteht hier die Stufenleiter: Stadt-, Vorort-, Nachbarschafts-, Bezirks-, Landes-, internationaler Verkehr. Diese Einteilung knüpft also an bestimmte geographische Gebilde an, nämlich an die Stadt, den Bezirk, das Land oder den Staat, die Staatengruppe, den Kontinent, die Welt. Die Grenzen zwischen den verschiedenen Verkehrsgruppen sind fließend; eine grobe Unterscheidung führt zu den Begriffen Nah- und Fernverkehr. Scharfe Grenzen ergeben sich aber dann, wenn für den Nahverkehr besondere Verkehrsmittel (Straßenbahnen, Omnibusse, Schnellbahnen) bestehen; ferner dann, wenn die Fernbahnen besondere Stadt- und Vorortbahnen anlegen oder besondere Vorortzüge und besondere Vorort- oder auch Bezirkstarife einrichten.

C. Der Einfluß der Verkehrsanlagen in bautechnischer Hinsicht.

Die Verkehrsanlagen beeinflussen, rein bautechnisch betrachtet, die Stadtanlage sowohl in hinderndem als auch in förderndem Sinne:

Hindernd sind die Verkehrslinien (Wasserläufe, Eisenbahnen, Autobahnen), weil sie starre, gerade oder schwach gekrümmte Baukörper darstellen; noch hinderlicher sind die Häfen und Bahnhöfe usw., weil sie so große Flächen einnehmen. Ein Flughafen kann von anderem Verkehr überhaupt nicht durchbrochen werden; einen Hafen zu überbrücken oder zu untertunneln ist äußerst kostspielig; bei einem Bahnhof sind die Kosten erschwinglich, wenn es sich um einen Personen- oder Ortsgüterbahnhof handelt, aber sie können oft nicht aufgebracht werden, wenn es sich um einen Rangierbahnhof handelt. Glücklicherweise kann man die Gesamteisenbahnanlage so gestalten, daß im Stadtinneren nur die kleinflächigen Bahnhöfe liegen bleiben, während die großflächigen in die Außengebiete abgestoßen werden; man wird dann für die Abstände der durchzulegenden Querstraßen etwa mit folgenden Längen, in denen die anschließenden Weichenstraßen nicht eingeschlossen sind, rechnen können: im Stadtinneren 250 bis 300 m (Länge der Bahnsteiganlage des Hauptbahnhofs), in den Vorstädten 700 bis 800 m (Länge eines „normalen" Ortsgüterbahnhofs), in den Außengebieten 1100 bis 1500 m (Länge der Richtungsgruppe eines Rangierbahnhofs); aber diese Zahlen sind keine Rezepte!

Der erschwerte Querverkehr verursacht oft einen jähen Wertabfall der Bebauung jenseits des Flusses oder „hinter der Bahn". Sind die Hindernisse stark (also breit), so macht die ganze Bebauung unter Umständen vor ihnen halt. Hierin liegen aber Chancen für eine gesunde Entwicklung, sobald man die Verbindung herstellen kann; in dem „Überspringen" des Hindernisses liegt für gewisse Städte manchmal das überhaupt schwierigste, wichtigste oder kostspieligste städtebauliche Problem.

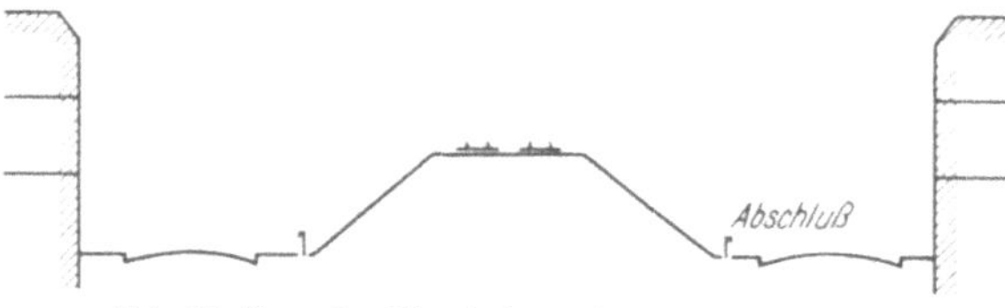

Abb. 85. Lage der Eisenbahn zwischen Vorderfronten.

Solange man nur wenige Querverbindungen schaffen kann, drängt sich der Verkehr auf ihnen naturgemäß stark zusammen. Die Verbindung (Brücke) wird diesen Verkehr in ihrem glatten Zug oft ganz gut leisten können; aber an den beiden Enden werden Schwierigkeiten entstehen, namentlich dann, wenn die Verbindung in den alten Stadtkern ausmündet, vgl. die älteste Straßenbrücke in Köln und die Deutzer Hängebrücke, die beide in die Altstadt ausmünden und dagegen die neue Mülheimer Hängebrücke, die auf der Kölner Seite in freieres Gelände mündet.

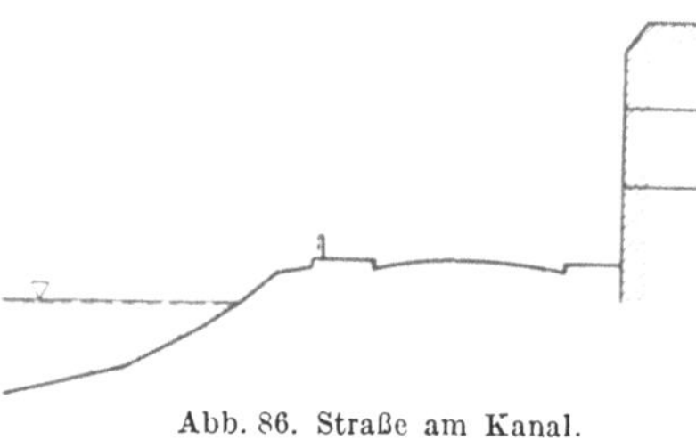
Abb. 86. Straße am Kanal.

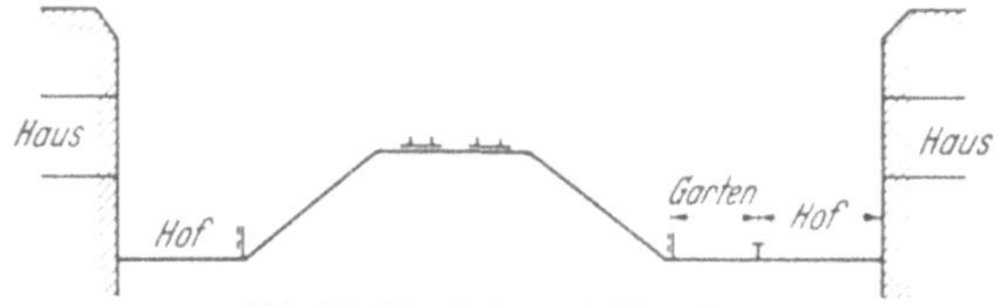

Abb. 87. Eisenbahn auf Hinterland.

Fördernd sind die Strecken der Verkehrsbahnen (in diesem Fall der Schiffahrtwege, der Eisenbahnen und der Autobahnen) insofern, als sie den Straßenlängsverkehr an ihnen entlang begünstigen, da es oft zweckmäßig ist, Längsstraßen unmittelbar neben Kanäle, Eisenbahnen usw. zu legen. Hierbei entstehen also Querschnitte, wie sie etwa in Abb. 85 und 86

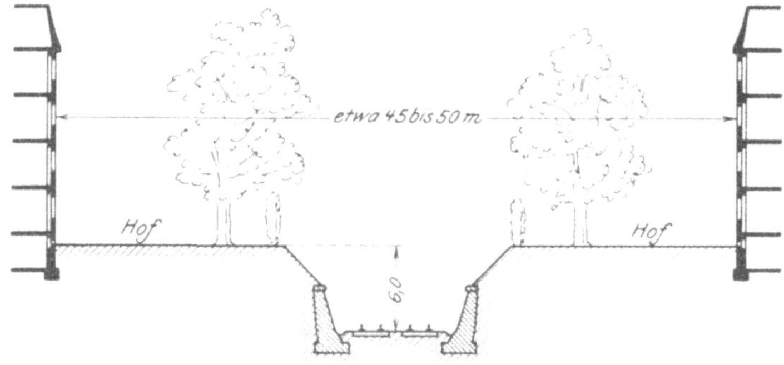

Abb. 88. Eisenbahn auf Hinterland.

dargestellt sind. Dieser Anordnung sind aber Querschnitte etwa nach Abb. 87 oder 88 gegenüberzustellen. Beide Anordnungen haben ihre Vorzüge und Nachteile: Bei der ersten Anordnung liegt der Verkehrsweg, z. B. die Eisenbahn, zwischen Vorderfronten, bei der zweiten dagegen auf Hinterland, also zwischen Hinterfronten und Höfen. Vom schönheitlichen Standpunkt ist der ersten

Anordnung der Vorzug zu geben; das hat man besonders zu beachten, wenn der Verkehrsweg eine Personenstrecke ist; denn dann ist sie eine der „Haupteinzugsstraßen" in die Stadt, auf der die große Masse der ankommenden und auch der durchreisenden Fremden den ersten, also oft den entscheidenden Eindruck von der Stadt erhalten; es leiden aber viele anerkannt schöne Städte darunter, daß die Eisenbahn auf Hinterland, d. h. durch scheußliche Höfe, schmutzige Lagerplätze und trocknende Wäsche in die Stadt eingeführt ist (vgl. Stuttgart, Düsseldorf, Hannover). Personenstrecken auf Hinterland einzuführen, kann man nur als zulässig bezeichnen, wenn eine würdige Ausstattung der Rückfronten, Höfe und Gärten sichergestellt ist. Daß man Kanal- und Flußufer nicht ohne Zwang zubauen wird, ist schon bei den Freiflächen erörtert worden. Bei den Autobahnen ist die unmittelbare Bebauung von vornherein verboten; auf eine würdige Gesamtanordnung und eine eindrucksvolle Gestaltung der Einführungen in die Städte wird mit Recht hoher Wert gelegt; schöne Lösungen in Mannheim und Hannover.

Allerdings ist bei der ersten Anordnung der unmittelbare Verkehr zwischen dem Verkehrsweg, z. B. dem Kanal und den einzelnen Grundstücken ausgeschlossen, da die Straße gekreuzt werden muß. Das ist aber nur bedenklich, wenn hier ein stärkerer Güterverkehr umgeschlagen werden muß, wenn die Grundstücke also Fabrik- oder Lagerzwecken dienen. Aber selbst dann muß man noch abwägen (und unter Umständen durch Bearbeitung von zwei Entwürfen) klarstellen und durchrechnen, welche Lösung den Vorzug verdient; man kann das Ladegeschäft schließlich auch über die Straße hinweg oder unter ihr her durchführen, ohne den öffentlichen Straßenverkehr zu stören oder zu gefährden.

Gegen die erste Anordnung wird ferner noch eingewendet, daß die Stadtgemeinde hierbei nicht so hohe Anliegerbeiträge erzielen könne wie bei der zweiten; das mag vom Standpunkt der Stadtfinanzen ein Nachteil sein; aber über solche Schwierigkeiten muß man hinwegkommen.

Welche Scheußlichkeiten entstehen können, wenn man bei der Anlage von Parallelstraßen nicht aufpaßt, lehrt Berlin: Große Teile der Stadtbahn (namentlich im Westen), fast die ganze Ringbahn und die meisten Vorortbahnen sind ursprünglich auf ziemlich freiem Gelände erbaut worden; dann haben aber die Gemeinden keine Parallelstraßen vorgesehen, und die üble Bauordnung hat die Fabriken und Mietkasernen mit ihren Brandmauern und engen Höfen bis auf den letzten Zentimeter an die Eisenbahn herangequetscht. Der Staat — als Staatseisenbahn — ist hieran also nicht schuld!

Da die Eisenbahnen usw. nicht in gleicher Höhe mit dem Straßennetz liegen, kann man zu guten Lösungen für Schnellbahnen, Schnellstraßenbahnen, Autostraßen usw. kommen, wenn man diese unmittelbar neben die Eisenbahn, und zwar in ungefähr gleiche Höhe mit ihr legt; die Schnellverkehrsmittel kreuzen dann die übrigen Straßen nicht im Niveau, sondern mittels Brücken, die sich unmittelbar an die Eisenbahnbrücken anlehnen, so daß sich die Kosten in mäßigen Grenzen halten.

Von großer Bedeutung ist die gegenseitige Höhenlage der verschiedenen Verkehrswege. Da die Wasserwege (von wenigen Ausnahmen abgesehen) immer unten liegen, also wahlweise Anordnungen nicht möglich sind, so genügt es hier, die Eisenbahn zu erörtern; die Ergebnisse gelten mit geringfügigen Änderungen für Autobahnen und andere Hauptverkehrswege. Die Frage, ob die Eisenbahn oder die Straße „oben" liegen soll, wird sowohl vom Eisenbahner als auch vom Stadtbaurat eindeutig dahin entschieden: Meine Anlage muß oben liegen, der andere muß also nach unten. Mit dieser Entscheidung kann man aber nichts anfangen; es kann vielmehr nur von Fall zu Fall entschieden werden, und hierzu ist fast immer die Aufstellung von zwei Entwürfen (meist noch mit mehreren Varianten) und Kostenanschlägen erforderlich.

Allgemein läßt sich hierzu sagen, daß 1. die schönheitlichen Forderungen für die Tieflage der Eisenbahn, daß aber 2. die Abmessungen der lichten Höhe für die Hochlage der Eisenbahn sprechen und daß 3. in dem weitaus wichtigsten Fall, nämlich in dem der nachträglichen Beseitigung der Niveaukreuzungen, fast nur das Hochlegen der Eisenbahnen in Betracht kommt.

Im einzelnen sei hierzu ausgeführt:

1. In Ansehung der schönheitlichen Fragen muß man sich für die Tieflage der Eisenbahn bekennen. Die Eisenbahn verschwindet dann im Einschnitt; sie stört das Städtebild nicht; der Blick kann frei über sie hinwegschweifen; große Straßen- und Platzanlagen können über der Bahn geschaffen werden; die beiden durch die Bahn getrennt gewesenen Teile können zu einem einheitlichen Gebilde zusammengefügt werden, was bei Hochlage der Bahn nicht ganz erzielt werden kann, mindestens nicht für das Auge, wohl aber für den Verkehr. Hervorragend ist z. B. die Umgebung des tiefliegenden Hauptbahnhofs Hamburg und z. B. auch die Durchführung der Eisenbahn und die Lage des Hauptbahnhofs in Edinburg, wo das prächtige Stadtbild durch die im Einschnitt liegende Eisenbahn nicht gestört wird.

2. Gegen die Tieflage spricht aber der Unterschied in den für die lichten Höhen der Eisenbahn und der Straße vorgeschriebenen bzw. zweckmäßigen Maßen. Die lichte Höhe beträgt für die Eisenbahn jetzt 5,50 m; sie betrug früher nur 4,80 m; das neue Maß ist aber bei allen Umgestaltungen mit Rücksicht auf die etwaige Einführung des elektrischen Betriebes zu beachten; das Tieflegen von Eisenbahnen ist durch diese Abänderung nicht unwesentlich erschwert und verteuert worden. Für die Straßen kann man aber mit kleineren Maßen auskommen. Die überhaupt größten Straßenfuhrwerke (Möbelwagen, Dreschmaschinen, schwere Kraftwagen, Geschütze und andere große Militärwagen) dürfen nur so hoch sein, daß sie noch auf Eisenbahn verladen werden können, sie können also entsprechend der Höhe des Ladeprofils und des Wagenfußbodens (eventuell eines Tiefladewagens) nicht höher als 3,55 bis 4,0 m sein; auch die Feuerwehrfahrzeuge brauchen nicht höher zu sein. Wie die Erfahrungen in vielen Großstädten beweisen, kann man mit 4,0 m die meisten Forderungen erfüllen; es ist aber dringend erwünscht und wohl auch unter schwierigen Verhältnissen immer zu erreichen, daß einige gut gelegene Unterführungen eine Lichthöhe von 4,50 m erhalten; in Deutschland ist jetzt die größte Wagenhöhe durch die Reichsstraßenverkehrsordnung auf 4,00 m festgelegt. — Man wird übrigens manche Unterführung recht niedrig halten können, denn leichte Wagen kommen schon mit 3,50 m aus, und für Fußgänger und Radfahrer (nebst Vieh und Karren) müssen schlimmstenfalls 2,50 m genügen.

Wenn dies alles für die Hochlage der Eisenbahn spricht, so ist andererseits zu beachten, daß Straßenüberführungen, namentlich solche für Fußgänger und leichte Fuhrwerke, billig sind (und unter Umständen hübsch und zweckentsprechend aus Holz gebaut werden können), daß dagegen Straßenunterführungen stets die teuren Stützmauern erfordern und daher von Anfang an immer in einer Breite ausgeführt werden sollten, die dem Verkehr der nächsten 3 Jahrzehnte gewachsen ist; man beachte auch, daß die bekannten langen Straßentunnel bei Dunkelheit von Frauen gefürchtet werden.

3. Die Frage der nachträglichen Beseitigung von Niveaukreuzungen ist am besten an dem Beispiel einer in der Ebene liegenden Stadt zu erläutern: Wenn hier Straße und Eisenbahn bisher in gleicher Höhe liegen und dieser unangenehme Zustand durch Herstellung schienenfreier Kreuzungen beseitigt werden soll, so sind hier — abgesehen von manchen zwischenliegenden Möglichkeiten — folgende Lösungen möglich:

1. Die Straßen bleiben in alter Höhe:
   a) Eisenbahn wird gesenkt; b) Eisenbahn wird gehoben.
2. Die Eisenbahn bleibt in alter Höhe:
   a) Straßen werden gesenkt; b) Straßen werden gehoben.

Dabei ist zunächst zu prüfen, ob und inwieweit die Höhenlage der Straßen noch geändert werden kann. Während nämlich früher betont worden ist, daß die Straße handlicher ist als die Eisenbahn, ist hier zu beachten: Sind die Straßen schon bebaut, so können sie oft nur wenig in ihrer Höhe verändert werden; Straßenänderung bedeutet hier Häuserumbau oder Häuserentwertung; dann ist also die Eisenbahn weniger starr, also handlicher, und zwar um so bequemer (und billiger) zu heben oder zu senken, je weniger Gleise sie enthält. Handelt es sich aber um neu zu erschließendes Gelände, so ist es auch gewagt, die Straßen in Einschnitte oder auf Dämme zu legen; denn dadurch wird die Bebauung verzögert, auch sind unter Umständen Anliegerbeiträge kaum einzuziehen. Außerdem sind Straßen, die auf „Stelzen" über Bahnen hinüber oder „in Löchern" unter ihnen durchgedükert werden, ästhetisch bedenklich; die ruhige Linie eines Eisenbahndammes ist dann immer noch vorzuziehen, selbst wenn der Damm die Aussicht verdeckt.

Man wird sich also im allgemeinen dazu bekennen dürfen, daß es richtig ist, die Höhenlage der Eisenbahn zu ändern[1]. Dabei wird man sich aber möglichst auf die freien Strecken und die Personenbahnhöfe beschränken; denn die Güter- und Rangierbahnhöfe sind zu umfangreich. Wenn hierbei ein Personenbahnhof eine andere Höhenlage erhält, als ein unmittelbar benachbarter Güterbahnhof, so ist das eisenbahntechnisch oft unbedenklich, da sich auf Grund der für Verbindungsgleise zulässigen starken Steigungen stets ein geschickter Gleisplan wird entwerfen lassen.

Wenn aber die Höhenlage der Gleise geändert wird, so kann eigentlich (wenigstens bei Flachlandstädten) nur ihre Höherlegung in Frage kommen, da man bei Tieferlegung (5,5 + 1,0 = 6,5 m!) in den meisten Fällen in das Grundwasser kommen würde, wobei zu beachten ist, daß nicht nur das Gleis trocken liegen muß, sondern daß auch noch die Löschgruben und Drehscheiben zuverlässig entwässert werden müssen. Ferner nehmen die Eisenbahnen in und bei den (Groß-) Städten meist nicht nur ein Niveau, sondern mehrere ein, weil sog. „schienenfreie Gleisentwicklungen" erforderlich werden, d. h. gegenseitige Überwerfungen und Unterführungen der Gleise, die sich sonst in Schienenhöhe kreuzen würden. Bei Tieflage würden hierbei die unteren Gleise 12 m und mehr unter die Straßenhöhe zu liegen kommen, also in Tiefen, die sicher weit in das Grundwasser hinabreichen. Außerdem ist der Umbau von Eisenbahnstrecken und besonders der von Bahnhöfen mit Senkung des Niveaus schwieriger und kostspieliger als der mit Hebung.

D. Das Verhältnis zwischen den Gemeinde- und den Verkehrsverwaltungen.

Zwischen den verschiedenen Verwaltungen, die für die städtebaulichen und die Verkehrsfragen zuständig und verantwortlich sind, also z. B. zwischen der Stadt- und der Eisenbahnverwaltung, besteht leider nicht immer das beste Einvernehmen. Das ist im Hinblick auf die Bewältigung der großen Aufgaben bedauerlich, aber es ist aus verschiedenen Gründen erklärlich, die erläutert werden müssen, denn nur ihre Kenntnis kann zu dem Erfolg führen, der erzielt werden muß, nämlich zu einmütigem Zusammenarbeiten. Die Ursachen werden am besten am Fernverkehr erläutert und hier am klarsten an der Eisenbahn. Was nachstehend aber über die Eisenbahn gesagt ist, gilt sinngemäß von allen Fernverkehrsanstalten und mit gewissen Abschwächungen auch von den Unternehmungen für den Nahverkehr.

[1] Als Beispiel für eine Stadt, in der die Höhenlage der Eisenbahn nicht geändert werden konnte, sei auf Bonn hingewiesen, wo die beiden schienengleichen Straßenübergänge am Hauptbahnhof nur durch Straßenunterführungen beseitigt werden konnten.

Der Hauptgrund dafür, daß oft nicht zusammen, sondern ,,aneinander vorbei" und im weiteren Verlauf der Verhandlungen gegeneinander gearbeitet wird, liegt zunächst darin, daß die Aufgabenkreise der Gemeinden und der Verkehrsanstalten verschiedenartig sind, daß also auch die Tätigkeit und Gedankenrichtung der Beamten verschieden ist, daß sie daher die Nöte des anderen nicht kennen und daß sie sich nicht verstehen, selbst wenn sie zusammen studiert haben. Oft leben Stadt und Verkehr jahrzehntelang in Frieden nebeneinander her, bis plötzlich eine geplante Erweiterung der Stadt oder der Verkehrsanlagen dazu führt, daß sich die Sachen ,,hart im Raume stoßen".

Wenn es zu Meinungsverschiedenheiten kommt, so verfügt der Fernverkehr seiner Natur nach über eine Überlegenheit auf folgenden Gebieten:

a) Der Fernverkehr dient den Allgemeinbedürfnissen des ganzen Volkes und bei den durchgehenden Hauptlinien dem internationalen Verkehr. Dem kann die Stadt nur ihre örtlichen Bedürfnisse gegenüberstellen. Hinter dem Fernverkehr steht also die Macht des Staates, wenn es sich darum handelt, Hindernisse für den durchgehenden Verkehr zu beseitigen oder überhaupt nicht erst entstehen zu lassen.

b) Die Fernverkehrsanlagen haben eine so hohe Bedeutung für die Landesverteidigung, daß alle hierfür wirklich notwendigen Erfordernisse unbedingt durchgesetzt werden müssen.

c) Die Fernverkehrsanstalten verfügen über eine große wirtschaftliche Macht. Innerhalb der einzelnen Stadt gehören die Hafenverwaltung und die Eisenbahn zu den größten Grundbesitzern, Arbeitgebern, Auftraggebern und Bauherren. Die Umgestaltungen und Erweiterungen von Häfen und Bahnhöfen stellen oft innerhalb der Stadt die größten, schwierigsten und teuersten Bauausführungen dar; Hafen- und Eisenbahnverwaltung sind oft die größten ,,Städtebauer"; sie müssen daher einen entsprechenden Einfluß für sich in Anspruch nehmen.

d) Die Fernverkehrsanstalten verfügen über einen größeren Bezirk. Die einzelne Gemeinde ist nur innerhalb ihrer (oft zu engen) Gemeindegrenzen zuständig: der Fernverkehr beherrscht dagegen einen beliebig großen Bezirk, nämlich den ganzen Bereich, der irgendwie durch Verkehrs- oder Betriebsänderungen beeinflußt werden kann. Der Stadtbaurat kann dem dadurch begegnen, daß er nicht nur innerhalb seiner engen Gemeindegrenzen denkt, sondern sich mit den Vorort- und Nachbargemeinden rechtzeitig verständigt und großzügig und vorurteilsfrei für sie mitarbeitet. Hier hat die Mitarbeit der Landesplanungsbehörden einzusetzen.

e) Die Fernverkehrsanstalten sind, wenn sie bei der Durchführung geplanter Verbesserungen auf zu große Schwierigkeiten stoßen, oft in der Lage, einen Teil ihrer Betriebe in andere Gemeinden zu verlegen. Hiermit gehen der Stadt wertvolle Wirtschaftskräfte und Bürger verloren. Ferner sind Umlenkungen des Verkehrs zu befürchten, wenn schlechte Anlagen, die den Betrieb verteuern und verzögern, nicht rechtzeitig und nicht gründlich genug verbessert werden. Bei solchen Verkehrsumleitungen ist aber nicht etwa nur an den Personenverkehr (vgl. das Vermeiden schlechter Bahnhöfe durch die großen Schnellzüge), sondern auch an den Güterverkehr zu denken.

f) Die Fernverkehrsanstalten können zwar vielfach mittels städtebaulicher Bedenken am Bauen gehindert werden, sie können aber andererseits nicht zum Bauen gezwungen werden. Wenn ihnen also zu viele Schwierigkeiten gemacht werden, so können sie unter Umständen die Umgestaltung überhaupt unterlassen und sich durch Bauten an anderen Stellen ihres Netzes und durch Verlegung von Betriebs- und Verkehrsaufgaben nach anderen Stationen und auf andere Linien helfen.

Selbstverständlich dürfen die Verkehrsanstalten die ihnen nach Vorstehendem gegebene Macht nicht mißbrauchen, sondern sie müssen immer beachten, daß die Städte ihre besten Kunden sind, und vor allem, daß es sich bei dem gesamtem Siedlungswesen und in dessen Rahmen bei der Gesundung der einzelnen Stadt um eine der wichtigsten nationalen Aufgaben des Gesamtvolkes handelt.

Andererseits dürfen die Städte nicht unbillige Forderungen an den Verkehr stellen; insonderheit dürfen sie nicht Lösungen verlangen, die gegen die Wirtschaftlichkeit, Sicherheit und Pünktlichkeit des Betriebes verstoßen; sie dürfen auch nicht dem Verkehr finanzielle Leistungen zumuten, die sie selber zu bestreiten haben. Am besten werden derartige unbillige Forderungen und undurchführbaren Vorschläge von Anfang an dadurch vermieden, daß die Stadtverwaltungen rechtzeitig Verkehrssachverständige hinzuziehen, denn von den städtischen Beamten kann man die Sonderkenntnisse und Erfahrungen, die zur Meisterung derart schwieriger Probleme notwendig sind, billigerweise nicht verlangen.

Selbstverständlich gibt es für die Behandlung und Entscheidung von Streitfragen zwischen Verkehr und Stadt in allen Staaten auch Gesetze und Oberste Behörden, durch die ein gerechter Ausgleich erzielt werden soll. Es sind hierzu alle Maßnahmen des sog. „Planfeststellungsverfahrens" oder der „landespolizeilichen Prüfung" berufen; und letzten Endes muß es in jedem Staat eine oberste Behörde — also einen Minister oder eine Gruppe von Ministern — geben, die schließlich „den Knoten durchhauen" müssen. So wichtig das aber auch ist und so notwendig für jeden Städtebauer die Beherrschung der Gesetze und Verordnungen ist, so haben diese doch immer den Nachteil, daß sie meistens nur „negativ" wirken können; sie können nämlich nur Unbilliges verhindern, während sich ihre „positive" Leistung über die Erzielung eines sog. „billigen Ausgleiches der entgegenstehenden Interessen" kaum erheben kann. Hiermit ist aber den großen Aufgaben des Städtebaues und der Landesplanung nicht gedient; sie verlangen positive Arbeit, sie verlangen schöpferische Leistung; das kann man von Paragraphen aber nicht verlangen.

Es muß daher das planvolle, von Vertrauen getragene Zusammenarbeiten von Anfang an eingeleitet werden. Hierzu wird viel beitragen, daß die Städtebaukunst heute wieder zu hoher Blüte entwickelt ist und daß ihre Grundlagen allen Architekten und Bauingenieuren bekannt sind, ferner daß die Erkenntnis von der Not und von der Bedeutung des Siedlungswesens heute weit verbreitet und das soziale Gewissen gegenüber der Wohnungsnot geschärft ist.

Wasserbauer, Eisenbahner und Straßenbauer sollten immer dessen eingedenk sein, daß der Bau von Häfen und Bahnhöfen, Kanälen, Eisenbahnen, Fernverkehrsstraßen und Autobahnen in und bei den Städten nicht einseitig „Wasserbau", „Eisenbahnbau" und „Straßenbau", sondern von höherer Warte betrachtet, Städtebau ist und daß bei schwieriger Gesamtlage die Verkehrsanstalten keine wertvolleren Bundesgenossen haben als den Städtebau und die Landesplanung, denn diese können ihnen durch die Flächen-, Nutzungs- und Bebauungspläne die Möglichkeiten und Notwendigkeiten für lange Zeiträume offen halten, indem sie die „Verkehrsbänder" festlegen und eine etwa geplante Bebauung an den Stellen verhindern, an denen vielleicht einmal Verkehrsanlagen notwendig werden.

Und die Stadtverwaltungen sollten immer dessen eingedenk sein, daß ungünstige Verkehrsanlagen für die Verkehrsanstalten recht peinlich und im Betrieb kostspielig sein können, daß sie aber für die Stadt noch schlimmer wirken können, weil der Fernverkehr die schlechten Anlagen scheut und hierdurch zwangsläufig zu Umleitungen des großen Durchgangsverkehrs veranlaßt wird.

II. Die Wirkungen des Verkehrs auf das Siedlungswesen.

Wir haben uns in den früheren Abschnitten schon mehrfach mit den Wirkungen beschäftigen müssen, die der Verkehr — d. h. die „fortschreitende Verkehrsentwicklung" — auf das Siedlungswesen, auf Städtebau und Raumordnung ausübt.

Im ersten Abschnitt wurde gezeigt: Der Mensch legt bei jeder Siedlung darauf Wert, daß sie durch ihre Lage gewisse Vorzüge für den Verkehr bietet; der Verkehr ruft ferner eine große Zahl von Siedlungen aus sich heraus hervor; seine Stadtgründungen sind besonders kraftvoll und dauernd, und letzten Endes hat er die überhaupt größten Städte, nämlich die „Vereinigten Verkehrs-, Handels- und Industriestädte" geschaffen; aber die hierbei vorgekommene Übertreibung der „Riesenstadt" ist nicht naturgegeben, sondern sie ist dadurch verschuldet worden, daß die Staatslenker eine falsche (Wirtschafts-, Siedlungs- und) Verkehrspolitik getrieben haben.

Im zweiten Abschnitt wurde die besondere Bedeutung des Verkehrs für den Industriebezirk und die einzelne Stadt skizziert.

Im dritten Abschnitt wurde unter anderem namentlich darauf hingewiesen, daß der Verkehr wesentlich dazu beitragen kann, die zu stark zusammengeballte Industrie wieder aufzulockern.

In dem vierten Abschnitt ist nun die gegebene Stelle, die Wirkungen des Verkehrs auf Wirtschaft und Siedlungswesen zusammenfassend zu skizzieren; wir können uns hierbei aber auf zwei Gebiete beschränken, nämlich auf

A. eine kurze Darstellung der allgemeinen Wirkungen und

B. eine ausführlichere Erörterung der Frage, ob und wie die verschiedenen Verkehrsmittel zusammenballend und auflockernd wirken.

A. Die allgemeinen Wirkungen der fortschreitenden Verkehrsentwicklung.

Indem wir auf die Darstellung der „Wirkungen der Eisenbahn" in Teil II, Band 8 der „Handbibliothek für Bauingenieure" zurückgreifen, möchten wir auch hier zunächst betonen: Man darf die Wirkungen des Verkehrs nicht derart erörtern, daß man dabei die Zusammenhänge zwischen der Wirkung und den sie hervorrufenden, aus dem inneren Wesen der Eisenbahn entspringenden Kräften übersieht; man muß vielmehr auf die inneren Vorgänge zurückgehen, durch welche der Verkehrsfortschritt begründet ist. Wenn man nur nach den — oft recht äußerlichen und unter Umständen von äußerlichen, zufälligen Umständen beeinflußten — Wirkungen urteilt, kann man wohl die bisherige Entwicklung darstellen, aber nicht die künftige vorausschauen und noch viel weniger die durch eine Verkehrsverbesserung erzielbaren Entwicklungsmöglichkeiten veranschlagen. Wir aber wollen ja gerade bestimmte Wirkungen erzielen; wir müssen also auf die inneren Gründe zurückgehen.

Wie hoch die Volkswirtschaftslehre den Einfluß des Verkehrs auf das wirtschaftliche (und hiermit auf das politische und kulturelle) Leben einschätzt, ergibt sich daraus, daß sie alle früher üblich gewesenen Gliederungen der volkswirtschaftlichen Entwicklung zugunsten der Einteilung nach dem Gesichtspunkt der „fortschreitenden Verkehrsentwicklung" über Bord geworfen hat. Seit Bücher und Schmoller unterscheidet man je nach dem Stand der Verkehrstechnik und damit der Verkehrsleistungen: die Familien- oder Dorfwirtschaft, die Stadtwirtschaft, die Territorialwirtschaft, zu der als vierte Stufe die Weltmarktwirtschaft hinzutritt. Es ist bezeichnend, daß diese Gliederung an bestimmte Räume (Dorf, Stadt, Staat, Welt) anknüpft!

Je geringer die Leistungen des Verkehrs sind, desto kleiner sind die Gebiete, die zu einheitlichem wirtschaftlichen (und vielfach auch zu kulturellen und staatlichen) Leben zusammengefaßt werden, desto kleiner die Träger der Wirtschaft, desto geringer die Arbeitsteilung nach Menschen und Gegenden, desto stärker die Selbstversorgung. Dem Segelschiff ist es unter gleichzeitiger sorgfältigster Pflege des Straßenbaues durch die führenden Staaten gelungen, die Territorialwirtschaft (z. B. in Holland, England, Frankreich, Preußen) festzufügen und sogar durch einzelne weltwirtschaftliche Züge zu verstärken; früher war dieser Zustand schon einmal im Römischen Reich erzielt worden, bei dem als Territorium das Mittelmeer mit seinen Randländern zu gelten hat. Dem Dampf war es vorbehalten, die nationalen Einheitsstaaten auch zu wirtschaftlichen Einheiten zusammenzuschweißen und die einzelnen Volkswirtschaften in die — oft überschätzte — Weltwirtschaft einzuflechten.

Jedes einer Verkehrsverbesserung teilhaftig werdende Gebiet wird hierdurch besser mit Gütern versorgt; für seine Bevölkerung wird damit die äußere Grundlage der Kultur verstärkt und verbessert; insbesondere werden auch solche Güter zur Verfügung gestellt, die über den notdürftigen Lebensunterhalt (in Nahrung, Kleidung und Behausung) hinausgehen, also den Aufstieg zu einer höheren Lebenshaltung ermöglichen; am wichtigsten ist hierbei als Grundlage für das kulturelle Leben die Verbesserung der Wohnung und die Möglichkeit, größere Anlagen für die Allgemeinheit, wie Schulen, Kirchen, Be- und Entwässerungen zu schaffen. Aber so wenig man diese Verbreiterung und Vertiefung der Grundlage unterschätzen soll, so darf man doch nicht übersehen, daß der Mensch in dieser Beziehung nur als Verbraucher (Konsument), nicht als Schaffender (Produzent) auftritt. Außerdem muß festgestellt werden, inwieweit das Mehr an Gütern wirklich der Allgemeinheit oder nur einzelnen Bevorzugten zugute kommt und ob nicht Güter erzeugt werden, die eher schädlich als nützlich sind. Bei langsamer Entwicklung mag die Allgemeinheit tatsächlich ziemlich gleichmäßig an der besseren Versorgung teilnehmen, bei schneller Entwicklung aber werden es die bisher schon bevorzugten Stände und die Spekulanten verstehen, sich den Löwenanteil zu sichern, und die Allgemeinheit wird unter Umständen schlechter gestellt sein als vorher.

Unter Beschränkung auf das Wesentlichste und das nur aus dem Verkehr Folgende kann man nachstehende Fragen als wichtigste bezeichnen:

Wie wirkt die fortschreitende Verkehrsverbesserung

a) auf den Menschen als Produzenten, als Schaffenden, Arbeitenden?

b) auf die menschliche Seele und damit auf den Wert des Menschen für Volk und Kultur?

c) auf die Verteilung der Bevölkerung auf Landwirtschaft und Gewerbe?

d) auf die Versorgung des Volkes mit lebenswichtigen Gütern aus der eigenen (heimischen) Volkswirtschaft?

e) auf die Landesverteidigung?

f) auf die Machtverhältnisse der Rassen und (großen) Völker?

Zur Beantwortung dieser Fragen müssen die drei Verkehrsarten (Nachrichten-, Personen- und Güterverkehr) getrennt behandelt werden:

Der Nachrichtenverkehr macht sich vor allem die Verbesserungen in der Geschwindigkeit, Pünktlichkeit, Regelmäßigkeit und der Häufigkeit der Beförderungsgelegenheiten zunutze. Siedlungstechnisch wirkt er insofern zusammenballend, als er die Konzentration des Großhandels, des Bank- und Börsenwesens an bevorzugten Handelsplätzen (in Hauptstädten, Seehäfen usw.) begünstigt. Zur Auflockerung kann er beitragen, wenn die gesamte Postbedienung des platten Landes und der Kleinstädte möglichst gut gepflegt wird.

Auch für den Personenverkehr sind Geschwindigkeit, Pünktlichkeit, Regelmäßigkeit und Häufigkeit am wichtigsten, dagegen steht die Billigkeit erst an zweiter Stelle. Während früher das Reisen ein Vorrecht der Reichen und Großen war, hat der neuzeitliche Verkehr die gesamte Bevölkerung beweglich gemacht; der Ausgleich besteht hierbei hauptsächlich darin, daß früher die Reisen zu viel Arbeitszeit und Zehrkosten erforderten, während sie nun stark abgekürzt und hierbei für alle Bevölkerungskreise gleich schnell geworden sind. Hierdurch ist der Mensch beweglich geworden; er ist „von der Scholle losgelöst" worden und kann nun die Stätten aufsuchen, an denen ihm das beste Fortkommen winkt. Es ergibt sich daraus auch eine Ausgleichung des Arbeitslohnes innerhalb jeder Volkswirtschaft, in gewissem Sinne innerhalb derselben Rasse, sogar in der Weltwirtschaft. Eisenbahn und Seedampfer haben die größten Völkerwanderungen hervorgerufen, und zwar solche mit nur vorübergehender Verschiebung der Massen, also mit Hin- und Herfluten (Sachsengänger, Italiener, chinesische Saisonarbeiter) und solche mit dauernder Verpflanzung, und zwar innerhalb desselben Landes die Abwanderung vom platten Land in die Stadt, von Land zu Land das Eindringen der stärkeren Völker in die Sitze der schwächeren. Weitere Ausführungen, insbesondere auch über die großen Nachteile dieser Entwicklung, folgen unten.

Im Güterverkehr ist für den größeren Teil der Güter die Verbilligung, für den kleineren die höhere Geschwindigkeit maßgebend.

Nehmen wir die zweite Gruppe vorweg, so gehören zu ihr in erster Linie die leichtverderblichen Güter, besonders gewisse hochwertige Nahrungsmittel (Milch, Eier, Fische, Butter, Fleisch, Gemüse, Obst), dann einzelne Genußmittel (Bier), ferner Blumen, lebende Pflanzen und Tiere, die nicht weit marschieren können (Geflügel, Schweine). Es handelt sich also hauptsächlich um hochwertige Nahrungs- und Genußmittel und deren „Vorstufen" sowie um Gegenstände des feineren Lebensgenusses. Diese Güter müssen schnell, pünktlich und regelmäßig befördert werden; sie verlangen außerdem besonderen Schutz gegen Witterung und Diebstahl, sind also bei schlechten Verkehrsleistungen nur über kurze Entfernungen beweglich. Von den für sie noch möglichen Transportlängen hängt eine für das gesamte Leben äußerst wichtige Beziehung ab, nämlich die mögliche Größe der Städte und damit das Verhältnis von Stadt zu Land, der Grad der Zusammenballung der Bevölkerung, die Volksdichte in gewissen Gebieten (z. B. in Kohlenbecken).

Wichtiger ist für den größeren Teil der Güterarten und -mengen, nämlich für die sog. wohlfeilen Massengüter, die Verbilligung, denn die meisten Güter bedürfen ihrer Natur nach keiner hohen Geschwindigkeit, sie sind vielmehr in allen Forderungen dem Verkehr gegenüber recht anspruchslos — nur nicht im Geldpunkt! Offensichtlich kann ein Gut nur so viel für seine Ortsveränderung — einschließlich aller Nebenkosten, wie Zinsverlust, Versicherung, Wertminderung, An- und Abfuhr, Ein- und Ausladen, Umladen, Einlagern — bezahlen, als dem Preisunterschied am Erzeugungs- und Verbrauchsort entspricht. Dieser „Wert der Ortsveränderung" ist von dem Wert (inneren Wert, Tauschwert, Preis) des Gutes abhängig: Je höherwertig ein Gut ist, desto größer ist (im allgemeinen) der Preisunterschied, also der „Wert der Ortsveränderung", desto mehr kann es bezahlen.

Man kann — namentlich gerade im Hinblick auf die Beziehungen zwischen Verkehr und Bevölkerungsverteilung — die Güter in vier Gruppen einteilen:

1. Höchstwertige: Edelmetalle, Edelsteine, Perlen, Seide, Erzeugnisse der Kunst und des Kunstgewerbes; sie sind für das Siedlungswesen, nämlich die Lage der Industriestandorte fast ohne Bedeutung.

2. Hochwertige: gehaltvolle Nahrungsmittel und Kolonialwaren, Chemikalien, Erzeugnisse der Verfeinerungsgewerbe, Kleider und Stoffe, Möbel, Bücher; sie sind wichtig für die Versorgung der Industriebezirke und der Riesenstädte und können bezüglich der Stätten der Fertigungsindustrie schon zusammenballend wirken.

3. Mittelwertige: die Massen-Nahrungsmittel (Getreide, Kartoffeln), Erzeugnisse der Grobgewerbe, Baumwolle, Wolle, Leder, Kautschuk, Kupfer, Stahl, Stabeisen; sie sind vom siedlungspolitischen Standpunkt noch wichtiger als die der Gruppe 2.

4. Geringwertige (oft fälschlich „minderwertig" genannt, am besten wohl als „wohlfeile Massengüter" zu bezeichnen): Brennstoffe, Holz, Erze, Steine, Erden, Düngemittel; sie sind sehr wichtig, namentlich im Hinblick auf die Zusammenballung in den Industriebezirken. Andererseits kann z. B. eine planvolle Düngemittel-Tarifpolitik viel zur Stärkung der Landwirtschaft und der weitab gelegenen Grenzgebiete beitragen, vgl. Kalizufuhr aus Mitteldeutschland nach Ostpreußen zu ungewöhnlich niedrigen Sätzen.

Eingehendere Erörterungen dieser Fragen finden sich in der eingangs angegebenen Quelle. Hier ist nur zusammenfassend zu bemerken:

Im Personenverkehr wirkt jede Verbesserung — da sie dem Menschen die Möglichkeit gibt, die Stätten aufzusuchen, an denen er seine Geschicklichkeit am besten ausnutzen kann, da er außerdem das Sammeln von Kenntnissen in Schule und Fremde erleichtert — allgemein im Sinn höherer Berufstüchtigkeit, größerer geistiger Regsamkeit und stärkeren Dranges zum Aufstieg durch bessere Arbeitsleistung.

Das scheint also recht günstig zu sein. In Wirklichkeit ergibt sich aber meistens folgendes Bild: Die Menschen, die sich in ihrer bisherigen Tätigkeit wohlfühlen, daher nicht fortwollen und gleichzeitig mit die wertvollsten Bestandteile des Volkes sind, nämlich die Söhne und Töchter des platten Landes, die müssen fort, weil ihnen durch den Einbruch fremder Erzeugnisse die Grundlage zur Schaffung einer Lebensstellung entzogen wird; sie haben hierbei aber nicht die Möglichkeit, die „günstigste" Arbeitsstätte aufzusuchen, denn diese würde immer in der Landwirtschaft liegen, sondern sie müssen gerade in Berufe, zu denen sie nicht vorgebildet sind, und in eine Lebensweise, die ihnen schädlich ist, denn sie müssen in die Stadt und in die Fabrik; und für die gewerblichen Arbeiter gibt es nur zu oft keine Gelegenheit, bessere Arbeitsstätten aufzusuchen, sie bleiben vielmehr an die Stadt und den Gewerbebezirk gefesselt. Man kann also den Satz von der erleichterten Freizügigkeit umkehren und sagen:

„Die in gesunden Verhältnissen Lebenden müssen fort, obwohl sie nicht fort wollen, und die in ungesunden Verhältnissen Lebenden können nicht fort, obwohl sie so gern fortmöchten; frei ist nur der Weg von der heiligen Mutter Erde in die Stadt, nicht frei aber ist der Rückweg; die in eigener Scholle Wurzelnden werden entwurzelt, aber sie können nicht wieder Wurzel fassen."

Im Güterverkehr verursacht jede Verbilligung als unmittelbarste Folge die Erweiterung des Absatzgebietes, also die Vergrößerung der Absatzmöglichkeit; gleiches gilt für die leichtverderblichen Güter von der Erhöhung der Geschwindigkeit. Das wirkt sich in folgenden für die Bevölkerungsverteilung wichtigen Beziehungen aus:

1. Die Zahl der Güter, die Gegenstände des Welthandels werden („Weltmarktreife" erhalten), wird vergrößert. In der Gegenwart haben alle Güter bis einschließlich der mittelwertigen diesen Grad erreicht, während die geringwertigen Güter Gegenstände des Handels innerhalb der einzelnen Volkswirtschaften bleiben, wobei aber für Erze, gute Brennstoffe und die besseren Steinsorten Mittel- und Westeuropa nebst den Randgebieten des Mittelmeers eine Einheit bilden. Insgesamt kann hierdurch die Gefahr ausgelöst werden, daß die bevorzugten Stätten für die Produktion, Verarbeitung und Lagerung der Welthandelsgüter noch weiter gestärkt werden.

2. Die Bedeutung der Güterarten für das Wirtschaftsleben und damit auch für das Siedlungswesen verschiebt sich. Die hochwertigen Güter, die früher am wichtigsten waren, verlieren und die geringwertigen gewinnen an Bedeutung.

Damit verschieben sich naturgemäß alle Grundlagen für die gewerbliche Produktion und viele für den Handel. Verkehrswege, Gewerbeorte und Handelszentren, die früher wichtig waren, verlieren an Bedeutung und Bevölkerung, andere steigen auf; manche darunter leider zu stark und zu schnell.

3. Die Vergrößerung des Absatzgebietes wirkt im Sinne fortschreitender Preisausgleichung und Preisermäßigung, weil immer mehr Erzeugungsgebiete in jedem Absatzgebiet in Wettbewerb treten, weil immer mehr die Erzeugung an die Stellen verlegt wird, die hierfür besonders günstig sind, daher also besonders billig arbeiten können, und weil die Gesamterzeugung vermehrt wird. Alle Güter des „Welthandels" haben auch „Weltmarktpreise", und die Unterschiede in den einzelnen Ländern hängen nur von den Unterschieden in den Beförderungskosten und den Zöllen ab. Die Angleichung ist aber nicht nur räumlich, sondern auch zeitlich zu verstehen, weil die Massen so groß sind und weil die vom Wechsel der Jahreszeiten abhängigen Güter — die aus dem Pflanzenreich stammenden — in den verschiedenen Gebieten der Erde zu verschiedenen Zeiten gewonnen werden. Früher waren dagegen die Unterschiede von Land zu Land und innerhalb desselben Landes von Jahr zu Jahr sehr groß. Der gesamte Handel und alles, was an „Vorratswirtschaft" anklingt, ist durch diese Ausgleichung ruhiger und zuverlässiger geworden. Der Einfluß dieser Vorgänge auf das Siedlungswesen hängt vor allem von der politischen Staatsführung ab; diese kann durch ihre Handels- (Zoll-) und Verkehrspolitik viele schädlichen Folgen abwehren und manches zum Guten wenden.

4. Jede Hinbeförderung neuer Güter oder größerer Mengen von schon früher beförderten Gütern erzeugt einen Rückstrom von leeren Transportgefäßen, für welche die Verkehrsanstalten nach Rückfracht suchen, also besonders niedrige Tarife gewähren müssen. Hierdurch wird ein Gegenstrom andersartiger Güter erzeugt, durch welche die Erzeugungsstellen der den Hinstrom hervorrufenden Güter befruchtet werden. Wenn z. B. Kohle in ein Gebirge hinein absatzfähig geworden ist, machen die leeren Kohlenwagen die im Gebirge zu gewinnenden Steine in das Kohlenbecken hinein absatzfähig; wenn die Kohle dem im Gebirge wachsenden Holz den dortigen Absatz als Brennholz unmöglich macht, macht es das Holz dafür als Bau- und Grubenholz im Kohlenbecken absatzfähig. Für die sinnvolle Raumordnung bietet sich hier also so manche günstige Chance.

5. Die durch die Verbesserung des Verkehrs hervorgerufene Vermehrung der Gütererzeugung und die damit verbundene Vermehrung der Güterarten (Güterklassen) wirkt sich in einer stärkeren Arbeitsteilung, und zwar nicht nur nach Menschen, sondern auch nach Gegenden aus. Diese aber macht das Wirtschaftsleben für die betreffende Gegend einseitiger; da aber die Bedürfnisse der Menschen vielseitig sind (und bei steigender Arbeitskraft und demgemäß steigender Kaufkraft immer vielseitiger werden), ist ein größerer Zufluß von Gütern erforderlich, weil das, was früher an Ort und Stelle erzeugt wurde, nun aus anderen Gegenden bezogen wird. Die Folgen sind: Wachstumssteigerung bevorzugter Gebiete und Punkte, aber gleichzeitig stärkere Abhängigkeit dieser von der dauernden Versorgung, also stärkere Abhängigkeit vom Ausland, Außenhandel, Streik usw. (s. oben).

6. Die Steigerung der Absatzmöglichkeiten regt dazu an, die Erzeugungsräume zu vergrößern. In alten Kulturländern kommt hierbei hauptsächlich die Urbarmachung von Heide und Mooren, die Erschließung von schwer zugänglichen Gebirgen und Wäldern und unter Umständen auch die Aufnahme des Bergbaus in Betracht; im allgemeinen gibt hier der Verkehr in Verbindung mit der neuzeitlichen Technik überhaupt erst die Möglichkeit, die von der Natur vernachlässigten Gebiete einer höheren Wirtschaftsstufe zu erschließen; in Deutschland hatten wir in dieser Beziehung leider nicht genug getan und daher

hat gerade hier unsere Raumordnung die wichtige Aufgabe, diese Möglichkeiten auszunutzen.

B. Die Bedeutung der verschiedenen Verkehrsmittel für Zusammenballung und Auflockerung[1].

Wie oben angedeutet wurde, ist es für den Städtebau und namentlich für die Raumordnung von großer Bedeutung, darüber Klarheit zu gewinnen, ob und inwieweit die verschiedenen Verkehrsmittel die Zusammenballung oder die Auflockerung begünstigen. Wir können uns hierbei auf die Verkehrsmittel des Binnenlandes, also auf Schiene, Straße und Wasserstraße beschränken; denn über den Seeverkehr ist das Notwendige schon gesagt, und daß Kraft- und Gasfernleitungen ebenso wie die Post bei richtigem Einsatz auflockernd wirken, also das platte Land, die Kleinstädte und Klein- und Mittelgewerbe stärken können, bedarf keines Beweises.

Es besteht nun vielfach die irrige Ansicht, daß im Verkehr die Baupolitik in der Wirkung auf Auflockerung und Zusammenballung allein maßgebend wäre oder wenigstens die Hauptrolle spiele; so wird z. B. die zu dichte Besiedlung des Ruhrbezirks und das zu schnelle und zu starke Anwachsen gewisser Riesenstädte mit ihrer Bevorzugung beim Bau des Eisenbahnnetzes in Zusammenhang gebracht, desgleichen die zu schwache Besiedlung mancher Landesteile mit ihrer Vernachlässigung. Das ist auch richtig; falsch aber ist es, die Betriebs- und die Tarifpolitik zu vergessen. Unter „Betriebspolitik“ ist hierbei vor allem das Fahrplanwesen (Zahl und Güte der Züge, Nachtverkehr), die Wagengestellung und die Ausstattung der Stationen zu verstehen; unter „Tarifpolitik“ die sorgfältige Abstimmung der Beförderungspreise und anderen Beförderungsbedingungen auf die Forderungen planmäßiger Raumordnung. Diese Hervorhebung der Bedeutung der Betriebs- und Tarifpolitik ist deswegen nötig, weil vielfach die Ansicht besteht, die erstrebte Auflockerung erfordere viele kostspielige Neubauten (Kanäle, Häfen, Bahnhöfe usw.) und weil hierdurch eine Verzagtheit eintritt, da man befürchtet, daß die hierfür erforderlichen großen Mittel nicht aufgebracht werden könnten. Es ist also beruhigend, daß in allen Ländern mit hochentwickelten Verkehrsanlagen umfangreiche Neubauten nicht notwendig sind, daß vielmehr die vorhandenen Anlagen im großen und ganzen ausreichen[2], daß es also nun darauf ankommt, sie durch die richtige Handhabung der Betriebs- und Tarifpolitik sinnvoll auszunutzen[3].

Dies vorausgeschickt, würden folgende Hauptfragen zu klären sein:

1. Wirken die neuzeitlichen Verkehrsmittel (des Binnenlandes) in ihrer Gesamtheit, wirkt also die neuzeitliche Verkehrsentwicklung insgesamt zusammenballend oder auflockernd? Wie ist dies in den verschiedenen maßgebenden Ländern?

2. Ist die Wirkung in der (technischen) Natur der Verkehrsmittel begründet? Bestehen bei den verschiedenen Verkehrsmitteln in dieser Beziehung Unterschiede?

3. Oder ist die beobachtete Wirkung auf andere Kräfte zurückzuführen? Insbesondere auf bestimmte geographische Gegebenheiten oder bestimmte politische Kräfte?

4. Welche Mittel der Verkehrspolitik gibt es, um schädliche Wirkungen abzuschwächen und die gewünschten Erfolge zu erzielen?

---

[1] Vgl. Pirath: Z. f. Verkehrswiss. 1936 und 1937. Erlenmaier: Z. f. Verkehrswiss. 1933. Schulz-Kiesow u. Teubert: In „Raumordnung und Raumforschung“ 1937, H. 3 u. 4; ferner „Reichsplanung“ 1935 und 1936 und Treibe in V. W. 1937 S. 365.

[2] Das deutsche Autobahnnetz ist in diesem Zusammenhang als bereits vollendet anzusehen.

[3] Vgl. hierzu vor allem Schulz-Kiesow a. a. O.

Prüfen wir hierbei zunächst den „Bau“, also die Netzgestaltung, so ist einleuchtend:

Die Auflockerung wird um so mehr begünstigt:

Je engmaschiger das Netz sein kann, je billiger also die einzelne Strecke ist;

je mehr das Verkehrsmittel die Geländeschwierigkeiten überwinden kann, je kleiner also die Halbmesser und je größer die Steigungen sein können;

je weniger der Umschlag der Güter besonderer „Stationen“ bedarf;

je mehr das Verkehrsmittel einerseits geschlossene Netze bilden, andererseits sich aber in viele Einzellinien verzweigen kann.

Bei entsprechenden Untersuchungen werden meist die Unterschiede, die die verschiedenen Verkehrsmittel bezüglich ihrer auflockernden oder zusammenballenden Wirkung nach Ansicht der Verfasser zeigen, überstark betont, so daß in dem Schrifttum die größten Widersprüche vorhanden sind. Es hat keinen Zweck, hierzu Stellung im einzelnen zu nehmen, denn es kommt auch hier nicht auf das einzelne Verkehrsmittel an, sondern auf das richtige Zusammenarbeiten aller Verkehrsmittel. Es genügen jedenfalls folgende Hinweise:

Die **Binnenwasserstraße** kann leider der Auflockerung nicht so gut dienstbar gemacht werden, wie das von ihren Freunden so oft behauptet wird. Sie kann nämlich Geländeschwierigkeiten nur schwer überwinden; sie kann infolgedessen nur selten große geschlossene Netze bilden und kann sich nicht so fein verästeln, wie das zur Dezentralisation der Industrie oft notwendig ist. Da sie außerdem infolge von Frost, Nebel, Hoch- und Niedrigwasser zeitweilig ausfallen kann, kann sich kein (größerer) Gewerbebetrieb auf die Wasserstraße allein verlassen[1]. Für die Binnenwasserstraße fallen leider gerade solche Teile des Landes aus, die man durch Industrie befruchten möchte, nämlich die armen Gebirgsgegenden. Wenn in vielen Schriften die dezentralisierende Wirkung erstrebter Kanäle usw. so herausgestrichen wird, so dürfte dieser angebliche Vorzug oft hauptsächlich deshalb behauptet werden, weil man das Projekt mit wirtschaftlichen Gründen nicht stützen kann, so daß man mit „Imponderabilien operieren“ muß, und hierbei ist natürlich eine so allgemeine Behauptung wie die von der auflockernden Wirkung sehr bequem und bei den Laien zugkräftig. Die Tatsache der Zusammenballung an gewissen Stellen des Rheins, der Elbe und der Kanäle steht demgegenüber aber fest, und offensichtlich üben namentlich die Knotenpunkte des Wasserstraßennetzes eine starke konzentrierende Wirkung aus; das wird man z. B. bald im Raum Magdeburg beobachten können. Auch gibt es stark zu denken, daß z. B. an der Elbe entlang lange Strecken ohne Industrie geblieben sind; Hamburg und Magdeburg haben wohl so große Anziehungskraft bewiesen, daß das ganze Zwischenstück von Industrie freigeblieben ist.

Gegen die **Eisenbahnen** wird oft der Vorwurf erhoben, daß sie zusammenballend wirken; schon 1852 glaubte Riehl diese Wirkung voraussagen zu können; und gewisse Erscheinungen haben dies offensichtlich bestätigt; wir haben oben bereits darauf hingewiesen. Es ist aber zu prüfen, ob die ungünstige Wirkung in der Natur der Eisenbahn liegt oder ob sie auf andere Kräfte zurückzuführen ist. Hierfür dürfte eine Gegenüberstellung der Entwicklung in Nordamerika und in Deutschland besonders lehrreich sein, wobei nachstehend die Unterschiede zwischen diesen beiden Extremen absichtlich scharf herausgearbeitet werden sollen:

Das typische Beispiel dafür, daß die Eisenbahn zusammenballend wirken kann, bieten die Vereinigten Staaten von Nordamerika. Hier haben aber bestimmte, klar erkennbare Ursachen geographischer, geschichtlicher, staats- und wirtschaftspolitischer Art dahin zusammengewirkt, daß sich — unter Mitschuld

[1] Vgl. hierzu Napp-Zinn: „Binnenschiffahrt und Eisenbahn“.

des Verkehrs! — das Siedlungswesen so verhängnisvoll entwickelt hat[1]: Ungewöhnlich ungünstig sind zunächst die siedlungs- und verkehrsgeographischen Grundlagen: Küstengliederung, Häfen, Höhenaufbau, Klima, teilweise auch die Flußsysteme, daher einzelne Punkte und kleinere Landschaften hochbegnadet, große Gebiete dagegen vernachlässigt (Steppen, Wüsten, Hochgebirge, ungesunde subtropische Niederungen). Diese bedenklichen geographischen Grundlagen hätten sich aber wohl nicht so schlimm auswirken können, wenn nicht auch die geschichtliche Entwicklung so ungünstig gewesen wäre: Plantagenwirtschaft der Südstaaten, Vernichtung der Indianer, Einfuhr der Neger, früher Verfall der Landwirtschaft in den Neuenglandstaaten, zu schnelle Entwicklung des sog. mittleren Westens, Waldverwüstung, große wirtschaftliche und völkische Gegensätze zwischen Nord und Süd, Sezessionskrieg. Die staatspolitischen Verhältnisse waren (abgesehen von den nie überwundenen Gegensätzen zwischen Nord und Süd) dem Siedlungswesen dadurch gefährlich, daß die einzelnen Staaten ihre Sonderrechte gegenüber der Bundesregierung so eifersüchtig wahrten, daß eine das Gesamtgebiet umfassende Siedlungs- (und Verkehrs-) Politik nicht möglich war; ferner hat die Unterdrückung der Farbigen, der „Schmutzig-Weißen" und der Gelben diese in übelster Weise in den Riesenstädten zusammengepreßt. Vom wirtschaftspolitischen Standpunkt hat die ungezügelte Erwerbsgier, der schrankenlose Liberalismus und die Ohnmacht der Staatsgewalt die Zusammenballung des Kapitals, der Trusts und der Industrie verschuldet, das Entstehen eines kräftigen, bodenständigen Bauern- und Handwerkerstandes und damit auch das Entstehen von Weilern, Dörfern und Kleinstädten aber stark behindert.

Nur auf diesen unheilvollen Grundlagen konnten nun auch bei der Netzgestaltung der Eisenbahnen so schwere Fehler gemacht werden, wie sie sonst in keinem großen Land vorgekommen sind: Wiesen schon die geographischen Gegebenheiten darauf hin, daß einzelne natürliche Knotenpunkte eine ungewöhnlich starke Anziehungskraft auf die Schiene ausüben mußten, während weite Gebiete jahrzehntelang „Eisenbahnwüsten" blieben, so versagte hier die Bundesgewalt vollkommen; sie trieb überhaupt keine „Eisenbahnpolitik", sondern überließ alles den einzelnen Staaten; aber auch diese waren ohnmächtig; denn es herrschte der reine Privatbetrieb, d. h. der private Erwerbsgedanke, und es wurden daher bekanntlich nur die „guten" Linien gebaut, und auch bei diesen wurden die kleinen Orte benachteiligt, die großen (bzw. die aussichtsreichen) aber bevorzugt und die beherrschenden zu jenen „Eisenbahn-Wasserköpfen" ausgebaut, aus denen dann die Riesenstädte emporwucherten.

Zu dieser unheilvollen Baupolitik kam eine noch unheilvollere Betriebs- und Tarifpolitik hinzu, die unter dem Zeichen der „Freiheit" die Großen begünstigte, die Kleinen aber benachteiligte.

Wenn man das Zusammentreffen all dieser unglücklichen Verhältnisse richtig bedenkt, wird man sich davor hüten, ein allgemein gültiges Werturteil daraus abzuleiten.

Betrachtet man dagegen die Entwicklung der Eisenbahn in anderen Ländern — und zwar auch in Ländern mit Privatbetrieb (England, Frankreich) —, so kommt man zu einer günstigeren Beurteilung: So hat in Deutschland in den ersten Zeiten der Privatbetrieb allerdings eine Baupolitik verfolgt, die dem Siedlungswesen hätte verhängnisvoll werden können; Unternehmer fanden sich nämlich nur für die „guten" Linien, d. h. für die Linien, für die ein privatwirtschaftlicher Ertrag zu erwarten war. Wollte man daher die Vorteile des neuen — so starken — Verkehrsmittels nicht einseitig nur den sowieso schon begünstigten Gebieten zugute kommen und die schwachen Gebiete nicht verkümmern lassen, so mußte sich der Staat mittels einer gesunden, alle Kreise

[1] Vgl. Blum: Verkehrsgeographie (Anhang).

berücksichtigenden Verkehrspolitik einschalten. Und das tat der Staat auch von Anfang an durch Gesetzgebung und Verwaltung, durch finanzielle Unterstützung und bald auch durch eigenen Bau. Und später, als das Hauptbahnnetz unter staatlicher Führung ausgebaut und die wichtigsten Linien verstaatlicht worden waren, schritt man zum Bau umfangreicher Nebenbahnnetze und unterstützte außerdem mit reichen Mitteln den Bau von Kleinbahnen. Die Systeme „der deutschen Staatsbahnen wurden damit der staatliche Ausdruck einer Volksgemeinschaft, in der jedes einzelne Glied in möglichst gleicher Weise der Vorteile eines leistungsfähigen nationalen Transportsystems teilhaftig wird“[1].

Es soll nicht verkannt werden, daß trotzdem böse Fehler in der Netzgestaltung vorgekommen sind; sie sind teils auf die Kleinstaaterei, teils auf die zu starke Berücksichtigung einzelner Hauptstädte (Berlin und München) zurückzuführen. Da dies oben schon erörtert ist, ist hier nun aber fortfahrend darauf hinzuweisen, daß neben der Bau- besonders auch die Betriebs- und Verkehrspolitik der Staatsbahnen auf die gleichmäßige Befruchtung des Landes abgestellt wurden. In diesem Sinn wirken zunächst die der Eisenbahn auferlegten verkehrsgesetzlichen Sonderbindungen, nämlich die Betriebs-, die Beförderungs- und Tarifpflichten, durch die die gleichmäßige Behandlung aller Verkehrsteilnehmer sichergestellt wird; darüber hinaus nahmen die Staatsbahnen ähnlich wie die Post nationalwirtschaftliche Pflichten auf sich, durch die das platte Land, die Landwirtschaft, die Kleinstädte, die Grenzgebiete, die Gebirgsgegenden, das Handwerk, die Kleingewerbe und allgemein das Schwache, aber Entwicklungsfähige gefördert wurden. Außer den vielen Einzelmaßnahmen betriebs- und verkehrstechnischer Art ist hier vor allem die Tarifpolitik hervorzuheben: Das gemeinwirtschaftliche Tarifsystem — mit seiner „vertikalen“ Staffelung (Werttarif) und seiner „horizontalen“ Staffelung (Staffeltarif) hat abgesehen von seinen vielen anderen Segnungen auf die Industriestandorte dezentralisierend gewirkt und die Entwicklung der Landwirtschaft gefördert; es hat sich also für die Raumordnung segensreich ausgewirkt. Dieses Tarifsystem ist nun von manchen Seiten angegriffen worden; viele Angriffe lassen die notwendige Sachkunde vermissen, andere können ihre privatwirtschaftlichen Ziele nur schwer verschleiern. Heute hat man jedenfalls allgemein erkannt, daß früher Fehler gemacht worden sind, daß diese Fehler aber vermieden werden können; und so ist für die Zukunft zu beachten:

Länder, deren Eisenbahnnetz noch wenig entwickelt ist, müssen auch in dieser Beziehung von den hochindustrialisierten Ländern lernen; sie müssen von Anfang an ihre Eisenbahnbaupolitik darauf abstellen, daß ungesunde Konzentrationen vermieden werden, und sie müssen frühzeitig beginnen, eine richtige Tarifpolitik zu treiben.

In den (hochindustrialisierten) Ländern mit dichtem Eisenbahnnetz sind zwar auch noch Maßnahmen der Baupolitik notwendig, namentlich Verbesserungen von Linien, Bau von Neben- und Kleinbahnen, Anlage neuer Stationen, Bau von (unter Umständen ziemlich langen) Anschlußgleisen; der Schwerpunkt liegt aber bei der Betriebs- und Tarifpolitik; wenn sie bewußt auf das Ziel Dezentralisation der Arbeitsstätten, Menschen und Siedlungen eingestellt werden, kann man mit ihnen sehr viel erreichen, wahrscheinlich mehr, als mit irgendeiner anderen Maßnahme. Daher muß auch jeder Angriff auf eine gemeinnützige Tarifpolitik vom Staat abgewehrt werden[2].

Der **Straße** (d. h. dem Kraftwagen) werden von ihren Freunden bezüglich der Auflockerung große Vorzüge nachgerühmt. Hierbei werden die Elastizität und Anpassungsfähigkeit des Kraftwagens hervorgehoben, ferner seine niedrigen

[1] Vgl. Pirath: Z. f. Verkehrswiss. 1936 S. 26.

[2] Eine ausgezeichnete Untersuchung über die Wirkung der Eisenbahn auf die Verteilung der Industrie hat Pirath für Württemberg in der Z. f. Verkehrswiss. 1937, Heft 2 veröffentlicht.

Ansprüche an die Verkehrsmengen, an das Kapital und an die Größe des einzelnen Betriebsunternehmens; auch wird die durch den Kraftwagen gegebene Möglichkeit des „Haus-Haus-Verkehrs" hervorgehoben. Aus all diesem ergebe sich eine „flächenhafte" Wirkung des Kraftwagens, der die nur-„linienhafte" Wirkung der Eisenbahn gegenübergestellt wird.

Solchen Behauptungen gegenüber ist große Vorsicht geboten: Die Tatsachen der größeren Elastizität und der niedrigeren Ansprüche mögen richtig sein; daraus folgt aber noch nicht, daß diese Tatsachen die bestimmten erwünschten Wirkungen im Siedlungswesen hervorrufen; es werden hier vielmehr fast immer Möglichkeiten, die bei entsprechender Verkehrspolitik erzielt werden können, mit den tatsächlichen Leistungen verwechselt. Was den Haus-Haus-Verkehr anbelangt, so sind einerseits bei der Eisenbahn mehr als 60% des Güterverkehrs ebenfalls Haus-Haus-Verkehr, nämlich Verkehr von Anschlußgleis zu Anschlußgleis; andererseits befördert der Kraftwagen einen erheblichen Teil seines Verkehrs heute schon nicht mehr unmittelbar (ohne Umladen), sondern er muß mit kleinen Wagen (in der Stadt) sammeln und verteilen, aber die weiten Strecken mit großen Wagen überwinden; aus diesem Grund sind ja auch die Autohöfe am Rand der Städte vorzusehen. Bei der Gegenüberstellung von „flächenhafter" und „linienhafter" Wirkung ist zu beachten, daß in den Industriestaaten die Maschenweite des Schienennetzes (einschließlich der Kleinbahnen) so klein ist, daß mindestens alle Kleinstädte einen Bahnhof haben und daß fast alle Mittelstädte Knotenpunkte sind. Die Dezentralisation der Industrie ist ja aber gerade dadurch zu fördern, daß sie in Klein- und Mittelstädte verlegt wird, denn hier sind eben alle die Anlagen und Einrichtungen schon vorhanden, die nun einmal bei Industriesiedlungen nicht entbehrt werden können, und unter ihnen ist der Güterbahnhof mit die wichtigste Anlage! Wir haben aber in den Klein- und Mittelstädten Tausende von Güterbahnhöfen (und außerdem viele Häfen mit Gleisanschluß), die noch nicht ausgenutzt sind; und auch hier gilt der Satz, daß zunächst die vorhandenen Anlagen ausgenutzt werden müssen. Wer da glaubt, man könne Gewerbe aus Großstädten und Industriebezirken, also aus Punkten mit Eisenbahn nach Stellen ohne Eisenbahn verlagern, wird bitter enttäuscht werden.

Auch die Behauptung, daß man mittels des Kraftwagens die gebirgigen Gegenden, die von der Eisenbahn angeblich ungenügend bedient werden, auf der Grundlage des Kraftverkehrs „industrialisieren" könne, ist nicht kritiklos aufzunehmen, denn es werden hierbei die Erhöhung der Betriebskosten für den Kraftwagen und der Unterhaltungskosten für die Straßen, die durch die Steigungen, Gefälle und Krümmungen entstehen, nicht beachtet; die Eisenbahntarifpolitik behandelt die Gebirgsorte aber so, als ob sie in der Ebene lägen, denn sie kennt keine „Bergzuschläge". Was wären Solingen, Remscheid-Lennep, was wären die vielen kleinen Industrieorte Thüringens, Sachsens und Schwabens ohne diese Tarifpolitik?

Bei der oft so stark betonten flächenhaften Wirkung der Straße wird weiter immer wieder darauf hingewiesen, daß viele tausende Siedlungen keinen Eisenbahnanschluß hätten. Man berechnet hierbei, wieviel Dörfer keinen Bahnhof innerhalb der eigenen Gemeindegrenzen haben; abgesehen davon, daß dies ein falsches Bild ergibt, ist klarzustellen, daß es gar nicht auf die Zahl der Gemeinden, sondern auf den Teil der Bevölkerung ankommt, der ohne Bahnhof ist. Lehrreich sind hier besonders die Vereinigten Staaten von Nordamerika, in denen ja das Eisenbahnnetz, wie an anderer Stelle ausgeführt ist, besonders ungleichmäßig entwickelt ist: Von insgesamt 122473 Gemeindebezirken sind 39,64% nicht an das Eisenbahnnetz angeschlossen; es wohnen in ihnen aber nur 6,3% der Gesamtbevölkerung. Ferner ist es entscheidend, ob die 92,7%, die Eisenbahnanschluß haben in Klein-, Mittel-, Groß- oder Riesenstädten wohnen.

Schließlich ist bei all diesen Fragen zu beachten, daß auch die land- und forstwirtschaftlichen und kleingewerblichen Betriebe nicht ohne „Massenverkehr“ auskommen können (vgl. den Verkehr in Düngemitteln, Kartoffeln, Rüben, Holz und besonders in Kohlen). Diese „wohlfeilen Massengüter“ kann der Kraftwagen aber nicht billig genug befördern; er wird oft auch für diesen Saisonverkehr nicht ausreichend Wagen stellen können; ferner verfügt er nicht über die Spezialwagen, die hierzu notwendig sind.

Zusammenfassend läßt sich etwa feststellen:

a) **De**zentralisierend wirkt der Kraftwagen:

1. Für den Teil der städtischen Bevölkerung, der sich einen eigenen Wagen finanziell leisten kann, weil er weit draußen wohnen kann; immerhin ist dabei für die Kinder die Schulfrage zu beachten.

2. Für die dicht besiedelten Gebiete und Großstädte dadurch, daß der Omnibus ohne großen Kapitalaufwand eingesetzt werden kann, so daß auch weiter liegende Gebiete dem Wohnen erschlossen werden können.

3. Für das platte Land, d. h. für Dörfer und Kleinstädte, weil der Besuch der nächsten Stadt zur Befriedigung der kulturellen Bedürfnisse mit eigenen Wagen oder Omnibus erleichtert wird.

b) **Kon**zentrierend wirkt der Kraftwagen:

1. Für die größeren Städte, d. h. zum Schaden ihrer Umgebung und der Nachbarstädte, weil der Einkauf, der Besuch von Gaststädten, Theatern usw., das Aufsuchen von Ärzten, Rechtsanwälten, die Belieferung der Umgebung mit Waren erleichtert wird; hierdurch wird das wirtschaftliche und kulturelle Leben in der Kleinstadt von der Großstadt aus ausgehöhlt; in gleichem Sinn wirken „zu niedrige“ Fahrpreise und „zu gute“ Zugverbindungen! — vgl. hierzu, daß Stettin und Magdeburg unter Berlin, Wuppertal unter Düsseldorf, Mainz unter Wiesbaden leiden!? Schädigungen der in den Dörfern sitzenden kleinen Kaufleute und Handwerker durch den von der Stadt ausgehenden Lieferverkehr sind bereits festgestellt worden.

2. Durch den gewerblichen Güterkraftverkehr, weil dieser seiner Natur nach darauf ausgehen muß, sich (nicht nur nach Güterarten und Jahreszeiten, sondern auch) regional „die Rosinen aus dem Kuchen zu picken“; er wird also meist nur die „guten Linien“ bedienen, d. h. die Linien zwischen reichen, gewerblichen Gebieten, Handels- und Industriestädten; er wird dagegen die wirtschaftlich schwachen Orte und Gegenden meiden, genau so wie es andere Verkehrsmittel tun, die privatwirtschaftlich geleitet werden.

3. Durch den Güter- (Fern-) Verkehr, je mehr dieser selber nicht gemein-, sondern privatwirtschaftlich tarifiert und je stärker er hierbei in das gemeinwirtschaftliche Tarifsystem anderer Verkehrsanstalten einbricht.

Selbstverständlich muß auch hier die staatliche Verkehrsleitung diesen zusammenballenden Wirkungen entgegenarbeiten.

III. Der Güterverkehr in seinen Beziehungen zum Siedlungswesen.

Der Güterverkehr wird in seiner Bedeutung für das Siedlungswesen oft stark unterschätzt; das ist bedauerlich, denn er ist bei richtiger Behandlung eines der wichtigsten Mittel zur Auflockerung der einzelnen Stadt, zur Verlagerung der Industrie in die Kleinstadt und auf das platte Land sowie schließlich zur Stärkung des platten Landes überhaupt. Der Güterverkehr ist aber für alle Nichtfachleute kein besonders reizvolles Gebiet; er ist mit Rauch, Lärm, Schmutz, Staub verbunden, er gibt keine Gelegenheit zu monumentalen Schöpfungen; dafür ist er aber bezüglich der von ihm eingenommenen Flächen sehr anspruchsvoll; kurzum, seine städtebauliche Hauptfunktion ist offensichtlich die, an allen Ecken und Enden zu stören. Daher das Schlagwort: „Der Bahnhof muß raus." Daß diese Einstellung aber unmöglich und für das Siedlungswesen sogar gefährlich ist, ergibt sich schon aus früheren Ausführungen: Der Güterverkehr steht im allgemeinen in seiner Bedeutung für Wirtschaft, Kultur, Landesverteidigung, Siedlungstechnik usw. über dem Personenverkehr, und der Städtebauer hat in ständigem Zusammenarbeiten mit den Verkehrsfachleuten das Problem des Güterverkehrs von folgenden Gesichtspunkten aus anzufassen:

1. Die Güteranlagen müssen in ihrer Bedeutung als lebenspendende Quellen gestärkt und vervollkommnet werden;

2. sie müssen hierbei planmäßig zur Dezentralisation der Gewerbe ausgenützt werden;

3. wo von einzelnen Güteranlagen städtebauliche Störungen ausgehen, müssen diese durch Einzelmaßnahmen (Verlegen, Verkleinern, Umbauen) beseitigt oder gemildert werden.

Hierbei ergibt sich für den Eisenbahn- und Wassergüterverkehr der einzelnen Stadt folgendes: Für Klein- und Mittelstädte genügt es, wenn die Güter mit Bahn und Schiff an die Stadt herangebracht werden; es reicht also ein Hafen und ein Güterbahnhof aus; beide liegen am Rand der Stadt und Schwierigkeiten sind bei dieser Lage nur vorhanden, wenn in früheren Zeiten grobe Fehler gemacht worden sind. Der Bebauungsplan hat für die künftige Entwicklung nur sicher zu stellen: Ausreichende Erweiterungsmöglichkeit, guten Eisenbahnanschluß des Hafens, Ausweisung von Industriegelände mit Eisenbahn-, teilweise auch mit Wasseranschluß, gute Straßenverbindungen, ausreichende Bedienung durch Straßenbahn oder Omnibus. Dies alles ist auch bei der Verlegung von der Industrie in kleinere Städte zu beachten.

Für Großstädte wird das Problem aber schwieriger, denn bei ihnen genügt es nicht, die Güter an die Stadt heran zu bringen, sondern sie müssen in die Stadt hineingebracht werden, und zwar nicht etwa nur an eine Stelle, sondern in mehrere Stadtteile; denn die Verteilung mittels Fuhrwerken vornehmen zu wollen, würde die Transportkosten erhöhen und einzelne Straßen zu stark belasten. Beschränken wir uns nachstehend auf die Eisenbahn — für den Wasserverkehr gelten die Ausführungen sinngemäß —, so ergibt sich:

Das ganze Stadtgebiet muß planmäßig mit Ortsgüterbahnhöfen durchsetzt werden. Von ihnen dient die größere Zahl dem Wagenladungs- (Freilade-) Verkehr, ein Teil von ihnen außerdem dem Stückgutverkehr; einzelne Bahnhöfe haben eine besondere Note, so im Stadtinnern der Hauptgüterbahnhof und der Eilgutbahnhof, in den Außengebieten die Hafen-, Kohlen- und Viehbahnhöfe; die meisten Bahnhöfe sind zum Anschluß von Anschlußgleisen für Lagerplätze, Spediteure und besonders für die Gewerbe auszunutzen.

Nun muß aber jeder dieser Einzelbahnhöfe mit jeder einmündenden Eisenbahnlinie in Verbindung stehen; es ist daher ein alle Bahnhöfe und alle Linien zusammenfassendes Verbindungsnetz erforderlich. Dazu kommt, daß die Eisenbahn aber nicht nur den Ortsverkehr, sondern auch den Durchgangsverkehr zu bedienen hat.

Abgesehen von Weltstädten, ist dieser durchgehende Verkehr größer als der Lokalverkehr. Nun ist es selbstverständlich, daß das für die Weiterleitung des durchgehenden und die Zergliederung des (zu dezentralisierenden) Ortsverkehrs notwendige Rangiergeschäft einheitlich in demselben Bahnhof erledigt werden muß. Die Lage dieses Bahnhofs (oder dieser Bahnhöfe) richtet sich hauptsächlich nach der Lage der einmündenden Linien und nach den Forderungen des Durchgangsverkehrs. Aber es sollte hierbei auch der oben erwähnte wichtige städtebauliche Gesichtspunkt beachtet werden, nämlich der Wunsch, die Betriebsanlagen möglichst nach außen zu schieben.

Die Gesamtdisposition des Eisenbahn-Güterverkehrs wäre also in folgender Richtung zu bearbeiten:

Zuerst sind die für die erforderlich werdenden Rangierbahnhöfe geeigneten Stellen auszusuchen. Eisenbahntechnisch richtet sich ihre Lage nach der der einmündenden Linien, den Anforderungen des durchgehenden Verkehrs (möglichst wenig Eckverkehr!), dem Gelände und der Möglichkeit, die Verbindungsbahnen zweckmäßig führen zu können. Stadtwirtschaftlich richtet sich die Lage nach etwa schon vorhandenen größeren Industrien oder Häfen und unter Umständen nach der wünschenswerten Gesamtdisposition der Gasanstalten, Kraftwerke, Schlachthöfe und anderer städtischer Großbetriebe. Städtebaulich ist wichtig, daß jeder Rangierbahnhof in seiner Längenrichtung radial zur Gesamtstadt liegen sollte, so daß die naturgemäß radialen Hauptverkehrsstraßen an dem Bahnhof entlang geleitet werden können und nicht durch ihn quer hindurchgeführt werden müssen. Von Bedeutung ist ferner, daß der Rangierbahnhof mit seinen Nebenanlagen die richtige Disposition der Freiflächen nicht stören darf.

Nach Festlegung der Rangierbahnhöfe sind die Güterumgehungs- oder Verbindungsbahnen zu trassieren. Was dabei eisenbahntechnisch zu beachten ist, braucht hier nicht erörtert zu werden. Städtebaulich sind die Umgehungsbahnen einerseits in ihrer störenden Bedeutung zu würdigen; man wird sie, wenn das eisenbahntechnisch möglich ist, nicht gerade durch Landhausgebiete, durch schöne Wiesentäler, an freien Flußufern entlang führen; andererseits sind die befruchtenden Momente zu beachten: Die neuen Linien eignen sich unter Umständen sehr gut zum unmittelbaren Nebenlegen von Straßen, Schnellbahnen, Straßenbahnen mit eigenem Bahnkörper. An den neuen Linien sind die zur Dezentralisation notwendigen neuen Ortsgüterbahnhöfe anzulegen, ferner die Bedienungsstationen für Gewerbegebiete, Häfen, städtische Großbetriebe. Wollte man hierfür wieder besondere Verbindungsgleise vorsehen, so würden die Baukosten unnötig groß, auch würde das Gesamtgebiet noch mehr von störenden Eisenbahnlinien zerschnitten werden.

In der Trassierung der Güterverbindungsbahnen berühren sich also die Interessen des durchgehenden Verkehrs aufs engste mit denen des Orts-, des Hafen-, des Industrieverkehrs, und deshalb mit denen der Gesamtstadtentwicklung.

Dieses Gerüst der Güterverbindungsbahnen mit ihren Rangierbahnhöfen ist im allgemeinen der wichtigste, und zwar grundlegende Teil des oben erwähnten „General-Verkehrsplans". Erst wenn er festgelegt ist, kann man an den Personenverkehr herangehen.

Eine besondere Beachtung verdienen noch die Güter-Innenbahnhöfe. Wir verstehen darunter die in dem Stadtinnern in zugebauten Gebieten gelegenen Bahnhöfe. Vielfach sind dies einerseits die verkehrsreichsten und die mit ihrer Umgebung am innigsten — weil am längsten — verwachsenen, andererseits aber auch die am meisten störenden (vgl. das Grundübel Berlins: Die Barrikade des Hamburg-Lehrter und Potsdam-Anhalter Güterbahnhofs). Mit dem Schlagwort: „Der Bahnhof muß raus" ist, wie erwähnt, nichts anzufangen, auch wenn der Bahnhof städtebaulich noch so sehr stört. Der Bahnhof muß vielmehr gerade im Interesse der Stadt erhalten bleiben, ja, es muß sogar für ausreichende Erweiterungsmöglichkeit vorgesorgt werden. Diese Erweiterungsnotwendigkeit scheint es nun auszuschließen, daß die Eisenbahn auf einen Teil ihrer Flächen verzichtet, so sehr die Stadt auch um solche Flächen zur Verbesserung unhaltbarer Zustände bitten mag. Hier muß aber eine Prüfung einsetzen, ob wirklich das Abgehen von Flächenteilen von Innenbahnhöfen stets abzulehnen ist. Man darf nämlich „Erweiterung" nicht gleichsetzen mit „Flächenvergrößerung", und man muß genauer untersuchen, worauf es im einzelnen bei der die Erweiterung bedingenden Verkehrszunahme ankommt.

Zunächst sollte man nicht „Angst vor dem Verkehr" haben. Es ist tatsächlich bei manchem Innenbahnhof nicht damit zu rechnen, daß der Verkehr ständig wächst. Es ist vielmehr klar, daß einmal ein ,,Sättigungspunkt" erreicht werden muß. Jeder Bahnhof hat eine bestimmte Interessensphäre, die man mit genügender Genauigkeit für die wichtigsten Verkehrsbeziehungen ermitteln kann. Bei Innenbahnhöfen ist die Interessensphäre nun entweder völlig zugebaut oder wird es in berechenbarer Zeit sein. Sie ist dann also mit Bewohnern und Gewerben gesättigt. Eine Zunahme der Bevölkerung ist nicht anzunehmen; ob eine Vermehrung der Gewerbe noch möglich ist, ergibt sich aus den Bauordnungen und kann rechnerisch erfaßt werden. Jedenfalls läßt sich mit ausreichender Genauigkeit ermitteln — besonders durch richtige Bearbeitung der Statistik von anderen, vor allem von größeren Bahnhöfen —, daß der Bahnhof durchschnittlich nur die Abfertigung einer bestimmten Menge von Lebensmitteln, Brennstoffen, Baustoffen usw. äußerstenfalls wird leisten müssen. Hierbei ist auf die wichtigen Verschiebungen im Transport von Wärme, Kraft und Licht Rücksicht zu nehmen: Bisher werden diese noch stark in der unveredelten Form von Kohlen mittels Eisenbahn und Schiff in die Städte hineingeschafft; aber mehr und mehr werden sie in der hochveredelten Form von Gas und Elektrizität in die Städte gesandt. Da außerdem die Feuerungstechnik in der besseren Ausnutzung der Brennstoffe große Erfolge erzielt hat, so brauchen wir jedenfalls nicht zu fürchten, daß der in die Stadtkerne fließende Kohlenstrom, der etwa 40% des Gesamt-Güterempfangs ausmachen dürfte, noch stark zunehmen wird.

Sodann stehen unsere Güterbahnhöfe bisher unter dem Zeichen ,,extensiver Wirtschaft"; die Ent- und Beladeanlagen sind größtenteils noch recht einfach, denn sie sind auf Handarbeit abgestellt; Schnellentlade-Einrichtungen oder Anlagen für den maschinellen Massenumschlag sind noch selten. Das kann aber natürlich verbessert werden, wenn die Not drückt; auch die Vergrößerung des durchschnittlichen Ladegewichtes der Güterwagen, die Vermehrung der Großraumgüterwagen, die weitere Ausdehnung des Behälterverkehrs wirken dahin, daß die Güterbahnhöfe bei gleicher Fläche mehr leisten können.

Hierbei beachte man, daß die Gesamtlage von Bahnhof und Straße wegen der notwendigen schienenfreien Durchführung von Querstraßen einen Höhenunterschied bedingt, der zu Einrichtungen für Schnellentladung und zu mehrgeschossigen Ladeanlagen herausfordert. Auch die Ladegleise weisen vielfach Mängel auf: Zu große Länge, schlechter Anschluß an die Ausziehgleise, ungenügende Aufstellgleise usw. Und man beachte weiter, daß so viele Betriebsanlagen (Lokomotivschuppen, Kohlenlager, Rangiergleise, Oberbaulager, Werkstätten) aus der Innenstadt nicht nur herausgelegt werden können, sondern unter Umständen sogar aus Betriebsrücksichten hinaus müssen; dann ist es kein Sprung ins Dunkle, wenn die Eisenbahn (nach schärfster Prüfung selbstverständlich) auf bestimmte Flächen im Interesse der gesunden Stadtentwicklung verzichtet. Hierbei braucht das Verzichten durchaus noch nicht in einem Verkaufen zu bestehen. Es ist sehr gut möglich, daß die Eisenbahn eine Aufstellung macht, derart, daß sie sich klar darüber wird: Die Flächen a werden frühestens in 10 Jahren, die Flächen b frühestens in 20 Jahren, die Flächen c in 30 Jahren gebraucht; sie können dann also für entsprechend lange Zeiträume an die Stadt verpachtet werden.

Oft wird der Stadtverwaltung hiermit schon viel geholfen sein; denn wenn man über solche Zeiträume disponieren kann, dann kann man schon manche städtebaulichen Anlagen finanzieren, namentlich Spiel- und Sportplätze und Pachtgärten, aber auch schon bescheidene Häuschen. Weiter soll auf den Güterverkehr der Eisenbahn nicht eingegangen werden, denn ein Buch über Städtebau darf sich nicht in Bahnhofs-, Betriebs- und Tariffragen verlieren.

Die Nutzanwendungen auf den Wasserverkehr können dem Leser überlassen bleiben. Dagegen sind einige Sonderausführungen über den von der Straße, d. h. dem Kraftwagen bewältigten Güter- (Fern-) Verkehr notwendig.

Der Kraftwagen-Güterverkehr muß sich bisher meist damit behelfen, daß die Wagen auf der Straße selbst parken und ein-, aus- und umladen und hier sogar die „Betriebs"vorgänge (Tanken, Ausbessern, Be- und Entladen der Fernlastzüge) erledigen. Das ist natürlich nur möglich, solange der Verkehr schwach ist; es führt aber zu Unzuträglichkeiten für den übrigen Verkehr und zu Belästigungen der Anwohner, sobald der Verkehr zunimmt. Die Hauptschwierigkeiten liegen auch hier nicht in den Außengebieten, sondern in der Innenstadt. Was hier zu verlangen ist, ist hauptsächlich folgendes:

1. Die großen Verfrachter (große Geschäfte, Warenhäuser, Spediteure) müssen angehalten werden, den Verkehr innerhalb ihrer eigenen Grundstücke, also auf den Höfen zu erledigen. Hier zeigen sich aber die Sünden der früheren Jahrzehnte, daß man die Höfe zugebaut hat, und daß man — auch in der letzten Zeit — beim Bau von Warenhäusern usw. das Überbauen der Höfe geduldet hat, um die Nutzfläche des Erdgeschosses zu vergrößern. Es ist einleuchtend, daß bei der Beseitigung dieser Mißstände nur behutsam und langsam vorgegangen werden kann, namentlich in solchen Handels- und Industriestädten, in denen wie z. B. in Wuppertal im Stadtinnern große Warenlager vorhanden sind und wo die Waren von den Kunden in der City besichtigt werden und dann unmittelbar aus ihr versandt werden müssen. Gelegentlich wird in solchen Fällen die Sanierung der Altstadt Abhilfe ermöglichen.

2. Das Ladegeschäft der Fernlastzüge darf jedenfalls den übrigen Verkehr nicht behelligen, auch die Nachbarschaft nicht ungebührlich stören, desgleichen nicht die Sonntagruhe. Hier kann schon schärfer eingegriffen werden, denn das Umladen usw. ist nicht an eine bestimmte Örtlichkeit gebunden; es kann also den Frachtführern zugemutet werden, im Außengebiet, wo die Preise noch billig sind, die notwendigen Grundstücke zu erwerben[1].

3. Im weiteren Verfolg dieser Gedanken sind in den Außengebieten, d. h. an dem Eintritt der Fernstraßen in das engere Stadtgebiet und an den Verbindungsstraßen mit den Autobahnen „Auto-Bahnhöfe" anzulegen, in denen der „Betrieb" erledigt wird. Bei geschickter Lage zu den Fernstraßen einerseits, den Umgehungs- und Entlastungsstraßen andererseits werden sie auch viel dazu beitragen, die Innenstadt vom Durchgangsverkehr der Fernlastzüge zu entlasten. In den „Auto-Bahnhöfen" erfolgt natürlich auch das Umladen zwischen den großen Wagen, die die weiten Strecken zurücklegen, und den kleinen Wagen, die das Sammeln und Verteilen in der Stadt besorgen; und da die kleinen Wagen schmaler, kürzer und wendiger sind und auch die Tor-Einfahrten viel besser „nehmen" können, wird hierdurch der Verkehr im Stadtinnern erleichtert.

IV. Der Personenverkehr.

Obwohl der Personenverkehr im allgemeinen weniger wichtig ist als der Güterverkehr, bedarf er in den besonderen Beziehungen zum Siedlungswesen einer wesentlich eingehenderen Erörterung. Um nun die Fülle des Stoffes nicht zu sehr anschwellen zu lassen und um die vielgestaltigen verwickelten Probleme einigermaßen durchsichtig zu halten, soll nachstehend eine Stoffgliederung nach drei Hauptabschnitten zugrunde gelegt werden, die vielleicht nicht logisch sein mag, aber vom Standpunkt dessen, der Belehrung sucht, einfach und klar ist. Die drei Abschnitte sind:

Der Fernverkehr der Einzelstadt,
der Fern- und Bezirksverkehr des Bezirks,
der Nahverkehr der Einzelstadt.

Zwischen diesen drei Gruppen gibt es natürlich überall Beziehungen und Übergänge, denn im Verkehr sind die meisten Grenzen fließend.

---

[1] Vgl. die Parallele mit der Eisenbahn. Bei ihr hat man auch das Umlade- und Rangiergeschäft bei zunehmendem Verkehr aus den Innenbahnhöfen abstoßen und auf besondere Rangierbahnhöfe verweisen müssen, die im Außengebiet neu angelegt werden mußten.

A. Der Personen-Fernverkehr der Einzelstadt.

Der Personen-Fernverkehr wird durch Schiffe (See- und Binnenschiffe), Kraftwagen (Einzelwagen und Omnibusse), Flugzeuge und Luftschiffe und durch die Eisenbahn bedient. Die Anlegestellen der Schiffahrt sind vom städtebaulichen Standpunkt ähnlich wie die Personenbahnhöfe zu bewerten; sie erfordern also entsprechende Verkehrsplätze, Empfangsgebäude und die Berücksichtigung durch die städtischen Verkehrsmittel; sie werden aber durch die wasserbautechnischen und die örtlichen Verhältnisse so beherrscht, daß eine Allgemeinerörterung kaum möglich ist; gute Beispiele bieten St. Pauli in Hamburg, die Anlegestellen der Rheindampfer und die vieler Städte der Schweiz; gut z. B. Luzern mit der engen Verbindung von Landestelle und Bahnhof; schwierig, aber in der Örtlichkeit begründet dagegen Lausanne und Lugano.

Der Luftverkehr erfordert den in seinem Flächenbedürfnis so anspruchsvollen und daher meistens ziemlich weit draußen liegenden Flughafen und gute Verbindungen zwischen diesem und der Innenstadt nebst dem Hauptbahnhof[1].

Der Kraftwagenverkehr erfordert gute Verbindungsstraßen zwischen den Autobahnen und der Innenstadt und in dieser Haltestellen für die Fern-Omnibusse; oft wird für sie die Unterbringung auf dem Bahnhofplatz am günstigsten sein, besonders dann, wenn der Umsteige- (Anstoß-) Verkehr stark ist, vgl. z. B. die von der Schnellzugstrecke Heidelberg-Basel in den Schwarzwald ausgehenden Omnibuslinien; in großen Städten wird aber der Bahnhofplatz im allgemeinen so stark belastet sein, daß die Omnibusse zweckmäßigerweise hier nur Durchgangshaltestellen erhalten, während die Endstationen als regelrechte Autobushöfe an anderen Verkehrszentren der Stadt anzuordnen sind (vgl. Düsseldorf, Nizza). Für den privaten Kraftwagen-Fernverkehr kann das Parkproblem Schwierigkeiten bereiten, weil er auf Parken in der City Wert legt (s. unten).

Es genügt hier, die maßgebenden Gesichtspunkte an dem Fernverkehr der Eisenbahn darzustellen, da die Anwendung der hierbei gewonnenen Kenntnisse auf die anderen Verkehrsmittel nicht schwierig ist.

Die Anlagen für den Personen-Fernverkehr der Eisenbahnen bestehen aus den Eisenbahnstrecken und den Bahnhöfen. Bezüglich der Strecken ist hier nur daran zu erinnern, daß sie nicht durch Hinterland geführt, sondern beiderseits von Straßen eingefaßt sein sollten. Die Bahnhöfe gliedern sich in Verkehrs- und Betriebsanlagen.

Den wichtigsten Teil der Betriebsanlagen bilden die Abstellbahnhöfe nebst den dazugehörigen Lokomotivanlagen und Werkstätten; der Städtebauer wird sie als störend empfinden, da ihr Flächenbedürfnis groß ist (größer als das der eigentlichen Personenbahnhöfe) und da ihr Betrieb allerlei Störungen hervorruft. Das Hinausschieben des Abstellbahnhofs nach außen ist also städtebaulich erwünscht; für die Eisenbahn bedeutet aber ein weites Hinausschieben peinliche Zeitverluste, Betriebserschwernisse und Kostenerhöhungen, denn der Verkehr zwischen dem Personen- und seinem Abstellbahnhof ist sehr rege, da nicht nur die Leerzüge, sondern auch viele einzelne Lokomotiven und Wagen zu überführen sind.

Die Verkehrsanlagen dienen nicht etwa nur dem Verkehr der Reisenden, sondern auch einem umfangreichen Güterverkehr (Post-, Eil- und Expreßgut). Sie bestehen aus dem Hauptbahnhof und den Nebenbahnhöfen.

Über die Nebenbahnhöfe genügen folgende Bemerkungen: Diese in den Vorstädten und Vororten gelegenen kleinen Personenstationen haben allerdings für den „großen" Fernverkehr nur geringe Bedeutung (so z. B. als Zubringerstationen für den Hauptbahnhof), weil die Schnellzüge an ihnen nicht halten;

[1] Über die Anlage der Flughäfen ist auf die Ausführungen Niemeyers in „Städtebau" Mai 1937 zu verweisen.

sie können aber für den Nachbarschaftsverkehr wichtig sein, weil sie diesen mit dem umliegenden Stadtgebiet verknüpfen und für manche Verkehrsrelationen auch mit Ersparnissen (infolge niedrigerer Tarife) verbunden sind. Sie befruchten ihre Umgebung verkehrstechnisch und müssen zu kleinen Zentren für das Straßennetz und die Städtischen Verkehrsmittel ausgestaltet werden. Bei Städten von etwa 500000 Einwohnern an können die Nebenbahnhöfe unter Umständen zu einer recht erwünschten Entlastung des Hauptbahnhofs herangezogen werden, sei es, daß dieser eisenbahnbetriebstechnisch schwierig ist, sei es, daß der Straßenverkehr an ihm zu stark konzentriert ist; hierfür ist der (im übrigen vortrefflich gelegene) Hauptbahnhof Köln ein lehrreiches aber durchaus nicht kritisches Beispiel. Um die Entlastung zu erzielen, müssen dann aber an den Nebenbahnhöfen mindestens die Eilzüge halten. Nebenbahnhöfe können auch den Umsteigeverkehr erleichtern und beschleunigen, namentlich den Verkehr „um die Ecke", vgl. Dresden-Neustadt, auch Harburg, Wunstorf, Lehrte, Hanau, die allerdings von ihrem „Hauptbahnhof" reichlich weit entfernt liegen.

Der Hauptbahnhof ist in Städten bis etwa 1000000 die eine große Zentralanlage, in der die Hauptmasse des Personenverkehrs umgeschlagen wird. Bei noch größeren Städten sind oft mehrere „Hauptbahnhöfe" vorhanden, und bei einzelnen Mehr-Millionen-Städten bestehen Stadtbahnen für den Fernverkehr.

Betrachten wir zunächst den häufigsten, also wichtigsten Fall, nämlich den des einen Hauptbahnhofs, so ist vom städtebaulichen Standpunkt vor allem seine Lage zur Stadt zu erörtern. Dringend erwünscht ist eine möglichst nahe Lage an der Geschäftsstadt; denn hierdurch werden alle Verkehrsbeziehungen (der Reisenden, der Überführung ihres Gepäcks, des Expreßguts, der Post) erleichtert, beschleunigt und verbilligt; außerdem lassen sich dann zahlreiche Straßenbahn- und Omnibuslinien ohne Zwang (ohne Künstelei in der Linienführung und ohne besondere Kosten) unmittelbar über den Bahnhofplatz leiten. Bei Städten bis zu 300000 Einwohnern kann der Hauptbahnhof unbedenklich so dicht an dem Stadtkern liegen, daß der Bahnhofplatz gleichzeitig das Verkehrszentrum der Stadt ist. Erst bei größeren Städten ist eine Auflösung in zwei Plätze erwünscht, um den städtischen Verkehr zu dezentralisieren; die beiden Plätze müssen dann aber in guter Verbindung miteinander stehen und sie dürfen nicht weit voneinander entfernt sein; gut in Hannover mit 300 m Abstand, zu weit in Frankfurt a. M. mit 1300 m Abstand.

Man hat früher der Lage des Hauptbahnhofs nicht genügend Aufmerksamkeit gezollt; dies hat in manchen Städten zum Hinauslegen des Bahnhofs geführt. Hierbei haben sich die Eisenbahnverwaltungen von den Gedanken leiten lassen, daß sie aus dem Verkauf der freiwerdenden Flächen beträchtliche Erlöse erzielen konnten und daß weiter außerhalb auf unbeengtem, billigem Gelände die Bahnhofsanlagen größer, besser und billiger entwickelt werden konnten. Dieser Gedankengang hat sich auch gelegentlich als richtig erwiesen; man hat aber anscheinend aus einigen (scheinbar) günstigen Ergebnissen verallgemeinernde Schlüsse gezogen, die der Nachprüfung bedürfen, wobei gewisse Änderungen und Strukturwandlungen in der Verkehrstechnik zu beachten sind. Früher brauchte nämlich die Eisenbahnverwaltung, wenn sie einen Bahnhof hinausschob (oder in ein vom Standpunkt des städtischen Verkehrs ungünstigeres Stadtgebiet verlegte), nicht besorgt zu sein, daß sie dadurch Verkehr verlieren, also an andere Verkehrsmittel abgeben werde, denn sie hatte nahezu das Monopol. Früher war sogar der Gedanke richtig: Wenn man den städtebaulich störenden oder eisenbahnbetriebstechnisch schlechten Bahnhof hinauslegt, kann man auf dem gewonnenen Gelände so gute (schnelle) städtische Verkehrsmittel (namentlich Schnellstraßenbahnen auf eigenem Fahrdamm) schaffen, daß für die Reisenden insgesamt kein Mehraufwand an Zeit entsteht; in vielen Fällen braucht für sie auch kein Mehraufwand an Fahrgeld zu entstehen, oder man konnte sich in früheren Zeiten mit dem Mehraufwand abfinden. Heute aber hat die Eisenbahn kein Monopol mehr; vielmehr muß sie darauf Rücksicht nehmen, daß jede Verschlechterung in der Verkehrsbedienung zur Abwanderung auf Überlandstraßenbahnen, Omnibuslinien und Privatkraftwagen führt. In den früheren Zeiten ständig steigenden Verkehrs konnte sie auch über einen etwaigen zeitweiligen Verkehrsverlust leicht hinwegsehen; heute aber stagniert der Verkehr in vielen Ländern. Die Eisenbahn muß also heute Wert darauf legen, daß ihre Bahnhöfe so günstig wie nur möglich zur Stadt liegen, d. h. so dicht an den Verkehrsbrennpunkten, daß die meisten Wege zwischen Stadt und Eisenbahn einfach zu Fuß zurückgelegt werden können. Ferner war die Eisenbahn früher leicht geneigt, einen schlechten Bahnhof zu verlegen, wenn eine wesentliche Verbesserung an der alten Stelle nach dem damaligen Stand der Bahnhofswissenschaft und den damaligem Stand der Betriebsführung und Sicherungstechnik nicht möglich erschien. Heute sind aber auf diesen Gebieten solche Fortschritte zu verzeichnen, daß man auch auf beengtem und schlecht geschnittenem Gelände leistungsfähige, flott und billig arbeitende Bahnhöfe schaffen kann, und hiermit hat der innere Zwang zum Hinauslegen stark abgenommen.

Von besonderer Bedeutung ist im Rahmen dieses Problems die Frage des Ersatzes eines innen liegenden Kopfbahnhofs durch einen außen liegenden Durchgangsbahnhof. Der Kopfbahnhof ist eisenbahntechnisch dem Durchgangsbahnhof unterlegen; aber so mancher Kopfbahnhof hat nun einmal eine treffliche Lage tief im Innern der Stadt; und wenn man früher die Betriebsschwierigkeiten sehr, die Verkehrsabwanderung aber kaum beachtete, so liegen diese Verhältnisse heute genau umgekehrt.

Es muß aber dringend davor gewarnt werden, die vorstehenden Hinweise zu verallgemeinern und nun mit Schlagworten und Allgemeinrezepten arbeiten zu wollen. Jeder Fall muß vielmehr im einzelnen geprüft werden, und zwar von einem Eisenbahnfachmann, der Spezialist in schwierigen Bahnhofsanlagen ist. Wahrscheinlich wird dieser in der Mehrzahl der Fälle zu der Schlußfolgerung kommen, daß der „Bahnhof" im Stadtinnern zu belassen ist, d. h. daß die Betriebsanlagen (Abstellbahnhof, Lokomotivanlagen) nach außen zu verlegen sind, daß aber die Verkehrsanlagen (der eigentliche Personenbahnhof, und zwar mit den Post- und möglichst auch mit den Eilgutanlagen) im Innern bleiben. Städtebaulich führt diese — für die Stadt insgesamt meist glücklichere — Lösung zu der schwierigen Aufgabe, daß der städtische Verkehr auf beschränktem Raum abgewickelt werden muß und daß die eine oder andere Querstraße, die man gern durchlegen möchte, nicht durchgelegt werden kann.

Zeigt sich aber, daß das Hinauslegen des „Bahnhofs", also des eigentlichen Personenbahnhofs, die richtige Lösung ist, so ergeben sich hieraus für die Stadt zwei wichtige Aufgaben: Eine Verkehrsaufgabe: Der neue Bahnhof muß nämlich mit dem Stadtzentrum gut verbunden werden; das ist bautechnisch, nämlich bezüglich der neuen Straßen (mit Schnellfahrdämmen) und bezüglich des neuen Bahnhofplatzes nicht schwierig, weil das freigewordene Bahngelände hierzu zur Verfügung steht; es kann aber für die städtischen Verkehrsmittel betriebstechnisch schwierig werden, weil die Linienführung, der Fahrplan und der Umsteigeverkehr auf das neue Zentrum Rücksicht nehmen müssen, ohne daß die alten Zentren dadurch schlechter gestellt werden dürfen; und es kann betriebswirtschaftlich schwierig werden, weil der hinausgelegte Bahnhof in das Tarifsystem der städtischen Verkehrsmittel eingearbeitet werden muß, und zwar in der Form, daß die Fahrten vom und zum Bahnhof keine oder jedenfalls keine nennenswerte Mehrbelastung für die Bevölkerung ergeben.

Dazu kommt die städtebauliche Aufgabe, daß der neu entstehende Stadtteil zweckentsprechend und würdig bebaut werden muß. Es ist also zu prüfen, ob man der Stadt die Kraft zutrauen kann, ein neues „Bahnhofviertel" zu entwickeln. Dieser Frage hat man offensichtlich nicht immer die genügende

Aufmerksamkeit gewidmet. Die Annahme, daß Wiesbaden, Darmstadt, Karlsruhe nach dem hinausgelegten Bahnhof „zuwachsen" würden, hat sich als falsch erwiesen. Zur Entschuldigung kann man allerdings auf die Lähmung der Gesamtentwicklung durch den Weltkrieg hinweisen; aber es gibt doch z. B. auch das schon vor dem Weltkrieg entstandene Bahnhofsviertel von Frankfurt a. M. Veranlassung, über derartige Fragen nachzudenken; denn man kann dies doch wirklich nicht als einen wichtigen Teil der Geschäftsstadt bezeichnen. Zur Vorsicht mahnen allgemein die neueren gegen die Vergrößerungen der Städte gerichteten Bestrebungen.

Vorstehend ist angenommen, daß dem Gesamtsystem des Eisenbahnpersonenverkehrs der Stadt der eine Hauptbahnhof zugrunde liegt und daß dieser durch die „Nebenbahnhöfe" zu unterstützen und nötigenfalls zu entlasten ist. Es muß nun aber noch die Frage gestreift werden, ob es nicht eine Stadtgröße gibt, bei der man mit dem einen Hauptbahnhof nicht mehr auskommt. Tatsächlich haben ja einzelne Riesenstädte mehrere Hauptbahnhöfe (vgl. Hamburg, Berlin, Wien, Budapest, Brüssel, Paris, London und zahlreiche amerikanische Städte); es ist aber unmöglich, irgendeine Verhältniszahl (ein Hauptbahnhof auf x-Millionen Einwohner) herauszurechnen; vielmehr zeigen sich die größten Unterschiede. Dies ist auch verständlich, denn die Unterschiede sind nicht in technischen Erwägungen begründet, sondern geschichtlich zu erklären: In den Ländern mit Privateisenbahnen war und ist auch heute noch das Eisenbahnnetz derart zersplittert, daß von den Hauptstädten und anderen beherrschenden Punkten zahlreiche selbständige Eisenbahnen ausgehen, und diese haben dann jede einen eigenen Bahnhof, meist in Kopfform (vgl. heute besonders Paris, London und Chicago); wo dagegen bald der Staatsbetrieb eingeführt wurde oder wo bald Zusammenschlüsse der bisher selbständigen Bahnen erfolgten, kam man mit weniger Bahnhöfen aus oder man vereinigte später den Verkehr in einem oder wenigen entsprechend leistungsfähigen Bahnhöfen. Hierbei wandte man auch das Mittel an, die Kopfbahnhöfe durch den Bau einer die Stadt durchquerenden Stadtbahn für den „Fernverkehr" zu beseitigen; das hervorragendste Beispiel hierfür bieten die Ferngleise der Berliner Stadtbahn, durch die die Schwierigkeiten des Kopfbetriebes vermieden werden, der Durchgangsverkehr West—Ost erleichtert und eine gute Dezentralisation des Verkehrs innerhalb der Stadt erzielt wird, da für den Fernverkehr fünf Stationen vorhanden sind. Ein anderes hervorragendes Beispiel ist die Durchquerung New Yorks durch die Pennsylvaniabahn; auch auf Hamburg ist hinzuweisen.

Zu der Frage, ob von einer gewissen Stadtgröße ab eine Dezentralisation des Fernverkehrs aus eisenbahntechnischen oder städtebaulichen Gründen erwünscht, zweckmäßig oder notwendig ist, kann etwa in folgender Weise Stellung genommen werden: Wenn für Städte wie Berlin ein „Zentralbahnhof" gefordert wurde, der den gesamten Fernverkehr aufnehmen soll, so ist das abzulehnen. Eisenbahntechnisch würde sich ein derartiger Bahnhof allerdings wohl noch (als Durchgangsbahnhof mit Richtungsbetrieb) meistern lassen. Städtebaulich muß der Vorschlag aber abgelehnt werden; denn es würde hierdurch an der einen Stelle eine ungeheuerliche Zusammenballung des Stadtverkehrs (und wahrscheinlich auch der Hotels, Gaststätten usw.) entstehen, der die Verödung und Entwertung vieler anderer Stadtteile gegenüberstehen würde. Für die Riesenstadt Berlin ist also die Dezentralisation des Fernverkehrs gutzuheißen; hierbei wäre es aber nicht ausgeschlossen, daß man die fünf selbständigen Kopfbahnhöfe unter sich und mit der Stadtbahn organischer zusammenfassen könnte, zumal der Stettiner und Görlitzer Bahnhof zu weit draußen liegen. Auch für Groß-Hamburg ist die vorhandene Dezentralisation gut. Andererseits sind die „Zentralbahnhöfe" Köln, Hannover, Frankfurt, München, Leipzig, Dresden, Breslau nicht zu beanstanden; ob sie im einzelnen städtebauliche und eisenbahntechnische Mängel aufweisen, steht hier nicht zur Untersuchung; daß sie durch Eilzugstationen in den Vororten entlastet werden können, ist schon gesagt.

B. Der Fern- und Bezirksverkehr des (Industrie-) Bezirks.

Zu dem vorstehend untersuchten Fernpersonenverkehr der Einzelstadt kommen in den dicht besiedelten Bezirken und bei den Städtegruppen (Städtepaaren, Städtereihen) noch die besonderen Verkehrsbeziehungen hinzu, die sich daraus ergeben, daß eine größere Zahl starker Siedlungskerne (Groß- und Mittelstädte) dicht beieinander liegen. In dem Gebiet sind also nicht nur wie sonst zwei, sondern drei Verkehrsaufgaben zu lösen, nämlich:

1. Der durchgehende Fernverkehr, in erster Linie bedient durch die Ferneisenbahnen und ihre größeren Bahnhöfe, nämlich die Schnell- und Eilzugstationen, ferner durch die Autobahnen, Fernverkehrsstraßen und den Luftverkehr;

2. der Nahverkehr, der von jeder einzelnen Stadt in ihre Umgebung ausstrahlt; in erster Linie bedient durch die Straßenbahnen und Omnibuslinien; und

3. der Bezirksverkehr, d. h. der Zwischenverkehr zwischen den einzelnen Siedlungen. Dieser ist größtenteils geschäftlicher Natur; es kommt aber noch Erholungs- und Sportverkehr hinzu, der durch den Bezirk hindurch in dessen Nachbarschaft geleitet werden muß, z. B. von Essen in das Sauerland, von Gelsenkirchen in das Ruhrtal, von Frankfurt in den Rheingau.

Es ist nun zu fragen, wie dieser Bezirksverkehr zu bewältigen, zu leiten und auszugestalten ist, um die großen Gesamtziele zu erreichen, also die Auflockerung der einzelnen Siedlungskerne und die des Gesamtbezirks, die Erschließung der im Bezirk noch vorhandenen Freiflächen, die Verbindung mit den großen außen liegenden Erholungsgebieten und schließlich die Erschließung neuer gesunder Siedlungsflächen in der Nachbarschaft. Unter „Ausgestaltung" des Bezirksverkehrs sind nicht etwa nur Neubauten von Verkehrslinien (Eisenbahnen, Straßen, Radfahrwegen usw.) zu verstehen, sondern vor allem Betriebsmaßnahmen (Vermehrung und Beschleunigung der Verbindungen, beste Anschmiegung des Fahrplanes an die Verkehrsbedürfnisse) und Tarifmaßnahmen (niedrige Zeitkartentarife für den allwerktäglichen Wohn- und Berufsverkehr, niedrige Tarife für den Erholungsverkehr). Die großen wirtschaftlichen Schwierigkeiten, die aus diesen Ansprüchen folgen, zwingen dazu, den Bezirksverkehr weitestgehend mit den vorhandenen Verkehrsmitteln zu bewältigen, damit er mit geringen zusätzlichen Betriebskosten als sog. „Mitläuferverkehr" geleistet werden kann; dagegen werden besondere, nur für den Bezirksverkehr bestimmte Verkehrsanlagen nur in Ausnahmefällen geschaffen werden können. Abgesehen von der entsprechenden Ausnutzung des Straßennetzes und der Schaffung von Radwegen sind also einerseits die Fernbahnen, andererseits die städtischen Verkehrsnetze heranzuziehen. Beide zeigen nun im Hinblick auf die zusätzliche Pflege des Bezirksverkehrs folgende Unterschiede:

Die Fernbahnen bestehen aus einem zusammenhängenden Netz, das den ganzen Bezirk umspannt und mit der ganzen Nachbarschaft verbindet; das Netz ist aber weitmaschig und die Zahl der Stationen ist beschränkt, und einzelne Stationen werden nicht besonders günstig zu den Stadtkernen liegen; ferner sind die Fernbahnen mit ihren Hauptaufgaben gerade in den dicht besiedelten Bezirken schon so stark belastet, daß sie Nebenaufgaben oft nicht in dem wünschenswerten Maß übernehmen können. Die städtischen Verkehrsnetze überspannen dagegen nicht den ganzen Bezirk und sie dringen im allgemeinen nicht in die Nachbarschaft vor; die einzelnen Netze sind aber engmaschig und sie wurzeln unmittelbar in den Stadtkernen; sie können außerdem meistens Aufgaben für den Bezirksverkehr übernehmen, weil sich die entsprechenden Fahrten aus ihrem Vorortverkehr ohne besondere Schwierigkeiten entwickeln lassen.

Bei den Fernbahnen kommt es also darauf an, das Netz zu verdichten, wobei besonders die für die Auflockerung erforderlichen neuen Stationen und unter Umständen auch neue Linien zu schaffen sind; die Hauptaufgaben liegen aber auf fahrplantechnischem und tariflichem Gebiet; trefflich sind hier die Leistungen der Deutschen Reichsbahn im Ruhrbezirk durch die Einrichtung des Ruhrschnellverkehrs. Bei den städtischen Verkehrsnetzen ist dagegen die Hauptaufgabe die Verlängerung der Vorortlinien, die hierdurch namentlich dann zu Trägern des Bezirksverkehrs werden können, wenn Zusammenschlüsse benachbarter Einzelnetze geschaffen werden; hierbei können allerdings Schwierigkeiten entstehen, wenn Spurweite und Betriebsweise Unterschiede aufweisen; möglichste Einheitlichkeit ist daher von Anfang an zu erstreben (vgl. Ruhrbezirk).

Die Bedienung des Bezirksverkehrs war bisher der Straßenbahn vielfach erschwert, weil ihre Geschwindigkeit durch Verordnungen künstlich herabgedrückt war.

Man hat früher vielfach angenommen, daß für manche Industriebezirke und Städtegruppen die Leistungen der Fernbahnen auf die Dauer nicht ausreichen würden und daß die Straßenbahnnetze der einzelnen Städte noch weniger befähigt sein würden, die besonderen Anforderungen des Bezirksverkehrs zu befriedigen. Man hat daher den Bau besonderer Bahnen gefordert, für die die Bezeichnung „Städtebahnen" geprägt worden ist. In der Zwischenzeit haben aber die Fortschritte im Eisenbahnwesen (Einführung der Triebwagen, Erhöhung der Anfahrbeschleunigung, Verbesserung der Bahnhöfe und der Sicherungsanlagen, bessere Fahrplangestaltung) und im städtischen Verkehrswesen (Verbesserung der elektrischen Straßenbahnen, Einführung des Omnibus) die Fähigkeit zur Bedienung des Bezirksverkehrs wesentlich erhöht und außerdem hat der Kraftwagen viele Aufgaben übernommen; gleichzeitig hat aber der Glaube, daß die Zusammenballungen immer stärker werden würden, nachgelassen; es ist daher um die Städtebahnen ziemlich still geworden. Trotzdem sind einige Angaben zweckmäßig[1].

Unter einer Städtebahn verstand man ursprünglich eine „Überlandstraßenbahn", die zwei Nachbarstädte untereinander verband, innerhalb der beiden Stadtkerne durchaus straßenbahnmäßig gebaut, außerhalb der dichteren Bebauung aber möglichst auf einem eigenen Streifen geführt war und hier unter Umständen die wichtigsten Wege nicht in Schienenhöhe kreuzte. Die Städtebahn mußte also innerhalb der Städte straßenbahnmäßig betrieben werden, dagegen konnte sie auf der Außenstrecke eine hohe Geschwindigkeit entwickeln; das beste Beispiel bietet die Rheinuferbahn Köln-Bonn; zu nennen sind ferner Düsseldorf-Krefeld, Düsseldorf-Duisburg und Mainz-Wiesbaden, ferner die von Mailand ausstrahlenden Überlandbahnen; auch in Nordamerika ist die Überland- (Straßen-) Bahn hochentwickelt worden. Da man aber glaubte, wesentlich höhere Geschwindigkeiten erzielen zu müssen, so wurden Entwürfe aufgestellt, bei denen die Außenstrecke hauptbahnähnlich, also mit eigenem Bahnkörper, ohne irgendwelche Schienenkreuzungen und mit großen Halbmessern ausgeführt werden sollte, während für die beiden Innenstrecken noch die straßenbahnmäßige Anordnung beibehalten wurde, da man die hohen Kosten für schnellbahnmäßige Einführung, also als Hoch- oder Tiefbahn scheute. Dieses System wurde dem Entwurf für die Städtebahn Köln-Düsseldorf zugrunde gelegt, die aber nicht ausgeführt worden ist.

Im weiteren Verfolg wurde dann der Entwurf für eine Städtebahn Köln-Dortmund aufgestellt, die also typisch den Bezirkspersonenverkehr des wichtigsten deutschen Industriebezirks bedienen sollte. Für diese Bahn hätte es aber nicht genügt, nur die Außenstrecken hauptbahnmäßig auszubilden, es mußten vielmehr auch die Innenstrecken, also die Durchführungen durch die

[1] Vgl. Blum: Städtebahnen mit besonderer Berücksichtigung des Entwurfs für eine elektrische Städtebahn zwischen Düsseldorf und Köln. Berlin: Julius Springer 1909.

Stadtkerne schnellbahnmäßig ausgeführt werden. Die Bahn wäre hierdurch sehr kostspielig geworden, und da man bei einer nur dem Personenverkehr oder vielmehr nur dem Personen-Schnellverkehr dienenden Eisenbahn nicht mit hohen Einnahmen rechnen kann, so wurden die Bedenken gegen die Wirtschaftlichkeit der Städtebahn immer lauter. Der Plan wurde schließlich zurückgezogen, nachdem die Reichsbahn den Fahrplan des Bezirksverkehrs verbessert und weitere Verbesserungen der Strecken und Bahnhöfe in Angriff genommen hatte. Nach diesen Erfahrungen darf man vermuten, daß Städtebahnen im Stil der Schnellbahn Köln-Dortmund für absehbare Zeit nicht in Betracht kommen.

C. Der Nahverkehr der Einzelstadt.

Vorbemerkung über die Verkehrsmittel des Nahverkehrs. Der Bewältigung des städtischen Personenverkehrs dienen folgende „Verkehrsmittel“:

1. Die Einrichtungen für den Stadt- und Vorortverkehr der Fernbahnen.
2. Die Stadtschnellbahnen (Hoch- und Tiefbahnen).
3. Die Straßenbahnen.
4. Die Omnibusse — freibewegliche und Oberleitungs-Omnibusse.
5. Die Gesellschaftswagen.
6. Die Droschken.
7. Die privaten Personenkraftwagen.
8. Die Radfahrer.
9. Die Fußgänger.

Man kann diese neun Arten nach zwei verschiedenen Gesichtspunkten in je zwei Hauptgruppen einteilen:

1. Nach der Inanspruchnahme der Straßen:

a) Selbständige Verkehrsmittel, lfd. Nr. 1 und 2; sie benutzen die Straße nicht, sind vielmehr von ihr vollständig losgelöst, kreuzen auch die Querstraßen nicht in Schienenhöhe; infolgedessen sind sie durch das Höchstmaß von Leistungsfähigkeit, Schnelligkeit, Pünktlichkeit und Sicherheit ausgezeichnet.

b) „Oberflächen“-Verkehrsmittel, lfd. Nr. 3 bis 9, sie benutzen alle den gemeinsamen Straßenraum, behindern und gefährden sich hierdurch gegenseitig, worunter ihre Leistungsfähigkeit usw. leidet.

2. Nach dem Unterscheidungskennzeichen des Sammel- und des Einzelverkehrs:

a) Sammelverkehr, lfd. Nr. 1 bis 4; weil hierbei ein „öffentliches“ Verkehrsmittel benutzt wird, auch „öffentlicher Verkehr“ genannt.

b) Einzelverkehr, lfd. Nr. 5 bis 9; auch „privater“ oder „individueller“ Verkehr genannt. Dieser „Privatverkehr“ benutzt aber die öffentlichen Straßen und Plätze, und zwar zur Bewegung und zum Parken mit und nimmt sie meist stärker in Anspruch als die öffentlichen Verkehrsmittel.

Weitere Ausführungen über die verschiedenen Verkehrsmittel sind vorläufig nicht notwendig; ihre gegenseitige Bewertung kann erst im Abschnitt IV, C, 4 erfolgen.

1. Gliederung und Größe des Nahverkehrs.

Der Nahverkehr der einzelnen Stadt entsteht hauptsächlich dadurch, daß die Wohn- und Arbeitsstätten voneinander getrennt sind, daß eine große Menge von Arbeitsstätten, und zwar in den Innen- und in den Außengebieten vorhanden sind, und daß die Anlagen für Erholung und Sport fern von den Wohn- und Arbeitsgebieten liegen. Hieraus ergibt sich eine bestimmte Gliederung des Verkehrs, die etwa wie folgt zu kennzeichnen ist:

1. Der Geschäftsverkehr entsteht dadurch, daß die verschiedenen Arbeitsstätten voneinander getrennt sind. Er ist zeitlich auf die Arbeits- bzw. die sog. „Geschäftszeit“ beschränkt. Räumlich ist er stark an das sog. Geschäftsviertel,

den Hafen und unter Umständen noch an Großbetriebe der Fertigungsindustrie und der Spedition gebunden. Er ist im Verhältnis zum Berufsverkehr nicht groß, und da er außerdem zeitlich ziemlich gleichmäßig verteilt ist und jedenfalls keine ausgesprochenen „Verkehrsspitzen" zeigt, so bereitet er keine erheblichen Schwierigkeiten.

2. Der Verkehr zwischen der Wohn- und Arbeitsstätte (einschließlich der Schulen) wird Wohnverkehr oder Berufsverkehr genannt. Seinen Hauptrichtungen nach deckt sich der Berufsverkehr mit dem Vorortverkehr; denn bei gesunder Stadtanlage werden die Menschen draußen wohnen und drinnen arbeiten; wo die Verhältnisse aber ungünstig sind, gibt es leider noch viele Industriearbeiter, die im Stadtinneren, und zwar in scheußlichen Mietskasernen wohnen und in den glücklicherweise schon nach außen verlegten Fabriken arbeiten. Ein Teil des Berufsverkehrs fließt auch in tangentialen Richtungen (am Stadtkern vorbei), nämlich der zwischen Wohn- und Arbeitsstätten, die beide außen liegen. Zeitlich ist der Berufsverkehr davon abhängig, ob in der Stadt durchgehende oder geteilte Arbeitszeit herrscht. Die durchgehende Arbeitszeit, die mit der „englischen Tischzeit" verbunden ist, herrscht hauptsächlich in England und Nordamerika und in den von diesen Ländern abhängigen Gebieten; außerdem ist sie in vielen Großstädten und Fabrikbetrieben anderer Länder eingeführt. Die durchgehende Arbeitszeit erzeugt zwei ausgesprochene zeitlich scharf zusammengepreßte Spitzen, morgens (7 bis 9 Uhr) in die Stadt, nachmittags (5 bis 6 Uhr) aus der Stadt. Bei der geteilten Arbeitszeit ist eine Pause von 1 bis 2 Stunden eingelegt; in ihr findet die Hauptmahlzeit statt. Rechnungsmäßig verdoppelt sich durch sie die Zahl der Wege von und zur Arbeitsstätte; sie wird daher als wirtschaftlich ungünstig bezeichnet; und da sie außerdem die Menschen bis in die frühen Abendstunden von der Familie fernhält, wird sie auch als sozial ungünstig beurteilt. Ob das richtig ist, bedarf eingehender Untersuchungen; wir haben hier nur die verkehrswirtschaftlichen Folgen klarzustellen, und da ergibt sich, daß die beiden übergroßen Verkehrsspitzen der durchgehenden Arbeitszeit den Stadtverkehr jedenfalls mehr erschweren und verteuern als die vier Verkehrsspitzen der geteilten Arbeitszeit, bei der sich die Anfangs- und Endzeiten der Arbeit (für Fabriken, Bauten, Behörden, Geschäfte, Schulen) stärker verteilen (s. unten).

Der Berufsverkehr ist seiner Größe nach die wichtigste Gruppe des städtischen Verkehrs. Von ihm hängt eigentlich alles ab, was für Netzgestaltung, Fahrplan und Tarife, also für Bau, Betrieb und Wirtschaft der städtischen Verkehrsanstalten maßgebend ist.

3. Der Erholungsverkehr entsteht aus dem Bedürfnis des Stadtbewohners nach Ruhe und Ertüchtigung im Freien, aus dem Wunsch, herauszukommen aus der Enge des steinernen Meeres in die freie Gottesnatur. Die wichtigsten Untergruppen sind daher der Ausflug- und der Sportverkehr; dazu kommt der der seelischen Erholung gewidmete Friedhofverkehr. Der Erholungsverkehr ist radial gerichtet, nämlich nach den in den Außengebieten gelegenen Freiflächen, Sportplätzen, Ausflugsorten, Friedhöfen usw.; er gehört also vom räumlichen Standpunkt zum „Vorortverkehr"; er deckt sich aber räumlich und zeitlich nicht mit dem Berufsverkehr, da die Fahrtziele und Fahrtzeiten andere sind.

Eine weitere Aufgliederung des Verkehrs vorzunehmen, ist nicht notwendig, da Bezeichnungen wie „Markt-, Einkaufs-, Besuchs-, Vergnügungs-, Theaterverkehr" keiner Erläuterung bedürfen.

Die Größe des Verkehrs ist für alle beteiligten Stellen, also für die einzelne Verkehrsanstalt, die Stadtverwaltung, die örtliche Aufsichtsbehörde, letzten Endes den Verkehrsminister von besonderer Bedeutung, weil sie maßgebend beeinflußt: Die Gesamtlänge des Netzes, die Höchstlänge der einzelnen (Außen-) Linien, die Möglichkeit von Erweiterungen, die Wahl des Verkehrsmittels (z. B. ob Straßenbahn oder Omnibus), den Fahrplan (Zugfolge, Platzangebot), die

Zahl und Lage der Stationen, teilweise auch die Tarife, und vor allem endlich den wirtschaftlichen Erfolg. Kurzum: Die Größe des Verkehrs bildet in Verbindung mit den örtlichen Gegebenheiten, den Betriebskosten und Tarifen die wichtigste Grundlage für fast alle entscheidenden Maßnahmen des Baues, des Betriebes und der Wirtschaftsführung.

Dieser hohen Bedeutung steht nun leider die betrübliche Tatsache gegenüber, daß der Begriff „Größe des Verkehrs" reichlich unklar ist und daß infolgedessen Vergleiche zwischen den verschiedenen Ländern und sogar zwischen den Städten desselben Landes unzuverlässig sind, während man doch gerade aus solchen Vergleichen besonders viel lernen könnte.

Scheinbar ist der Begriff klar, da man einfach die Zahl der Fahrgäste im Jahr für jedes Unternehmen zu ermitteln hat. Hierbei sind aber leider folgende Fehlerquellen zu beachten:

1. Es ist zu prüfen, welche Verkehrsmittel zu berücksichtigen sind. Daß Schnell- und Straßenbahnen, Omnibusse und die dem Stadt- und Vorortverkehr dienenden Schiffe zu berücksichtigen sind, ist selbstverständlich. Vielfach wird aber der Stadt- und Vorortverkehr der Fernbahnen vergessen; mitgezählt wird er eigentlich nur dann — aber auch nicht immer —, wenn er über besondere Vorortbahnen (und Stadtgleise) verfügt; diesen Verkehr fortzulassen, muß offensichtlich zu falschen Vorstellungen führen, wenn man bedenkt, wie stark er etwa in Berlin, London, Paris, New York oder auch in Dresden, München, Stuttgart und Hamburg ist. Aber auch in Städten, in denen die Fernbahnen nicht über besondere Vorortgleise verfügen, bewältigen sie einen so großen Vorortverkehr, daß man ihn unmöglich vernachlässigen darf, vgl. etwa Köln, Wuppertal, Frankfurt, Zürich oder auch den auf den Ferngleisen mitbewältigten Vorortverkehr in Philadelphia und Chikago.

Eine besonders schwierige Frage ist auch die, ob (oder wann) man den Radfahrer-Verkehr mitrechnen muß oder nicht; zweifellos gehört er nicht zum Verkehr der „öffentlichen" Verkehrsanstalten; er verursacht aber an vielen Stellen eine starke Belastung der Innenstadt, er müßte also vom Standpunkt der Leistungsfähigkeit des Straßennetzes mitgezählt werden; desgleichen der private Kraftwagen-Personenverkehr.

2. Auch die Grundsätze, nach denen die „Zahl der Fahrgäste" ermittelt wird, sind verschieden. Scheinbar gibt hier die Zahl der verkauften Fahrscheine eine exakte Zahl. Da aber in vielen Städten die größere Zahl der Fahrten auf Zeit- oder Netzkarten ausgeführt werden, muß man für Wochen- oder Netz- oder Monats- oder Schülerkarten mit groben Durchschnittszahlen rechnen; die Ergebnisse sind dann also unzuverlässig. Muß man genauere Zahlen haben (z. B. um geplante Erweiterungen beurteilen zu können), so muß man besondere Verkehrszählungen anstellen, wie das z. B. die Reichsbahn für Berlin und für den Ruhrbezirk getan hat[1]. Bei der „Zahl der Fahrgäste" besteht auch keine Gleichmäßigkeit bezüglich des Umsteigeverkehrs; die umsteigenden Fahrgäste werden vielmehr teils einfach, teils doppelt gerechnet; beides ist richtig und beides ist falsch, je nachdem, ob man vom tariflichen oder vom betriebstechnischen Standpunkt ausgeht.

Die „Größe des Verkehrs" wäre aber auch ohne diese Fehlerquellen oft eine recht zweifelhafte Größe, weil es bei vielen Einzelfragen nicht auf den Gesamtverkehr, sondern auf die Belastung bestimmter Strecken und Stationen zu bestimmten Zeiten ankommt. Wenn man von den beiden so wichtigen Tatsachen ausgeht, daß im Verkehr allgemein die „Station" (Bahnhof, Haltestelle, Verkehrsplatz) wichtiger ist als die freie Strecke und daß die Schwierigkeiten des Stadtverkehrs nicht in den Außengebieten, sondern im Stadtinnern liegen, so kommt man zu dem Ergebnis, daß im Hinblick auf die „Größe des Verkehrs" eines der wesentlichsten Momente die Leistung bzw. die

[1] Vgl. die Arbeiten von Jaenecke, Leibbrand und Remy a. a. O.

Belastung der im Stadtinnern gelegenen Stationen ist. Ob irgendeine Außenlinie einen etwas größeren oder kleineren Verkehr hat, ist wirtschaftlich und sozial gewiß wichtig; es ist aber kein Gradmesser für die Leistung und die Gesamtbedeutung des Verkehrsmittels; hierfür ist vielmehr maßgebend, wieviel Reisende unmittelbar zu den in der Innenstadt gelegenen Brennpunkten des Verkehrs befördert werden.

Ferner ist die Größenbestimmung „Zahl der Fahrgäste" unzuverlässig und unter Umständen bedenklich irreführend, weil die „durchschnittliche Reiselänge" bei den verschiedenen Verkehrsmitteln stark verschieden ist. Die richtige Vergleichsgröße ist aber natürlich die Zahl der Personenkilometer (pkm). Wie stark die durchschnittliche Reiselänge schon bei dem gleichen Verkehrsmittel in verschiedenen Städten schwankt, zeigt Abb. 89.

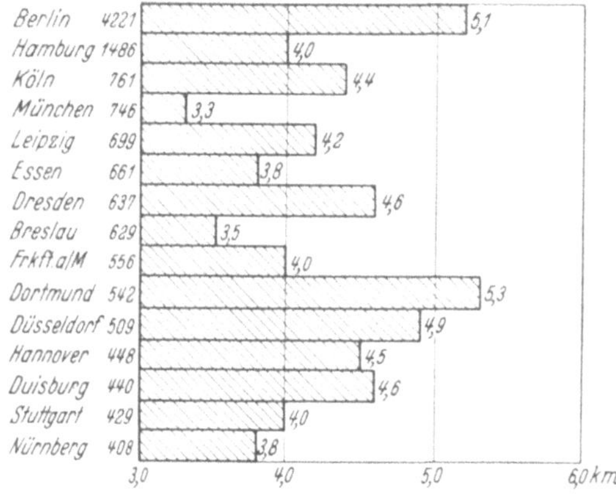

Abb. 89. Mittlere Fahrtlänge im Straßenbahnverkehr (km) Jahr 1933.

Zu wie starken Trugschlüssen man kommen kann, wenn man der Verkehrsstatistik nicht gründlich genug nachforscht, ergibt sich aus folgendem:

Es ist ganz allgemein (sogar bei Verkehrsfachleuten) die Meinung vertreten, daß der Nahverkehr Londons in erster Linie vom Omnibus bewältigt würde. Diese Meinung stützt sich auf folgende amtliche, also zuverlässige Statistik:

Der Nahverkehr Londons verteilt sich nach der Zahl der Reisenden in % auf den Omnibus zu 60, die Straßenbahn 27, die „Schnellbahnen" 13, zusammen 100%. Abgesehen davon, daß die Radfahrer und Kraftwagen vergessen sind und wohl auch kaum erfaßt werden können, ist aber auch der Stadt- und Vorortverkehr der Fernbahnen vergessen. Da er aber nicht vergessen werden darf, ergeben sich folgende Prozentsätze: Omnibus 52, Straßenbahn 23, Schnellbahn 12, Vorortverkehr der Fernbahn 13, zusammen 100%.

Aber auch diese Zahlen geben noch nicht das richtige Bild, denn es ist nicht beachtet, daß auf diesen Verkehrsmitteln die durchschnittlichen Reiselängen ganz verschieden sind. Sie betragen nämlich: beim Omnibus 2,77, bei der Straßenbahn 2,26, bei der Schnellbahn 5,8 und beim Vorortverkehr der Fernbahnen (geschätzt) 12,5 km. Hieraus ergibt sich folgende Zusammenstellung der Verteilung des Nahverkehrs Londons auf die verschiedenen Verkehrsmittel nach verschiedenen statistischen Methoden berechnet:

	Nach der Zahl der Fahrgäste in %		Nach den Einnahmen in %	Nach den Personenkilometern			
	ohne	mit		a	b	c	
	Vorortverkehr der Fernbahnen			Fahrgäste in %	durchschnittliche Fahrtlänge	Vergleichszahl a × b	Personenkilometer %
Omnibus . . .	60	52		52	2,77	144	33,2
Straßenbahn . .	27	23	62	23	2,26	52	12,5
Schnellbahn . .	13	12		12	5,8	70	16,3
Vorortverkehr der Fernbahnen	—	13	38	13	12,5	163	38
Zusammen . . .	100	100	100			429	100

Man sieht, daß je nach der statischen Methode der Anteil des Omnibus von 60 auf rd. 33 fällt, der des Vorortverkehrs der Fernbahnen aber von Null auf 38% steigt!!

Im Rahmen der „Größe des Verkehrs" spielt das Verhältnis der Verkehrsgröße zur Stadtgröße, also zur Bevölkerungsgröße eine gewisse Rolle. Man kommt hiermit zu dem Begriff „Zahl der Fahrten je Kopf im Jahr". Hierbei ergibt sich:

1. Die Zahl ist um so größer, je größer die Einwohnerzahl ist; sie soll „theoretisch" mit dem Quadrat der Einwohnerschaft wachsen; schlüssig beweisen kann man das wohl nicht.

2. Die Zahl ist bei gleicher Stadtgröße in den verschiedenen Ländern verschieden; sie ist besonders groß in Amerika. Die Unterschiede sind in erster Linie in der Stadtform, ferner der Zahlungsfähigkeit, den Landesgewohnheiten und der durchschnittlichen Güte der Verkehrsmittel begründet.

3. Die Zahl müßte bei durchgehender Arbeitszeit (also bei englischer Tischzeit) kleiner sein als bei geteilter; ob sich das im einzelnen nachweisen läßt, mag bezweifelt werden.

4. Die Zahl ist um so größer, je weitläufiger die Stadt gebaut ist.

5. Die Zahl ist um so größer, je gebirgiger die Stadt ist, weil dann der Radverkehr um so kleiner ist (vgl. Stuttgart, Zürich und Bern gegenüber Bremen und Kopenhagen).

6. Die Zahl ist um so größer, je niedriger die Tarife sind und je sorgfältiger namentlich die Tarife der Zeitkarten auf die Bedürfnisse der ärmeren Volkskreise zugeschnitten sind.

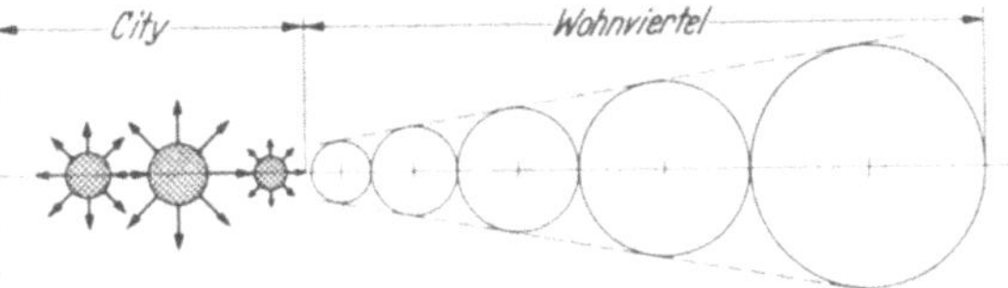

Abb. 90. Einflußgebiete und Aussteigestationen einer Vorortlinie.

Da der Stadtverkehr sich aus so vielen Gruppen zusammensetzt und da jede Gruppe nach zeitlicher und räumlicher Verteilung ihre Eigenarten aufweist, so muß der Stadtverkehr starke Verschiedenheiten zeigen, d. h. Abweichungen von den Durchschnittswerten, die für die maßgebende Zeiteinheit, also das Jahr, und für die maßgebende Raumeinheit, nämlich das Gesamtnetz, gelten. Diese Abweichungen, also die räumlichen und zeitlichen **Schwankungen** des Verkehrs üben einen großen, und zwar ungünstigen Einfluß auf die gesamte Betriebs- und Wirtschaftsführung der Verkehrsanstalten aus und müssen daher von jeder verantwortlichen Stelle sorgfältig erforscht werden. In unserem Zusammenhang genügt aber eine allgemeine Abhandlung über die Ursachen und Größe der Schwankungen, die aus ihnen folgenden Schwierigkeiten und deren Bekämpfung.

Die Untersuchung wird am einfachsten, wenn sie von einer Vorortlinie ausgeht, die aus einem Wohngebiet in das Geschäftsviertel vorstößt und in diesem in einem Kopfbahnhof endigt; der Leser möge hierbei etwa an die Wannseebahn denken. Die Erörterungen gelten aber für jede „Vorortbahn", sei sie Schnell-, Straßenbahn- oder Omnibuslinie. Die Linie habe gemäß Abb. 90 drei „Citystationen" und eine größere Zahl von „Vorortstationen". Der Geschäftsverkehr kann hierbei vernachlässigt werden; am wichtigsten ist der Berufsverkehr, nächstdem der Erholungsverkehr.

Der Berufsverkehr der Vorortlinie. Für den Berufsverkehr hat die Bahn gemäß Abb. 90 ein bestimmtes „Einflußgebiet"; dieses setzt sich aus einer Reihenfolge von Kreisen zusammen, die um die Vorortstationen als Mittelpunkte beschrieben sind; die Halbmesser entsprechen den Gehweiten, die die Bevölkerung noch auf sich nimmt; die Halbmesser können nach außen zu größer angesetzt werden, da die dort Wohnenden für das billigere oder angenehmere Weiter-Draußen-Wohnen sich mit längeren Fußwegen abfinden. Obwohl hierdurch die Einzugsgebiete der einzelnen Stationen nach außen größer werden, ist der Verkehr der näheren Stationen größer, weil ihre Einzugsgebiete dichter besiedelt sind und weil ihre Bewohner infolge des geringeren Zeit- (und Geld-) Aufwandes relativ häufiger hin- und herfahren. Die Verkehrsmengen der von den einzelnen Vorortstationen zur City Fahrenden entsprechen also den in Abb. 91 dargestellten Größen; und die Zahl der an den Citystationen Ankommenden ist (unter Vernachlässigung des Zwischenverkehrs zwischen den Vorortstationen) gleich der Gesamtsumme der Abgefahrenen. Die Belastung der einzelnen Streckenteile ist also (leider!) sehr ungleich; sie ist am größten zwischen der ersten City- und der ersten Vorortstation und fällt nach außen schnell ab. Hieraus ergibt sich für die Fahrplangestaltung, daß das „Platzangebot", d. h. die Zahl der in

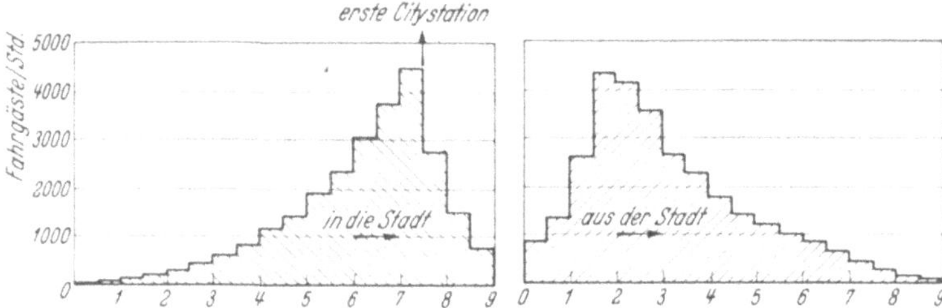

Abb. 91. Anzahl der zu befördernden Personen in der Stunde auf einer Radiallinie.

einer Stunde zur Verfügung zu stellenden Sitzplätze stark abgeändert werden muß, wenn nicht einer Überfüllung am City-Rand eine Leere auf der Außenstrecke gegenüberstehen soll. Zur Angleichung kann man den einzelnen Zug verstärken und verkürzen, aber das wird bei unzureichenden Gleisanlagen schwerfällig und zeitraubend und daher oft nicht zweckmäßig sein; einzelne Unternehmen haben dieses System aber geschickt ausgebaut und gute Erfolge erzielt, z. B. in Düsseldorf. Im allgemeinen muß man aber die Zahl der Züge je Stunde verschieden bemessen, also z. B. nach Abb. 92 von A bis B den

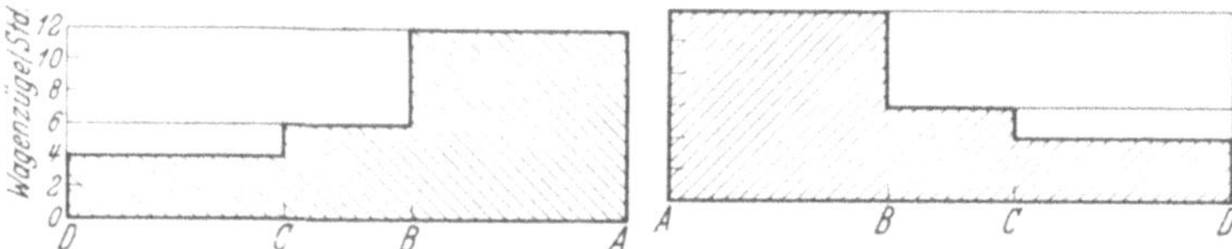

Abb. 92. Anzahl der notwendigen Wagenzüge in der Stunde auf einer Radiallinie.

5 min-Verkehr, von B bis C den 10 min-Verkehr und von C ab den 15 min oder gar 20 min-Verkehr einführen. Dies erfordert „Wendestationen" in B und C, die bei Schnellbahnen nach dem bewährten Vorbild der Wannseebahn, bei Straßenbahnen am besten in Schleifenform angelegt werden (s. unten). Die Verringerung der Zugzahlen auf den Außenstrecken ergibt sich zwanglos, wenn die Stammstrecke sich außen verzweigt; solche Verzweigungen sind also wirtschaftlich und betriebstechnisch oft günstig; sie sind jedenfalls nicht als „Linienverkettungen" (s. unten) zu beanstanden; auch städebaulich sind sie meist günstig zu beurteilen, da sie zur weiteren Auflockerung beitragen.

Noch unangenehmer als die verschieden starke Belastung der einzelnen Teilstrecken sind die zeitlichen Schwankungen. Im Berufsverkehr sind (außer den Konjunkturschwankungen folgende Schwankungen zu erkennen:

a) Die jahreszeitlichen (Saison- oder monatlichen) Schwankungen in der Stadt ergeben sich daraus, daß im Winter von gewissen Berufszweigen mehr gearbeitet und gelernt wird als im Sommer, in dem die Hauptferien und -urlaubszeiten liegen (vgl. Abb. 93). Ferner ist der Radverkehr im schönen warmen Sommerwetter größer, während bei kaltem nassem Winterwetter die Radler auf die öffentlichen Verkehrsmittel übergehen. Besonders stark ist im Winter unter Umständen der Zugang zu den gut ausgestatteten und gut geheizten Schnellbahnen.

b) Die Schwankungen innerhalb der Woche zeigen zunächst den großen Unterschied zwischen Werktag und Feiertag, denn am Feiertag ist der „Berufsverkehr“ ganz klein, dafür aber der Erholungsverkehr usw. sehr groß. Aber auch zwischen den einzelnen Werktagen bestehen Unterschiede; bei geteilter Arbeitszeit werden sich z. B. (der Mittwoch und) Sonnabend mit ihren „freien“ Nachmittagen bemerkbar machen; der Montag ist meist ein schlechter, der Sonnabend ein guter Tag für Einkauf, Besuch und Vergnügungen (vgl. Abb. 94).

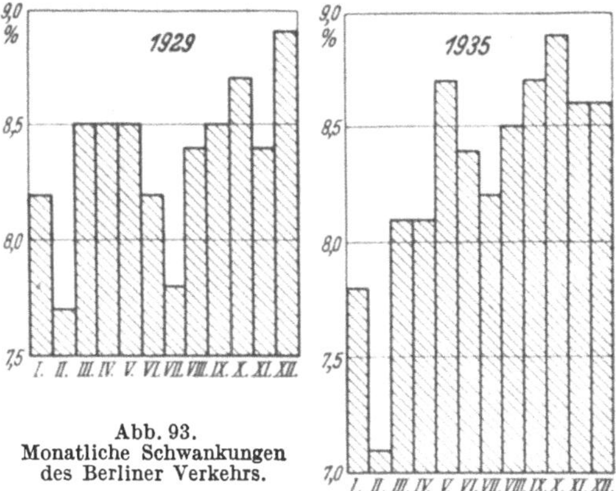

Abb. 93. Monatliche Schwankungen des Berliner Verkehrs.

c) Am schlimmsten sind die stündlichen Schwankungen innerhalb desselben Tages. Sie sind im Berufsverkehr am charakteristischsten bei der ungeteilten Arbeitszeit. Der Verkehr in die City zeigt hier entsprechend den Arbeitsbedingungen und Lebensverhältnissen etwa folgendes Bild:

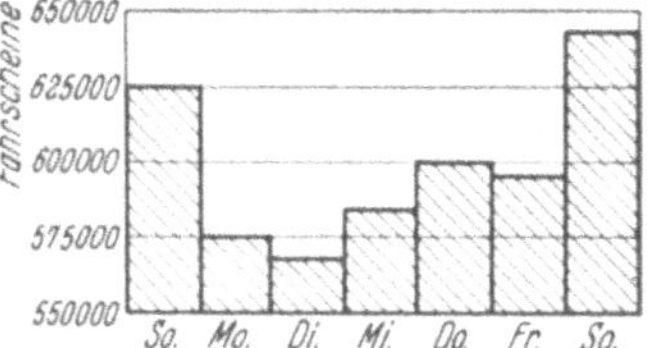

Abb. 94. Wöchentliche Schwankungen des Nahverkehrs.

In den frühesten Morgenstunden fahren nur die Früharbeiter (Zeitungsdrucker, Bäcker, Verkehrsangestellte, Großmarktbesucher); dann kommt die Hochflut der Bau-, Industrie- und Hafenarbeiter, dann die der Büro- und kaufmännischen Angestellten; dann tritt Ruhe ein, bis die Frauen, die inzwischen die häusliche Morgenarbeit erledigt haben, zu Einkäufen usw. in die Stadt fahren; dann ist wieder Ruhe bis nach dem Mittagessen; und dann kommt noch der Nachmittag- und Abendverkehr gesellschaftlicher und kultureller Art. Die hieraus sich ergebende Verkehrsgröße der einzelnen Tagesstunden sind für Hin- und Rückfahrt in Abb. 95 dargestellt. Die Schwankungen sind also außerordentlich groß; so groß, daß wir ehrlich bekennen müssen, daß wir die daraus sich ergebenden Schwierigkeiten mit wirtschaftlich vernünftigen Mitteln nicht voll meistern können. Vielmehr muß sich die Bevölkerung damit abfinden, daß während des Spitzenverkehrs Gedränge herrscht und daß ein großer Teil der Fahrgäste nur einen Stehplatz erhalten kann. Demgemäß müssen also auch die Wagen für den Großstadtverkehr auf das Erzielen zahlreicher Stehplätze eingerichtet sein. Vom wirtschaftlichen Standpunkt der Transportanstalt sind diese Verkehrsspitzen noch deswegen besonders kritisch, weil der Höchst-

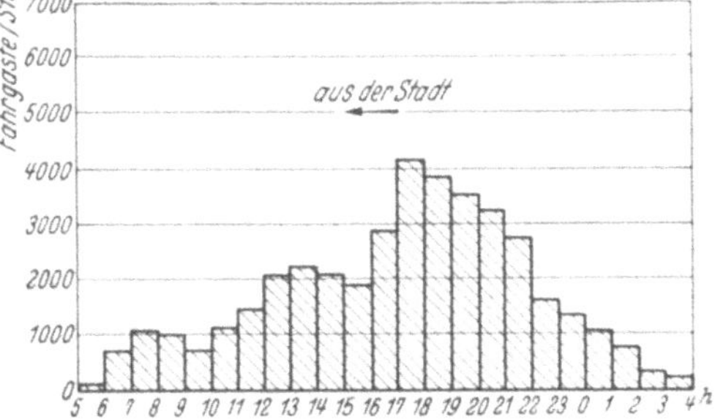

Abb. 95. Werktägliche Schwankung des Nahverkehrs. Bezogen auf einen Punkt einer Vorortlinie.

verkehr in der einen Richtung mit einem besonders niedrigen Verkehr in der anderen Richtung zusammenfällt. In verschiedenen Weltstädten haben sich die maßgebenden Stellen (Aufsichtsbehörden, Stadtverwaltungen, Handelskammern, Großindustrien und Verkehrsanstalten) die größte Mühe gegeben, in vertrauensvoller Zusammenarbeit der Bevölkerung das „menschenunwürdige" Gedränge und den Verkehrsanstalten die betriebstechnischen und wirtschaftlichen Schwierigkeiten durch Staffelung der Arbeitszeiten zu erleichtern. Die Bemühungen sind zwar nicht ganz erfolglos geblieben; es hat sich aber doch meist ergeben, daß der Eingriff in die Lebensgewohnheiten zu groß ist und daß die Staffelung nur von den größten Betrieben durchgeführt werden kann.

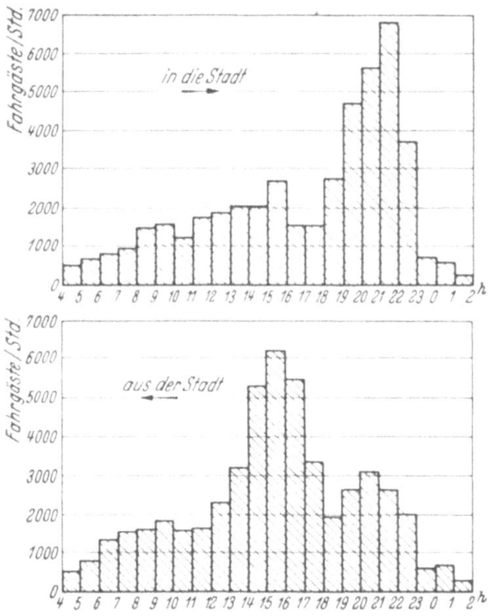

Abb. 96. Sonntägliche Schwankung des Nahverkehrs auf einer Berliner S-Strecke.

Bei geteilter Arbeitszeit sind die Verkehrsspitzen nicht so groß wie bei der ungeteilten; denn bei ihr ziehen sich dem gesamten Lebensgewohnheiten entsprechend die Anfangs- und Schlußzeiten der Arbeit für die verschiedenen Berufe und Schüler weiter auseinander. Es entstehen bei ihr außerdem durch die Mittagsruhe zwei weitere Verkehrsspitzen, die aber nicht so hoch sind wie die Morgen- und Abendspitze; insgesamt ist hier die Verteilung des Verkehrs günstiger (und die Gesamtgröße außerdem relativ höher); die betriebstechnischen und wirtschaftlichen Schwierigkeiten sind also geringer.

Die Verkehrsspitzen sind auch bezüglich der Belastung der Kraftwerke zu beachten; sie stellen unter Umständen die höchste Belastung der Kraftwerke dar.

Der Erholungsverkehr der Vorortlinie. Vollkommen abweichend vom Wohnverkehr ist der Erholungs-, also der Ausflug-, Sport- und Friedhofverkehr gestaltet.

a) Seine jahreszeitlichen Schwankungen zeigen das Ansteigen im Sommer, das Absinken im Winter. Ausnahmen werden durch die im Winter betriebenen Sportarten hervorgerufen; auch der Totensonntag, Buß- und Bettag und entsprechende Feiertage rufen einen großen Verkehr hervor, obwohl sie in der ungünstigen Jahreszeit liegen.

b) Die Schwankungen innerhalb der Woche zeigen die Hochflut am Feiertag, außerdem noch am Sonnabend- und auch teilweise am Mittwochnachmittag.

c) Die „stündlichen" Schwankungen innerhalb desselben Tages zeigen im Ausflugverkehr nach Abb. 96 die Hochflut nach außen in den frühen Mittagsstunden, die Hochflut nach innen zur Zeit der Dämmerung. Der durch bestimmte Veranstaltungen (Rennen, Sportfeste, politische Tagungen, Ausstellungen usw.) hervorgerufene Verkehr ist vor Beginn und nach Schluß besonders scharf zusammengepreßt; am kritischsten ist hier der Ansturm auf die Verkehrsmittel am Schluß der Veranstaltung. Besonders schwierig gestaltet er sich, wenn der Schluß nicht pünktlich erfolgt, ferner dann, wenn zahlreiche Kinder an den Veranstaltungen teilnehmen. Beim Ausflugsverkehr ist auch zu beachten, daß beim Rückverkehr manche Männer angeheitert, manche Frauen wegen der Kinder nervös sind.

Vorstehende Ausführungen beziehen sich, wie oben erwähnt, auf den einfachsten (aber häufigsten) und lehrreichsten Fall, nämlich den der Vorortlinie. Es müßten nun noch die anderen wichtigsten Linienarten (Durchmesser-, Ring-, Hufeisenlinie) behandelt werden. Wir können uns aber auf die Durchmesserlinie beschränken.

Die Durchmesserlinie entsteht durch das Verbinden zweier von entgegengesetzten Seiten in die City eindringenden Vorortlinien. Demgemäß wären zur Erkennung der Verkehrsschwankungen zu den Abb. 91—92 immer ein entsprechendes „Spiegelbild" anzufügen. Jedoch sind folgende Änderungen zu

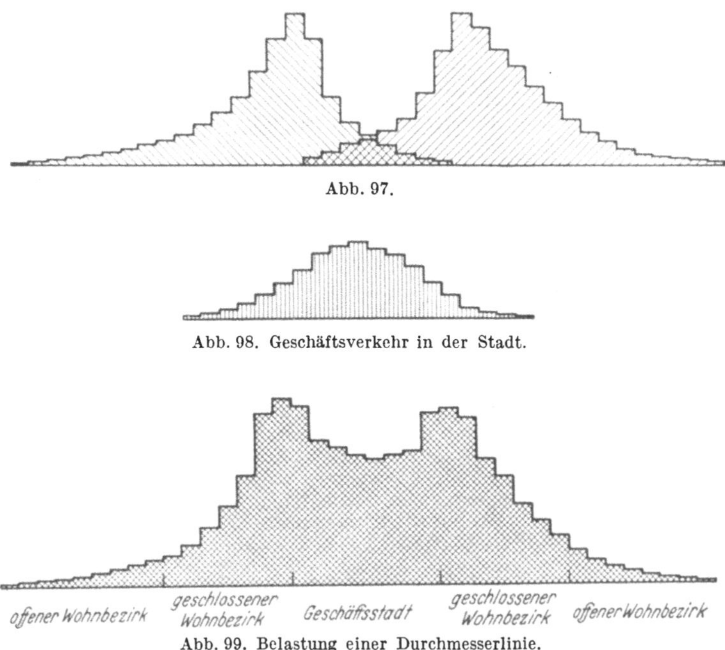

Abb. 97.

Abb. 98. Geschäftsverkehr in der Stadt.

Abb. 99. Belastung einer Durchmesserlinie.

beachten: Der Verkehr wird, sobald die Vorortlinie in eine Durchmesserlinie übergeleitet wird, stark zunehmen, und zwar um so stärker, je weiter draußen bisher der Endbahnhof gelegen hat und der von außen kommende Verkehr wird sich über eine größere Zahl von „Citystationen" verteilen; die von den zwei verschiedenen Seiten kommenden Verkehre werden sich in der City „überlappen".

Demgemäß ergeben sich die Belastungen der einzelnen Streckenteile derart, daß aus Abb. 91 das in Abb. 97 dargestellte Bild wird.

Aber dieses ist insofern noch nicht richtig, weil man bei einer Durchmesserlinie den Geschäftsverkehr nicht vernachlässigen darf, was wir oben bei der Vorortlinie unbedenklich tun konnten. Es ist also noch der in Abb. 98 dargestellte Geschäftsverkehr zu addieren, um die Gesamtbelastung der einzelnen Streckenteile einer Durchmesserlinie für den Werktag zu erhalten (vgl. Abb. 99). Auch hier sind die Unterschiede in der Belastung leider sehr groß.

Um die stündlichen Schwankungen während desselben (Werk-) Tages für eine Durchmesserlinie und die hieraus folgenden Schwierigkeiten zu übersehen, faßt man am besten das eine Gleis einer zweigleisigen Bahn ins Auge, also z. B. gemäß Abb. 100 das Gleis West-Ost und an diesem zwei Punkte (A und B), die am entgegengesetzten Rand der City liegen. Es ergeben sich dann die aus dieser Abbildung zu entnehmenden Verkehrsmengen: morgens sind die von Westen kommenden Züge bei A überfüllt, bei B dagegen schon fast leer; nachmittags müssen von Westen her viele Züge angebracht werden, die bei A ziemlich leer sind, um die dann bei B liegende Spitze zu bewältigen.

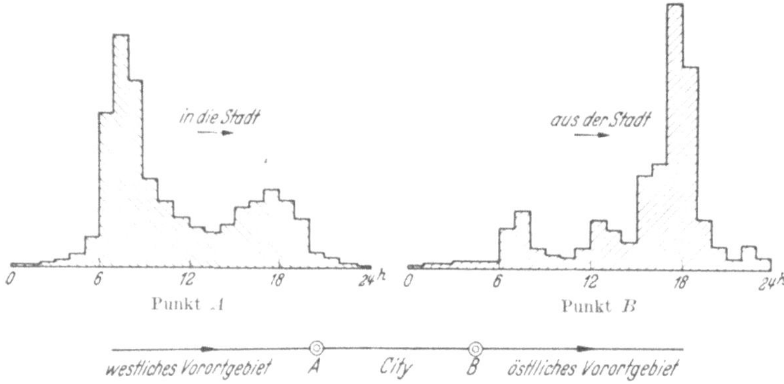

Abb. 100. Stündliche Belastung des Gleises von West nach Ost einer Durchmesserlinie, und zwar an den Punkten A und B.

2. Der Stadt- und Vorortverkehr der Fernbahnen.

Der Vorortverkehr der Fernbahnen ist nachstehend besonders ausführlich behandelt. Das mag auffallen; es ist aber aus triftigen Gründen geschehen: Einerseits spielt nämlich diese Art der Verkehrsbedienung eine größere Rolle, als gemeinhin angenommen wird; andererseits herrscht über sie eine merkwürdig große Unkenntnis, die dazu führt, daß an dem einen Ort vorhandene Chancen nicht ausgenutzt werden, während an dem anderen Ort unmögliche Forderungen erhoben werden. Der planmäßige Einsatz des Vorortverkehrs der Fernbahnen ist ein wirkungsvolles Mittel zur Auflockerung der Mittel-, Groß- und Riesenstädte, weil er durch hohe Billigkeit ausgezeichnet und dem Massen- (Spitzen-) Verkehr besonders gut gewachsen ist. Wie stark er aber im Schrifttum usw. unterschätzt wird, ergibt sich daraus, daß er in den Statistiken meist überhaupt nicht erscheint. Wo er aber angeführt wird, werden fast immer nur die Zahlen der Fahrgäste angegeben, nicht aber die Personenkilometer; da aber im Vorortverkehr der Fernbahnen die durchschnittliche Fahrtlänge meist mehr als doppelt so groß ist als bei den Oberflächen-Verkehrsmitteln, so ist die Bedeutung des Vorortverkehrs wesentlich höher als sie nach diesen Statistiken zu sein scheint.

Die Leistungen der Fernbahnen für den Nahverkehr sind in den verschiedenen Ländern, bei den verschiedenen Verkehrsanstalten, für die verschiedenen Stadtgrößen, Stadttypen und Stadtformen verschieden groß. Vielfach zeigen sich selbst innerhalb desselben Ferneisenbahnnetzes große Unterschiede; viele von ihnen sind nur geschichtlich zu erklären; manche vielleicht nur dadurch, daß früher einmal bei zwei Privatbahnen über die Pflege des Nahverkehrs verschiedene Ansichten geherrscht haben; manche dadurch, daß hier die Straßenbahnen schnell und gut, dort langsam und schlecht entwickelt worden sind. Offensichtlich muß auch die Lage des Hauptbahnhofs zur City und die Lage der einzelnen Fernlinien eine große Rolle spielen: Je dichter der Hauptbahnhof an der City liegt, desto stärker wird sich der Nahverkehr entwickeln (vgl. Köln, Hamburg, Essen, Dresden, Zürich, Bern); je weiter er entfernt liegt, desto schwächer wird er dagegen sein (Darmstadt, Karlsruhe, Rom); wo der Hauptbahnhof hinausgelegt wird, wird sich dies in einem Nachlassen des Nahverkehrs äußern (Wiesbaden, Mailand); wo für den Fernverkehr eine die City durchquerende „Stadtbahn“ geschaffen wird, wird der Nahverkehr stark steigen (Berlin, Neapel, Pennsylvaniabahn in New York). Je gestreckter die Fernlinien radial in die Stadt hineinführen, desto größer ist der Nahverkehr; je größer dagegen die Umwege vor der Stadt sind, desto kleiner ist er. Ein lehrreiches Beispiel ist Wuppertal: Da die Stadt nach Abb. 101 mit ihren zwei Hauptkernen Elberfeld und Barmen langgestreckt ist und die Hauptlinie der Reichsbahn in der Längsrichtung der Stadt verläuft und über viele dicht an den Stadtkernen liegende Stationen verfügt, so hat der Nahverkehr sich gut entwickelt; als Gegenbeispiel ist eine rundliche Stadt zu nennen, bei der nach Abb. 102 die Hauptlinien zum Teil tangential verlaufen und bei der der Hauptbahnhof weit draußen liegt.

Wir brauchen aber auf die vielen Unterschiede und ihre Gründe nicht einzugehen, da die wichtigen Punkte sowieso berührt werden müssen, und brauchen

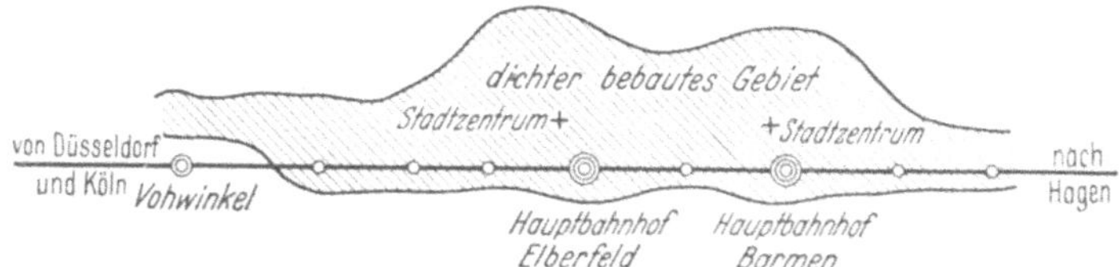

Abb. 101. Durchführung der Reichsbahn durch die „Bandstadt" Wuppertal.

nur folgendes festzustellen: Die Hauptaufgaben der Fernbahnen liegen selbstverständlich in der Pflege des Güter- und des Fern-Personenverkehrs, und diese beiden Verkehrsarten dürfen jedenfalls durch die Pflege des Nahverkehrs nicht behelligt werden; oder mit anderen Worten: Der Nahverkehr darf von den Fernbahnen nur insoweit gepflegt werden, als er sich ohne Reibung in Verkehr, Betrieb und Wirtschaft des Güter- und Fern-Personenverkehrs einfügen läßt;

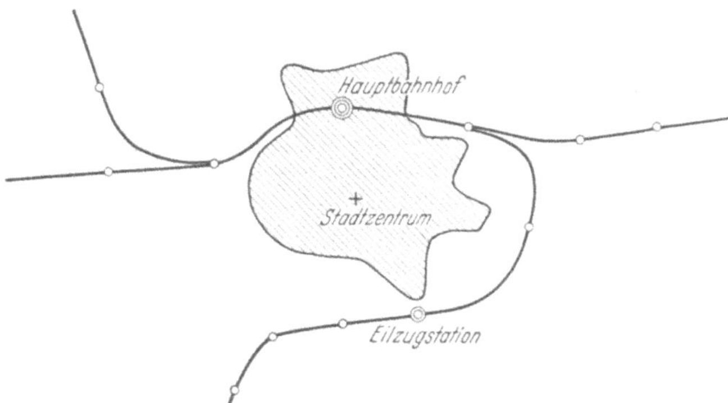

Abb. 102. Rundliche Stadt mit ungünstiger Lage für den Vorortverkehr.

höhere Leistungen dürfen also auch die Bevölkerung und die Stadtverwaltungen nicht erwarten oder verlangen, und es sei auch vorweg noch kurz angedeutet, daß die Fernbahnen bei ihrem Nahverkehr die wirtschaftlichen Wirkungen auf die eigentlichen Nahverkehrsmittel beachten sollten.

Der Nahverkehr entwickelt sich aus dem Fernverkehr, selbst wenn man ihn nicht pflegen will, ganz von selbst, weil man die Fahrten zwischen dem Hauptbahnhof und den nächsten Haltepunkten nicht verhindern kann; diese liegen aber nun einmal in den Vororten, sind also „Vorortstationen". Auch die Ausgabe der für den allgemeinen Verkehr eingeführten verbilligten Zeitkarten für diese kurzen Strecken kann man nicht verweigern. Der Verkehr wird sich aber noch in engen Grenzen halten, solange die Haltestellenabstände den für den Fernverkehr angemessenen Längen entsprechen, also vielleicht 6 km betragen. Es werden dann aber die Vorstädte die Einrichtung von Vorstadtstationen fordern, und zwar zunächst nicht etwa, um von ihnen nach innen zum Hauptbahnhof, sondern um von ihnen bequemer nach außen fahren zu können. Es wird also nach Abb. 103 ein Schema entstehen, bei dem zu den ursprünglichen „reinen Fernstationen“ *A B C D E* später die „Vorstadtstationen“ *f g h i k l* hinzukommen; und daß dieses Schema insgesamt „vernünftig“ ist, kann nicht bestritten werden.

Die Fernbahn wird nun für den Nahverkehr zunächst keine besonderen Aufwendungen machen, sondern die Nahreisenden in die Fernzüge „sich noch hineinquetschen“ lassen; und erst, wenn die Beschwerden hierüber zu ernst werden, wird sie besondere Züge einlegen, die wir als „Vorortzüge“ bezeichnen müssen, auch wenn sie diesen Namen amtlich nicht führen. Diese Züge werden dann ständig vermehrt werden, denn es wird für alle Beteiligten gut und

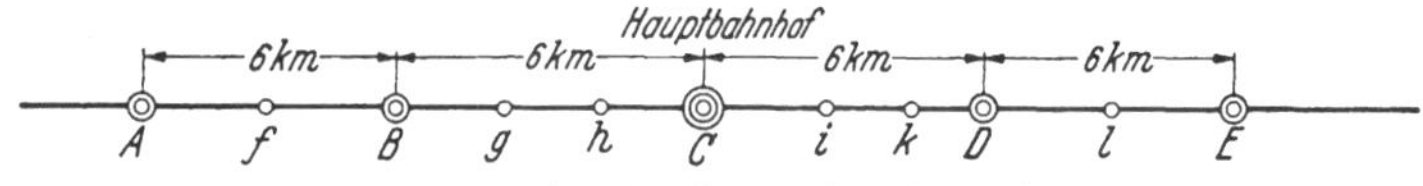

Abb. 103. Vorortstationen einer Fernbahn.

besonders vom sozialen Standpunkt segensreich sein, wenn die Fernbahnen so weit wie möglich zur Pflege des Nahverkehrs ausgenutzt werden, und zwar aus folgenden Gründen:

1. Die Fernbahnen stellen mit all ihren Strecken und Bahnhöfen, Zügen und Beamten Anlagen und Einrichtungen dar, die sowieso vorhanden sein müssen. Solange der Nahverkehr dieses Vorhandene einfach mitbenutzt, also „Mitläufer-Verkehr“ ist, verursacht er nur geringe Mehrkosten (nämlich nur für einzelne Vorortzüge und Vorortstationen). Er kann also billig bedient werden, und die Tarife sind daher auch niedrig, jedenfalls meist niedriger als die von Straßenbahnen oder Omnibussen.

2. Die Beförderung in den (Vorort-) Zügen der Fernbahnen ist besonders gut, bequem und schnell; der Reisende ist gegen Erkältungen geschützt, kann die Zeit (zum Arbeiten, Lesen, Ausruhen) gut ausnutzen und braucht daher auch größere Entfernungen nicht zu scheuen.

3. Die Fernbahnen sind dem Massenverkehr gut gewachsen, weil ihre (Vorort-) Züge lang sein und in kurzen Abständen verkehren können; das schwierige Problem des Massenansturmes wird von vielen anderen Verkehrsmitteln nicht so gut gelöst.

Der Städtebauer muß sich also sorgfältig bemühen, alle Chancen auszunutzen, die ihm die Fernbahnen mit dieser zwar beschränkten, aber trotzdem so wirkungsvollen Pflege des Vorortsverkehrs bieten: Jede schon vorhandene Vorortstation ist ein Kristallisationspunkt für die Weiterentwicklung ihrer Umgebung; neue Vorortstationen müssen geschaffen werden, um neue Stützpunkte für die Erschließung der Außengebiete zu gewinnen, wobei unter Umständen die Bau- und Betriebskosten der Fernbahn ganz oder zum Teil vergütet werden müssen. Hier liegt das Problem der sog. „Trabantenstädte“, bei denen so oft das Einfachste, nämlich diese Abstützung auf die Fernbahn nicht gesehen wird; sie ist aber gerade für größere „Trabanten“ das Grundlegende, denn an der Fernbahn läßt sich auch der unentbehrliche Güterbahnhof schaffen, und an diesem lassen sich auch die ebenfalls unentbehrlichen Anschlußgleise anschließen, ohne die die Industrie in der Trabantenstadt sich nicht entwickeln kann.

Bei vorstehenden Ausführungen haben wir nun aber vorausgesetzt, daß es sich bei dem Nahverkehr um Mitläufer-Verkehr handelt, daß also Sonderaufwendungen für ihn nicht oder nur in geringem Maße entstehen, nämlich nur für das Vorhalten der besonderen Vorortzüge, für den Betrieb dieser und für einige besondere Vorortstationen und Abstellanlagen. Mit diesem billigen Mitläufer-Verkehr kann man aber die Verkehrsbedürfnisse nicht mehr ordentlich befriedigen, wenn die Großstadt zu 6 bis 700000 Einwohnern aufsteigt, also zur

„Riesenstadt" wird. Es können dann nämlich die Ferngleise und Fernbahnhöfe den Vorortverkehr nicht mehr ausreichend bedienen, und es wird daher der Bau besonderer Vorortbahnen erforderlich, bei denen also von Mitläufer-Verkehr nicht mehr die Rede sein kann; sie verursachen vielmehr meist einen so hohen Kapitalaufwand und ihre Betriebskosten sind (in Ansehung der starken Schwankungen des Nahverkehrs) so hoch, daß sie unter Umständen ihre Selbstkosten nicht mehr decken können. Die Fernverkehrsanstalt muß also eines Tages zu der Frage Stellung nehmen, ob sie den Bau besonderer Vorortbahnen grundsätzlich einleiten oder ablehnen will.

Diese Frage ist nun von etwa 1870 ab für die Millionenstädte bejaht worden, und so haben die Fernbahnen in New York, London, Paris, Berlin, Wien, Hamburg umfangreiche Netze von Stadt- und Vorortbahnen geschaffen, ihren Betrieb stark gepflegt, eine soziale Tarifpolitik getrieben, dann den Dampfbetrieb durch elektrischen ersetzt und hiermit Chancen gegeben, die wesentlich zur Auflockerung der Städte hätten beitragen können. Diese Chancen sind aber infolge des damaligen Tiefstandes der Städtebaukunst und des geringen Verständnisses der staatlichen und städtischen Behörden oft nicht ausgenutzt worden; vielmehr sind die Millionenstädte noch schneller als bisher gewachsen, und im Umkreis der Vorortstationen sind Mietkasernenviertel entstanden.

Diese beklagenswerten Folgeerscheinungen können infolgedessen nicht der Eisenbahn zur Last gelegt werden; eine Feststellung, die gemacht werden muß, weil heute leider oft behauptet wird, daß die Stadt- und Vorortbahnen Berlins aus sich heraus zusammenballend gewirkt hätten; auch hier ist nicht das Verkehrsmittel, sondern die falsche Boden- und Siedlungspolitik schuld.

In der Folgezeit haben einzelne Fernbahnen auch für „kleinere" Städte den Vorortverkehr eifrig gepflegt, so z. B. die entsprechenden Staatsbahnen den Vorortverkehr von Dresden, München und Stuttgart und einzelne Eisenbahngesellschaften den Vorortverkehr von Boston, Philadelphia und Chikago; und es war um etwa 1900 die Ansicht stark vorherrschend, daß die Fernbahnen für Städte von etwa 500000 Einwohnern ab den Vorortverkehr planmäßig auszubauen hätten; in Deutschland wurde in diesem Sinn von vielen Seiten wenigstens die Gewährung der niedrigen Berliner Vororttarife als Mindestleistung verlangt.

Allmählich trat aber ein Umschwung ein, da man erkannte, daß die Pflege des Nahverkehrs durch die Fernbahnen nicht nur Vorteile, sondern auch folgende Nachteile brachte:

1. Für die meisten Fernbahnen stellte sich der Nahverkehr, sobald er besondere Gleise (Bahnen) erforderte, als ein Verlustgeschäft heraus. Solche Bahnen decken zwar im allgemeinen noch die laufenden Betriebs-, Unterhaltungs- und Erneuerungskosten; sie sind aber nicht in der Lage, die Verzinsung der in ihnen steckenden Kapitalien aufzubringen. Diese Erkenntnis veranlaßte natürlich die maßgebenden Stellen (Parlamente, Aktionäre), mit der Bewilligung weiterer Kapitalien zurückzuhalten. Infolgedessen wurden bei den schon bestehenden Vorortnetzen Verbesserungen und Erweiterungen nur schwer und zögernd bewilligt, selbst wenn sie an und für sich zweckmäßig waren; neue Vorortbahnen anzulegen für Städte, in denen der Vorortverkehr bisher auf den Ferngleisen mitbewältigt wurde, wurde grundsätzlich abgelehnt.

2. Es zeigte sich aber auch, daß die Gesamt-Netzgestaltung der Vorortbahnsysteme, die sich aus den Fernbahnen entwickelt hatten, vielfach nicht günstig war; denn die Fernbahnen waren natürlich so in die Städte eingeführt worden, wie es der Güter- und Fern-Personenverkehr erforderte, und hierbei waren sie, den Forderungen des Durchgangsverkehrs entsprechend, meist in einem gewissen Abstand an der City vorbeigeführt worden. Demgemäß hatten die Bahnhöfe oft nicht die Lage zur Stadt (zur City, den wachsenden Vororten und den wichtigsten Ausflugzielen), die für den Nahverkehr zweckmäßig gewesen

wäre. Die Folgen waren, daß der Verkehr auf diesen mit so hohem Kapitalaufwand geschaffenen Vorortbahnen hinter den Erwartungen zurückblieb und daß die Stadtentwicklung teilweise in falsche Richtungen gelenkt wurde (Zusammenballung entlang den günstig verlaufenden Linien, Öde in den nicht erschlossenen Zwischengebieten); ferner konnten Straßenbahnlinien, nachdem der große Fortschritt des elektrischen Betriebes erzielt war, in die Außengebiete vordringen und hier den Vorortbahnen bösen Wettbewerb machen, namentlich dann, wenn die Vorortbahnen ungünstig, die Straßenbahnen aber günstig trassiert waren (vgl. Abb. 104).

3. Andererseits ergab sich als Nachteil, daß eine besonders gute Pflege des Vorortverkehrs durch die Fernbahnen die Anlage selbständiger städtischer Verkehrsmittel (Schnell- und Straßenbahnen) erschwerte und verzögerte; denn die Stadtverwaltungen hatten keine Veranlassung sich zu einer besonders tatkräftigen Verkehrspolitik zu entschließen, solange ihnen die Sorgen von der Fernbahn abgenommen wurden, zumal die Städte ja bei ihrem schnellen Wachstum genug andere Sorgen hatten; und der private Unternehmungsgeist war zur Zurückhaltung, namentlich hinsichtlich des Baues von Schnellbahnen genötigt, weil ein selbständiges Verkehrsunternehmen seine vollen Selbstkosten aus seinen Einnahmen decken, also entsprechende Fahrpreise erheben muß, während der Vorortverkehr der Fernbahnen diese Deckung nicht unbedingt erzielen mußte und daher mit recht niedrigen Tarifen arbeiten konnte und dies aus sozialen Gründen bewußt tat, vgl. die sehr billigen Monatskarten der Deutschen Reichsbahn.

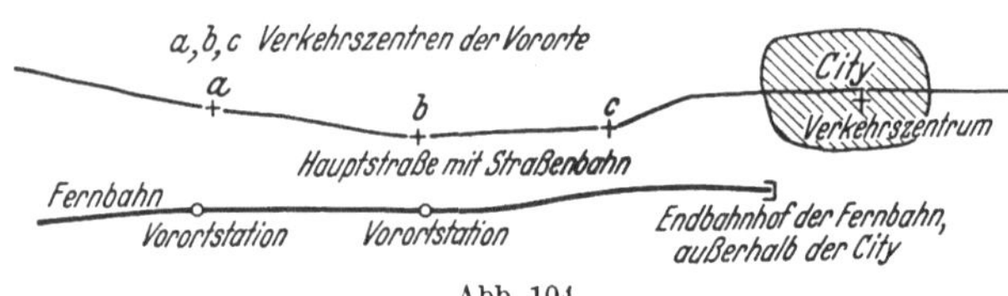

Abb. 104.

Die Gesamtheit dieser schwierigen Fragen „Vorortverkehr der Fernbahnen“ ist jetzt soweit abgeklärt, daß sich folgende Richtlinien angeben lassen:

a) Wo bereits besondere Anlagen für den Vorortverkehr vorhanden sind, werden sie selbstverständlich erhalten bleiben und weiter betrieben werden. Die Fernbahnen werden sich hierbei damit abfinden müssen, daß die früher aufgewendeten Kapitalien wahrscheinlich nicht verzinst werden. Dagegen werden sie mit der Bewilligung neuer Mittel zurückhaltend sein und ihre Verzinsung (durch Mehreinnahmen und Minderausgaben) erstreben. Mittel hierzu sind: der Neubau und die Verlängerung von Linien, die Anlage neuer Stationen und Verbesserungen im Fahrplan und der Zugausstattung. Hierbei wird man übrigens die unmittelbaren Nutznießer (Grundeigentümer) unter Umständen zu den Kosten heranziehen können, und zwar ohne Verletzung der sozialen Gesichtspunkte. Wesentlich für die Hebung des Verkehrs ist besonders die Verbesserung der Lage der Citystationen. Wo Vorortbahnen in Kopfstationen endigen, die zu weit draußen liegen, kann das weitere Hineinstoßen von großer Bedeutung sein; viel zu weit draußen lag z. B. früher der Stettiner Vorortbahnhof in Berlin und infolgedessen hat sich der ganze Verkehr der nördlichen Vorortbahnen nie richtig entwickelt; er hätte etwa 4mal so groß sein müssen[1]. Man darf sogar behaupten, daß der Ringbahnhof Potsdamer Platz in Berlin und der Starnberger Bahnhof in München zu weit draußen liegen. Die teuerste, aber auch die erfolgreichste Verbesserung ganzer Vorortbahnnetze ist natürlich der Bau einer die Innenstadt durchziehenden „Stadtbahn“, durch die die bisher in Kopfbahnhöfen endigenden Vorortbahnsysteme zusammengeschlossen werden. Hervorragende Beispiele dieser Art sind die Pennsylvaniabahn in New York und die Nord-Südbahn, Wannsee-Bahnhof — Stettiner Bahnhof in Berlin; bei dem

[1] Vgl. Giese a. a. O. S. 149.

System der in der alten West-Ost-Stadtbahn in Berlin wurzelnden Vorortbahnen hat man zuerst die Stammlinie gebaut und erst später aus ihr heraus die Vorortlinien vorgetrieben; infolgedessen fand deren Verkehr von Anfang an günstige Voraussetzungen vor.

Der Wettbewerb zwischen den Vorortbahnen und den städtischen Verkehrsmitteln wird oft schädlich sein und letzten Endes zum Schaden der Bevölkerung ausschlagen; planvolle Zusammenarbeit ist also dringendes Gebot. Sie muß besonders in der Bau- und der Tarifpolitik zum Ausdruck kommen; ferner sollten die Fahrpläne aufeinander Rücksicht nehmen und der Umsteigeverkehr erleichtert werden. Inwieweit hierbei Tarifgemeinschaften möglich und zweckmäßig sind, kann hier nicht untersucht werden. Daß in manchen Städten vollkommene Betriebsgemeinschaften erstrebt werden, ist verständlich; aber die Schwierigkeiten, die hierbei im Einzelfall zu überwinden sind, sollte man nicht unterschätzen.

b) Wo besondere Vorortbahnen noch nicht vorhanden sind, müssen sich die Stadtverwaltungen darauf einstellen, daß die Fernbahnen im allgemeinen nicht mehr geneigt sein werden, solche zu schaffen, daß die Stadt also auf sich selbst gestellt sein wird und ihre städtischen Verkehrsmittel als Rückgrat für die Stadtentwicklung ausgestalten muß. Diese Einstellung wird um so stärker werden, je mehr sich in einem Volk die Einsicht durchsetzt, daß der Zusammenballung entgegengearbeitet werden muß. Wo diese Erkenntnis noch nicht Gemeingut ist, mögen vielleicht auch noch Fernbahnen mit einem weiteren starken Anwachsen der führenden Großstädte rechnen und daher wähnen, daß sie für sich selbst und das Volk mit dem Bau von Vorortbahnen Gutes schaffen. Im übrigen kann man also nur mit folgendem rechnen: Einlegen von Vorortzügen (getrennt nach Werk- und Feiertagsverkehr) in dem Umfang, wie der Fernverkehr dies zuläßt; hierbei ist die Leistungsfähigkeit des Hauptbahnhofs wahrscheinlich oft von ausschlaggebender Bedeutung; besondere Pflege des Ausflugverkehrs und anderer Massenverkehre; Einführung besonderer Betriebsweisen (Triebwagen); Anlage neuer Vorortstationen; Gewährung besonderer sozial sorgfältig abgestimmter Tarife — gutes Beispiel: Essen-Kettwig. Hierbei werden die Fernbahnen um so vorsichtiger sein müssen, je größer ihre Netze sind, denn desto mehr müssen sie Berufungen anderer Städte fürchten; manche wollen aber Unterschiede nicht sehen, selbst wenn sie noch so drastisch sind.

Trotz dieser Stellungnahme seien aber noch zwei Punkte hervorgehoben, bei denen sich zeigt, daß der Vorortverkehr — oder besser gesagt: der Nahverkehr — unter Umständen den Fernverkehr stark beeinflussen kann. Wo der Nahverkehr im Umkreis einer Großstadt oder in einem Industriebezirk besonders stark entwickelt ist, bildet er einen starken Anreiz, den elektrischen Betrieb einzuführen, sofern dieser überhaupt zur Erwägung steht. Ferner übt er einen starken Anreiz aus, die Lage des Hauptbahnhofs zur City zu verbessern, sofern diese ungünstig ist; die Eisenbahnverwaltung wird sich also um so eher zu großen Umgestaltungen entschließen und hierbei einen neuen (besseren und leistungsfähigeren) Bahnhof tiefer in der City anlegen, je mehr Vorteile sie sich hiervon auch für den Nahverkehr verspricht.

Ihrer konstruktiven Anordnung nach werden die Stadt- und Vorortbahnen der Fernbahnen in den Außengebieten meist Damm- oder Einschnittbahnen sein; sie werden also von den gewöhnlichen Fernbahnen nur geringe Abweichungen zeigen; hierbei ist die große Zahl von Querstraßen, die unter- oder überführt werden müssen, ein deutlicher Hinweis darauf, daß man mit dem Höhenunterschied zwischen Straße und Schiene nicht knausern sollte; denn die Straßen sollen ohne Dükerung und ohne Stelzung glatt durchgeführt werden.

Je mehr die Bahnen in dem Innengebiet kostspieligen Grunderwerb verursachen, desto mehr muß an Breite gespart werden, desto mehr müssen also die Böschungen durch Futtermauern ersetzt werden; letzten Endes ist die Bahn als „Tiefbahn" in einen Tunnel oder als „Hochbahn" auf einen Viadukt zu legen. Für die Tunnel kommen — je nach Tiefenlage, Boden- und Wasserverhältnissen — alle Konstruktionen vom „gewöhnlichen", d. h. gewölbten Tunnel bis zum Unterwasser-Röhrentunnel in Betracht. Für die Viadukte wird man Gewölbe bevorzugen; es ist dies aber nur möglich, solange die Grundstückpreise erträglich sind, da der in Anspruch genommene Streifen erworben werden muß. Wenn der Grunderwerb zu kostspielig wird, ist man gezwungen, die Bahn auf Stahlviadukten in die Straßenzüge zu legen. Das große Vorbild für die Ausführung mit steinernem Unterbau ist auch heute noch die nunmehr rund 65 Jahre alte Berliner Stadtbahn, die immer noch ein Meisterwerk der Eisenbahnbaukunst ist. Leider mußte an ihren Baukosten zu sehr gespart werden; sie hat infolgedessen eine zu stark gewundene Führung und zu knappe Querschnittabmessungen erhalten; solche Fehler wird man bei neuen Bauten vermeiden. Daß die Stadtbahnbögen später verstärkt werden mußten, ist nicht der ersten Anlage zur Last zu legen, sondern durch die erhebliche Vergrößerung der Achsdrucke notwendig geworden.

Bezüglich der sog. „Grundlagen der Linienführung" oder der „Trassierungselemente" wird man bei den Vorortbahnen nicht so hohe Anforderungen stellen wie bei den Hauptbahnen, sondern man wird sich bemühen, das an und für sich so schwierige Trassieren zu erleichtern und die an und für sich schon so hohen Baukosten zu ermäßigen, indem man bescheidenere Regelmaße zuläßt. Als kleinsten Halbmesser wird man 180 m (statt 300 m) zulassen, als stärkste Steigung 25‰ oder noch mehr (statt 12,5‰); unter Umständen wird man für Gleise, die nur im Gefälle befahren werden, sich mit noch stärkeren Neigungen abfinden; bei Anwendung dieser scharfen Maße sind die Ausrundungen, die Gefällwechsel, die Stellung der Signale usw. sorgfältig zu untersuchen. Wichtig ist die Einschränkung der Höhe des lichten Profils; für all diese Fragen ist heute die Nord-Süd-S-Bahn in Berlin maßgebend.

In der Netzgestaltung werden die Vorortbahnen eine starke Anlehnung an die Fernbahnen zeigen; meist werden sie auf lange Strecken unmittelbar neben ihnen liegen, und zwar im Regelfall neben Fernpersonengleisen und nur im Ausnahmefall neben Gütergleisen (vgl. die Berliner Ringbahn). Diese Zwangslage ist, wie oben erwähnt, ungünstig, denn die Linienführung kann hierdurch auf die siedlungstechnischen Forderungen nicht genügend Rücksicht nehmen. Bedenklich kann die Anklammerung dann sein, wenn die Endbahnhöfe, also die wichtigsten Citystationen, dadurch eine ungünstige Lage zur City erhalten, daß sie mit den Endbahnhöfen des Fernverkehrs verbunden werden, vgl. die schlechte Lage des Lehrter und Görlitzer Bahnhofs in Berlin.

Die Vorortgleise werden — bezüglich ihrer Lage zu den Ferngleisen — meist nach Abb. 105 zu einer zweigleisigen Vorortbahn zusammengefaßt. Diese Anordnung nach „Linienbetrieb" kann allerdings gegenüber dem „Richtungsbetrieb" gewisse Nachteile haben; sie hat aber den großen Vorzug, daß die beiden Bahnen und insbesondere ihre Bahnhöfe je für sich frei entwickelt werden können. Der Richtungsbetrieb kann als ausgeschlossen bezeichnet werden, wenn an den Ferngleisen Güterstationen angelegt werden müssen; ist dies nicht der Fall, so kann die Betriebsweise nach Abb. 106 vorteilhaft sein. Wird eine Vorortbahn (in ihrem äußeren Verlauf) von der Fernbahn losgelöst, also hier selbständig, den Bedürfnissen des Bebauungsplans entsprechend geführt, so ist zu prüfen, ob sie für Güterverkehr mit heranzuziehen ist; denn selbst für reine Wohnsiedlungen sind Güterstationen zur Verbilligung des Bezugs von Bau- und Brennstoffen erwünscht, vgl. die Wannseebahn von Zehlendorf ab.

Bezüglich der Bahnhöfe von Vorortbahnen sind für den Städtebauer folgende Angaben von Bedeutung: Die Abstände der Stationen sind im Stadtinnern nach denselben Gesichtspunkten zu ermitteln wie bei den Schnellbahnen. Als kleinsten Abstand mag man hier 600 m annehmen, als größten 1000 m. Die Abstände können nach außen zu größer werden; man wird aber das Maß von 2000 m nicht überschreiten. Die Bahnsteige werden am zweckmäßigsten als Inselbahnsteige, also nach Abb. 107 angeordnet; Außenbahnsteige, die

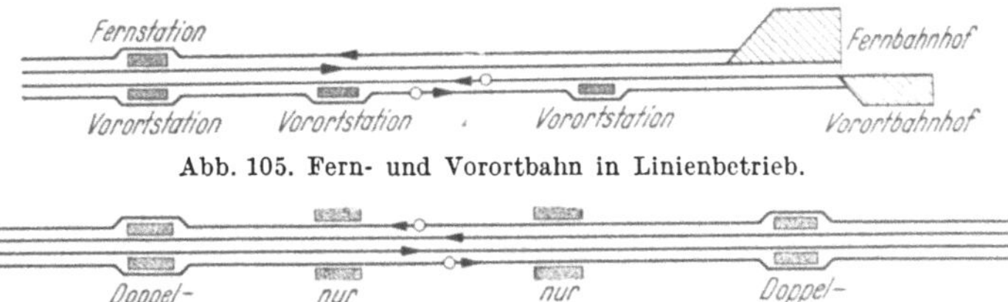

Abb. 105. Fern- und Vorortbahn in Linienbetrieb.

Abb. 106. Fern- und Vorortgleise in Richtungsbetrieb.

in England, Amerika und Frankreich früher viel ausgeführt worden sind, haben zwar den Vorzug, daß gemäß Abb. 108 die Gleise nicht auseinandergezogen zu werden brauchen; sie sind aber verkehrstechnisch und wirtschaftlich ungünstiger zu beurteilen. Die Länge der Bahnsteige muß der Zuglänge reichlich entsprechen; bei stark belasteten Vorortbahnen ist mit Achtwagenzügen von etwa 150 m Gesamtlänge zu rechnen. Die Abfertigungsräume sollten wenn möglich nicht über oder unter den Gleisen eingeschachtelt werden, sondern es sollten besondere Empfangsgebäude neben dem Bahnkörper angeordnet werden; sie müssen einen ordentlichen Bahnhofplatz erhalten; an diesem wird, wenn der Bebauungsplan richtig entwickelt ist, eine Querstraße vorbeiführen, durch die der „Bahnhof", d. h. in diesem Fall das Empfangsgebäude, mit der „anderen" Seite verbunden ist.

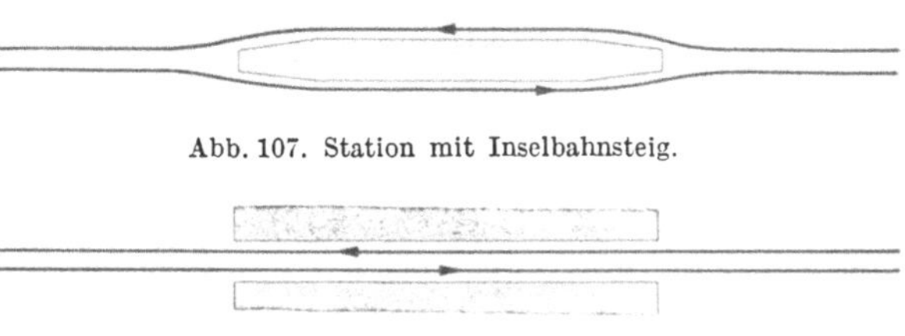
Abb. 107. Station mit Inselbahnsteig.

Abb. 108. Station mit Außenbahnsteigen.

Auf die Nebenanlagen der Vorortstationen ist im Bebauungsplan nur insoweit Rücksicht zu nehmen, als das Gelände für die vielen Wendestationen, die wenigen kleinen und die sehr wenigen großen Abstellbahnhöfe bereitzustellen ist. Auf die Sonderanlagen für Massenverkehr (bei Rennbahnen, Sportplätzen) braucht hier nicht eingegangen zu werden; es genügt der Hinweis, daß „Schleifenbahnhöfe" bei den Vorortbahnen leider meist nicht möglich sind, weil die vorgeschriebenen kleinsten Halbmesser zu groß sind; Gegenbeispiele finden sich in Amerika, wo man sich mit kleineren Halbmessern abfindet und daher auch große Vorortbahn-Endstationen im Stadtinnern statt in Kopf- in Schleifenform angelegt hat (vgl. New York und Boston).

3. Die Stadtschnellbahnen.

a) Bahnarten, Hoch- und Tiefbahnen. Die Schnellbahnen sind nachstehend besonders ausführlich behandelt, obwohl sie nur für die wenigen ganz großen Städte in Betracht kommen. Diese Ausführlichkeit ist aber darin begründet, daß die Schnellbahnen besonders lehrreich sind. Schnellbahnen sind nämlich so teuer und so schwierig, daß alles bei ihnen aufs Sorgfältigste bedacht, geplant, durchgerechnet, entworfen und ausgeführt werden muß; sie sind in Finanzierung, Netzgestaltung, Bau, Betrieb und Verkehr die „hohe Schule" des Stadtverkehrs; die auf ihnen gesammelten Erfahrungen gehören daher zum

Rüstzeug aller „Städtischen Verkehrsingenieure"; wer z. B. Stationen von Schnellbahnen richtig entwerfen kann, wird bei Stationen von Straßenbahnen keine grundsätzlichen Fehler machen. Außerdem gibt es gerade über die Schnellbahnen ein ausgezeichnetes Schrifttum, aus dem jeder Verkehrsfachmann viel lernen kann.

Unter Stadtschnellbahnen sind zu verstehen:

In Unterscheidung von den Vorortbahnen der Fernbahnen Bahnen, die wirtschaftlich und organisatorisch selbständig sind und daher in ihrer Linienführung (Netzgestaltung), Verkehrsbedienung, Betriebsweise und Tarifpolitik unabhängig sind, sich also den besonderen Forderungen des städtischen Verkehrs und den besonderen Verhältnissen der einzelnen Stadt gut anpassen können;

in Unterscheidung von den Straßenbahnen, auch den sog. „Schnellstraßenbahnen" Bahnen, die aus der Oberfläche der Straßen losgelöst sind, die Straßenfläche also nicht in Anspruch nehmen, auch keine Straßen in gleicher Höhe kreuzen.

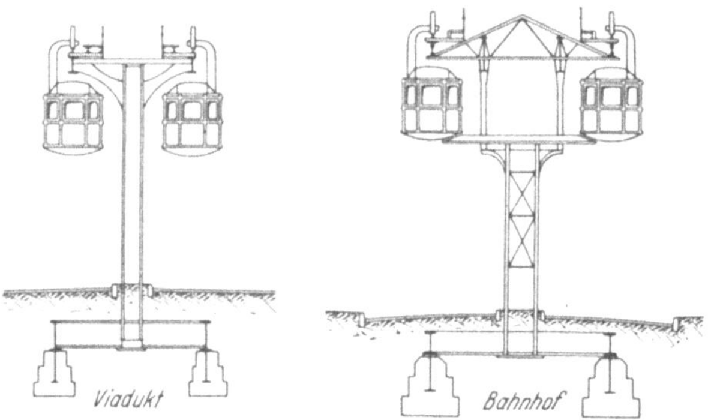

Abb. 109. Schwebebahnentwurf für die Brunnenstraße, Berlin.

Die Schnellbahnen werden als Hoch- und Tiefbahnen ausgeführt; innerhalb des dichter bebauten Gebietes folgen sie hauptsächlich den Straßen; sie liegen als Hochbahnen in Form von Stahlviadukten in den Straßenzügen, nehmen also durch ihre Stützen und Pfeiler die Straßenoberfläche etwas in Anspruch; sie liegen als Tiefbahnen unter den Straßen, und zwar entweder dicht unter der Oberfläche oder tief im Untergrund. Außerhalb des dichter bebauten Gebietes kann man — unter Erwerb des erforderlichen Streifens — die Hochbahn mit Stahlunterbau durch eine solche mit Steinunterbau (gewölbte Viadukte) ersetzen, und noch weiter draußen wird man die Ausführung auf Erddamm bevorzugen; desgleichen wird man hier die Tiefbahn durch die Einschnittbahn ersetzen, und zwar zwischen Futtermauern oder mit Böschungen. Da die Bauarten hiermit in die der „gewöhnlichen" Bahnen übergehen und da außerdem in derselben Linie Hoch- und Tiefstrecken vorkommen können, ergibt sich, daß die Begriffe „Hochbahn" und „Tiefbahn" verkehrs- und betriebstechnisch (fast) bedeutungslos, also nur bautechnischer Natur sind. Sie sind aber trotzdem städtebaulich von hoher Allgemeinbedeutung, denn auch hier liegen die Schwierigkeiten nicht in den Außengebieten, sondern in der Innenstadt, und für diese ist die Frage „Hoch- oder Tiefbahn?" sehr wichtig. Es sind daher zunächst die beiden Bahnarten vom konstruktiven Standpunkt aus und in ihren städtebaulichen Wirkungen zu erörtern.

Hochbahnen. Von den Hochbahnen brauchen die mit Steinunterbau nicht behandelt zu werden, da die notwendigen Angaben schon gemacht sind. Über die Schwebebahn genügen folgende Angaben: Sie ist als ein Meisterwerk deutscher Ingenieurbaukunst in Wuppertal ausgeführt worden, und es haben sich dann hervorragende Männer, namentlich Petersen, bemüht, sie dem Schnellverkehr in anderen Städten dienstbar zu machen, aber ohne Erfolg; der Kampf gegen die Schwebebahn ist teilweise recht unsachlich geführt worden[1].

[1] Von den verschiedenen für „Hängebahnen" vorgeschlagenen Bauarten kommt wohl nur die einschienige Schwebebahn nach dem Wuppertaler Vorbild in Betracht. Bei ihr hängen die Wagen (mit zweirädrigen Drehgestellen) freischwebend an einer einzigen Schiene; die anderen Vorschläge zeigen zwei Tragschienen oder eine Trag- und eine (oder sogar mehrere) Führungsschienen.

Die einschienige Schwebebahn hat vor der Standhochbahn folgende Vorzüge: Da die Wagen in den Krümmungen frei ausschwingen und sich daher der Fliehkraft entsprechend einstellen können, kann die Bahn vergleichsweise scharfe Bögen erhalten, sie kann also auch durch winkelige Stadtgebiete geführt werden; die Übergangsbögen erfordern aber sorgfältige Durcharbeitung. Der Bahnkörper ist schmaler, er nimmt also weniger Raum und Licht fort; außerdem kann er leichter gehalten werden, erfordert also weniger Baukosten; der Höhenunterschied zwischen Straße und Bahnsteig ist kleiner (etwa 4,50 m gegen 6,20 m). Nachteile der Schwebebahn sind die verwickelte Weichenkonstruktion und die Unmöglichkeit des unmittelbaren Anschlusses anderer Stadtbahnen. Trotz dieser Mängel darf der Städtebauer die Schwebebahn nicht einfach als „veraltet" oder „erledigt" abtun. Solche schwierigen Fragen können nicht nach dem „Gefühl" entschieden werden, sondern sie müssen in allen ihren wirtschaftlichen Auswirkungen berechnet werden; und die Schwebebahn kann nun einmal für eine bestimmte Stadt die billigste Bahn sein. Abb. 109 zeigt die allgemeine Anordnung der Schwebebahn, wie sie für Berlin vorgeschlagen war.

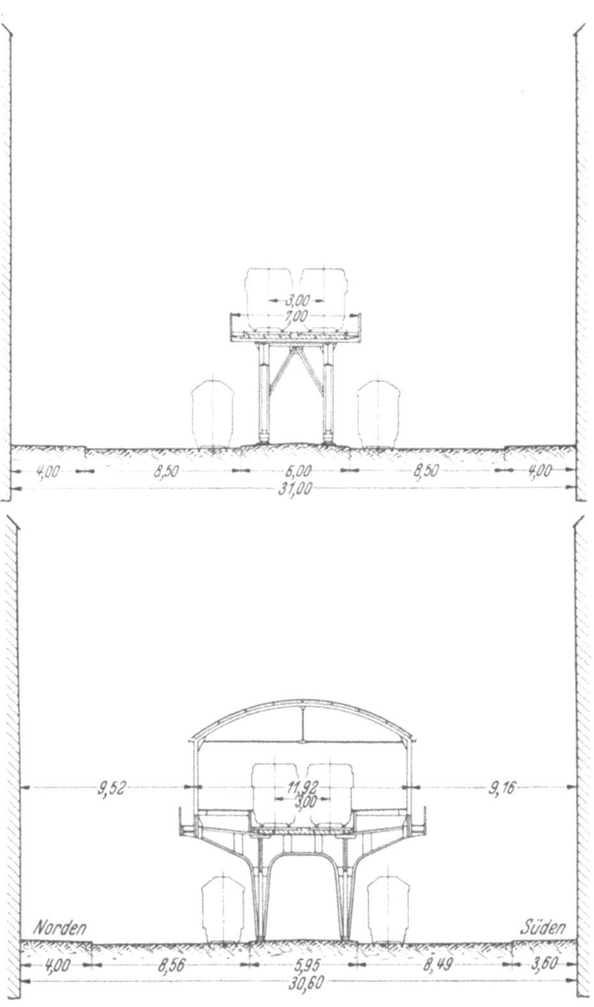

Abb. 110. Hochbahn Berlin. Gitschiner Straße mit Hochbahn und Gitschiner Straße mit Hochbahnhof Prinzenstraße.

Die ältesten (Stand-) Hochbahnen mit eisernem Unterbau sind die seit 1870 in Betrieb befindlichen Hochbahnen in New York. Die konstruktive Durchbildung dieser Bahnen war primitiv; jedes Gleis wird von zwei Gitter- oder Blechträgern getragen, und zwar liegen hierbei die hölzernen Querschwellen auf den Hauptträgern unmittelbar auf; es ist also keine Schalldämpfung und kein Schutz gegen herunterfließendes Schmutzwasser und Öl vorhanden. Die Bahnen sind zum Teil durch reichlich enge Straßen geführt und nehmen hierdurch Luft und Licht fort. Die späteren Ausführungen in Amerika (New York, Chikago, Boston) zeigen wesentliche Verbesserungen. Vorbildlich ist aber der seit 1897 durchgeführte Bau der Hochbahn in Berlin geworden. Die konstruktive Durchbildung ist (abgesehen von einem später klar erkannten Fehler) ausgezeichnet; die Bahn hat eine nach unten vollkommen dichte Fahrbahntafel, in der der Oberbau mit hölzernen Querschwellen in Bettung ruht; die Bahn ist nur in breiten Straßenzügen mit Mittelpromenade zugelassen worden, so daß die Fortnahme von Licht und Sonne in erträglichen Grenzen bleibt (vgl. Abb. 110). Auf die schönheitliche Durchbildung ist großer Wert gelegt; daß hierbei anfänglich an einzelnen Stellen mit unorganischem Aufputz gesündigt worden ist, ist aus der Geschmacksrichtung der Zeit zu erklären; man hatte damals noch nicht den Mut, Stahlkonstruktionen durch die Schönheit ihrer Linien wirken zu lassen, vgl. den Aufputz an den großen Stahlbrücken jener Zeit.

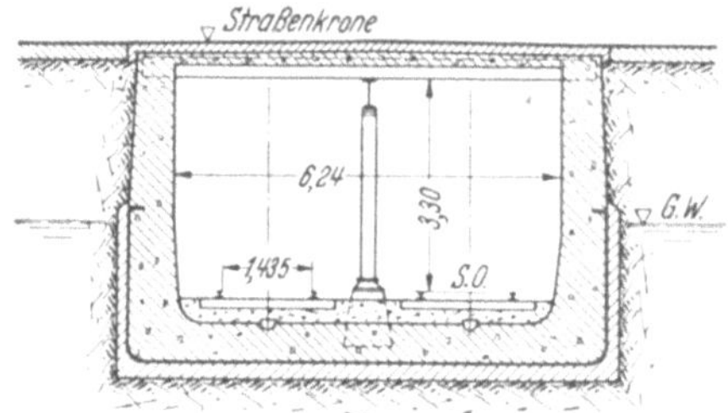

Abb. 111. Siemenssche Unterpflasterbahn.

Tiefbahnen. Man kann je nach der Tiefe unter der Straßenoberfläche (und der zum Teil hiervon abhängigen Art der Bauausführung) drei Arten von Tiefbahnen unterscheiden. Die Unterschiede sind aber nur konstruktiver Art; es können also innerhalb derselben Linie alle Arten vorkommen; städtebaulich ist aber von Bedeutung, daß die Abhängigkeit der Linienführung von dem Straßennetz um so größer ist, je höher die Bahn, je dichter sie also unter der Straße liegt.

a) „Unterpflasterbahnen" liegen gemäß Abb. 111 möglichst dicht unter der Straße. Sie sind daher — abgesehen von der Unterfahrung einzelner Gebäude — an die Straßenzüge gebunden; hierbei sind breite Straßen (mit Mittelpromenade) erwünscht, da sonst die Bauausführung und die Unterbringung der Straßenleitungen schwierig wird. Der Querschnitt des Bahnkörpers ist rechteckig; die Decke ist waagerecht, erfordert also eine Stahl- oder Eisenbetonkonstruktion; die Seitenwände werden, wenn die Breite ausreicht, in Stein (Beton) ausgeführt, sonst in Stahl-Stein-Konstruktion; die Bahn erhält eine starke Sohle; sie muß sorgfältig gegen eindringendes Wasser abgedichtet werden. Die Bauausführung erfolgt im Tagebau, also in offener Baugrube von oben her; Vorbilder in Budapest, Berlin, New York.

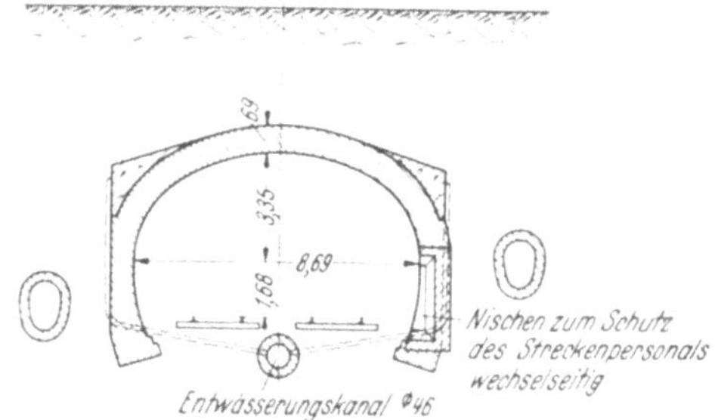

Abb. 112. Untergrundbahn. Tunnelquerschnitt der älteren Metropolitanstrecke.

b) „Untergrundbahnen" liegen nach Abb. 112 so tief unter der Straße, daß sie den für „gewöhnliche" Tunnel üblichen gewölbten Querschnitt erhalten können. Sie sind in ihrer Linienführung etwas freier als die Unterpflasterbahnen; sie haben ihnen gegenüber aber den Nachteil, daß der Höhenunterschied zwischen Bahnsteig und Straße größer ist und daß Lüftung und Entwässerung schwieriger sind. Sie eignen sich nur für bestimmte Bodenarten und günstige Grundwasserverhältnisse. Ihre Bauausführung erfolgt je nach Tiefe, Boden, Wasser tunnelmäßig oder in offener Baugrube; Vorbilder in Paris, London, Wien, Boston.

c) „Röhrenbahnen" liegen tief im Untergrund, unter Umständen ganz im Grundwasser und sogar unter Flüssen und Meeresarmen. Sie bestehen gemäß Abb. 113 aus kreisrunden eisernen Röhren, und zwar fast immer aus je einer Röhre für jedes Gleis; die Gleise brauchen also nicht in gleicher Höhe nebeneinander zu liegen. Infolge ihrer tiefen Lage sind sie in ihrer Linienführung vom Straßennetz stark unabhängig; der Höhenunterschied zwischen Straße und Bahnsteig ist aber so groß, daß Aufzüge erforderlich werden, die recht kostspielig sind; die Lüftung kann schwierig sein. Die ältesten Röhrenbahnen in London haben einen zu kleinen Querschnitt erhalten. Die Bauausführung erfolgt im

Tunnelbau, meist mit Schild-Vortrieb unter Druckluft. Vorbilder in London, New York, Boston, auch in Berlin (Spreetunnel bei Treptow). Die Röhrenbahnen in London liegen durchschnittlich etwa 23 m unter der Straße, ausnahmsweise aber bis zu 65 m (!), und die Bahnhöfe liegen bis zu 41, 45 und sogar 63 m tief. Abb. 114 zeigt schematisch den Zugang zu einer Station; zu beachten die verschiedene Höhenlage der Gleise und Bahnsteige.

Wahl der Bahnart. Für die Wahl der Bahnart sind die Baukosten, die Dichtigkeit der Bebauung, die Gestalt des Straßennetzes, der Untergrund und das Grundwasser maßgebend. Leider haben vielfach bei der Wahl an Stelle sachlicher, nüchterner Erwägungen und Berechnungen die bekannten „Imponderabilien" von Wichtigtuern, Volksvertretern usw. den Ausschlag gegeben, und zwar gegen die billige, also wirtschaftlich noch zu rechtfertigende Hochbahn und für die teure, also wirtschaftlich oft nicht zu verantwortende Tiefbahn.

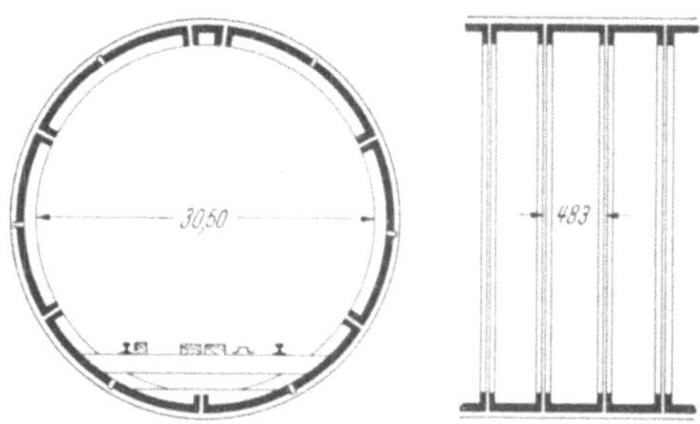

Abb. 113. Röhrenbahnen. Eisenrohr der City- und South-London-Bahn.

Es ist daher hier mit allem Nachdruck an die Spitze zu stellen, daß die Finanzierung von Schnellbahnen allgemein äußerst schwierig ist und daß sie selbst bei wirtschaftlichster Ausführung fast immer Zuschußbetriebe sind, d. h. daß sie eine ausreichende Verzinsung ihres Anlagekapitals nicht aufbringen können. Es ist daher bei der hohen sozialen Bedeutung der Schnellbahnen erforderlich, daß man zunächst von der billigsten Bauart ausgeht; und das ist zweifellos die Hochbahn; und auch bei der Hochbahn muß man von ihren billigeren Abarten (Steinunterbau, Dammbahn) jeden möglichen Gebrauch machen. Gegen

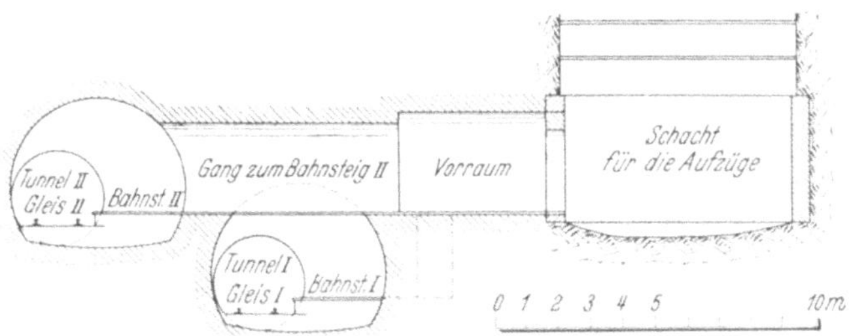

Abb. 114. Station einer Röhrenbahn. Zugang zu zwei eingleisigen Röhren in verschiedener Höhe.

die Hochbahn werden nun aber die Vorwürfe des Lärms, der Lichtentziehung, der Häßlichkeit, sogar der der „Unmodernität" erhoben. Hieran ist manches richtig; aber grundsätzlich sind die Vorwürfe unberechtigt. Gegen eine anständig gebaute Hochbahn (Standhochbahn oder Schwebebahn) in breiter Straße kann man nur dann Bedenken erheben, wenn hohe natürliche oder künstlerische Schönheiten geschützt werden müssen. Sind die Straßen stellenweise zu schmal und winkelig, so sind wahrscheinlich einige Straßendurchbrüche und Verbreiterungen billiger als der Bau einer Tiefbahn, und vielleicht sind sie gleichzeitig im Sinn der Gesundung schlechter Bauquartiere sozial wertvoll.

Abgesehen von den geringeren Anlagekosten sprechen für die Hochbahn: Das Fahren im Tageslicht, in freier Luft und unter den wechselnden Eindrücken des Stadtbildes ist angenehmer als die Fahrt im Tunnel. Die Betriebskosten werden bei Tiefbahnen wegen des größeren Zugwiderstandes in den engen Tunnelquerschnitten und wegen der Beleuchtung, Lüftung und Wasserhaltung größer sein. Die Bauausführung ist einfacher, erfordert weniger Zeit und belastet die Straße weniger als die von Unterpflasterbahnen. Die Eingriffe in die Straßenleitungen sind geringer. Im allgemeinen wird der Fahrgast die Hochbahn bevorzugen, der Anlieger (und Städtebauer?) dagegen die Tiefbahn.

b) Grundlagen der Linienführung. Da die Stadtschnellbahnen den Fernbahnen gegenüber selbständig sind, können sie — im Gegensatz zu den Vorortbahnen der Fernbahnen — in ihrer Linienführung und Netzgestaltung freier entwickelt, also dem Stadtkörper, der geplanten Stadtentwicklung und den besonderen Forderungen der einzelnen Stadtteile gut angepaßt werden. Diese Unabhängigkeit gegenüber den Fernbahnen darf bei der Linienführung einerseits nicht übertrieben betont werden, denn die großen Bahnhöfe der Fernbahnen, namentlich die Hauptpersonenbahnhöfe, aber auch die Hafen- und Rangierbahnhöfe sind so starke Verkehrspunkte, daß man Schnellbahnstationen an ihnen vorsehen sollte; andererseits sollte man aber nicht gekünstelte Abhängigkeiten zwischen Fernbahnen und Schnellbahnen konstruieren; man sollte z. B. keine „strategischen" Erwägungen in den Stadtverkehr hineingeheimnissen, wie es früher in Wien geschehen ist und heute in Paris (bezüglich der Frage Straßenbahn oder Omnibus) anscheinend noch geschieht.

Zunächst sind einige Angaben über die sog. „Trassierungselemente" oder die Grundlagen der Linienführung zu machen:

Die Steigungen und Krümmungen sind danach festzulegen, daß die Stadtschnellbahnen in „schwierigem" Gelände verlaufen. Von Natur wird das Gelände allerdings meist einfach sein; denn die Riesenstädte liegen fast sämtlich in der Tiefebene, so daß höchstens die Wasserflächen, die gekreuzt werden müssen, und das Grundwasser, in das unter Umständen hinabgetaucht werden muß, Schwierigkeiten bereiten können. Dafür bringen aber die dichte Bebauung, die Rücksichten auf die Straßen, die mitbenutzt oder gekreuzt werden müssen, die hohen Grundstückpreise stärksten Zwang in die Linienführung hinein; außerdem müssen die Stationen so dicht wie möglich an die schon vorhandenen Verkehrspunkte herangedrückt werden. Stadtschnellbahnen sind, obwohl sie in der Ebene liegen, ihrer Trassierung nach „Gebirgsbahnen".

Die Steigungen werden beeinflußt von: Dem Grundwasserspiegel, der Höhenlage der unmittelbar benutzten Straßenzüge, von den Höhen der zu kreuzenden, also zu überbrückenden oder zu unterfahrenden Querstraßen, Eisenbahnen, Entwässerungskanälen und Wasserflächen, dem Wechsel zwischen Hoch- und Tiefbahn und der Höhenlage der Stationen, möglichst geringer Höhenunterschied zwischen Straße und Bahnsteig! Hierzu kommen noch die Überwerfungen in den eigenen „schienenfreien Gleisentwicklungen" hinzu. Während man bei einigermaßen vergleichsfähigen Fernbahnen mit einer Höchststeigung von 12,5‰ (1 : 80) rechnen könnte, wird man bei Stadtschnellbahnen eine solche von 25‰ (1 : 40) bis 33‰ (1 : 30) und sogar bis zu 40‰ (1 : 25) oft nicht vermeiden können; bei einzelnen Bahnen sind die Steigungen noch stärker. Die Stärke der Steigung muß auf die Stärke der Motoren abgestimmt sein, denn ein in der Steigung zum Halten gekommener Zug muß zuverlässig wieder anfahren können; und die Lage der steigenden Strecke (Rampe) muß die Lage der Stationen und den Standort der Signale berücksichtigen, da es zu erheblichen Störungen führen kann, wenn die Züge häufiger gerade in Steigungen vor dem Signal zum Halten kommen; hierdurch kann in ungünstigen Fällen die Leistungsfähigkeit (Zugzahl in der h) einer ganzen Strecke herabgesetzt werden. Auch hier können Strecken, die nur im Gefälle befahren werden, stärkere Neigungen erhalten, als bei derselben Bahn für Steigungen zulässig sind; das muß man unter Umständen bei den „schienenfreien Gleisentwicklungen" ausnutzen. Für die Stationen kann eine Erhebung über die anschließenden freien Strecken den Vorteil bieten, daß die Einfahrt in der

Steigung, die Ausfahrt im Gefälle erfolgt; hiervon wird man aber meist nur bei den Untergrundbahnen Gebrauch machen können. Unter besonders schwierigen Verhältnissen kann es notwendig werden, die Stationen selber in Steigungen zu legen und hierbei das sonst übliche Höchstmaß von 2,5‰ (1 : 400) zu überschreiten. Die Gefällwechsel müssen besonders sorgfältig auf Abrundung durchgearbeitet werden; bei den Buckeln und Mulden sind waagerechte Strecken von ganzer Zuglänge vorzusehen. Die Anfänge von Steigungen (und besonders die Enden von Gefällen) sollten nicht mit den Anfängen von Krümmungen zusammenfallen.

Die Krümmungen müssen leider fast immer sehr scharf sein. Am ungünstigsten sind hier Hochbahnen in schmalen Straßen; bei ihnen muß der Halbmesser bis auf 30 m (27,4 m: New York und Chikago) herabgedrückt werden. Hierdurch wird nicht nur die Geschwindigkeit herabgesetzt, sondern es wird auch die Unterhaltung durch den schnellen Verschleiß der Schienen (Lebensdauer nur 4 Jahre ?) verteuert. Obwohl bei vielen Schnellbahnen Kleinsthalbmesser von 50 m angewendet sind, kann man solche nicht empfehlen; vielmehr sollte

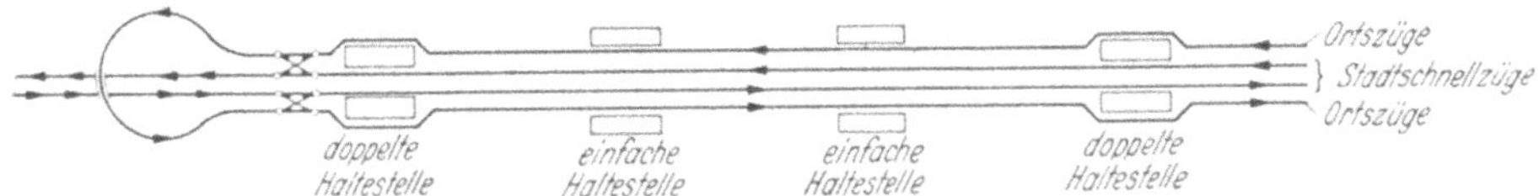

Abb. 115. Stationsfolge viergleisiger Strecken für Stadtbahnen im Richtungsbetrieb.

man nicht unter 80 m gehen, auch wenn dadurch an einzelnen Stellen teurer Grunderwerb notwendig wird. Wenn aus irgendeinem Grund Fernbahn-Fahrzeuge auf eine Schnellbahnstrecke übergehen müssen, wird man mit dem Halbmesser nicht unter 140 m herabgehen dürfen. In Nebengleisen kann man die Halbmesser unter Umständen kleiner wählen; man wird hiervon auch für die Weichen Gebrauch machen, jedoch nicht für Weichen, die im regelmäßigen Betrieb von Zügen abzweigend befahren werden. Zu besonders kleinen Halbmessern wird man bei „Schleifenbahnhöfen" greifen (Paris, Boston).

Die Zahl der Streckengleise beträgt fast immer zwei. Eine eingleisige Stadtschnellbahn würde beinahe ein Widerspruch in sich sein. Bei sehr starkem Verkehr genügen aber unter Umständen zwei Gleise nicht; man ist dann zur Anlage viergleisiger Bahnen gezwungen. Bei diesen nutzt man die vier Gleise dazu aus, daß man zwei zueinander gehörige Gleise den „Ortszügen" zuweist, die an allen Stationen (also etwa in je 600 m Abstand) halten, während man die beiden anderen Gleise den „Schnellzügen" zuweist, die nur an jeder dritten bis vierten Station (also nur in etwa 1800 bis 2400 m) halten. Solche Bahnen erhalten gemäß Abb. 115 Richtungsbetrieb, und die Stationen werden je nachdem als „einfache" oder als „Doppel"-Stationen angelegt[1].

Die Spurweite entspricht bei den meisten Stadtbahnen der Regelspur der Fernbahnen; sie ist also meist 1,435 m. Die Anwendung von Schmalspur hat — trotz der kleinen Halbmesser — aus Gründen der Leistungsfähigkeit keinen Zweck.

Das lichte Profil muß sich nach den Abmessungen der Wagen richten; bei diesen sollte man mit einer Wagenkastenbreite von nicht weniger als 2,40 m und einer größten Wagenhöhe (über *S.O.*) von nicht weniger als 3,20 m rechnen.

[1] Man hat auch gelegentlich dreigleisige Strecken angelegt; bei ihnen dienen die beiden äußeren Gleise dem regelmäßigen Verkehr, und das mittlere wird morgens in der Richtung nach der City, abends in der Richtung aus der City von „Schnellzügen" befahren; ähnliche Betriebsweisen hat man bekanntlich auch für stark belastete Ausfallstraßen versucht. Nachahmenswert ist die Anordnung für Schnellbahnen nicht.

Diese Abmessungen sind in Berlin dem in Abb. 116 dargestellten älteren „Kleinprofil“ zugrunde gelegt; sie haben sich als nicht voll ausreichend erwiesen und sind bei dem später eingeführten „Großprofil“ auf 2,67 und 3,425 m erhöht worden; sorgfältig zu studieren sind auch die Abmessungen der Berliner Nord-Süd-S-Bahn. Die älteren Röhrenbahnen in London haben zu kleine Abmessungen; innerer Durchmesser nur 3,05 m (!); die neueren aber 3,75 m.

Zahl, Abstand und Lage der Stationen müssen bei den Schnell- (und allgemein im Stadt- und Vorortverkehr) noch sorgfältiger abgewogen werden als bei den Fernbahnen. Die Abstände zwischen den Stationen müssen, um die Wege von und zum Bahnhof abzukürzen, möglichst klein sein; andererseits müssen sie aber so groß sein, daß die höhere Fahrgeschwindigkeit auch

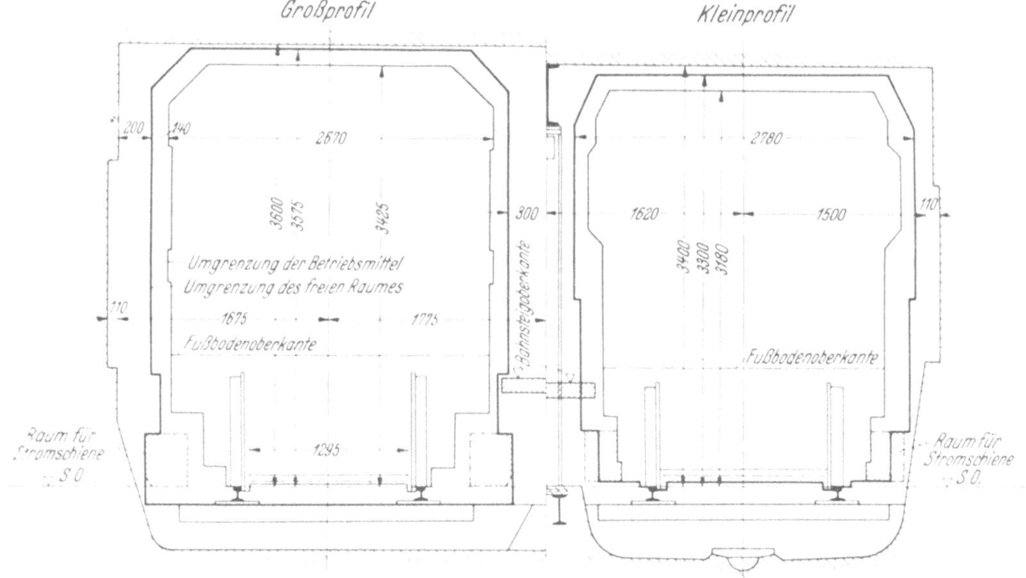

Abb. 116. Normalprofile des lichten Raumes.

ausgenutzt werden kann. Einen „zweckmäßigen“ oder „bewährten“ oder gar „besten“ „Durchschnittsabstand“ anzugeben, ist kaum möglich und kann sogar bedenklich sein; immerhin sei gesagt, daß er etwa bei 800 m liegen mag. Der Abstand darf aber innerhalb desselben Netzes und derselben Linie nicht gleichmäßig sein; er muß vielmehr um so kleiner sein, je dichter (und wichtiger) die Bebauung ist; er wird in der City gelegentlich auf 500 m sinken müssen, aber er sollte nur dann auf 400 m herabgedrückt werden, wenn zwei wichtige Verkehrspunkte in so kurzer Entfernung voneinander liegen. In den Außengebieten werden die Abstände auf 1200 und sogar 1500 m ansteigen dürfen; hier muß aber das Straßennetz, soweit dies möglich ist, dem Schnellbahnnetz angepaßt werden.

In Gieses Entwurf für das Schnellbahnnetz von Berlin schwanken die Stationsabstände von 370 bis 1700 m und betragen durchschnittlich 809 m. Im innersten Stadtgebiet ist der mittlere Abstand 643 m, er steigt nach außen innerhalb bestimmter Ringflächen auf 744 bis 838 bis 939 m. Bei den im Betrieb befindlichen Schnellbahnen Berlins sind die Abstände um etwa 70 m kleiner; die Vergrößerung wird von Giese als günstig bezeichnet.

Die Lage der Stationen ist mit der wichtigste und schwierigste Punkt der ganzen Netzgestaltung. Hier dürfen keine „Kompromisse“ geschlossen, keine Halbheiten geduldet, auch die bekannten „höheren Gesichtspunkte“ nicht anerkannt werden, die von unsachlich eingestellten oder geschäftlich interessierten Kreisen vorgebracht werden. Die Station darf unter keinen Umständen „abseits“ liegen, sondern sie muß unmittelbar im Verkehrspunkt liegen[1].

Diese Forderung, der immer noch nicht genügend Beachtung geschenkt wird, ist noch dahin zu ergänzen, daß auch die Zugänge zu den Stationen nach sorgfältigster Untersuchung derart unmittelbar in die Verkehrsschwerpunkte gelegt werden müssen, daß die Menschen „einfach in die Tiefbahn hineinfallen müssen“ und daß sie „selbst gegen ihren Willen von der Hochbahn angesaugt“ werden. Um gute Stationslagen zu erzielen, müssen sogar Umwege in Kauf genommen werden, vgl. den Umweg der Nord-Süd-S-Bahn in Berlin über den Anhalter Bahnhof; und um beste Lagen für die Stationszugänge zu erzielen, dürfen hohe Mehrkosten nicht gescheut werden. Von hoher Bedeutung ist die Lage der Stationen neuer Schnellbahnen zu vorhandenen Bahnhöfen der Fernbahnen und älteren Schnellbahnen; in dieser Beziehung sind gelegentlich grobe Fehler gemacht worden, die dann unter Umständen in richtiger Erkenntnis der begangenen Fehler später mit hohem Kostenaufwand verbessert werden müssen. Die Stationen der verschiedenen Verkehrsmittel müssen selbstverständlich so dicht wie möglich aneinandergerückt werden und es muß für kurze, klare Verbindungswege gesorgt werden (weiteres s. unten).

c) Winke für die Gesamtnetzgestaltung. Um für eine bestimmte Stadt ein Schnellbahnnetz richtig gestalten zu können, müßte man zunächst folgende Ermittlungen anstellen:

Mit welcher Gesamtlänge des Netzes darf man rechnen?

Welche einzelnen Linien sind besonders erwünscht?

Welche wichtigsten Verkehrspunkte, namentlich im Stadtinneren, müssen unmittelbar berührt werden?

Welche Verkehrsverflechtungen sind, wieder namentlich im Stadtinneren, zu berücksichtigen? Sind sie durch direkte Zugübergänge zu bedienen oder mittels Umsteigeverkehrs?

In welcher Weise sind Straßenbahnen oder Omnibuslinien anzuschließen?

Welche Bahnarten (Hoch- oder Tiefbahn) sind im dichter bebauten Gebiet erwünscht bzw. zulässig oder notwendig?

Welche (Außen-) Strecken können in einfachster, also billigster Form als Damm- oder Einschnittbahnen ausgeführt werden?

Wie hoch werden sich dann die gesamten Baukosten stellen?

Wie hoch werden die jährlichen (Gesamt-) Ausgaben sein?

Welche Tarife sind zulässig bzw. zweckmäßig? Wie groß wird dann der Verkehr (Zahl der Personenkilometer) sein? Wie hoch werden die Einnahmen sein? Wie steht es also mit der Rentabilität?

Soweit diese Fragen allgemein erörtert werden können, geschieht das an den entsprechenden Stellen; soweit sie nur von Fall zu Fall erörtert werden können, wird hierauf verzichtet, denn es würde zu viel Raum erfordern, um auch nur eine Weltstadt mit der notwendigen Kritik zu behandeln; es muß hier vielmehr auf die vielen und guten Werke und Aufsätze über die Schnellbahnnetze in Berlin, Hamburg, Paris, Boston, New York und Chikago verwiesen werden; weniger lehrreich sind dagegen Wien und London.

---

[1] In diesem Sinn ist z. B. die Linienführung der ersten Untergrundbahn in Berlin zwischen Leipziger Platz und Spittelmarkt falsch, weil sie nicht unter der Hauptverkehrsader, der Leipziger Straße, sondern unter bedeutungslosen Parallelstraßen liegt, wodurch drei Stationen eine falsche, nämlich abseitige Lage erhalten haben. Man mache nicht den Einwand, daß hierdurch eine „gesunde Dezentralisation“ erzielt werde; die wirksamste Dezentralisation, die durch eine Schnellbahn erzielt werden kann, ist die unmittelbare Entlastung der überlasteten Hauptverkehrsadern, und zu diesem Zweck müssen ihre Stationen unmittelbar in diesen liegen.

Für die Netzgestaltung von Schnellbahnen (oder allgemein von städtischen Verkehrsnetzen) hat man „Idealpläne“ oder „Regelschemata“ aufgestellt, denen einige Worte gewidmet werden mögen:

α) Abb. 117 zeigt ein „Schema A“, bei dem:

1. eine Reihe von Radiallinien bis an die City, also bis an das „Herz der Stadt“ vorstoßen,

2. diese Radiallinien durch eine Ringlinie verbunden sind, durch die der Umsteigeverkehr zwischen allen Radiallinien, also der Verkehr zwischen allen Stadtteilen besonders bequem gemacht werden soll,

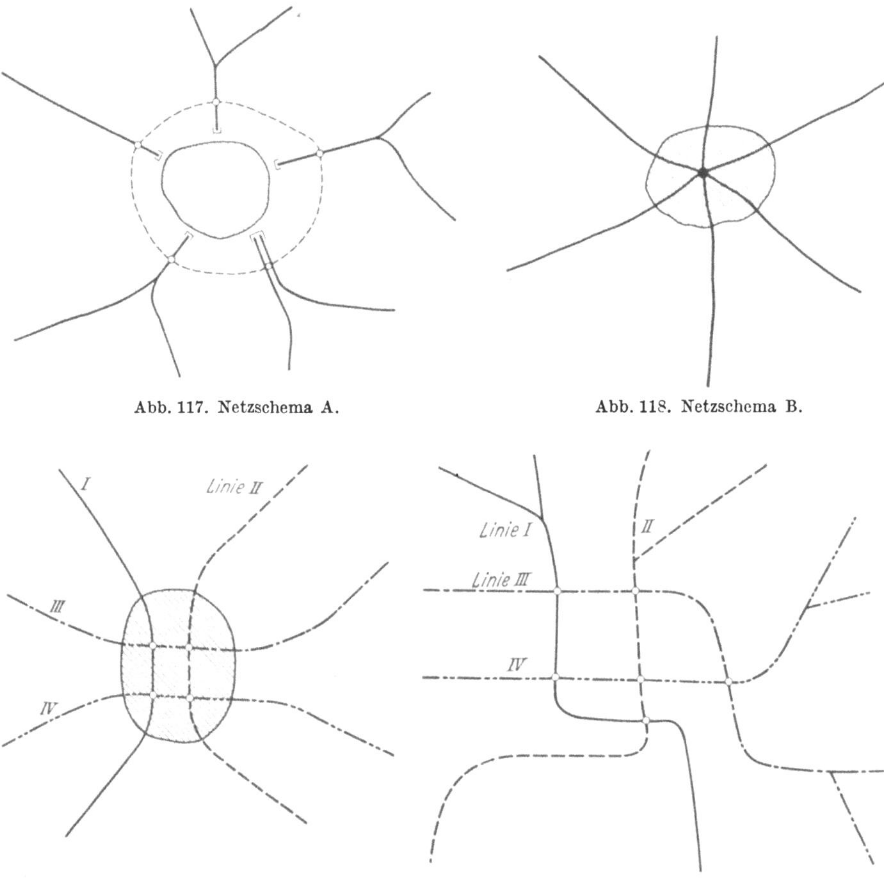

Abb. 117. Netzschema A. Abb. 118. Netzschema B.

Abb. 119. Netzschema C. Abb. 120. Netzschema D.

3. die Radiallinien sich weiter außen verzweigen, um das ganze Vorortgebiet gut zu erschließen.

Abgesehen von Punkt 3 ist dieses Idealschema wenig ideal; es spukt aber leider immer noch in den Köpfen von solchen „Städtebauern“ herum, die für die gesamte Stadtplanung mit geometrischen Figuren zu arbeiten versuchen. Falsch ist besonders das Endigen der Radiallinien am Rand der City, denn die Fahrgäste wollen nicht nur bis an die City heran, sondern sie wollen in sie hinein. Zu diesem verkehrstechnischen Mangel kommt der betriebstechnische hinzu, daß die an diesen Endpunkten entstehenden Kopfbahnhöfe den Betrieb erschweren und verteuern. Falsch ist (nicht immer, aber meistens) die Ringlinie; daß Ringlinien meist falsch eingeschätzt und oft falsch verstanden werden, ist oben schon erwähnt worden; die Menschen „wollen nicht Karussel fahren“, und der notwendige Umsteigeverkehr wird durch andere Maßnahmen besser bedient (vgl. „Schema D").

β) Den schwersten Fehler des „Schema A" hat man zu beseitigen versucht, indem man nach Abb. 118 ein „Schema B" zugrunde legte, bei dem alle Radiallinien bis in die City hineingeführt und hier in einem „Zentralbahnhof" vereinigt hat. Hierbei ließ man aber im unklaren, ob dieser Bahnhof End- oder Durchgangsform zu erhalten hätte, ob also die einzelnen Linien reine Radiallinien bleiben sollten oder zu Durchmesserlinien vereinigt werden sollten. Falsch ist bei „Schema B" besonders die überstarke Konzentration in dem einen Punkt; die Annahme, daß diese für den Umsteigeverkehr besonders bequem wäre, ist ein Trugschluß.

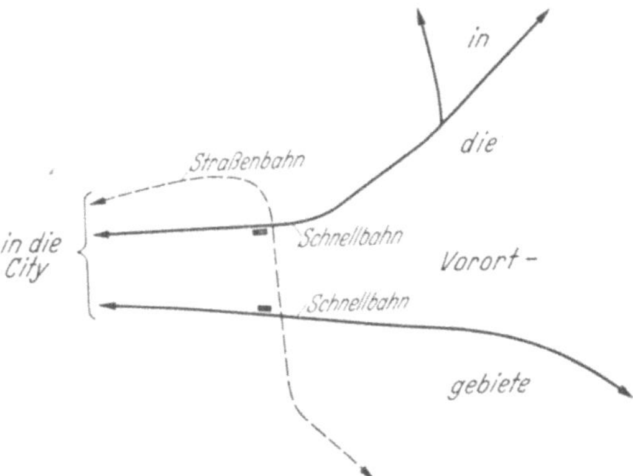

Abb. 121. Verbindung zweier Vorortbahnen durch eine Straßenbahn.

γ) Das in Abb. 119 dargestellte „Schema C" löst den „Zentralbahnhof" auf und bringt den Charakter der vier Linien als Durchmesserlinien klar zum Ausdruck. Es ist daher dem „Schema B" überlegen. Es ist aber doch noch nicht ganz richtig, weil der Umsteigeverkehr zwischen den Linien *I* und *II* und der zwischen *III* und *IV* erschwert ist.

δ) Die drei Forderungen — keine Konzentration, klare Durchmesserlinien, bequemes Umsteigen zwischen allen Linien — werden durch das in Abb. 120 dargestellte „Schema D" erfüllt. Dieses möge man also als Anhalt, aber nicht als Rezept zugrunde legen, und zwar auch den Straßenbahnen und Omnibuslinien.

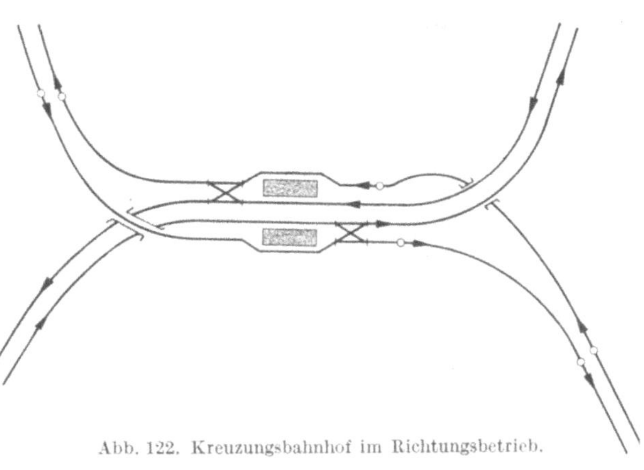
Abb. 122. Kreuzungsbahnhof im Richtungsbetrieb.

Indem wir uns vorstehend vor allem für die Durchmesserlinie aussprechen, möchten wir davor warnen, das „Schema D" noch durch eine Schnellbahn-Ringlinie ergänzen zu wollen. Für den meist nur schwachen Verkehr zwischen den einzelnen Vorstädten kommt man wahrscheinlich mit einer Straßenbahn aus, die etwa im Zuge der alten Wallanlagen die Innenstadt umfahren möge. Dazu mögen weiter außen zur Verbindung einzelner Vororte untereinander noch Querlinien von Straßenbahnen oder Omnibussen kommen, die übrigens wahrscheinlich gemäß Abb. 121 zweckmäßigerweise in die Innenstadt hinein abbiegen werden.

d) Bahnhofsanlagen. Von großer Bedeutung ist noch die Verflechtung und Verzweigung der Linien. Unter „Verflechtung" ist hierbei zu verstehen, daß die an den Kreuzungen der verschiedenen Linien entstehenden Stationen als „Kreuzungsbahnhöfe mit Zugübergang" ausgebildet werden. Sie müssen dann also nach dem in Abb. 122 dargestellten Schema des „Kreuzungsbahnhofs mit Richtungsbetrieb" angeordnet werden, so daß die Züge auf die andere Linie übergehen können. Diese Form ist für den Fernverkehr sicher immer richtig, denn man muß hier damit rechnen, daß einmal Übergänge von Zügen oder wenigstens von Kurswagen notwendig werden, selbst wenn hierzu anfänglich keine Aussicht besteht; für den Stadtverkehr sind aber solche Verflechtungen vom verkehrstechnischen Standpunkt kaum notwendig, sofern der Umsteigeverkehr bequem gemacht wird, vom betriebstechnischen Standpunkt sind sie aber unerwünscht, weil sie Abhängigkeiten, Behinderungen und Erschwernisse in den Betrieb hineinbringen, die vollkommen vermieden werden, wenn jede Linie für sich selbständig betrieben wird. Die Verflechtungen im Stadt- und Vorortbahnnetz der Reichsbahn in Berlin sind nicht günstig; sie sind auch nur durch die geschichtliche Entwicklung verständlich; ähnliches gilt von London. Wenn auf die „Verflechtung", also den Zugübergang verzichtet wird, können die Kreuzungsstationen nach Abb. 123 als sog. „Turmstationen" angeordnet werden. Hierbei können also die beiden Bahnen je für sich eine ganz gestreckte Linienführung erhalten. Daß die „Turmstation" für Fernbahnen schlecht ist, dürfte bekannt sein (vgl. Osnabrück).

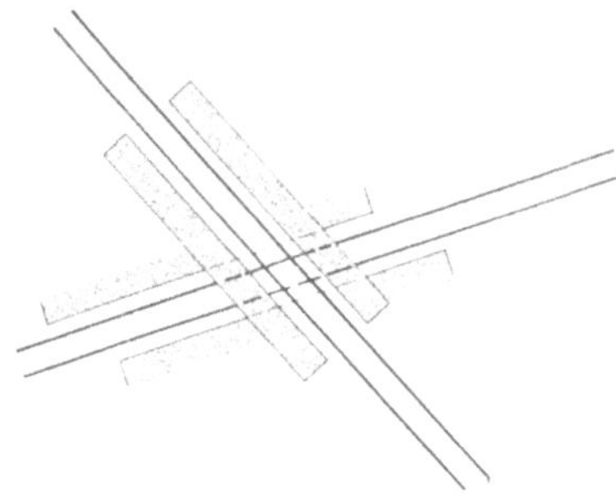
Abb. 123. Turmstation mit Außenbahnsteigen.

Man braucht aber bei Stadtschnellbahnen die „Turmstation" nicht anzuwenden, sondern kann auch eine Parallelanordnung, also etwa nach Abb. 122, wählen. Hierbei kann man unter Umständen Querschnitte zugrunde legen, bei der die beiden Bahnsteige unmittelbar übereinander liegen, eine Anordnung, die manche Vorzüge aufweist, hier aber nicht weiter erläutert werden soll.

Anders als die Verflechtungen sind die Verzweigungen zu beurteilen. Daß die äußeren Verzweigungen, wie sie z. B. in Abb. 120 angedeutet sind, zweckmäßig sind, ist einleuchtend, denn der Verkehr nimmt nach außen hin ab und demgemäß kann und muß auch die Zugzahl abnehmen. Da hierüber das Erforderliche schon früher gesagt worden ist, genügt hier die Angabe, daß die Trennungsbahnhöfe am besten nach Richtungsbetrieb, und zwar ohne Niveaukreuzung ausgebildet werden. Noch weiter nach außen lohnt der Schnellbahnbau nicht mehr, und zwar auch nicht in der billigen Form der Einschnitt- oder Dammbahn; und noch weniger lohnt die Durchführung der langen Schnellbahnzüge. In der Gestaltung des Gesamtnetzes ist dann also mit dem Anstoß anderer Verkehrsmittel zu arbeiten; hierbei ist (neben Fahrplan und Tarif) besonders die Anordnung der Anstoßstationen von Bedeutung (s. unten).

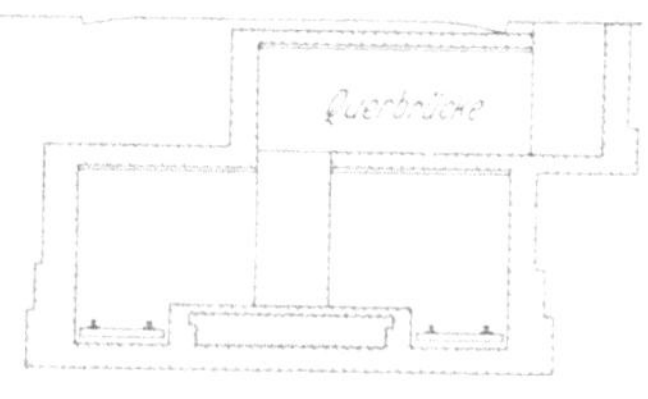
Abb. 124. Inselsteig einer Tiefbahn-Haltestelle mit Quersteig.

Die Mehrzahl der Bahnhöfe der Stadtschnellbahnen sind „einfache Zwischenstationen". Sie bedürfen nur der Verbindungen mit der Straße, der Abfertigungs- und der Bahnsteiganlage. Alles kann und muß möglichst einfach sein. Für die Gesamtanordnung ist vor allem entscheidend, ob Außenbahnsteige oder ein Inselsteig gewählt wird; die Entscheidung ist auch hier zugunsten des Inselbahnsteiges gefallen, obwohl er gewisse bautechnische Schwierigkeiten bereiten kann. Als Länge haben sich 80 m als zu kurz erwiesen, man sollte mindestens 110 oder 120 m wählen; 110 m sind für Züge von 8 Wagen von je 12,8 m Länge, 120 m für Züge von 6 Wagen von je 18,4 m Länge ausreichend; die Berliner Nord-Süd-S-Bahn hat sogar 160 m Bahnsteiglänge (für Züge von 8 Wagen und 17,9 m Länge). Die Zugänge bestehen aus Treppen, die unter Umständen durch Rampen, Rolltreppen und Aufzüge zu ergänzen oder zu ersetzen sind; bei tiefliegenden Röhrenbahnen sind Aufzüge notwendig (und sehr kostspielig!). Zu den Treppen kommen im Gesamtsystem der Zugänge je nach der Örtlichkeit noch Brücken und Verbindungstunnel hinzu.

Von besonderer Bedeutung ist, wie oben schon angedeutet, die *richtige Lage der Eingänge*. Sie müssen unmittelbar *im* Verkehr liegen; dagegen können

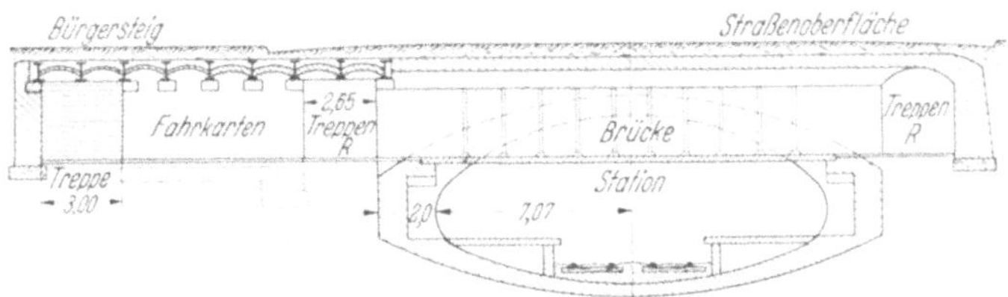

Abb. 125. Querschnitt einer Haltestelle der Stadtbahn in Paris.

die Ausgänge (ebenso wie bei anderen „Massenverkehrsanlagen“, z. B. bei Lichtspielhäusern) abseitig und versteckt liegen. Der Zu- und Abgang soll vom Fahrverkehr möglichst wenig gefährdet werden; der Umsteigeverkehr zwischen Schnell- und Straßenbahnen usw. soll möglichst bequem und sicher sein. Die vielen hierbei auftretenden Einzelforderungen alle zu erfüllen, ist schwer; manche gut gelösten Anlagen darf man als Meisterwerke der Ingenieurbaukunst bezeichnen; schlecht gelöste Anlagen können die Verkehrsmengen und die Sicherheit ungünstig beeinflussen. Bei Unterpflasterbahnen lassen sich befriedigende Lösungen oft nur erzielen, indem man nach Abb. 124 die Bahn so tief legt, daß man eine Querbrücke — also unter der Straße und über den Gleisen — zwischenschalten kann. Hierdurch wird allerdings der Gesamthöhenunterschied vergrößert, aber die Gesamtlösung ist so gut, daß man sich mit diesem Mangel abfinden kann. Die Abb. 125 und 126 zeigen weitere entsprechende Lösungen, Abb. 127 eine solche für eine Hochbahn. Gute Gesamtanordnungen werden sich immer erzielen lassen, wenn man eine *große Platzinsel* zur Verfügung hat, auf der man die Ein- und Ausgänge und gleichzeitig die Haltestellen der Straßenbahn unterbringen kann.

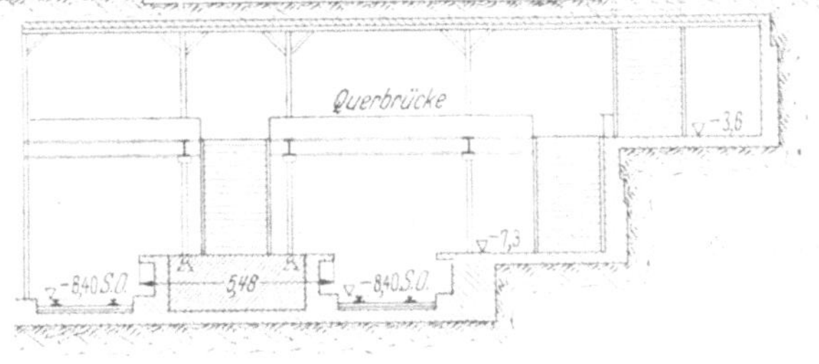

Abb. 126. Doppelstation der Tiefbahn in New York mit Querbrücke.

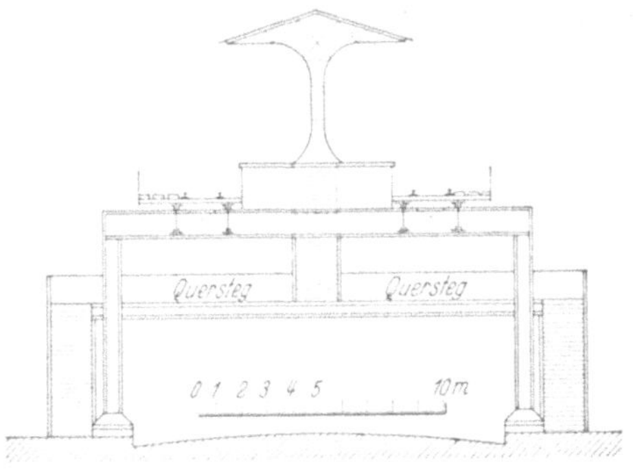

Abb. 127. Querschnitt einer Haltestelle der Hochbahn in Boston.

Von den größeren Stationen sind hier nur *die* zu besprechen, die entweder verkehrstechnisch eigenartig sind oder besondere Anforderungen an die Gestaltung ihrer Umgebung stellen. In diesem Sinn genügen einige Angaben über die Endstationen, dagegen brauchen die oben schon charakterisierten Trennungs- und Kreuzungsbahnhöfe nicht erörtert zu werden.

„Reine“ Endbahnhöfe werden bei richtiger Gestaltung des Gesamtnetzes nur an den äußeren Enden der Schnellbahnen notwendig, denn die Linien sollen ja durch die Innenstadt als Durchmesserlinien glatt durchgeführt werden. Wo

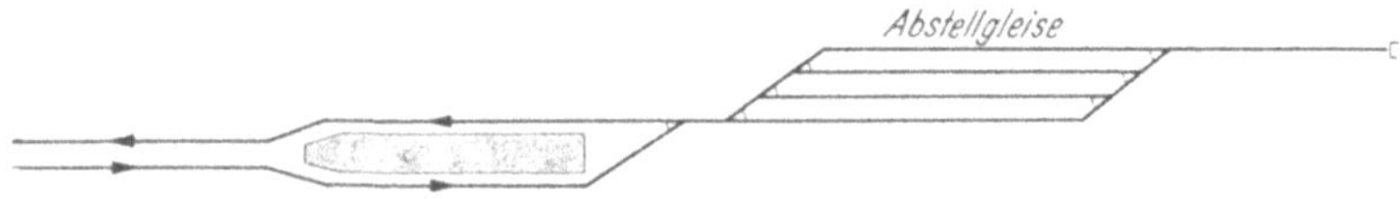

Abb. 128. Endbahnhof mit Verlängerung.

ausnahmsweise im Stadtinneren Endstationen entstehen, werden diese meistens, wie die Vorort-Endstationen der Fernbahnen Kopfform erhalten. Hierfür ist der alte Wannsee-Bahnhof in Berlin noch immer eine vorbildliche Lösung, desgleichen für einen Endbahnhof mehrerer Linien der Alte Stettiner Vorortbahnhof in Berlin. Wo etwa ein Endbahnhof in Schleifenform in Betracht kommt, kann der Zentralbahnhof in New York als Vorbild genommen werden.

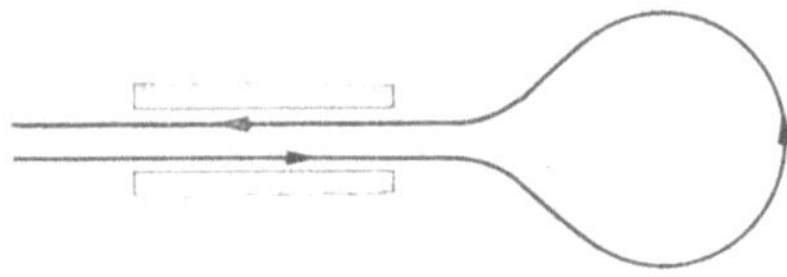
Abb. 129. Endbahnhof in Schleifenform.

Für die Endbahnhöfe in den Außengebieten wird man die Kopfform wegen ihrer betriebstechnischen Nachteile vermeiden. In Betracht kommen Lösungen, bei denen nach Abb. 128 die Bahnsteiggleise unmittelbar in die Abstellanlagen hinein verlängert werden und besonders solche in Schleifenform, die gemäß den Abb. 129 und 130 ein ausgezeichnetes Mittel ist, um den Massenverkehr zu bewältigen, da sie den Anschluß zahlreicher Aufstellgleise in einfachster Form gestattet; über ihren einzigen Nachteil, daß sie kleine Halbmesser erfordert, hat man sich mit Recht oft hinweggesetzt.

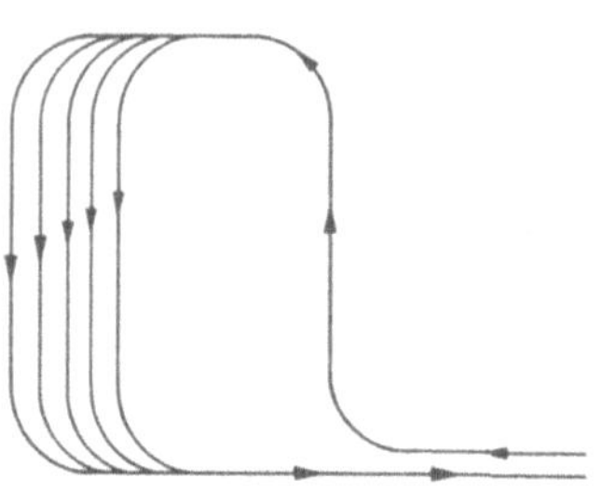
Abb. 130. Endbahnhof in Schleifenform mit zahlreichen Aufstellgleisen, besonders geeignet für Straßenbahnen.

Vereinigte End- und Zwischenstationen entstehen an allen Punkten, an denen ein Teil der Züge endigt; sie sind also besonders für die Radiallinien charakteristisch, weil auf ihnen der Verkehr nach außen zu von Station zu Station

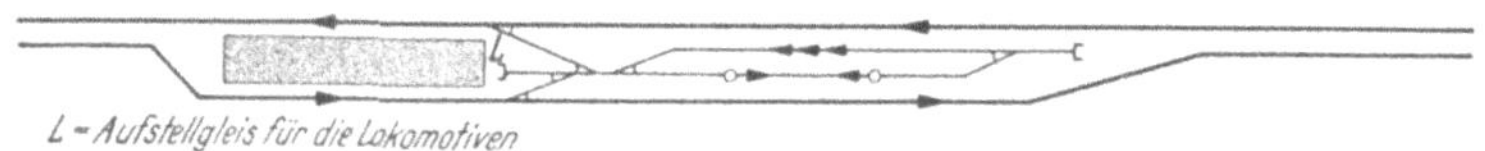

Abb. 131. Wendestation der Wannseebahn.

schwächer wird. Das Vorbild für diese „Wendestationen“ ist immer noch die in Abb. 131 dargestellte Form der alten Wannseebahn, die noch für Dampfbetrieb entwickelt ist und daher ein Rücklauf- und ein Aufstellgleis für die Lokomotive, erfordert. Für elektrischen Betrieb genügt die in Abb. 132 dar-

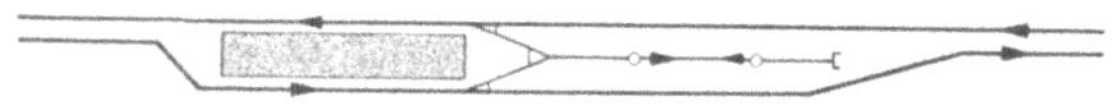
Abb. 132. Wendestation für elektrischen Betrieb.

gestellte Form. Müssen eine größere Zahl von Zügen gleichzeitig abgestellt werden, so sind nach Abb. 133 entsprechend mehr Abstellgleise anzuordnen; an solchen Stationen wird man unter Umständen auch die Zahl der Bahnsteige vermehren; jedoch beachte man: großer Verkehr erfordert nicht so sehr viele Bahnsteige, als vielmehr viele Züge, also viele Abstellgleise!

Wenn an einer (äußeren) Station die von der City kommenden langen Züge endigen und das weitere Außengebiet nur durch kurze Züge bedient wird, so muß eine „doppelte“, nämlich eine „nach beiden Seiten kehrende“ Wendestation angelegt werden; Abb. 134 zeigt eine entsprechende Lösung,

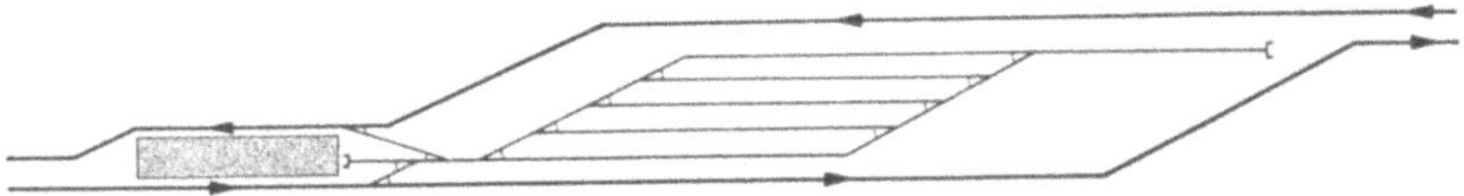

Abb. 133. Wendestation mit einer größeren Zahl von Aufstellgleisen.

die man aber, da sie den Reisenden einigen Zeitverlust verursacht, unter Umständen noch verbessern wird. Die vereinigte End- und Zwischenstation kann auch nach Abb. 135a und b in Schleifenform angeordnet werden.

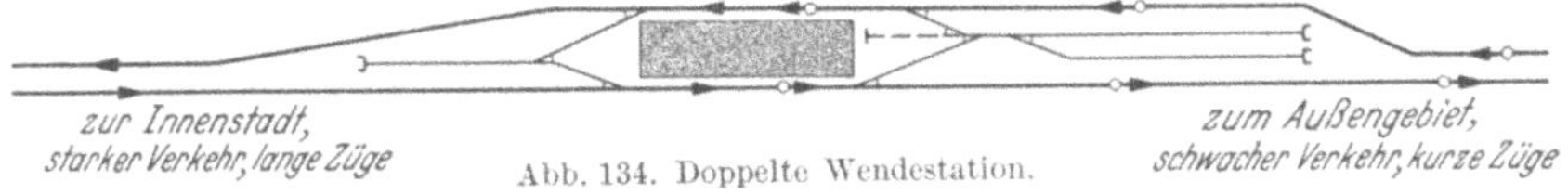

Abb. 134. Doppelte Wendestation.

e) Anlagekosten von Stadtschnellbahnen. Es kann nicht Aufgabe eines Buches über Städtebau sein, die wirtschaftlichen Verhältnisse städtischer Verkehrsmittel zu erörtern; derartige Untersuchungen gehören vielmehr in das Gebiet der allgemeinen Verkehrswirtschaft [1]. Die Städtebauer — oder vielmehr die Leser dieses Buches — müssen aber einigermaßen über die Baukosten von Stadtschnellbahnen unterrichtet sein, damit sie die großen Schwierigkeiten der Rentabilität und Finanzierung würdigen können, damit sie insbesondere

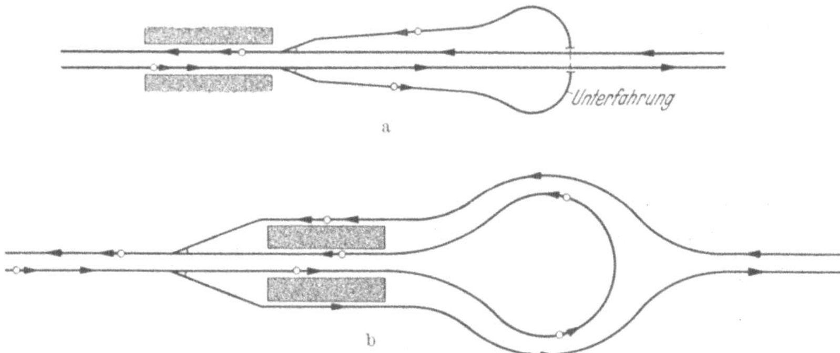

Abb. 135 a und b. Wendestation in Schleifenform.

nicht wähnen, daß man schon für Städte von etwa 700000 Einwohnern ab Schnellbahnnetze schaffen könne und damit sie sich dort, wo Schnellbahnen in Betracht kommen, nicht auf die teure Tiefbahn versteifen, sondern auch die billige Hochbahn zu ihrem Recht kommen lassen.

Über die Baukosten von Schnellbahnen konnten vor dem Weltkrieg einigermaßen zuverlässige Angaben gemacht werden, die auch Vergleiche zwischen

[1] Wer sich in diese schwierigen Fragen einarbeiten will, der findet die beste Belehrung in folgenden Werken: Pirath: Die Grundlagen der Verkehrswirtschaft. Berlin: Julius Springer 1934. — Petersen: Die Bedingungen der Rentabilität von Stadtschnellbahnen. Berlin: Deutscher Städteverlag G.m.b.H. 1908. — Schimpff: Wirtschaftliche Betrachtungen über Stadt- und Vorortbahnen. Berlin: Julius Springer 1913. — Giese: Das zukünftige Schnellbahnnetz für Groß-Berlin. Berlin: Druckerei W. Moeser 1919. — Giese: Tarifvorschläge für Nahverkehrsmittel, 1917. — Remy: Die Elektrisierung der Berliner Stadt-, Ring- und Vorortbahnen als Wirtschaftsproblem. Berlin: Julius Springer 1931.

den verschiedenen Ländern ermöglichten. Es galten damals etwa folgende Zahlen für den „laufenden km Bahnkörper“, also ohne Oberbau, Stationen, Sicherungsanlagen, Kraftwerke, Fahrzeuge, Werkstätten und Abstellbahnhöfe, und zwar für die zweigleisige Strecke in Goldmark:

Dammbahnen	300000— 500000
Einschnittbahnen	600000— 900000
Hochbahn mit Stein-Unterbau	800000—1200000
Hochbahn mit Stahl-Unterbau	1500000—2500000—3000000
Schwebebahn	1000000—1500000
Unterpflasterbahn in breiten Straßen[1]	2000000—3000000
Unterpflasterbahn in engen Straßen[1]	4000000—5000000
Untergrundbahnen (gewölbt)[1]	1000000—4000000
Untergrund-Röhrenbahnen[1]	3000000—5000000

[1] Zuschlag bei schwierigen Verhältnissen . . 2000000—4000000

So weit die Spielräume sein mögen, so zeigen die Zahlen doch eindringlich, wie billig Damm-, Einschnitt- und Hochbahnen gegenüber Tiefbahnen sind.

Zu diesen Kosten für den „Bahnkörper“ kommen noch je km folgende „Nebenkosten“ hinzu:

Stationen (je nach der Bahnart)	130000—1200000
Oberbau (je nach den Achslasten)	80000— 120000
Sicherungsanlagen	30000— 80000
Kraftwerk und Zuleitungen	250000— 500000
Fahrzeuge (je nach Verkehrsgröße)	300000— 600000
Betriebsbahnhöfe und Werkstätten	80000— 150000
zusammen	870000—2650000

Die teuerste Schnellbahnstrecke, die vor dem Krieg gebaut worden ist, soll das 1,6 km lange Schlußstück des Innenrings in London gewesen sein; es soll ohne die „Nebenkosten“ 10000000 Mk. erfordert haben. Die nach dem Weltkrieg geschaffenen Schnellbahnen sind bezüglich ihrer Baukosten schwer zu erfassen, da Inflation, Abwertung, Streiks, „politische Löhne“ usw. zu viel Unsicherheit in die Rechnung hineingebracht haben; allgemein dürften die Kosten erheblich gestiegen sein; als kostspieligste Bauausführung wird die Herstellung einer Tiefbahn-Teilstrecke in New York angegeben, die aber viergleisig und (teilweise ?) unter einer in Betrieb zu haltenden älteren Tiefbahn gebaut werden mußte; sie soll je km 10000000 Golddollar (42000000 Mk.) gekostet haben! ?

Nach dem Krieg hat Giese für seinen Entwurf zum künftigen Schnellbahnnetz von Berlin die Baukosten genau veranschlagt. Er kommt hierbei zu folgenden Baukosten für den km (ohne Kraftwerke, Fahrzeuge und Betriebsbahnhöfe):

Dammbahnen	1800000	Goldmark; in Vorkriegspreisen berechnet; es würde also evtl. ein Zuschlag zu machen sein.
Einschnittbahnen	600000	
Hochbahnen	2600000	
Tiefbahnen	5900000	

Die damals (1919) im Bau befindlichen Schnellbahnen, die man ohne zwingende Gründe als Tiefbahnen ausgeführt hat, haben vergleichsweise 7700000 Mk. je km gekostet; hierdurch ist das Gesamtsystem der Berliner städtischen Verkehrsmittel wirtschaftlich schwer erschüttert worden.

Die „Nebenkosten“ (für Kraftwerke, Fahrzeuge und Betriebsbahnhöfe) schwanken je nach der Verkehrsgröße (also der Zuglänge und Zugfolge) von 300000 bis 2800000 Mk. je km; bei der früheren Berliner Hochbahn lagen sie bei 1000000 Mk.

Wenn also bei diesen hohen Baukosten die wirtschaftlichen Aussichten für Schnellbahnen, besonders für Tiefbahnen sehr ungünstig zu beurteilen sind, so ist doch zu bemerken, daß Schnellbahnen wirtschaftlich berechtigt sein können, weil Straßendurchbrüche **noch** teurer sein können.

4. Der Straßenverkehr.

Vorbemerkung. Der auf der Straßenoberfläche sich abspielende Verkehr ist hier nur insoweit zu erörtern, als er vom städtebaulichen Standpunkt wichtig ist, d. h. nur insoweit, als er den Stadtkörper als Gesamtorganismus beeinflußt. Dagegen sind alle technischen Einzelheiten, wie z. B. der Bau und Betrieb von Straßenbahnen und Omnibussen fortzulassen; und da die Gestaltung der Straßen und Plätze bereits erörtert ist, so sind nachstehend hauptsächlich nur noch die Netzgestaltung der öffentlichen Verkehrsmittel und die Abwägung der verschiedenen Verkehrsmittel gegeneinander zu behandeln.

Im Gegensatz zu dem vorhergehenden Abschnitt ist beim „Straßenverkehr" der „Güterverkehr" mit zu berücksichtigen.

a) Die Netzgestaltung der öffentlichen Verkehrsmittel[1].

Die Gesamtstreckenlänge, die in einer Stadt an öffentlichen Verkehrslinien zweckmäßig ist, also einerseits die Verkehrsbedürfnisse befriedigt, andererseits eine (angemessene) Rentabilität erhoffen läßt, muß offensichlich in einer gewissen Beziehung zur Einwohnerzahl stehen. Um diese statistisch zu erfassen und zu brauchbaren Vergleichsmaßstäben zu gelangen, legt man zweckmäßigerweise Mittel- und Großstädte mit gut entwickeltem Straßenbahnnetz (aber mit nur wenig Omnibuslinien und natürlich ohne Stadtschnellbahnen) zugrunde. Man kann dann für die verschiedenen Länder eine Verhältniszahl „X km Straßenbahnstrecke auf 10000 Einwohner" berechnen. Hierbei darf man natürlich nur die Städte berücksichtigen, die gemäß ihrer Einwohnerzahl usw. „straßenbahnreif" sind, also eine Straßenbahn brauchen und „ernähren" können. Für Deutschland und die Länder von ähnlicher wirtschaftlicher, sozialer, kultureller Struktur und mit ähnlichen städtebaulichen Verhältnissen gelten dann die nachstehenden Betrachtungen; für Nordamerika ist die Verhältniszahl X größer, weil die Städte weitläufiger angelegt sind und die Wirtschaftskraft durchschnittlich stärker war; für Länder mit geringerer Wirtschaftskraft ist X kleiner. Zu den so ermittelten Längen von Straßenbahnstrecken sind dann unter Umständen noch Omnibuslinien zuzuschlagen; Näheres siehe unten.

Als Mindestgröße mag mit einer Einwohnerzahl von 20000 gerechnet werden; Ausnahmen kommen natürlich vor, z. B. Städte von besonderer Struktur (Badeorte), Städte mit besonders weit draußen liegenden Bahnhöfen, Städte in Industriebezirken. Die kleinsten deutschen Städte mit Straßenbahnen sind Schleswig (20000 Einwohner), Küstrin (21000 Einwohner), Celle (27000 Einwohner), Marburg und Minden (je 28000 Einwohner); zu nennen wären außerdem Baden-Baden, Hirschberg, Landshut, Eberswalde, Naumburg (mit je rund 30000 Einwohnern). Nicht zu berücksichtigen sind in diesem Zusammenhang Städte, die an Kleinbahnen liegen, auch wenn diese straßenbahnmäßig durch die Stadt geführt werden; desgleichen nicht „Städte", die politisch selbständig, in Wirklichkeit aber Vororte einer größeren Stadt sind.

Die Verhältniszahl X km auf 10000 Einwohner liegt im Durchschnitt aller mit Straßenbahn versehenen Städte Deutschlands bei 2,51 km, nämlich zusammen 6037 km auf 24000000 Menschen. Die Verhältniszahl muß bei kleineren Städten größer sein als bei größeren Städten, denn je kleiner die Stadt ist, desto weniger kann der Nahverkehr der Fernbahnen zur Pflege des Stadt- und Vorortverkehrs beitragen und desto mehr muß jede einzelne Straßenbahnlinie über eine eigene Strecke verfügen. Bei den Großstädten und noch mehr bei den Riesenstädten wird dagegen ein großer Teil des Stadt- und Vorortverkehrs von den Fernbahnen geleistet, und bei den Riesenstädten mit Stadtschnellbahnen ist noch deren Verkehrsanteil zu berücksichtigen.

Wie groß der Verkehr dieser beiden von der Straßenoberfläche losgelösten (Schnell-) Verkehrsmittel gegenüber den Oberflächen-Verkehrsmitteln (Straßenbahnen und Omnibusse) ist, ergibt sich daraus, daß die Schnellverkehrsmittel bewältigten (nach der Fahrgastzahl gerechnet): in Hamburg $29 + 22 = 51\%$, in Berlin $32 + 16 = 48\%$, in London $12 + 13 = 25\%$, in die City von New York

[1] Siehe auch S. 212 ff.

hinein 60% vom Gesamtverkehr. Daß in Wirklichkeit aber die Leistung der Schnellverkehrsmittel noch wesentlich größer ist — denn diese Prozentzahlen sind nur nach der Zahl der Fahrgäste berechnet, während nach der Zahl der Personenkilometer gerechnet werden muß —, ist an anderer Stelle bereits ausführlich behandelt.

Wie sich diese Beziehungen auswirken, dafür gibt die nachfolgende Zusammenstellung die notwendigen Fingerzeige.

Stadt	Einwohner	Gesamtstreckenlänge Straßenbahn	Streckenlänge in km je 10 000 Einwohner	Durchschnittliche Streckenlänge in km je 10 000 Einwohner
Berlin	4 221 000	578	1,37	1,42
Hamburg	1 486 000	234	1,58	
Köln	761 000	129	1,69	1,83
München	746 000	121	1,63	
Leipzig	699 000	149	2,14	
Essen	661 000	112	1,70	
Dresden	637 000	130	2,04	
Breslau	629 000	78	1,24	
Frankfurt a. M.	556 000	125	2,23	2,33
Dortmund	542 000	137	2,54	
Düsseldorf	509 000	157	3,09	
Hannover	448 000	163	3,64	
Duisburg	440 000	102	2,32	
Stuttgart	429 000	102	2,84	
Nürnberg	408 000	67	1,64	
Wuppertal	410 000	106	2,59	
Chemnitz	341 000	41	1,20	

Sie lehrt: Bei den beiden Millionenstädten Deutschlands Berlin und Hamburg ist X = 1,42 km; bei den fünf nächstgrößten Städten ist X durchschnittlich = 1,83 km (aber mit Schwankungen von 1,63 bis 2,14 km!), bei den zehn weiteren Städten ist X durchschnittlich = 2,33 km und für die kleineren Städte mag der Durchschnitt bei 3,45 km liegen. — Die Zahlen ergeben etwa die in Abb. 136 dargestellte Kurve, die aber ja nicht als ein „Rezept" angesehen werden möge.

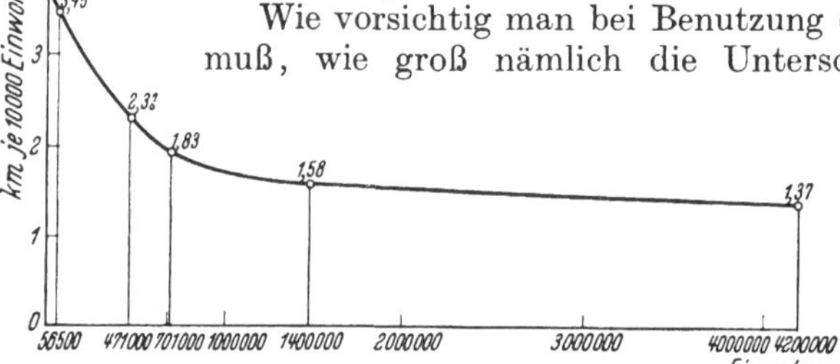

Abb. 136. Streckenlänge deutscher Straßenbahnen, km je 10 000 Einwohner.

Wie vorsichtig man bei Benutzung dieser Verhältniszahlen sein muß, wie groß nämlich die Unterschiede innerhalb desselben Landes bei Großstädten sind, die untereinander vergleichsfähig sind, zeigen die obige Zusammenstellung und Abb. 137.

Abb. 137 zeigt die Straßenbahnnetze von fünf charakteristischen Städten, bei denen besonders die beiden Extreme Breslau und Hannover auffallen. Das in Breslau so schlimme Wohnungselend dürfte mit dem Nachhinken der Straßenbahn hinter dem wünschenswerten Gesamtumfang zusammenhängen. Dagegen hat die großzügige Baupolitik der Straßenbahn Hannover, die allerdings für die Gesellschaft mit einem schweren finanziellen Rückschlag verbunden war, wesentlich dazu beigetragen, daß die Stadt trotz ihres seit 1870 so schnellen Anwachsens sich städtebaulich so günstig entwickelt hat. Daß Hannover nicht das typische Wohnungselend zeigt wie so manche andere Großstadt (und außerdem die starke Auflockerung durch Freiflächen aufweist), dankt die Bevölkerung nicht zuletzt dieser weit vorausschauenden

Verkehrspolitik. Hier ist schon vor Jahrzehnten das durchgeführt worden, was heute allgemein gefordert wird. Der Ausbau des Verkehrsnetzes soll die weiträumige Bebauung ermöglichen. Hierbei haben in Hannover die so weit ausstrahlenden Außenlinien nicht nur die Wohnweise aufgelockert, sondern auch — in Verbindung mit einer starken Pflege des Güterverkehrs durch die Straßen-

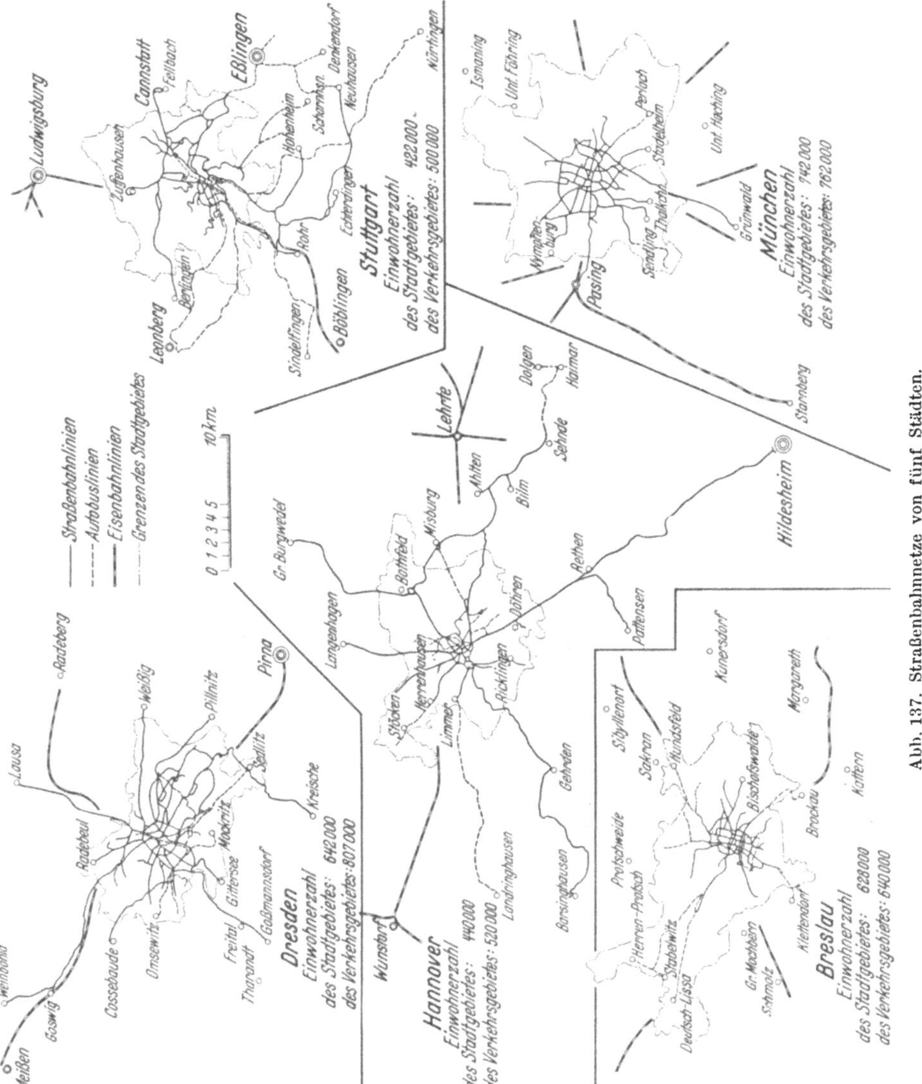

Abb. 137. Straßenbahnnetze von fünf Städten.

bahn — viele gewerbliche Betriebe veranlaßt, sich in den Außengebieten anzusiedeln, wodurch die Auflockerung natürlich stark gefördert worden ist.

Steht die mögliche bzw. wünschenswerte Größe des Gesamtnetzes fest, so ist die Zahl und der Verlauf der einzelnen Linien festzulegen; hierbei kann man von der Kleinstadt zur Riesenstadt aufsteigend folgende „Systeme" erkennen, bei dem von Ausnahmen abgesehen, immer von Durchmesserlinien auszugehen ist:

Ist nur eine Linie möglich (oder zweckmäßig), so wird diese wahrscheinlich vom Bahnhof aus die Stadt durchqueren und hierbei am Markt ihren Hauptverkehrspunkt haben. Sind zwei Linien möglich, so wird zu der eben genannten „Bahnhoflinie" eine Querlinie hinzukommen, mit Kreuzung am Markt. Wird die Zahl der Linien größer, so ist zu überlegen, ob sie nach Abb. 118 noch alle durch einen Punkt zu führen sind oder ob, wie bei den Schnellbahnen ausgeführt worden ist, bereits die Dezentralisation durchzuführen ist; hierfür kommen also Lösungen nach Abb. 119 und 120 in Betracht; wichtig ist auch hier die möglichste Erleichterung des Umsteigeverkehrs.

Bei noch größeren Städten ist die Verzweigung der aus der Innenstadt kommenden „Stammlinien" in die Außengebiete hinein anzuwenden; vor allem wird hier aber die Linienführung von dem Zwang beherrscht, daß im Stadtinnern mehrere Linien über dieselbe Strecke, also durch dieselbe Straße und demgemäß über dieselben Plätze geführt werden müssen, da die Zahl für Straßenbahnen geeigneten Straßen (leider) nicht ausreicht, um jeder Linie eine besondere Strecke zu geben. Diese „Linienverkettungen" sind oben für Schnellbahnen als ungünstig abgelehnt worden und es sind nur äußere Verzweigungen empfohlen worden; bei Straßenbahnen (und Omnibuslinien) kann und muß man sich aber mit ihnen abfinden und man muß anerkennen, daß sie den Vorzug haben, zahlreiche unmittelbare Verbindungen ohne Umsteigen zu gewähren und den übrig bleibenden Umsteigeverkehr zu erleichtern. Die Linienverkettungen können aber starke Belastungen einzelner Knotenpunkte zur Folge haben, und dem Verkehrsfachmann wird es einleuchtend sein, daß die ganze Frage der „Belastung" auch hier nicht von der „freien Strecke", also den durchgehenden Straßenzug, sondern den Verkehrsplätzen und Haltestellen abhängt; dieser wichtige Gesichtspunkt wird oft übersehen!

Wie stark man die Zusammenlegung mehrerer (Betriebs-) Linien auf eine (Innen-) Strecke vornehmen darf, ergibt sich daraus, daß die durchschnittliche „Liniendichte" (d. h. die Belegung der Streckenlänge mit fahrplanmäßigen Linien) in den deutschen Großstädten (über 400000 Einwohner) etwa zwischen 1,3 und 2,2 schwankt; sie ist streckenweise besonders stark in Berlin; es ist dies namentlich auf die starke Verdichtung des Verkehrs im Zuge der Potsdamer-Leipziger Straße zurückzuführen, in der streckenweise bis zu 16 Straßenbahn- und dazu noch 3 Omnibuslinien zusammenliegen; ein deutlicher Hinweis darauf, daß hier ein Fehler im Gesamtstraßennetz vorliegt (Keile des Potsdamer und Lehrter Bahnhofs, kein Straßenbahn-Längsverkehr Unter den Linden).

Weitere Angaben über die Netzgestaltung sind nicht notwendig; es ist vielmehr auf die erste Auflage dieses Buches zu verweisen, in der diese Fragen auf S. 289 von Altmeister Schimpff klar und erschöpfend behandelt sind; und die damals entwickelten Grundsätze sind auch heute noch richtig; denn das grundsätzlich Wahre hat auch im Verkehr Dauerwert, mag die Verkehrstechnik noch so stark fortschreiten. Weitere Bemerkungen über die Netzgestaltung der Straßenbahnen und Omnibuslinien können auch deswegen entbehrt werden, weil die für die Schnellbahnen entwickelten Grundsätze sinngemäß gültig sind. Es mögen nur die folgenden wichtigen Leitsätze (unter teilweiser bewußter Wiederholung) betont werden:

1. Die betriebs- und verkehrstechnischen Schwierigkeiten der Straßenbahn und des Omnibusses liegen nicht in den Außengebieten, sondern in der Innenstadt. Hier ist also die größte Sorgfalt im Bautechnischen (Linienführung, Gestaltung der Knotenpunkte) und im Betriebstechnischen (Fahrplan, Zugfolge, Umsteigeverkehr) notwendig; hier dürfen also keine Konzessionen oder Kompromisse geduldet werden; hier am allerwenigsten dürfen den öffentlichen Verkehrsmitteln von anderen Stellen Schwierigkeiten bereitet werden. Fehler, die in der Innenstadt gemacht werden, lassen sich durch noch so gute Leistungen in den Außengebieten nicht wieder gutmachen; das System bleibt „herzkrank".

2. Die wirtschaftlichen Kraftquellen der öffentlichen Verkehrsmittel liegen in der Innenstadt; denn die Mehrzahl der Fahrgäste will unmittelbar in

der City ein- und aussteigen; wenn sie hieran gehindert werden, indem den Linien das Hineinfahren und Durchqueren der Innenstadt verwehrt wird, wird der Verkehr entsprechend nachlassen und dann müssen die Tarife erhöht oder die Verkehrsleistungen verschlechtert werden; das System wird „magenkrank", es leidet nämlich an Unterernährung. Gleichzeitig wird der Einzelverkehr, namentlich der Fahrradverkehr gesteigert.

3. Die finanziellen Schwierigkeiten vieler Verkehrsanstalten liegen in den Außengebieten, weil die weite Ausdehnung der Netze im Sinn der Auflockerung geboten ist, weil aber die Außenstrecken so geringen Verkehr haben, daß sie Zuschußbetriebe sind.

Über den Einfluß der Stationsanlagen auf die Netzgestaltung genügen folgende Hinweise:

Die Mehrzahl der Stationen der öffentlichen Verkehrsmittel sind einfache Zwischenstationen. Sie sind, wo nicht besondere Umstände zu beachten sind, derart an wichtigen Querstraßen anzuordnen, daß die einzelnen Halteplätze in der Fahrtrichtung vor der Querstraße liegen. Bei Straßenbahnen sind sie, wenn irgend möglich, gemäß Abb. 138 mit Einsteige-Inseln auszurüsten, während die Omnibusse unmittelbar an der Bürgersteigkante vorfahren — was allerdings bei starkem Verkehr auf Schwierigkeiten stoßen kann (vgl. hierzu auch den obigen Hinweis auf New York). Wo mehrere Linien dieselbe Strecke (oder Straße) befahren, sind „Doppelhaltestellen", nämlich Haltestellen von doppelter Zuglänge zweckmäßig; sie müssen aber gut gekennzeichnet sein, damit die Fahrgäste sich schon beim Herankommen der Wagen an die richtige Stelle begeben.

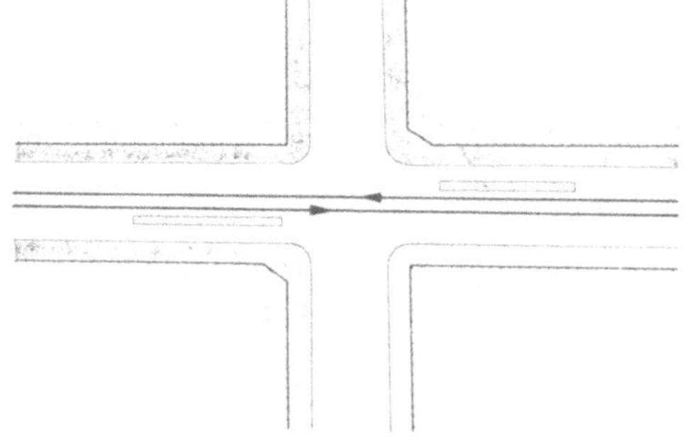

Abb. 138. Einfache Haltestelle einer Straßenbahn.

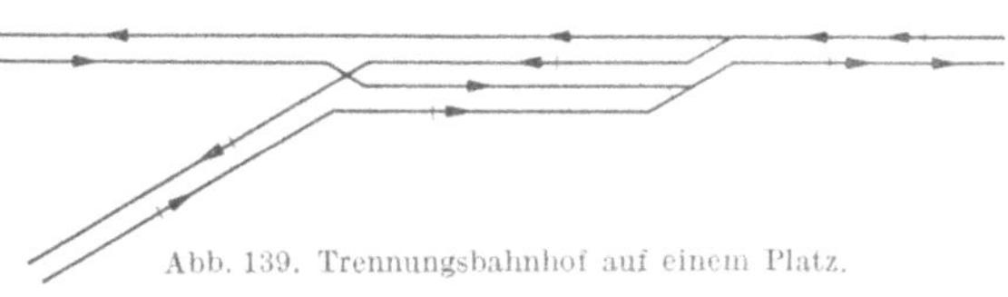

Abb. 139. Trennungsbahnhof auf einem Platz.

Die über das Maß der einfachen Zwischenstationen hinausgehenden Stationen, also die „Trennungs- und Kreuzungsbahnhöfe" sind nach den bewährten Grundsätzen anzuordnen, die für die Personenbahnhöfe der Fernbahnen gültig sind; hierbei ist vom Richtungsbetrieb mehr Gebrauch zu machen, als dies im allgemeinen geschieht. Die Zahl der Stationsgleise sollte wenn möglich der Zahl der Streckengleise entsprechen; ein Trennungsbahnhof sollte also nicht etwa nur zwei, sondern gemäß Abb. 139 vier Gleise erhalten; allerdings wird hierdurch eine so große Breite in Anspruch genommen, daß eine derartige Haltestelle nur auf einem Platz oder auf einem breiten Mittelstreifen untergebracht werden kann; aber dieser Aufwand lohnt sich und kommt auch dem übrigen Straßenverkehr zugute, weil der Gesamtverkehr flüssiger wird; auch der Umsteige- und der Stoßverkehr und der Ein- und Ausschaltebetrieb werden hierdurch erleichtert. Bei eingleisigen Strecken sind alle wichtigen Stationen so zu konstruieren, als ob die Strecken zweigleisig wären (vgl. z. B. Abb. 140). Bei den größeren Stationen darf man bei beschränktem Raum Kreuzungsweichen nicht grundsätzlich ablehnen.

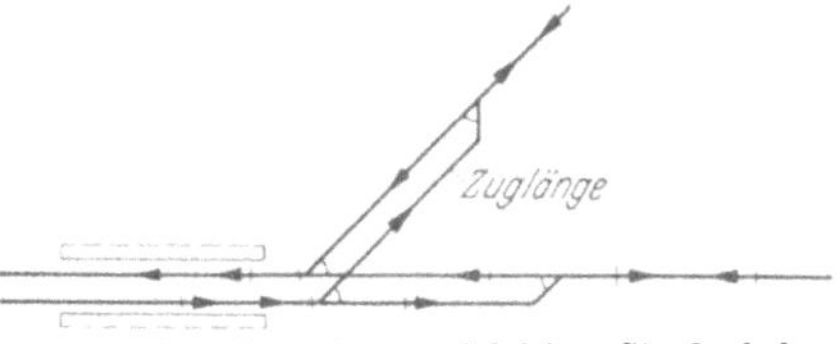

Abb. 140. Gabelung einer zweigleisigen Straßenbahnlinie in zwei eingleisige Linien.

Die Endstationen sind bei Straßenbahnen und Omnibus möglichst in Form von Wendedreiecken oder noch besser von Schleifen anzuordnen. Die Schleifenform gibt die einfachste Gelegenheit zum Anschluß zahlreicher Aufstell- oder Einsteigemöglichkeiten; sie ist daher die beste Form für Haltestellen mit Massenverkehr (z. B. bei Sportplätzen und Ausstellungen); die Schleifenform ist ungewöhnlich entwicklungsfähig und auch für vereinigte End- und Zwischenstationen sehr brauchbar (Lösungen s. Abb. 141).

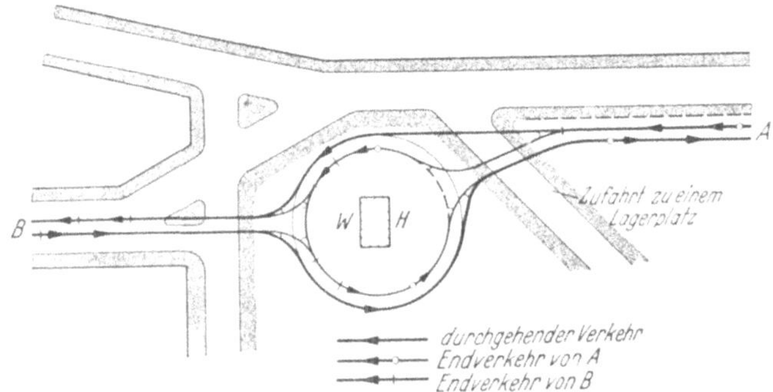

Abb. 141. Vereinigter Zwischen- und doppelter Endbahnhof.

Für die Unterbringung von Haltestellen mehrerer Straßenbahnlinien auf einem Platz geben Abb. 142 und 143 einige Winke[1].

b) Die Abwägung der verschiedenen Verkehrsmittel.

Da sich in den — leider oft recht kleinen — Straßenraum die verschiedenen oben angegebenen Verkehrsmittel teilen müssen, so ist hier der Kampf aller

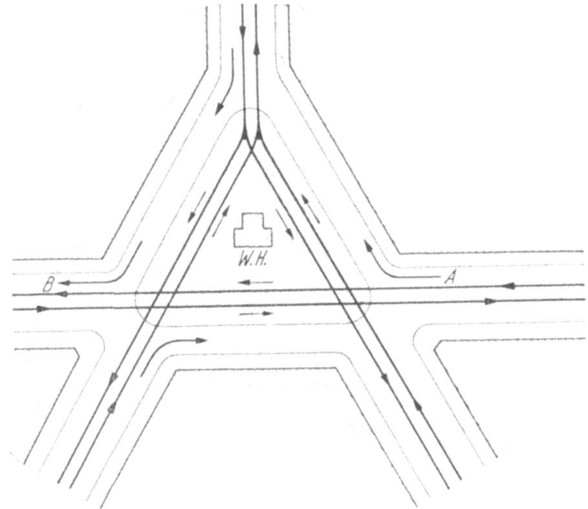

Abb. 142. Dreiecksplatz; alle Straßenbahn-Haltestellen auf der Insel; Fahrverkehr im Rundverkehr mit zum Teil großen Umwegen. Anordnung ist gut für Straßenbahn und Fußgänger, ungünstig für den Fahrverkehr.

gegen alle entbrannt. Dieser Kampf wird leider oft recht unfair geführt; insbesondere ist in vielen Ländern eine unberechtigte Hetze gegen die Straßenbahn entfesselt worden, die leider immer noch wirkt. Um diese ebenso schwierigen wie wichtigen Streitfragen sachlich zu klären, sind die verschiedenen Verkehrs-

[1] Im übrigen ist auf die Bahnbau-Richtlinien der Reichsverkehrsgruppe Schienenbahnen (Essen 1937) zu verweisen.

mittel nach Leistungsfähigkeit, Sicherheit, Einfluß auf den übrigen Verkehr, Wirtschaftlichkeit, Qualität der Beförderung usw. gegeneinander abzuwägen. Hierbei ist zuerst hauptsächlich der öffentliche Verkehr gegen den Einzelverkehr und dann sind die Verkehrsmittel des öffentlichen Verkehrs gegeneinander abzuwägen. Nachstehend können aber nur die Ergebnisse der Untersuchungen mitgeteilt werden; zur genaueren Unterrichtung ist auf das Schrifttum zu verweisen[1].

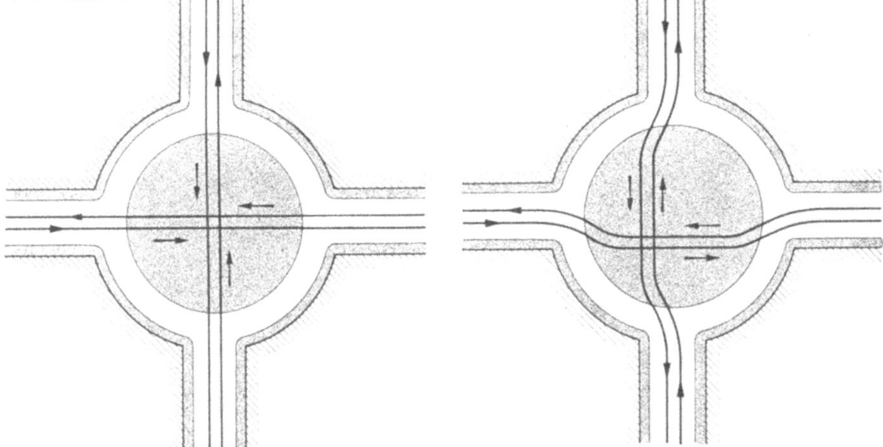

a) Symmetrisch, aber Haltestellen zu kurz. b) Unsymmetrisch, aber Haltestellen lang genug.

Abb. 143 a u. b. Rundplatz mit Vereinigung aller Straßenbahn-Haltestellen auf der Insel.

1. Abwägung des öffentlichen Verkehrs gegen den Einzelverkehr.

α) Leistungsfähigkeit. Der Begriff „Leistungsfähigkeit" deckt sich in diesem Fall stark mit dem Begriff Ausnutzung des Straßenraumes; diesem steht die Inanspruchnahme des Straßenraumes als „Umkehrung" des Begriffes gegenüber.

Wenn es sich darum handelt, die Leistungsfähigkeit verschiedener Verkehrsmittel gegeneinander abzuwägen, so kommt es zunächst nicht so sehr darauf an, wirklich praktisch erreichbare Werte zu erhalten; sondern es muß zunächst das Bestreben dahin gehen, solche Zahlen zu erhalten, die unter gleichen Verhältnissen einen Vergleich zwischen den verschiedenen Verkehrsmitteln erlauben. Solchen theoretischen Untersuchungen legt man am zweckmäßigsten einen Fahrbahnstreifen von etwa 3 m Breite zugrunde, der sowohl einer Fahrspur als auch dem für ein Straßenbahngleis benötigten Raume entspricht, und ermittelt, wieviel Menschen das Verkehrsmittel auf einem derartigen Streifen in der Stunde befördern kann. Die Berechnung müßte zunächst von dem Fassungsvermögen der Fahrzeuge, ihrer Länge und Breite, der Geschwindigkeit und dem Bremsweg (also dem notwendigen Sicherheitsabstand) ausgehen. Aber schon hier ergeben sich Schwierigkeiten für die Festlegung der Berechnungsgrundlagen. Welche Werte soll man z. B. für die Geschwindigkeit und für die Bremsverzögerung einsetzen? In nachfolgendem ist für die öffentlichen Verkehrsmittel die im allgemeinen bekannte durchschnittliche Reisegeschwindigkeit zugrunde gelegt. Für die Einzelkraftwagen wurde zunächst die für die Leistungsfähigkeit dieses Verkehrsmittel günstigste Geschwindigkeit von nur etwa 20 km in der Stunde angenommen. Sehr umstritten ist außerdem das Fassungsvermögen der Einzelkraftwagen. Sodann müßte man, da es auf die Ausnutzung bzw. Inanspruchnahme der Straßenfläche ankommt, berücksichtigen, daß der Verkehr, ohne

[1] Vgl. Ehlgötz: Verkehrstechn. 1929 S. 475, Weninger: Verkehrstechn. 1929 S. 169, Wehner: Verkehrstechn. 1936 S. 413, Lübke: Straßen und Plätze im Stadtkörper, Halle 1932.

gefährdet oder nervös zu werden, sehr dicht an die Straßenbahn herangehen kann, da sie einen ganz klar umrissenen Raum einnimmt und einen seitlich genau begrenzten Bremsweg hat, daß dagegen Radfahrer, Omnibusse und Einzelkraftwagen keinen für die anderen Verkehrsteilnehmer klar erkennbaren Weg vor sich haben und daß insbesondere bei scharfem Bremsen die „Bremsfläche“ wegen des zu befürchtenden Schleudern ganz ungewiß ist.

Zusammenstellung 1. Ausnutzung des Straßenraumes durch die einzelnen Verkehrsmittel.

Art des Verkehrsmittels	Länge des Verkehrsmittels m	Mittlere Geschwindigkeit km/h	Mittlere Bremsverzögerung m/s²	Bremsweg m	Fahrweg in der Schrecksekunde m	Erforderliche Strecke für ein Fahrzeug m	Breite des Verkehrsmittels m	Beanspruchter Raum m²	Zahl der Plätze	Für einen Platz beanspruchte Fläche m²	Ausnutzungswert, Kraftwagen besetzt mit 1,4 Nutzfahrgästen	Ausnutzungswert, Kraftwagen besetzt mit 4 Nutzfahrgästen
Kraftwagen	4,0[1]	20[5]	3,0	5,2	5,6	14,8	1,8	26,7	4	6,7		1
									1,4	19,0	1	
Radfahrer .	1,8	18	—	2,5	5,0	9,3	0,7	6,5	1	6,5	3	1
Fußgänger .	1,5[2]	4	—	0	1,2	2,7	0,8	2,2	1	2,2	9	3
Omnibus. .	10,7[3]	20	2,0	7,8	5,6	24,1	2,5	60,3	61	1,0	19	7
Straßenbahn	36,6[4]	17	1,2	9,2	4,7	50,5	2,2	111,0	198	0,56	34	12

Für eine rein theoretische Untersuchung muß von einem gleichmäßig fließenden Verkehrsstrom ausgegangen werden, der also ohne Hindernisse, Haltestellen usw. sich fortbewegt. Unter Berücksichtigung der erforderlichen Bremswege, Sicherheitsabstände, hervorgerufen durch die Auswirkzeit (Schrecksekunde des Fahrers) usw., ergeben sich dann die in Zusammenstellung 1 und 2 angeführten Zahlen.

Zusammenstellung 2. Theoretisch höchste Leistungsfähigkeit der einzelnen Verkehrsmittel.
(Der Berechnung liegen die Annahmen der Zusammenstellung 2 zugrunde.)

Art des Verkehrsmittels	Anzahl der Verkehrseinheiten je Std. (Züge, Räder, Omnibusse, Kraftwagen)	Menschen je Einheit	Theoretische Leistung ohne Querverkehr, Menschen je Spur und Stunde	Theoretische Leistung mit Querverkehr, Menschen je Spur und Stunde
1	2	3	4	5
a) Straßenbahn	335	198	66000	33000
b) Omnibus	838	61	51000	26000
c) Kraftwagen	1360	4	5500	2700
d) Kraftwagen	1360	2	2700	1350
e) Radfahrer[6]	5800	1	5800	2900
f) Fußgänger[7].	10000	1	10000	5000
g) Stadtschnellbahnen[8]. .	40	1200	48000	

Es ist offensichtlich, daß die Zahlen der Spalte 4 und 5 für die meisten Verkehrsmittel weit über den praktisch erreichbaren liegen, was aber nicht zu verwundern ist, da diesem Ergebnis Annahmen zugrunde liegen, die in Wirklichkeit nie vorhanden sein werden.

[1] Mittlerer Kraftwagen. — [2] Einzelpersonen, nicht Marschkolonne. — [3] Trambus Hannover. — [4] Großraumwagen Essen. — [5] Günstigste Geschwindigkeit.
[6] Drei Radfahrer nebeneinander auf einem 3 m Streifen!
[7] Nicht in Marschkolonne, vier Personen nebeneinander!
[8] Unabhängig vom Querverkehr! Die angegebenen Zahlen sind praktisch erreicht und überschritten!

So groß die Unterschiede zwischen diesen theoretischen Leistungsfähigkeiten sein mögen, so zeigen sie doch jedenfalls ganz eindeutig, daß die gegen die öffentlichen Verkehrsmittel erhobenen Vorwürfe, daß sie an der Verstopfung schuld wären, unwahr sind. Die Wahrheit ist vielmehr: Die Straßenbahn besitzt die höchste Leistungsfähigkeit, da sie den Straßenraum am besten ausnutzt bzw. am wenigsten in Anspruch nimmt.

Für die Praxis können diese theoretischen Zahlen aber nur einen Vergleichsmaßstab darstellen; will man sie für eine Schätzung der wirklichen Leistungsfähigkeit benutzen, so sind noch folgende Erwägungen anzustellen:

1. Die Zahlen sind außer für die Schnellbahnen auf etwa 50 bis 60% herabzusetzen, weil man im Straßenverkehr mit allerlei unvermeidbaren Störungen rechnen muß, und weil insbesondere der Querverkehr nicht vernachlässigt werden darf. Daß man den Querverkehr gelegentlich unterbinden kann (z. B. bei Festen und Aufmärschen) ist klar, braucht hier aber nicht weiter erörtert zu werden. Unter Berücksichtigung des Querverkehrs ergeben sich dann die in Spalte 5 angegebenen Zahlen.

2. Für die praktische Auswertung kommt es auf die im Stadtinnern gelegenen maßgebenden Verkehrspunkte, und zwar auf die stärkst belasteten Stunden an, und hierfür ist nicht das Fassungsvermögen, sondern die tatsächliche Besetzung der Wagen maßgebend. Diese liegt dann aber bei den öffentlichen Verkehrsmitteln, und zwar für die jeweilige Hauptrichtung nahe an 100% und oft muß man sich sogar mit einer gewissen Überfüllung abfinden. Die Einzelkraftwagen (Privatwagen und Droschken) bringen es aber auch in den stärksten Verkehrsstunden noch nicht einmal bis zu einer Besetzung von zwei Fahrgästen. Zählungen hierüber gibt es kaum, wenigstens nicht solche, die man als zuverlässig bezeichnen könnte. Nach dem vorhandenen Zahlenmaterial und eigenen Beobachtungen halte ich für die Innenstadt und den Geschäftsverkehr die Zahl von 1,4 schon für hoch; daß sie im Ausflugverkehr höher liegt, ist selbstverständlich, aber für die vorliegende Frage belanglos.

3. Die Zahlen sind für die freie Strecke berechnet, also für die Fortbewegung der „Verkehrsschlange" im durchgehenden Straßenzug. Die Leistungsfähigkeit hängt aber — wie überall so auch hier — noch mehr als von der freien Strecke von den im Straßenverkehr maßgebenden Verkehrsplätzen und Haltestellen ab, eine Binsenwahrheit, die nur allzu leicht vergessen wird. Bei den Verkehrsplätzen bietet sich aber, wie an anderer Stelle ausgeführt ist, meist die Gelegenheit, die Straßenbahn mit ihren Haltestellen in die Platzinseln zu legen und hiermit die Hemmungen für den übrigen Verkehr auszuschalten oder wenigstens stark herabzusetzen.

Wenn keine Möglichkeit besteht, die Haltestellen auf eine Platzinsel zu legen (z. B. an einfachen Straßenkreuzungen), kann man Ähnliches erreichen, indem man sie mit richtig angelegten Schutzinseln versieht.

4. Es kann für den normalen Fall nicht angenommen werden, daß der Einzelkraftwagen nur mit einer Reisegeschwindigkeit von 20 km/h fährt, wie sie den obigen Zahlen zugrunde gelegt wurde. Selbst in den stark belasteten Hauptverkehrsstraßen der Innenstadt wird sie nicht unter 30 km/h liegen; bei dieser Geschwindigkeit nimmt die Leistungsfähigkeit aber bereits wieder erheblich ab.

Es seien hier noch einige tatsächlich erreichte Straßenbahnfahrgast-Zahlen mitgeteilt:

Stuttgart (Turnfest 1933) auf einem Gleis ohne Querverkehr 180 Züge mit 45000 Fahrgästen, also 20 s-Verkehr mit Drei-Wagen-Zügen.

Frankfurt (Sängerfest 1932) auf einem Gleis mit normalem Querverkehr 124 Züge mit 20000 Fahrgästen; ähnlich in Wien und Hannover.

Köln (Turnfest 1928) auf einem Gleis ohne Querverkehr 30000 Fahrgäste.

Chikago, Wabash-Street, bei normalem Querverkehr 25000 Fahrgäste.

β) Sicherheit. Der Einfluß der verschiedenen Verkehrsmittel auf die Sicherheit bzw. ihre Schuld an den Unfällen muß für den Straßenverkehr besonders sorgfältig untersucht werden, weil hier die Sachschäden und die Tötungen und Verletzungen von Menschen erschreckend hoch sind. Bei Ermittlung des „Sicherheitsgrades" bzw. des „Gefährdungsgrades" müßte von den richtigen Grundlagen ausgegangen werden; es müßte nämlich die Zahl der Tötungen und Verletzungen zu den geleisteten Personenkilometern (pkm) in Beziehung gesetzt und nicht nur die „Beteiligung", sondern die Schuld zahlenmäßig erfaßt werden. Leider versagte hier die Statistik und die wissenschaftliche Forschung fast vollständig. Für die meisten Länder gibt die Statistik nur an, mit welchen Zahlen die verschiedenen Verkehrsmitteln an den Unfällen „beteiligt" sind, sie schweigt sich aber über die Schuld aus; und über das Verhältnis von schuldhaften Tötungen usw. zu der Zahl der geleisteten Personenkilometer werden überhaupt keine Angaben gemacht.

In Deutschland wird jedoch seit einiger Zeit nicht nur die Beteiligung, sondern auch die Schuld angegeben. So ergeben sich folgende Zahlen:

Art des Verkehrsmittels	Deutsches Reich 2. Vierteljahr 1936				Hannover 2. Vierteljahr 1936			
	Beteiligung		Schuld		Beteiligung		Schuld	
	Zahl der Unfälle absolut	Zahl der Unfälle in %	absolut	in %	absolut	in %	absolut	in %
Personenkraftwagen	44643	32,5			381	36,3		
Lastkraftwagen	20755	15,1			168	16,0		
Krafträder	20982	15,3			74	7,0		
Gesamter nichtöffentlicher Kraftverkehr	86380	62,9	44295	57,0	623	59,3	369	62,5
Kraftdroschken	1499	1,1			14	1,3		
Omnibusse	1610	1,2			8	0,8		
Gesamtkraftverkehr	89489	65,2	44295	57,0	645	61,4	369	62,5
Straßenbahn	3333	2,4	1505	1,9	52	4,9	12	2,0
Fuhrwerke	4575	3,3			30	2,9		
Fußgänger	10878	7,9	5804	7,5	69	6,6	37	6,3
Fahrräder	26699	19,4	8437	10,8	237	22,6	73	12,4
Sonstige	2422	1,8	17784	22,8	17	1,6	99	16,8
	137396	100,0	77825	100,0	1050	100,0	590	100,0

Die öffentlichen Verkehrsmittel stehen also schon nach dieser Statistik glänzend da. Die Unterschiede würden aber noch krasser werden, wenn die oben erwähnten richtigen Maßstäbe angelegt würden[1].

Von den wenigen hierauf bezüglichen Untersuchungen sind die von Prof. Wentzel-Aachen[2] die wichtigsten.

Er ermittelt als „Gefahrengrad", wenn der der Straßenbahn = 1 gesetzt wird:

	Straßenbahn	Omnibus	Kraftdroschken	Private Kraftwagen
Verletzungen	1	2,2	12	25
Tötungen	1	6	24,5	29
Unfälle durch eigene Schuld	1	4,4	53	103,6
Unfälle im ganzen	1	2,77	26	58

[1] Diese Zahlen besagen ferner, daß eine Verminderung der Unfallziffern und damit eine Verbesserung der Verkehrsverhältnisse in erster Linie eine Erziehung der Kraftfahrer notwendig macht. Dabei beachte man, daß 17 Mill. Fahrrädern nur 2,4 Mill. Kraftwagen gegenüberstehen.

[2] V.T. 1926.

Der auffallend niedrige Gefahrengrad, also der hohe Sicherheitsgrad der öffentlichen Verkehrsmittel ist unter anderem der sorgfältigen Instandhaltung der Wagen und der gewissenhaften Auswahl und Ausbildung und der hierauf beruhenden hohen Qualität der Fahrer zu danken. Bei der Straßenbahn ist außerdem die sichere Führung durch das Gleis von hoher Bedeutung. Hierdurch ist die Straßenbahn auch dem Omnibus erheblich überlegen; dazu kommt noch der günstige Einfluß der Straßenbahn auf die Regelung und Beruhigung des übrigen Straßenverkehrs (s. unten).

Die Unterschiede im Gefahrengrad zeigen klar, welche Maßnahmen (neben Erziehung und Bestrafung) am stärksten zur Beseitigung der großen Unsicherheit beitragen können:

Man muß soviel Verkehr wie nur möglich auf die öffentlichen Verkehrsmittel legen; nichts wäre vom Standpunkt der Sicherheit so verkehrt wie das Zurückdrängen der öffentlichen Verkehrsmittel oder gar ihre Verbannung aus den Hauptverkehrsstraßen oder aus der ganzen Innenstadt.

γ) Einfluß auf den übrigen Verkehr. Es ist weiterhin zu prüfen, ob und inwieweit die öffentlichen Verkehrsmittel günstig oder ungünstig auf die anderen Verkehre einwirken:

Hier werden bekanntlich gegen die Straßenbahn bittere Vorwürfe erhoben, daß sie wegen ihrer Bindung an die Schiene nicht ausweichen und an ihren Haltestellen nicht am Bürgersteig vorfahren könne und daß sie „falsch" überholt werden müsse. Um zu einem sicheren Urteil zu kommen, ist auch hier nach freier Strecke und Stationen zu unterscheiden und dabei ständig zu beachten, daß bei Beseitigung der Straßenbahn ihr Ersatz durch den Omnibus notwendig sein würde, denn ohne öffentliche Verkehrsmittel läßt sich der Verkehr nun einmal nicht bewältigen.

Was zunächst die „freie Strecke" anbelangt, so gibt es eben leider viele enge und winkelige Straßen, namentlich in den Altstadtkernen, die dem heutigen Gesamtverkehr nicht gewachsen sind; ob aber hierbei die schweren Lastzüge, die parkenden Wagen oder die Straßenbahn mehr stören, kann nur von Fall zu Fall geklärt werden. Im Regelfall kann die Lösung der Aufgabe aber nicht darin bestehen, daß man die Straßenbahn beseitigt und durch den Omnibus ersetzt; helfen kann vielmehr nur eine Gesamtverbesserung. Dagegen kann bei guten, also genügend breiten und gestreckten Straßen von wirklichen Störungen durch die öffentlichen Verkehrsmittel nicht die Rede sein, und zwar um so weniger, je besser die Straße ist. Wenn das Überholen der Straßenbahn durch schnellere Fahrzeuge schwierig zu sein scheint, so kann sich jeder durch eigenes Fahren und durch Beobachtung des Verkehrs von der hinteren Plattform aus davon überzeugen, daß die schweren Lastwagen und die parkenden Wagen die „Hauptschuldigen" sind.

Was die Stationen anbelangt, so wird gegen die Straßenbahn der Vorwurf erhoben, daß sie den übrigen Verkehr aufhalte und ihre eigenen Fahrgäste gefährde, weil sie nicht am Bürgersteig vorfahren kann. Hierzu äußert sich Herr Präsident Stadtrat Engel wie folgt (dem Sinne nach):

„Es geht nicht an, daß man den Straßenbahnbetrieb durch die Brille des Herrenfahrers betrachtet; wenn man mit seinem Kraftwagen an einer Haltestelle einen Augenblick warten muß, dann darf man nicht sagen, die Straßenbahn wäre ein Verkehrshindernis. Ein Straßenbahnzug befördert 80, 150 oder 200 Personen; der Kraftfahrer sitzt aber in seinem Wagen allein. Mit welchem Recht fordert er freie Durchfahrt vor den 200 anderen Volksgenossen? Die Benutzer der öffentlichen Verkehrsmittel sind berufstätige und ärmere Menschen, die sich keinen Kraftwagen leisten können. Auch sie wollen und müssen zur Arbeit."

Daß aber die wichtigsten Stationen der Straßenbahn, nämlich die auf den maßgebenden Verkehrsplätzen gelegenen, so angelegt werden können, daß sie vom übrigen Straßenverkehr vollkommen losgelöst sind, ist schon gesagt.

Andererseits haben aber die öffentlichen Verkehrsmittel den großen Vorzug, daß ihr Betrieb (Linienführung, Auswahl der zu benutzenden Straßen, Lage der Haltestellen, Fahrplan, Wagenfolge, Wagenbreite, Zahl der Anhänger usw.) von den Behörden (Stadtverwaltung, Polizei) vollkommen beherrscht wird, also ganz so geregelt werden kann, wie es den Verkehrsbedürfnissen und der Straßenanlage entspricht. Dem Einzelverkehr gegenüber ist aber dieser Einfluß viel geringer, und die Beachtung der Vorschriften usw. kann vielfach nicht erzwungen werden. Von besonderer Bedeutung ist hierbei (neben dem Verkehr der Lastzüge) das Parken; die öffentlichen Verkehrsmittel stellen hier innerhalb der kritischen Zone (City) an und für sich sehr geringe Ansprüche, weil sie die Innenstadt als Durchmesserlinien glatt durchfahren, und wo Anlagen zum Aufstellen, Ein- und Ausschalten und Wenden notwendig werden, können sie immer folgerichtig in die Straßenanlage eingepaßt werden.

Die Straßenbahn hat noch dem gesamten nicht an Schienen gebundenen Verkehr gegenüber den großen Vorzug, daß alle Bewegungsvorgänge von allen Verkehrsteilnehmern klar erkannt werden können, denn der Straßenbahn sind alle ihre Wege durch die Gleise eindeutig vorgezeichnet und die Gleise sind bei jeder Beleuchtung und jeder Witterung klar zu erkennen; die Straßenbahn bringt daher in den Gesamtverkehr ein großes Moment der Regelung, Beruhigung und Sicherung hinein; man beobachte einmal, wie an schwierigen Übergängen eine große Zahl von Fußgängern, Radfahrern (nebst Kinderwagen, Handkarren usw.) und auch Kraftwagen sich regelrecht dem „Schutzschatten" der Straßenbahn anvertrauen.

Zum Schluß seien zur Abwägung des öffentlichen Verkehrs gegen den Einzelverkehr noch folgende Punkte erwähnt:

1. Jeder ruhige Kraftfahrer wird bestätigen, daß er nicht durch Omnibus und Straßenbahn behindert wird, sondern durch drei andere Erscheinungen: Den (Fern-) Lastzug, die parkenden Wagen und die Radfahrer.

2. Früher, als der Einzelverkehr noch schwach, der öffentliche Verkehr aber schon stark war, hat niemand etwas davon gemerkt, daß der öffentliche Verkehr eine „unerträgliche Belastung" wäre. In manchen Städten ist aber festgestellt worden, daß die Zahl der Straßenbahnzüge an den kritischen Stellen seit 1914 nicht zu-, sondern abgenommen hat!

3. Die Zunahme des Fahrradverkehrs in den inneren Stadtgebieten ist teilweise eine Folge der durch den Weltkrieg verursachten Senkung des allgemeinen Lebensstandards. So sehr man seine Steigerung im Erholungsverkehr begrüßen (und fördern) muß, so sehr muß man es beklagen, wenn ein großer Teil der Bevölkerung das Fahrrad für den Geschäfts- und den regelmäßigen Berufsverkehr benutzen muß. Dieser Verkehr, der sich größtenteils in der Innenstadt abspielt und hier tatsächlich zu unangenehmen Zuständen führen kann, gehört seiner Natur nach und im allseitigen Interesse in die öffentlichen Verkehrsmittel; es gibt aber, abgesehen von der Hebung des allgemeinen Wohlstandes, nur ein Mittel, die Benutzung des Fahrrades im Berufsverkehr einzuschränken, das ist die beste und billigste Bedienung des Verkehrs durch die öffentlichen Verkehrsmittel; ihre Verkehrsleistungen (Häufigkeit, Schnelligkeit, Bequemlichkeit, Linienführung, Lage der Haltestellen, Umsteigen) müssen so gut sein, daß ein starker Anreiz besteht, vom Fahrrad zu ihnen überzugehen, und sie müssen so billig sein, daß auch die ärmeren Kreise das Geld für die regelmäßige Benutzung aufbringen können.

2. Abwägung der öffentlichen Verkehrsmittel untereinander.

Nachdem vorstehend der Einzelverkehr gegenüber dem öffentlichen Verkehr abgewogen worden ist, müssen nun die öffentlichen Verkehrsmittel untereinander abgewogen werden. Diese Untersuchung muß sich zu einer Prüfung des Problems „Straßenbahn oder Omnibus" verdichten.

Hierzu sind zunächst einige Tatsachen festzustellen:

a) Bezüglich der Verkehrsbedienung hat die Straßenbahn einen gewissen Vorsprung (keine Geruchsbelästigung, höhere Sicherheit, bessere Bewältigung des Spitzenverkehrs). In der Geschwindigkeit war die Straßenbahn noch vielfach durch lähmende Vorschriften „gehandicapt", während der Omnibus vollkommen frei war.

b) Die technische Entwicklung ist bei beiden Verkehrsmitteln noch nicht abgeschlossen; beide sind vielmehr noch entwicklungsfähig; mit Schlagworten wie „modern" und „veraltet" sollten ernste Männer nicht operieren.

c) Die Leistungen der Straßenbahn sind nicht genügend bekannt, die des Omnibus werden dagegen stark ins Licht gerückt. In Wirklichkeit wurden aber (1935) von der Straßenbahn befördert: in Deutschland 2800000000, in England 3600000000, in Amerika 7900000000 Fahrgäste; in Deutschland werden von der Straßenbahn 90%, vom Omnibus 10% des Oberflächenverkehrs bewältigt; für Amerika sind diese Zahlen 80% und 20%; in den nordamerikanischen Großstädten leistet die Straßenbahn 85 bis 100%, der Omnibus nur bis 15%; keine amerikanische Stadt von mehr als 250000 Einwohner hat die Straßenbahn aufgegeben; die englischen Großstädte (außer London) halten an der Straßenbahn fest.

d) Bezüglich der Leistungsfähigkeit und der Ausnutzung des Straßenraumes hat die Straßenbahn eine gewisse Überlegenheit. Hierzu ist nur noch zu erwähnen: Es kommt auch bei dieser Frage wesentlich auf den Massenverkehr in den Spitzenstunden an. Nun leistet aber ein Straßenbahnzug 200 Fahrgäste und solche Züge müssen in Abständen von 30 s (und womöglich in noch kürzerer Zeit) durch die Hauptverkehrsstraßen durchgebracht werden, die zur gleichen Zeit auch von dem übrigen Verkehr stark belastet sind. Wollte man die 200 Fahrgäste in Omnibussen befördern, so müßten für jeden Straßenbahnzug je 3 bis 4 Omnibusse eingesetzt werden, die dann im gleichen Zeitraum durchgebracht werden müßten. Hier ist also größte Vorsicht geboten! Vgl. hierzu „Verkehrstechnik" 1937, Heft 2, Staatsrat Stanik-Hamburg.

Es kommt ferner auch hier weniger auf die freie Strecke als auf die Stationen an. Für die einfachen Zwischenstationen wirkt hier der Omnibus auf den übrigen Verkehr günstiger als die Straßenbahn, namentlich dann, wenn der Gesamtverkehr nicht sehr stark ist. Bei starkem Verkehr macht aber das Vorfahren des Omnibus am Bürgersteig manche Schwierigkeiten; es kann dadurch der übrige Verkehr (namentlich an Straßenkreuzungen mit Lichtsignalen) aufgehalten werden. Auch die Gefährdung der Fußgänger durch Fahrzeuge, die den haltenden Omnibus überholen, hierbei aber durch ihn verdeckt werden, ist zu beachten; in New York hat man die Omnibushaltestellen hinter die Querstraße legen müssen! Man hat sich also mit einer an sich ungünstigen Lösung abfinden müssen, weil man sonst den übrigen Verkehr zu stark aufgehalten hätte. Daß man an den wichtigsten Verkehrspunkten die Haltestellen der Straßenbahn oft ganz aus dem übrigen Verkehr herausnehmen kann, ist schon erwähnt; für den Omnibus ist das leider nicht so oft der Fall. Andererseits hat der Omnibus gewisse Vorzüge für die Bedienung enger und winkeliger Altstadtkerne.

e) Daß Straßenbahnstrecken abgebrochen (und durch Omnibusse ersetzt) worden sind, ist richtig, aber die Gründe hierfür müssen erforscht werden. Soweit sie sachlicher Natur sind, sind etwa folgende zu nennen: Es sind früher, als die Welt noch reich war, vielfach Straßenbahnen für sehr schwache Verkehrsrelationen gebaut worden, weil es einen leistungsfähigen Omnibus noch nicht gab; desgleichen aus Konkurrenzgründen gegen andere Straßenbahnunternehmungen; desgleichen in zu optimistischer Einschätzung der Verkehrsentwicklung besonders in kleinen Städten und zu weit hinaus in die

Außengebiete von Großstädten; ferner konnten in den Riesenstädten Straßenbahnen entfernt werden, indem sie durch Schnellbahnen ersetzt wurden; sodann konnten in vielen Ländern die Straßenbahnen während des Weltkrieges nicht ordnungsgemäß instand gehalten und erneuert werden, und dann ließ man nach dem Krieg Gleise, Wagen, Werkstätten planmäßig verkommen („verludern"), um zu dem „modernen" Verkehrsmittel überzugehen; ob man das aber noch als sachlich bezeichnen kann, mag man bezweifeln.

Unsachliche Erwägungen dürften in Rom und Wiesbaden eine große Rolle gespielt haben; die tatsächlichen Folgen sind daher auch sehr ungünstig. Daß auch bei dieser Frage die Strategie und die bekannten „höheren Gesichtspunkte" und die „Imponderabilien" vorgeschützt werden, ist selbstverständlich; denn damit wird im Verkehr immer operiert, wenn Laien etwas beweisen oder Geschäftemacher verdienen wollen.

f) Bei der Klärung der Frage muß man davor warnen, die Erfahrungen, die in Weltstädten mit Schnellbahnen gemacht worden sind, auf Städte ohne Schnellbahnen zu übertragen; denn es ist von grundsätzlicher Bedeutung, ob die Oberflächenverkehrsmittel den gesamten Verkehr bewältigen müssen oder nur den Teil, den ihnen die Schnellbahnen und der Stadt- und Vorortverkehr der Fernbahnen übrig lassen.

Während die Lage oft so dargestellt wird, als ob in den Weltstädten, namentlich in London und Paris die „Schiene" ausgeschaltet wäre, ist gerade festzustellen, daß die Schiene um so stärker herangezogen werden muß, je größer die Stadt und je größer daher ihr Verkehr ist. Die Schiene ist hier aber aus der Straßenoberfläche herausgenommen und als Hoch- oder Tiefbahn über oder unter der Straße verlegt, wobei man zu beachten hat, daß die Schnellbahn 3 bis 4 höchstbelastete Straßenbahn- oder Omnibuslinien ersetzt; vgl. insbesondere das so dichte Tiefbahnnetz in Paris.

Man muß vorsichtig sein bei Vergleichen verschiedener Länder, denn alle maßgebenden Grundlagen (Löhne, Preise für die wichtigen Bau- und Betriebsstoffe, Gestaltung der Städte, Zahlungsfähigkeit der großen Massen, Abhängigkeit vom Ausland in Bezug gewisser Stoffe, Devisenlage usw.) sind überall verschieden, so daß die Übertragung von Erfahrungen selbst dann schwierig ist, wenn man wahre (ungefärbte, ungeschminkte) Berichte erhalten kann. Besonders sorgfältig muß man in Ländern sein, die im Bezug von Triebstoffen und Kautschuk vom Ausland abhängig sind.

Zu all diesen Tatsachen und Erwägungen kommen nun die wirtschaftlichen Fragen hinzu. Sie sind — nicht immer, aber meist — von entscheidender Bedeutung; denn die Selbstkosten müssen so niedrig wie möglich sein, damit die Tarife niedrig gehalten werden können, weil nur dann die großen sozialen und völkischen Aufgaben der Auflockerung durchgeführt werden können. Hierzu ist nun die Grundtatsache festzustellen: Bei der Straßenbahn sind die „festen" Kosten (Kapitaldienst usw.) hoch, die „beweglichen" Kosten (Betriebskosten) dagegen niedrig; beim Omnibus liegen die Verhältnisse dagegen umgekehrt. Demgemäß ist für starken Verkehr die Straßenbahn, für schwachen Verkehr der Omnibus das wirtschaftlich richtige Verkehrsmittel. Wo die Grenze zwischen beiden liegt, ist in den verschiedenen Ländern und Städten verschieden; in Deutschland wird die Grenze etwa dahin zu bestimmen sein, daß die Straßenbahn anfängt wirtschaftlich zu werden, wenn der Verkehr vier Züge in der Stunde, also eine Zugfolge von 15 min erfordert.

Wenn der Verkehr aber schwächer ist, so daß man mit einer Zugfolge von 20 min und mehr auskommt, so wird der Omnibus einzusetzen sein. Zwischen diesen beiden Grenzen liegt der Wirtschaftlichkeitsbereich des Oberleitungs-Omnibus, dessen technisch-wirtschaftliche Entwicklung dauernd sorgfältig zu beobachten ist.

Diese reichlich rohe Faustformel muß aber noch durch folgende Erwägungen ergänzt werden: Es wird für die kleineren Städte eine gewisse Grenze geben, bis zu der man einheitlich mit dem Omnibus auskommen kann; diese Grenze mag zur Zeit in Deutschland bei 40000 Einwohnern liegen (s. oben). Bei den größeren Städten wird man aber oft nicht mit einer einheitlichen Betriebsweise auskommen; es sind hier vielmehr die verschiedenen Strecken so verschieden belastet, daß man die verschiedenen Verkehrsmittel einsetzen muß, um insgesamt die niedrigsten Selbstkosten zu erzielen. Es ist also das Gesamtnetz im Sinne eines „Aufteilungsplanes“ einheitlich durchzuarbeiten, wobei folgende Punkte zu beachten sind:

1. Man hat davon auszugehen, daß das ganze Netz ein einheitliches Unternehmen ist, also einheitlich betrieben und verwaltet wird. Dann kann — abgesehen von allen anderen Vorteilen — auch ein finanzieller Ausgleich zwischen „guten“ und „schlechten“ Linien erzielt werden.

2. Der Plan ist von innen nach außen zu entwickeln, denn in der Innenstadt wurzeln einerseits die „Chancen“, andererseits aber auch die Betriebsschwierigkeiten.

3. Da nun von einer gewissen Stadtgröße ab die verkehrsreiche Innenstadt das naturgemäße Gebiet der Straßenbahn ist, so hat das Straßenbahnnetz die erste Grundlage zu geben, und es ist zu prüfen, wie weit die Straßenbahn nach außen ausgedehnt werden kann, ohne unwirtschaftlich zu werden. Hierbei ist besonders der Berufsverkehr mit seinen Verkehrsspitzen und außerdem der gelegentliche Massenverkehr (nach Sportplätzen usw.) zu beachten.

4. In dieses Straßenbahnnetz sind dann die Omnibuslinien für die schwächeren Verkehrsbeziehungen einzubauen.

5. Das (für die Fahrgäste so lästige) Umsteigen ist auf ein Geringstmaß herabzusetzen. Am besten wird es dadurch vermieden, daß lange die ganze Innenstadt durchfahrende Linien mit einheitlicher Betriebsweise gebildet werden; hierdurch werden auch die Betriebskosten günstig beeinflußt. In diesem Sinne ist der Omnibus, obwohl er hauptsächlich für die schwächer belasteten Außenlinien einzusetzen ist, nicht etwa auf die Außengebiete zu beschränken; man wird vielmehr auch Linien ermitteln können, auf denen der Omnibus auch die Innenstadt durchfahren kann.

6. Ob man vorhandene Straßenbahnlinien abbrechen und durch Omnibusse ersetzen darf, bedarf ernstester, ruhigster, wirklich sachlicher Überlegung; es sind hier leider grobe Fehler vorgekommen. Ebenso ruhig und sachlich ist die Frage zu prüfen, wann man eine Omnibuslinie, nachdem ihr Verkehr sich entwickelt hat, durch die Straßenbahn ersetzen darf.

Aus Vorstehendem ergibt sich die Notwendigkeit, daß für den gesamten Straßenverkehr „Idealpläne“ aufzustellen sind: Für jede Stadt, jede Städtegruppe und jeden Industriebezirk muß ein Gesamtplan aufgestellt werden, der das ganze Gebiet erfaßt, alle Verkehrsmittel berücksichtigt und das Arbeiten auf lange Sicht sicherstellt. Ein solcher Wunsch- oder Idealplan, der weit vorausschauend die künftigen Verbesserungen und Ergänzungen klarstellt, ist aus folgenden Gründen notwendig:

1. Jedes Verkehrsnetz besteht nicht aus einzelnen zusammenhanglosen Linien, sondern es ist eben ein Netz, das in sich aufs Engste verflochten ist, so daß jede wichtige Änderung, die an irgendeiner maßgebenden Stelle vorgenommen wird, sich auf viele andere Stellen auswirkt. Das wird z. B. von den meisten laienhaften Vorschlägen nicht beachtet, die den „kritischsten Verkehrsknotenpunkt“ dadurch verbessern wollen, daß sie die Schwierigkeiten an andere Stellen abschieben.

2. Fast alle Änderungen im Straßenverkehr — namentlich in der Linienführung, aber auch schon in der Zugdichte der öffentlichen Verkehrsmittel —

ziehen bezüglich der Verkehrsbedienung der einzelnen Stadtteile weite Kreise und haben daher unter Umständen bedeutende wirtschaftliche Folgen; vgl. z. B. die Schädigung der Geschäftsstadt durch Fortnahme von einzelnen Linien.

3. Manche Planungen können in ihren Auswirkungen im voraus nicht genau übersehen oder gar berechnet werden; es ist daher große Vorsicht bei der Beseitigung vorhandener wertvoller Anlagen geboten.

4. Änderungen und Neuanlagen von städtischen Straßen, Plätzen und Gleisen verursachen ungewöhnlich hohe Kosten. Dies legt der Stadtverwaltung und den Verkehrsanstalten den Zwang auf, daß Änderungen usw. nicht zu beliebiger Zeit, also nicht „sofort" vorgenommen werden dürfen, sondern daß sie soweit wie irgend möglich im Zug der planmäßigen Erneuerung ausgeführt werden müssen; denn bei dem vorzeitigen Umbau — dem „Herausreißen" — werden hohe Werte zerstört, die noch manches Jahr hätten gute Dienste leisten können. Das gilt besonders von den meisten Fahrdammbefestigungen, den Straßenleitungen, den Straßenbahngleisen und den Oberleitungen; denn der nach dem Herausreißen noch vorhandene Altwert ist recht gering und die Aufwendungen für das Zerstören und Wiederherstellen von Pflaster und Leitungen sind fast ganz verloren. Es beträgt aber z. B. die Lebensdauer von gutem Pflaster 20 bis 25, von Straßenbahngleisen in geraden Strecken 30, in scharfen Krümmungen 6 bis 10, von Weichen 6 bis 10, von Oberleitungen 30 Jahre; man muß also die als notwendig erkannten Umgestaltungen nach einem Programm durchführen, das jedenfalls nicht weniger als 15 Jahre umfassen darf. Auch bei derartig planvollen Arbeiten werden sich noch reichlich genug peinliche Ausgaben ergeben, denn man wird leider immer gezwungen sein, einzelne Teile vorzeitig, also vor Ablauf ihrer Lebensdauer abzubrechen und andere Teile über ihre planmäßige Lebenszeit beizubehalten, woraus sich dann ein zu hoher Aufwand für ihre Instandhaltung ergibt.

Weicht man von diesen Grundsätzen ab, so ergeben sich zwangsläufig Belastungen für die Stadtverwaltung und die Verkehrsanstalten, also letzten Endes für die Allgemeinheit; denn die Kosten für die Umgestaltungen, die technisch-wirtschaftlich noch nicht notwendig waren, müssen ja in irgendeiner Weise „wieder hereingebracht" werden, sei es durch Steuern oder durch höhere Tarife oder durch schlechtere Verkehrsbedienung; es liegt hier auch die Gefahr vor, daß infolge dieser Belastungen andere notwendige Verbesserungen nicht durchgeführt werden können. Daß der „Idealplan" nicht starr sein darf, sondern elastisch sein muß und daß er von Zeit zu Zeit überprüft werden muß, ist selbstverständlich.

c) Verkehrsregelung und Parken.

Es kann nicht Aufgabe eines Lehrbuches über Städtebau sein, die Verkehrsregelung, also die Aufgaben der Verkehrspolizei eingehend zu erörtern. Es sollen nur folgende Gedanken angedeutet werden:

1. Im allgemeinen wird die Verkehrspolizei um so weniger zu tun haben, es werden also um so weniger — recht kostspielige! — Verkehrsschutzleute und um so weniger Verkehrszeichen (Richtungszeichen, Verbottafeln, Ampeln) notwendig sein, es wird sich also alles um so flüssiger, sicherer und billiger abspielen, je sorgfältiger der Gesamtstraßenplan, die Linienführung der öffentlichen Verkehrsmittel und die einzelnen Knotenpunkte und Verkehrsplätze entworfen sind; mit anderen Worten: je besser ein wirklicher Verkehrstechniker arbeitet, desto weniger Verkehrszeichen und Polizei braucht man. Auch hier kann (und sollte) man von der Eisenbahn lernen: Ein gut durchkonstruierter Bahnhof leistet den größten Verkehr spielend mit einem Minimum von Signalen, Stellwerken und Beamten; aber ein schlechter (veralteter) Bahnhof verbraucht ein Maximum,

verursacht hierfür hohe Kosten, arbeitet aber trotz allen Aufwandes schwer und schleppend[1].

2. Mit die schwersten Verkehrsnöte liegen im Parken. Es verursacht nicht nur in der Innenstadt, sondern auch in den Wohngebieten der wohlhabenden Kreise große Schwierigkeiten. Da nun unter „Parken" die verschiedenartigsten Vorgänge zu verstehen sind, seien die wichtigsten von diesen nachstehend kurz skizziert:

a) Das Parken von Lastwagen zum Umladen und das Bilden und Auflösen von Fernlastzügen auf der öffentlichen Straße ist oft ungehörig und kann unter Umständen gefährlich sein und muß dann als grober Unfug bezeichnet werden. Es gehört in die Höfe der Verfrachter und Spediteure und in die „Auto-Bahnhöfe".

b) Das Parken, durch das der Besitzer des Wagens die Kosten für die Garage spart, namentlich das nächtliche Parken in der sog. „Laternengarage", ist ebenfalls ein grober Unfug und eine ständige Quelle schwerer Gefahren. Es sollte grundsätzlich verboten werden; zur Durchführung des Verbotes muß danach gestrebt werden, die Garagenkosten herabzusetzen und bei neuen Anlagen und größeren Umgestaltungen für genügenden Garagenraum zu sorgen.

3. Das Parken im Sport- und Erholungs-, im Besuchs- und kulturellen Verkehr muß dadurch erleichtert werden, daß bei Sportplätzen, Bädern, Theatern, Stadthallen, Ausstellungen usw. genügend große Parkplätze angelegt werden; ihre Anordnung (in genügender Größe, in richtiger Lage, in sinnvoller Gliederung nach Wagenarten, An- und Abfahrwegen) gehört zu den Aufgaben der Planung; die Erhebung von Gebühren ist berechtigt.

4. Das kurze Parken bei Einkäufen, kurzen Besuchen ist im allgemeinen nicht störend; der Begriff „kurz" ist aber sehr dehnbar!

5. Das lange Parken wird teils durch Kaufleute, Direktoren, Anwälte, Ärzte, Professoren usw. verursacht, die in Anspruch nehmen, ihren Wagen während der ganzen Geschäftszeit vor ihrer Arbeitsstätte aufzustellen. Eine andere Gruppe sind die Besucher von Cafés und anderen Gaststätten; gerade sie belegt am stärksten die kritischsten Straßen und Plätze.

6. Das lange Parken auswärtiger Stadtbesucher, die zu Geschäften oder zum Besuch in die Stadt kommen; es handelt sich hier um einen wertvollen Verkehr, der Rücksicht und bevorzugte Behandlung verdient; bevorzugte Behandlung der Auswärtigen vor den Einheimischen (prüfbar durch die Nummernschilder) ist nicht abzulehnen.

Insgesamt wird zu beachten sein:

a) Das Parken muß bei Neuanlagen und größeren Umgestaltungen vorausschauend erleichtert werden.

b) Das Parken darf nicht durch Schikanen erschwert werden; aber es ist als Grundsatz festzuhalten, daß die Straßen und Plätze für den Verkehr da sind; Verkehr ist aber Bewegung; das Parken ist aber das Gegenteil davon; auf keinen Fall darf die Bewegung durch das Parken gelähmt oder gefährdet werden; das würde zum Tod des Verkehrs führen, vgl. die hoffnungslosen Zustände in New York.

c) Niemand hat ein „Recht" auf Parken, namentlich nicht auf Parken an beliebiger Stelle und zu beliebiger Zeit; jeder muß sich gefallen lassen, daß ihm die Stelle angewiesen wird.

---

[1] Viele, die sich berufen fühlen, für den Großstadtverkehr wohlgemeinte Ratschläge zu machen, lösen meistens das „Problem" der „kritischsten" oder der gerade zur Debatte stehenden Stelle, indem sie die Schwierigkeiten nach irgendeiner anderen Stelle verschieben; in vielen Fällen sind sie auch recht einseitig für ein bestimmtes Verkehrsmittel und gegen alle anderen eingestellt; vor allem sind ihnen die Radfahrer und die Straßenbahn ein Dorn im Auge.

d) Niemand hat ein „Recht“ auf unentgeltliches Parken; jeder muß sich damit abfinden, daß er eine kleine Gebühr entrichten muß, wenn dies im Interesse des allgemeinen Verkehrs zweckmäßig ist.

e) Jeder muß sich damit abfinden, daß er einige Minuten zu Fuß gehen muß, wie das ja auch jeder Fahrgast der öffentlichen Verkehrsmittel tun muß. Jeder muß daher die besonders angelegten öffentlichen Parkplätze benutzen, auch wenn sie etwas abseits liegen und gebührenpflichtig sind.

f) Durch das Parken darf die Übersicht nicht leiden, auch das Ein- und Ausfahren an den Querstraßen und Toreinfahrten nicht erschwert werden. Durch sog. Parkspuren (am Bürgersteig entlang) darf die Flüssigkeit des übrigen Verkehrs nicht behindert werden; in Straßen mit Gleisen darf daher nur geparkt werden, wenn zwischen dem parkenden Wagen und dem Gleis eine volle Fahrspur und ein Streifen für einen Radfahrer freibleibt.

g) Durch das Parken darf der Fahrradverkehr nicht erschwert und gefährdet werden; den Radfahrern gibt man den wohlgemeinten Rat, sie sollten scharf rechts fahren; wie sollen sie das aber machen, wenn am Bürgersteig entlang geparkt wird?

h) Die Vernichtung der — ach so spärlichen! — Grünflächen im Stadtinnern zugunsten des Parkens ist als eine besonders unsoziale Handlungsweise abzulehnen.

i) Erwünscht ist, daß durch das Parken die Vorfahrt vor Läden und der Blick auf die Schaufenster nicht behindert wird.

Schrifttum.

Vorbemerkungen.

Das Schrifttum über Städtebau und Stadtverkehr und ihre Nebengebiete und neuerdings auch über Raumordnung und Landesplanung ist außerordentlich umfangreich. Manche Bücher und Aufsätze haben aber nur einen recht geringen Wert; sie werden bald vergessen sein. Andere Abhandlungen (auch Bücher) beziehen sich nur auf einen bestimmten Raum (Stadt, Bezirk) und haben daher oft keine Allgemeinbedeutung; es gibt hier aber wichtige Ausnahmen, denn gerade aus Sonderfällen kann man viel lernen, sofern sie von höherer Warte aus erörtert werden.

Aus der Fülle des Schrifttums kann hier nur eine sehr kleine Auswahl gegeben werden; es sei daher zunächst auf folgende Literaturnachweise hingewiesen:

Literaturnachweis des Wohnungs- und Siedlungswesens; bisher erschienen für die Jahre 1933, 1934 und 1935; weitere Jahrgänge sollen folgen. Berlin: Ernst Wasmuth.

Literatur über Standortfragen. Heft 5 der „Arbeitshefte zur Reichsplanung“, 2. Aufl. München 1935.

Folgende Zeitschriften bringen eine laufende Schau über Buch-Neuerscheinungen und Zeitschriften:

Raumforschung und Raumordnung, Berlin.

Städtebau, Zeitschrift der Deutschen Akademie für Städtebau, Reichs- und Landesplanung, Berlin.

Verkehrstechnik, Berlin.

Deutsche Bauzeitung, Berlin.

Ein sehr gutes Schrifttumsverzeichnis über den Berliner Schnellverkehr findet sich bei Remy, Die Elektrisierung der Berliner Stadt-, Ring- und Vorortbahnen als Wirtschaftsproblem.

Eine der besten Nachweisungen besitzt fernerhin der Ruhrsiedlungsverband, der den Fachgenossen gern Auskunft erteilen wird.

Folgende Einteilung des Materials für die weitere Behandlung erscheint zweckmäßig:

A. Werke, die den Städtebau, den Verkehr und deren Untergruppen (Wohnwesen, Straßen, Freiflächen, Nahverkehr, Schnellbahnen usw.) allgemein oder für einzelne Länder oder Städte (und Bezirke) erörtern.

B. Die einschlägigen Zeitschriften.

C. Berichte über Bebauungspläne, Verkehrspläne, städtebauliche Wettbewerbe.

Dazu kommen amtliche Untersuchungen (bearbeitet von Staats- und Kommunalbehörden) und Denkschriften über Wohnungswesen, Eingemeindungen, Verkehrswesen usw., sodann Jahrbücher (der Städte, Kreise, Verkehrsanstalten usw.) und schließlich die Gesetze (nebst Verordnungen und Ausführungsanweisungen).

Die meisten Gesamt-Bebauungspläne, viele Berichte, Gutachten und Denkschriften sind leider nicht veröffentlicht; die Einsicht wird aber sicher dem Fachmann von den Behörden gestattet werden. Viele dieser Pläne sind aber überholt, weil sie aus einer Zeit stammen, in der man noch an das hemmungslose Weiterwuchern der Stadt glaubte oder es sogar begünstigte.

Eine große Fülle von Einzel-Bebauungsplänen ist dagegen in Zeitschriften veröffentlicht, desgleichen alle Gesamt- und viele Teilwettbewerbe. Als besonders lehrreich nennen wir die Wettbewerbe Groß-Berlin und Düsseldorf, ferner Bern und Zürich, sodann das Werk „Stadt- und Landesplanung Bremen". Bremen 1931.

Wir nennen im einzelnen folgende Werke und Aufsätze:

I. Bevölkerungs- und Siedlungspolitik.

Ballof: Altersaufbau der Bevölkerung und Verkehrsentwicklung. Diss. Hannover 1931.

Bevölkerungsentwicklung der Städte mit über 50000 Einwohnern. — Sterbende Städte. Arch. innere Kolonisation 1933.

Bruck, W. F. u. H. Vormbrock: Deutsche Siedlungsprobleme. Berlin 1929.

Burgdörfer, F.: Bevölkerungsentwicklung. In: Zurück zum Agrar-Staat? Berlin 1933.

— Stadt oder Land? Berechnungen und Betrachtungen zum Problem der deutschen Verstädterung. Z. Geopolitik 1933.

— Statistik und Siedlungsplanung mit besonderer Berücksichtigung der Bevölkerungsstatistik. Planungswissenschaftliche Arbeitsgemeinschaft. München 1934.

— Volk ohne Jugend. Berlin 1934.

— Die Zukunft der Städte. Arch. Bevölkerungswiss. 1934.

Günther, H. F. K.: Die Verstädterung. Ihre Gefahren für Volk und Staat vom Standpunkte der Lebensforschung und der Gesellschaftswissenschaft. Leipzig 1934.

Haushofer, K.: Vom Absterben der Städte. Z. Geopolitik 1933.

Heiligenthal, R.: Grundlagen der Dezentralisation. International Town Planning Conference Report. New York 1925.

Kremer: Die Bedeutung des Nahverkehrs für das deutsche Siedlungswerk. Verkehrstechn. 1935. Heft. 22.

Langen, Gustav: Probleme des Siedlungswesens. Berlin 1934.

— Das Umsiedlungsproblem mit besonderer Berücksichtigung der deutschen Kleinstädte und ihrer raumwirtschaftlichen Aufgaben. Berlin-Charlottenburg 1934.

Ludovici, J. W.: Die Aufgaben des deutschen Siedlungswerks. Planungswissenschaftliche Arbeitsgemeinschaft. München 1934.

— Die Siedlung im nationalsozialistischen Staat. Bauen, Siedeln, Wohnen, 1934.

— Das deutsche Siedlungswerk. Heidelberg 1935.

Muesmann, A.: Wirtschaftliche Geländeerschließung.

— Die Umstellung im Siedlungswesen. Stuttgart 1932.

Neumann: Das Städtische Siedlungswesen. Stuttgart: V. Wittwer 1933.

Unwin, Raymond: Methods of decentralisation, planning problems of town City and region. 1925.

Vetterlein, E.: Siedlungsfragen im Stadt- und Landkreis Bückeburg. Methodische Untersuchung zur Besiedlung eines Landraumes. Hannover 1932.

II. Landesplanung — Raumordnung.

Arbeitshefte zur Reichsplanung, herausgeg. vom Amt der Siedlungsbeauftragten der NSDAP. Heft 1: Haus der Reichsplanung. Heft 2: Wirtschaftskrise und Stufen der Selbstversorgung. Heft 3: Industrieverlagerung. Neue Ausgabe 1935. Heft 5: Literatur über Standortfragen. 1935.

Bünz, Otto: Städtebau und Landesplanung. Berlin 1928.

Gobbin: Landesplanung der Rheinprovinz. Düsseldorf 1937.

Landesplanung im engeren mitteldeutschen Industriebezirk. Merseburg, Regierung.

Langen: Deutscher Lebensraum. Berlin 1929.

Meyer, Konrad: Raumforschung, eine Pflicht wissenschaftlicher Gemeinschaftsarbeit. Rede anläßlich der 1. Tagung der Reichsarbeitsgemeinschaft für Raumforschung (Berlin, 17. April 1936).

Pfannschmidt, M.: Standort, Landesplanung, Baupolitik. Berlin 1932.

— Die Industriesiedlung in der Umgebung von Berlin. Sonderdruck aus Zbl. Bauverw. 1933.

— Die Industriesiedlung in Berlin und in der Mark Brandenburg. Stuttgart-Berlin 1937.

Weber, Alfred: Reine Theorie des Standortes. Tübingen 1909.

Weigmann, H.: Politische Raumordnung. Gedanken zur Neugestaltung des deutschen Lebensraumes. 1935.

III. Städtebau.

Abele, Dr.: Weiträumiger Städtebau und Wohnungsfrage. Stuttgart 1900.
Bangert, Wolfgang: Baupolitik und Stadtgestaltung in Frankfurt a. M. Ein Beitrag zur Entwicklungsgeschichte des deutschen Städtebaues in den letzten hundert Jahren.
Behrendt, Walter: Städtebau und Wohnungswesen in den Vereinigten Staaten. Berlin (ohne Jahresangabe).
Blum, Schimpff u. Schmidt: Städtebau. Berlin: Julius Springer 1921.
Brunner, H.: Baupolitik als Wissenschaft. Wien 1925.
Eberstadt: Das Wohnungswesen. Wien: J. B. Teubner 1922.
Ehmig, H. C.: Kulturgrundlagen des Städtebaues. Berlin 1927.
Fischer, Theodor: Stadterweiterungsfragen, 1903.
Fritsch, Th.: Die Stadt der Zukunft. Leipzig 1912.
Fuchs: Die Wohnungs- und Siedlungsfrage nach dem Kriege. Stuttgart 1918.
Gautner: Grundformen der europäischen Stadt, 1930.
Groß-Berlin, Die preisgekrönten Entwürfe des Wettbewerbs. Berlin 1911.
Gurlitt, C.: Historische Städtebilder.
Hamburg und seine Bauten. Hamburg 1914.
Handwörterbuch des Wohnungswesens. Jena 1930.
Heilig, W.: Stadt- und Landbaukunde, 1935.
Heiligenthal, Roman: Deutscher Städtebau. Heidelberg 1921.
— Berliner Städtebaustudien. Berlin-Halensee 1926.
— Städtebaurecht und Städtebau. Berlin 1929.
— Staat und Siedlung. Karlsruhe 1932.
Henrici: Praktische Ästhetik des Städtebaues. München 1906.
Hoepfner: Grundbegriffe des Städtebaues I und II. Berlin: Julius Springer 1921—28.
Howard, Ebenezer: Gartenstädte in Sicht.
Kampfmeyer, H.: Die Gartenstadtbewegung, 1913.
Luther-Mitzlaff-Stein: Die Zukunftsaufgaben der deutschen Städte.
Migge, L.: Deutsche Binnenkolonisation. Berlin 1936.
— Die Gartenkultur des 20. Jahrhunderts.
Morgenroth, W.: Angaben über öffentliche Park- und Gartenanlagen, öffentliche Spiel- und Sportplätze, Wälder usw. Aus Fläche, Grundeigentum und Grundstückswesen. In: Statistisches Jahrbuch deutscher Städte, 1933.
Petersen: Die Verkehrsaufgaben des Verbandes Groß-Berlin. Berlin 1911.
Report of Transit Commissioner City of Philadelphia, 1913.
Schumacher: Das Werden einer Wohnstadt, 1932.
Sitte, C.: Der Städtebau. Wien 1909.
Stadtbaukunst alter und neuer Zeit. Mitteilungen der Freien Deutschen Akademie des Städtebaues. Berlin 1929.
Städtebauliche Vorträge aus dem Seminar für Städtebau an der Kgl. Technischen Hochschule zu Berlin. Herausgeber Joseph Brix u. Felix Genzmer. Berlin, seit 1915.
Stübben, J.: Der Städtebau, 1907.
Unwin, R.: Grundlagen des Städtebaues. Aus dem Englischen von MacLean, 1922.
Wagner, Martin: Städtebauliche Probleme in amerikanischen Städten. Berlin 1929.
Wolf, Paul: Städtebau. Leipzig 1919.

IV. Verkehr und Städtebau.

1. Die allgemeine Bedeutung des Verkehrs für Siedlung und Wirtschaft.

Arntz: Autobahn, Großstadtgesundung und Siedlung. Westdtsch. Wirtsch.-Ztg. 1934 Heft 33.
Berkenkopf, P.: Die Auflockerung der Industriestandorte und der Anteil der Verkehrspolitik. Münster i. Westf. 1935.
Hamens: Verkehrszählungen und ihre wirtschaftliche Bedeutung für den Städtebau. Verkehrstechnik 1929.
Helander, S.: Die Hauptstadt als Verkehrszentrum. Z. Geopolitik 1934.
Hoffmann, Rudolf: Die Aufgaben der Verkehrspolitik. „Reichsplanung“ München 1935.
Ludovici, J. W.: Siedlung und Verkehr. „Reichsplanung“ München 1935.
Niemeyer, Reinhold: Kraftverkehr, Städtebau und Landesplanung. Planungswissenschaftliche Arbeitsgemeinschaft, München 1935.
Pirath: Anteil der Arbeitsleistung des Menschen an den Leistungen der Verkehrsmittel. Arch. Eisenbahnwes. 1922.
— Verkehrsströme im Luftverkehr. Heft 1 der Forschungsergebnisse des Verkehrswissenschaftlichen Instituts für Luftfahrt an der Technischen Hochschule Stuttgart. München und Berlin 1929.
— Verkehrsprobleme und Landesplanung im Wirtschaftsgebiet Stuttgart-Heilbronn. Stuttgart 1930.
— Die Grundlagen der Verkehrswirtschaft. Berlin 1934.

2. Allgemeine Pobleme des großstädtischen Verkehrs.

Blum, Otto: Die Verkehrsfragen des Wettbewerbs Groß-Berlin. Glasers Ann. 1910.
Büchner: Zur Methode der Feststellung von Angebot und Nachfrage im städtischen Nahverkehr. Bull. Inst. International. Haag 1914.
Giese: Die Tarifverhältnisse und die Wirtschaftlichkeit der Berliner Verkehrsaktiengesellschaft. Berlin 1931.
Gretsch: Zur Tariffrage städtischer Verkehrsunternehmen. Arch. Eisenbahnwes. 1934.
Kemmann: Zur Schnellverkehrspolitik der Großstädte. Berlin 1911.
— Die Berliner Verkehrsaktiengesellschaft. Betrachtungen zur Tarif- und Verkehrsgestaltung. Berlin 1931.
Lehner: Die Linienführung innerstädtischer Verkehrsmittel. Diss.
— Die Linienführung innerstädtischer Verkehrsmittel. Arch. Eisenbahnwes., Berlin 1932.
— Die Verteilung der Reiselängen im innerstädtischen Verkehr. Verkehrstechn. Woche 1932.
Müller, Fritz: Verkehrsunfälle in ihrer Beziehung zum Städte- und Straßenbau.
Petersen, Rich.: Verkehrsfragen bei Stadterweiterungen, erläutert an Beispielen von Zürich und Danzig. Berlin 1921.
Remy: Großstädtische Verkehrsprobleme. Verkehrstechn. Woche 1930.
Roth: Ein Beitrag zur Anlage städtischer Straßenkreuzungen und Plätze im Verkehrsinteresse. Diss. Berlin.
Schimpff: Die Städtischen Verkehrsmittel. In Handbibliothek für Bauingenieure, II. Teil, Bd. 1: Städtebau. Berlin 1921.
Thomas: Wirtschaft, Nahverkehr und Städtebau (gezeigt am Beispiel der Reichshauptstadt Berlin). Bericht anläßlich des 24. Internationalen Kongresses (Berlin 1934) des Internationalen Vereins der Straßenbahnen, Kleinbahnen und der öffentlichen Kraftfahrunternehmen, Brüssel.
Wehner, Bruno: Grenzen des Stadtraumes vom Standpunkt des innerstädtischen Verkehrs. Ein Beitrag zum Problem der Wechselwirkungen zwischen Städtebau und Verkehr. Würzburg 1934.

3. Schienenbahnen.

Arnold: Report on the Engineering and Operating Features of the Chicago Transportation Problem. New York 1902.
— The Pittsburgh Transportation Problem. Pittsburgh 1910.
Berliner Verkehrs-A.G. (BVG), Geschäftsberichte ab 1927.
Berlins Aufstieg zur Weltstadt. Herausgeber Verein Berliner Kaufleute und Industrieller. Berlin 1929.
Blum, Otto: Stadtbahnen. In: Eisenbahntechnik der Gegenwart, Bd. 4, Abschnitt B. Wiesbaden 1907.
— Städtebahnen mit besonderer Berücksichtigung des Entwurfs einer Städtebahn zwischen Düsseldorf und Köln. Berlin 1909.
Brecht: Stadtschnellbahnen. Leistungsfähigkeit, Geschwindigkeits- und Krümmungsverhältnisse, Spitzkehren und Kehrschleifen. Glasers Ann. 1909.
Brix u. Genzmer: Hochbahngesellschaft, Grundplan für die Bebauung von Groß-Berlin. Berlin 1911.
Derikartz: Bahnhofsanlagen und Stadt. Verkehrstechn. Woche 1935 Heft 30—31.
Enzyklopädie des Eisenbahnwesens, 2. Aufl., Bd. 4, Stichwort „Elektrische Bahnen". Herausgeber Dr. Frhr. von Röll. Berlin und Wien 1913.
Faust, Hellmut: Die wirtschaftliche Bedeutung der Privatgleisanschlüsse, 1933.
Giese: Das zukünftige Schnellbahnnetz für Groß-Berlin. Berlin 1919.
— Betrachtungen über die Wirtschaftlichkeit und die Fahrpreise großstädtischer Verkehrsunternehmen 1928. Berlin 1928.
— Die Tarifverhältnisse und die Wirtschaftlichkeit der Berliner Verkehrsaktiengesellschaft. Berlin 1931.
Gretsch: Zur Tarifpolitik der Verkehrsunternehmungen der Londoner Untergrundbahngruppe. Ztg. Ver. dtsch. Eisenb.-Verw. 1930, 1933 und 1936.
Heisterbergk: Verkehrsschätzung und Verkehrszählung als Grundlagen für die Ertragsberechnung von Schnellbahnen. Heft 31 der Technisch-wirtschaftlichen Bücherei. Berlin 1924.
Jänecke: Verkehrszählungen auf den Berliner Stadt-, Ring- und Vorortbahnen. Ztg. Ver. dtsch. Eisenb.-Verw. 1925.
— Die Londoner Untergrundbahnen und ein Vergleich des Berliner Nahverkehrs. Verkehrstechn. Woche 1926.
Kemmann: Die Entwicklung der städtischen Schnellbahnen seit Einführung der Elektrizität. Düsseldorf 1914.
— Zur Schnellverkehrspolitik der Großstädte. Berlin 1921.
— Die Berliner Verkehrsaktiengesellschaft. Betrachtungen zur Tarifs- und Verkehrsgestaltung. (Als Manuskript gedruckt.) Berlin 1931.

Knebel: Die Reichsbahnpersonentarife. Berlin 1926.
Leibbrand: Personenverkehr und Reichsbahn im Ruhrgebiet. Verkehrstechn. Woche 1932.
Musil: Betrachtungen über den Einfluß der Anlage- und Betriebsbedingungen auf die Rentabilität elektrischer Stadtschnellbahnen. Z. öst. Ing.- u. Arch.-Ver. 1912.
Petersen: Der Personenverkehr und die Schnellbahnprojekte in Berlin 1907. (Sonderdruck der Straßen- und Kleinbahn-Zeitung.)
Remy: Die Pariser Untergrundbahnen nach dem Kriege. Ztg. Ver. dtsch. Eisenb.-Verw. 1926.
— Bahnhofsumbauten im Rahmen der Elektrisierung der Berliner Stadt-, Ring- und Vorortbahnen. Zbl Bauverw. 1928.
— Schnellbahnverkehr in Paris, London und Berlin. Ztg. Ver. dtsch. Eisenb.-Verw. 1930.
Schimpff: Wirtschaftliche Betrachtungen über Stadt- und Vorortbahnen. Berlin 1913.
Wittig: Die Weltstädte und der elektrische Schnellverkehr. Berlin 1909.
— Führung der Berliner Hoch- und Untergrundbahnen durch bebaute Viertel. Berlin 1920.

4. Öffentlicher Oberflächenverkehr.

Flügel: Die große Reform der Straßenbahn, Verkehrspolitik. Verkehrstechn. 1935 Heft 19.
Giese: Schnellstraßenbahnen. Berlin 1917.
Nier: Die Reiselänge und ihre Bedeutung für die Wirtschaftlichkeit von städtischen Straßenbahnen. Verkehrstechn. 1931.
Selbstkostenvergleich Straßenbahn — Omnibus. Herausgeber Verband deutscher Kraftverkehrsgesellschaften. Dortmund 1930.
Stanik, Roffhack: Wirtschaftlichkeit im Nahverkehr. Verkehrstechn. 1935 Heft 14.

5. Straßenverkehr.

Häberle: Verkehr auf städtischen Straßen. Diss. Stuttgart 1920.
Lübke, Hans: Straßen und Plätze im Stadtkörper. Halle 1932 (?).
Neumann: Die Leistungsfähigkeit von Kraftwagenstraßen. Verkehrstechn. 1926.
Todt, F.: Straße und Auto. Reichsplanung Heft 2. München 1935.
Wehner, Bruno: Die Leistungsfähigkeit von Kraftverkehrsstraßen. Verkehrstechn. 1936.

Auf folgende

Zeitschriften,

die dem Städtebau oder dessen Teilgebieten gewidmet sind, sei in diesem Zusammenhang hingewiesen:

Archiv für Eisenbahnwesen. Berlin.
Bauamt und Gemeindebau. Hannover.
Bauen — Siedeln — Wohnen. Berlin.
Bauwelt, Zeitschrift für das gesamte Bauwesen. Berlin.
Der Städtetag, Mitteilungen des Deutschen Städtetages. Berlin.
Der städtische Tiefbau. Berlin.
Deutsche Bauzeitung. Berlin.
Raumforschung und Raumordnung. Berlin.
Reichsplanung. Berlin 1935—1937.
Siedlung und Wirtschaft. Berlin.
Städtebau, Zeitschrift der Deutschen Akademie für Städtebau, Reichs- und Landesplanung. Berlin.
Technisches Gemeindeblatt für Straßenbau, Landesplanung, Siedlungswesen, Städtebau, Wasserverteilung und Entwässerung. Berlin.
Verkehrstechnik. Berlin.
Verkehrstechnische Woche. Berlin.
Zeitschrift für Kommunalwirtschaft. Berlin.
Zeitschrift für öffentliche Wirtschaft. Berlin.
Zeitung des Vereins deutscher Eisenbahn-Verwaltungen. Berlin, bis 1931.
Zeitung des Vereins Mitteleuropäischer Eisenbahn-Verwaltungen. Berlin, ab 1932.
Zeitschrift für Verkehrswissenschaft. Berlin.
Zentralblatt der Bauverwaltung. Berlin.

Die folgende

Zusammenstellung der seit September 1933 auf dem Gebiet des Bau- und Siedlungswesens erschienenen Gesetze und Verordnungen in Deutschland

möge zeigen, wie eine straffe politische Führung in kurzer Zeit Vorbildliches geleistet hat. Vieles bleibt aber noch zu tun übrig.

22. 9. 1933: Wohnsiedlungsgesetz: Erklärung bestimmter Gebiete zum Wohnsiedlungsgebiet; Aufstellung des Wirtschaftsplanes.

18. 11. 1933: Erlaß des Reichsarbeitsministers; Vollzug des Wohnsiedlungsgesetzes.

6. 2. 1934: Verordnung zur Ausführung des Gesetzes zur Sicherung der Gemeinnützigkeit im Wohnungswesen. Nähere Bestimmungen zu den Vorschriften des Gesetzes vom 14. Juli 1933 (RGBl. 484).

27. 6. 1934: Erlaß des Reichswirtschaftsministers über den Vollzug des Wohnsiedlungsgesetzes. Absicht des Gesetzgebers in § 7: Dem Staat auch die Möglichkeit einer Beeinflussung der Besiedlung im positiven Sinne zu geben; größte Beschleunigung bei Erteilung der Genehmigung.

3. 7. 1934: Gesetz über einstweilige Maßnahmen zur Ordnung des deutschen Siedlungswesens.

24. 1. 1935: Gesetz betreffs Beschränkung des Grundeigentums für Zwecke der Reichsverteidigung.

29. 3. 1935: Gesetz zur Landbeschaffung für Zwecke der Wehrmacht; Einrichtung einer Reichsstelle zur Landbeschaffung und deren Befugnisse.

29. 3. 1935: Gesetz über die Regelung des Landbedarfs der öffentlichen Hand; Einrichtung einer Reichsstelle für die Regelung des Landbedarfs der öffentlichen Hand.

30. 3. 1935: Gesetz zur Förderung des Wohnungsbaues; Ermächtigung des Finanzministers hierzu.

26. 6. 1935: Erlaß über die Reichsstelle für Raumordnung; die durch Gesetz vom 29. 3. 1935 (s. oben) errichtete Reichsstelle führt die Bezeichnung: „Reichsstelle für Raumordnung"; Festlegung ihrer Zuständigkeit.

18. 12. 1935: Zweiter Erlaß betreffs Reichsstelle für Raumordnung; genaue Zuständigkeit.

15. 2. 1936: Verordnung betreffs Regelung der Bebauung; Ausweisung der Baugebiete als Wohn-, Geschäfts- und Gewerbegebiete; Versagen der Baugenehmigung, wenn Bebauung der geordneten Entwicklung des Gemeindegebietes zuwiderläuft.

15. 2. 1936: Durchführungsverordnung betreffs Reichs- und Landesplanung. Planungsräume und Planungsbehörden.

4. 3. 1936: Erlaß des Reichsarbeitsministers betreffs Schutz der vorhandenen Kleingartenanlagen.

8. 9. 1936: Erlaß betreffs Anbau an Verkehrsstraßen; Aufstellung von Verzeichnissen der vom Anbau freizuhaltenden Verkehrsstraßen; Festlegung ebensolcher Geländestreifen.

17. 10. 1936: Verordnung über Landbeschaffung für Kleinsiedlungen (s. hierzu Erlaß vom 31. 10. unten).

29. 10. 1936: Verordnung über befristete Bausperren; Möglichkeit ihrer Anordnung; zulässig für Flächen, die aus Gründen des öffentlichen Wohles beansprucht werden.

10. 11. 1936: Verordnung betreffs Baugestaltung. Alle baulichen Anlagen sollen anständige Baugesinnung ausdrücken; Einfügung in die Umgebung; Lage und Stellung der baulichen Anlagen.

29. 12. 1936: Weiterer Erlaß betreffs Anbau an Verkehrsstraßen (8. 9. 1936).

Sachverzeichnis.